METALURGIA BÁSICA PARA OURIVES E DESIGNERS

DO METAL À JOIA

Blucher

ANDRÉA MADEIRA KLIAUGA
Engenheira Metalurgista e
Dra. em Engenharia Metalúrgica
Professora da Universidade Federal de São Carlos

MAURIZIO FERRANTE
Engenheiro Metalurgista e
PhD. em Materials Science
Professor titular da Universidade Federal de São Carlos

METALURGIA BÁSICA PARA OURIVES E DESIGNERS

DO METAL À JOIA

Metalurgia básica para ourives e designers - do metal à joia

4ª reimpressão - 2020
Editora Edgard Blücher Ltda.

Blucher

Rua Pedroso Alvarenga, 1245, 4º andar
04531-934 - São Paulo - SP - Brasil
Tel.: 55 11 3078-5366
contato@blucher.com.br
www.blucher.com.br

Segundo o Novo Acordo Ortográfico, conforme 5. ed.
do *Vocabulário Ortográfico da Língua Portuguesa*,
Academia Brasileira de Letras, março de 2009.

Dados Internacionais de Catalogação na Publicação (CIP)
(Câmara Brasileira do Livro, SP, Brasil)

Kliauga, Andréa Madeira
Metalurgia básica para ourives e designers - do metal à joia/Andréa Madeira Kliauga, Maurizio Ferrante - São Paulo : Blucher, 2009.

Bibliografia.
ISBN 978-85-212-0459-6 (impresso)
ISBN 978-85-212-1514-1 (ebook)

1. Metalurgia - Estudo e ensino 2. Designers
3. Ourives I. Ferrante, Maurizio. II. Título.

08-02539 CDD-669.07

Índices para catálogo sistemático:
1. Designer : Metalurgia : Estudo e ensino 669.07
2. Ourives : Metalurgia : Estudo e ensino 669.07

CONTEÚDO

AGRADECIMENTOS

Gostaríamos de agradecer às pessoas e instituições que nos ajudaram a comparar informações encontradas na literatura com os procedimentos utilizados pela indústria de joalheria brasileira:

A Francisco Laterza Neto, da 3M Recuperadora, por ter lido e comentado o texto deste livro.

A Luiz Ramos, da Ramos e Ramos, pelas informações sobre procedimentos aplicados na fabricação de brutos em latão e estanho.

Às empresas: Alexandre Joias, Brüner, VT Indústria e Comércio de Joias Ltda. e a José Roberto Catanossa, por permitirem visitas às suas instalações.

À BQZ International, Hoben International e Luis de Lucia Fornituras por permitirem a reprodução de imagens de procedimentos e equipamentos ligados à produção de joias.

Ao Instituto Brasileiro de Gemas e Metais e ao Sindicato da Indústria de Joalheria, Ourivesaria, Bijuteria e Lapidação de Gemas de Limeira por demonstrarem interesse e acreditarem na relevância deste trabalho.

APRESENTAÇÃO

Joias são ideias e símbolos expressos por formas diversas, para cuja realização concorrem criatividade, senso artístico e amor pelas proporções. No entanto, é comum esquecermos que sua realização física demanda habilidades que vão da paciência e mão segura do artesão até a condução de complexas estruturas tecnológicas. O que se quer dizer com isso é que a fabricação de joias é também uma empreitada artesanal-industrial e que o conhecimento dos materiais, das tecnologias de fabricação e do controle de qualidade é tão importante quanto o toque do artista ao desenhar uma nova forma.

Assim, apresentamos este livro, dirigido aos estudantes da arte de ourivesaria, profissionais atuantes na área e técnicos responsáveis pela produção industrial de joias. O campo é extremamente amplo e escolhemos nos limitar ao que é relevante para prata e ouro maciços e para joias folheadas produzidas com ligas de estanho e de latão.

Sabe-se que o aprimoramento da capacitação tecnológica do setor de joalheria é hoje um importante desafio nacional. De fato, são poucos os profissionais da área com formação de tecnólogo, pois no geral os cursos de aprendizado existentes são modulares e de curta duração, desprovidos do propósito de fornecer conhecimentos teóricos com profundidade, concentrando-se no *aprender a fazer*.

Este livro pretende preencher esta lacuna e reúne os fundamentos da metalurgia e das propriedades dos metais utilizados em joalheria. Em sequência são apresentados as técnicas e os processos de fabricação utilizados nesta atividade, indo dos cuidados práticos da banca do ourives solitário ao processamento industrial de escala. O livro é, possivelmente, o único que foca sobre o tópico *joia,* o grande leque de conhecimentos que compreende metalurgia e processamento.

Os autores

1.

Uma introdução sobre a matéria

1.1 A história do átomo

O reconhecimento de que a matéria consiste de átomos foi lento e se estendeu por dois milênios. O conceito de átomo foi desenvolvido por Democritus e Epicuro por volta de 400 a.C. para resolver um conflito lógico: por um lado, havia a observação de que os objetos naturais estão num constante estado de transformação; de outro, a fé inabalável de que as coisas reais são indestrutíveis. Os gregos achavam que esse impasse filosófico poderia ser evitado se átomos invisíveis fossem aceitos como constituintes permanentes do universo, e se as transformações observadas fossem interpretadas em termos de seus movimentos.

Com a ideia do átomo, podia-se entender muitas propriedades da matéria:

- Os sólidos seriam formados por átomos tendo extensões com as quais poderiam unir-se formando uma massa rígida.
- Os átomos dos líquidos seriam lisos para deslizarem uns sobre os outros.
- O gosto de algumas substâncias estaria ligado a arestas agudas de seus átomos, que feririam a língua.

Figura 1.1 Representação do que seriam os átomos imaginados pelos gregos em 400 a.C. baseando-se em estruturas que encontramos no dia a dia: a) átomo dos sólidos – peça de montagem de jogo infantil; b) átomo dos líquidos – bolas de gude; c) átomos de substâncias ácidas – estrutura de um ouriço do mar.

Enquanto algumas dessas ideias são de uma precisão notável (as moléculas das enzimas de abacaxi cru na verdade ferem a língua, destruindo a estrutura das proteínas), elas não deixam de ser construções mentais. As principais objeções estavam dirigidas à sua simplicidade em comparação com a complexidade da natureza. Como é que uma coisa pequenina e inanimada poderia ser responsável por objetos que tinham vida?

Como é que todas as coisas da natureza poderiam ser constituídas por partículas que diferiam muito pouco umas das outras? Como poderia um corpo constituído de partículas que se movimentavam caoticamente ter comportamento previsível? Foram estas perguntas que fizeram com que a ideia do átomo ficasse sem resolução por cerca de 2.000 anos.

Percorrendo os tempos, chegou-se ao ano 1000, quando a extensa utilização de minérios na fabricação de metais e cerâmicas aos poucos foi criando a necessidade de entender a origem e classificar os minerais que ocorrem na natureza. O árabe Averroes (1126-1198) discursava que deveria haver um mínimo natural nos minerais, uma unidade que conservasse as características do todo. Assim, a menor parte do *alum* (um sulfato de alumínio, utilizado pelos egípcios como corante) seria uma partícula com a mesma forma do *alum*, ou seja, o conceito de molécula se confundiu por muito tempo com o conceito de átomo.

Os alquimistas, os primeiros químicos da história (entre 500 a.C. e 1500 d.C.), na sua busca de converter outros materiais em ouro, associaram alguns metais aos planetas do sistema solar: o chumbo a Saturno, o estanho a Júpiter, o ferro a Marte, o ouro ao sol, o cobre a Vênus, o mercúrio a Mercúrio, e a prata à Lua. Por volta de 1500, na Europa, tornou-se maior o interesse em classificar e identificar os elementos presentes na crosta terrestre.

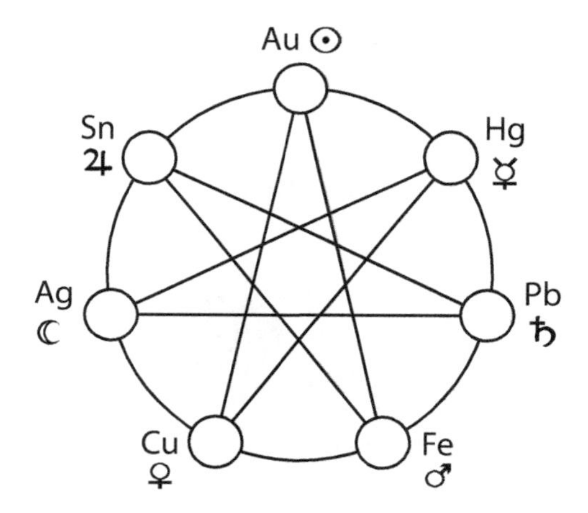

À medida que as análises químicas avançaram, alguns observadores classificavam os minerais em termos de suas composições, outros, em termos de sua aparência externa. Os "externalistas" começaram medindo os ângulos entre as faces dos cristais e logo se chegou à conclusão de que eles tinham simetria. No século XVII, Robert Hooke (Inglaterra, 1635-1703) e Christiaan Huygens (Holanda, 1629-1695) postularam que a existência de faces planas em cristais poderia ser interpretada em termos de um empilhamento regular de átomos esféricos ou elipsoidais.

Foi a partir de 1800 d.C. que a ideia do átomo voltou a ganhar corpo com os trabalhos de Dalton, Gay-Lussac e Avogadro, que comprovaram experimentalmente que a matéria era constituída de partículas indivisíveis com pesos diferentes (cada elemento teria átomos diferentes) que se combinavam entre si para formar compostos de proporções (peso, volume) definidas. Foi o italiano Avogadro quem em 1811 elaborou a hipótese de que volumes iguais de gases continham números iguais de moléculas. Mais tarde (1858), Stanislao Cannizzarro comprovou esta hipótese provando que os pesos moleculares são múltiplos inteiros de algum número que muito provavelmente seria o peso atômico expresso em gramas. Cannizzaro também verificou que o peso atômico poderia ser medido através do seu calor específico, ou seja, do calor necessário (em calorias) para fazer com que 1 g do material aumente de 1 °C.

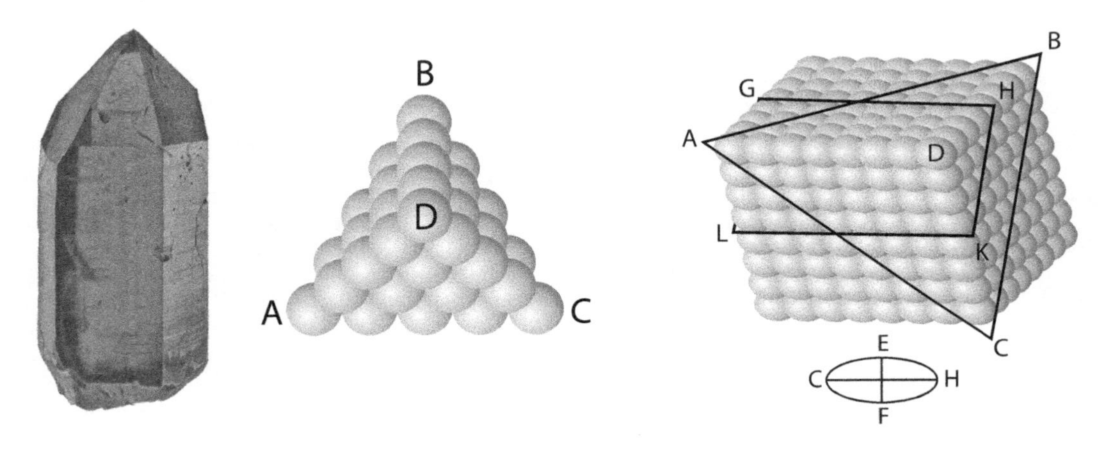

Figura 1.2 Cristal de quartzo e representações de arranjos de partículas esféricas de acordo com Hooke (1745) e Huygens (1690).

Os pesos atômicos são quocientes adimensionais que não têm relação com qualquer unidade particular de medida. O número de Avogadro ($N = 6{,}023 \times 10^{23}$), representa o número de átomos presentes quando tomamos o peso atômico em gramas, ou *1 mol* daquele elemento. O volume molecular de um sólido expresso em cm^3/mol, dividido pelo número de Avogadro, fornece o volume aproximado de 10^{-4} cm^3. A raiz cúbica deste número, aproximadamente 10^{-10} m, dá uma aproximação da ordem de grandeza do raio do átomo. Perrin, em 1909, mediu experimentalmente o número de Avogrado em 15 experimentos diferentes e em 1926 recebeu o Prêmio Nobel por ter definitivamente mostrado a existência dessa entidade física.

Graças à comprovação da hipótese de Avogadro por Cannizzarro, o conhecimento sobre os elementos e seus pesos evoluiu, e em 1869 Mendeleev organizou a primeira tabela periódica. Ele dispôs os elementos segundo seu peso atômico e segundo a sua valência, que é a base para entender por que os elementos formam famílias naturais e apresentam profundas analogias químicas e físicas uns com os outros. Valência, segundo uma definição de 1850, é a capacidade combinatória de um elemento. Mas, para entender melhor as valências, é necessário caminhar mais um pouco na história.

Elemento	Peso	Elemento	Peso
Hidrogênio	1	Estrôncio	46
Azoto	5	Baritas	68
Carbono	54	Ferro	50
Oxigênio	7	Zinco	56
Fósforo	9	Cobre	56
Enxofre	13	Chumbo	90
Magnésia	20	Prata	190
Cal	24	Ouro	190
Soda	28	Platina	190

Figura 1.3 Organização dos elementos químicos segundo seu peso atômico, proposta por Dalton.

Thomson (1897) demonstrou que, por menor que fosse o átomo, ele continha partículas ainda menores, polarizadas negativamente, os elétrons. Desde que os átomos em geral são eletricamente neutros, concluiu-se que eles também deveriam conter cargas positivas.

Em 1911 Rutherford mostrou que o átomo não era uma entidade única, mas sim constituído de um núcleo pesado com carga positiva e uma atmosfera leve de cargas negativas. Dois assistentes de Rutherford, Moseley e Bohr, contribuíram muito para o entendimento da natureza do átomo.

Assim, em 1912 Henry Moseley, com o auxílio dos recém-descobertos raios X, descobriu que a frequência desta radiação é característica de cada tipo de átomo, que ela depende do seu número atômico e, portanto, serviria para ordenar os elementos da tabela periódica. Foram resolvidas, assim, as dúvidas que surgiam quando a ordenação era feita pelo peso atômico, pois muitos elementos apresentavam diferentes pesos para o mesmo número atômico (os isótopos).

Bohr postulou em 1913 que o "sistema solar" atômico era constituído por um número limitado de órbitas discretas, cada qual com um nível de energia específico, denominado estado quântico. O menos energético destes, o mais próximo do núcleo, Bohr denominou o estado fundamental. Um elétron poderia ser deslocado brevemente para órbitas de maior energia, os estados estacionários. Assim, se absorvesse energia com a frequência certa, um elétron poderia passar de seu estado fundamental a uma órbita de maior energia, embora mais cedo ou mais tarde retornasse ao seu estado fundamental original, emitindo energia de frequência idêntica à que a absorvera, fenômenos que ocorrem na fluorescência e na fosforescência.

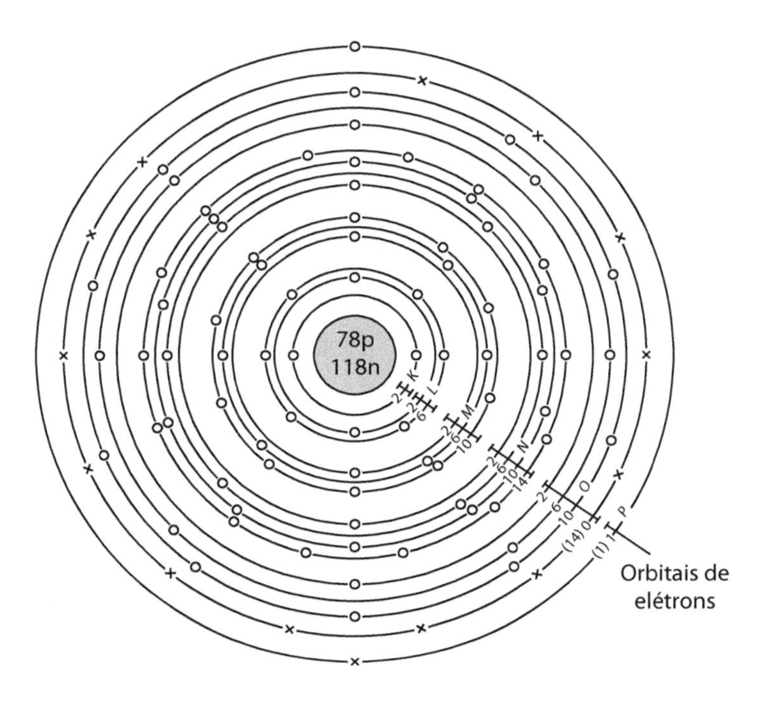

Figura 1.4 Representação esquemática de um átomo de ouro seguindo o modelo proposto por Bohr.

Segundo o modelo de Bohr, pode-se imaginar que os elétrons orbitem em esferas concêntricas de raios crescentes denominadas K, L, M, N, O, P... (ou 1, 2, 3, 4, 5...), as camadas eletrônicas. Cada camada comporta um número fixo de elétrons, que contrabalançam a força eletrostática exercida pelo núcleo. Os elétrons mais externos são os elétrons de valência, ou seja, aqueles que irão interagir com os elétrons de outros átomos dando as características das ligações químicas. Nos dez anos seguintes, o modelo de orbitais esféricos se mostrou válido somente para átomos de um elétron como o hidrogênio, e teve que ser abandonado. Este conceito, porém, serviu para determinar a existência de diferentes níveis de energia que podem ser preenchidos por elétrons.

Para explicar por que os elétrons não são atraídos pelo núcleo e permanecem em seus orbitais, foi necessário criar uma nova teoria, a mecânica quântica. A mecânica quântica foi desenvolvida sucessivamente por Bohr, De Broglie, Schrödinger, Heisenberg, Dirac, Born e Pauli. Eles deram elementos para descrever matematicamente a característica natural do elétron de ter propriedades de onda e de partícula ao mesmo tempo (De Broglie, 1924). Primeiro ficou claro que os orbitais não seriam sempre esféricos e nem discretos, mas que a probabilidade de encontrar um elétron seria mais bem descrita por uma "nuvem" que assumiria formas diferentes conforme fosse aumentando o nível de energia do elétron (Schrödinger, 1926).

Um nível quântico pode ser ocupado por apenas dois elétrons rodando em torno do mesmo eixo mas em direções opostas, denominadas spin (Pauli – 1925 e Dirac – 1928). O movimento dos elétrons é interdependente, ou seja, eles devem sempre contrabalançar a carga positiva do núcleo. Os níveis de energia se subdividem em subníveis denominados s, p, d, f... com valores de orbitais e de energia crescentes. Os subníveis de energia de diferentes níveis se intercalam de modo que, a partir da terceira camada, eles se sobrepõem.

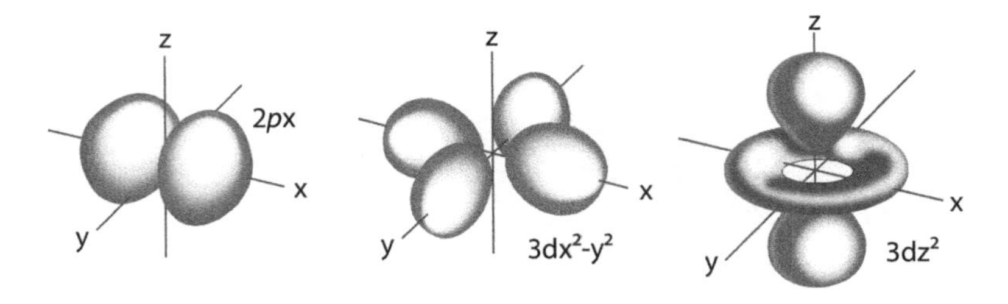

Figura 1.5 Formato dos subníveis de energia, os orbitais.

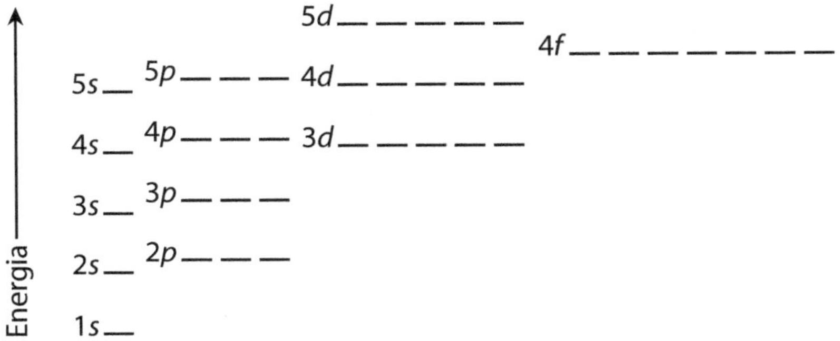

Energia ↑

5*d* — — — — —
4*f* — — — — — — —
5*s* — 5*p* — — — 4*d* — — — — —
4*s* — 4*p* — — — 3*d* — — — — —
3*s* — 3*p* — — —
2*s* — 2*p* — — —
1*s* —

Figura 1.6 Escala dos valores de energia dos diferentes subníveis das camadas eletrônicas de um átomo com mais de dois elétrons.

E assim se chegou à chave da tabela periódica. Tomando átomo por átomo e acrescentando um próton por vez no núcleo, deve-se acrescentar um elétron extra para contrabalançar a carga elétrica. Deste modo, preenchem-se os subníveis de energia com dois elétrons em cada orbital. O subnível *s* possui 1 orbital, o subnível *p* possui 3 orbitais, o subnível *d* possui 5 orbitais e o subnível *f* possui 7 orbitais. Elétrons em níveis de energia completos são mais difíceis de arrancar de sua órbita, ou seja, a sua energia de ionização aumenta. Assim, à medida que os níveis de energia vão sendo preenchidos (número atômico crescente), a valência assume um caráter periódico.

Max von Laue (1879-1960) descobriu que os raios X podiam ser difratados pelos cristais. Em arranjos cristalinos os átomos estão localizados em linhas retas, formando planos de distâncias constantes, cada cristal com sua configuração característica. A difração de raios X possibilitou medir a distância entre planos atômicos e, assim, caracterizar os cristais. Foram os Bragg (pai e filho) em 1912 que, utilizando esta descoberta, determinaram experimentalmente o reticulado cristalino do NaCl, KCl, KBr e KI por difração de raios X. É interessante mencionar que até então a estrutura cristalina de metais já extensivamente utilizados, como ferro e cobre, era desconhecida, embora a ideia do ordenamento dos átomos já tivesse sido sugerida no século XVII.

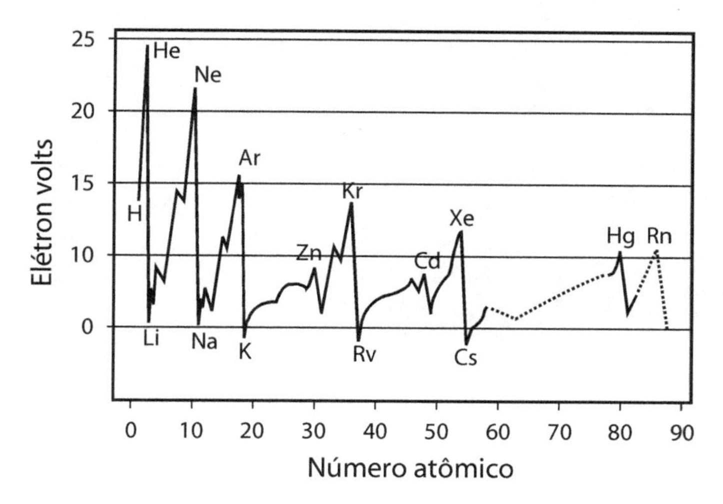

Figura 1.7 Energia de ionização dos átomos em ordem crescente de número atômico.

Apesar de a existência dos átomos ter sido comprovada e seus pesos, estrutura e arranjo espacial, determinados, foi só em 1970, com o advento dos microscópios eletrônicos de transmissão de alta resolução, que se pôde obter imagens de colunas de átomos empilhados na superfície de materiais cristalinos. Estas imagens precisam, porém, ser reconstituídas por programas de computador e não são obtidas diretamente.

Em 1981, Gerd Binnig e Heinrich Rohrer desenvolveram um aparelho capaz de medir a rugosidade de superfícies metálicas com resolução atômica – o microscópio de tunelamento de elétrons. Com isso, foi possível "enxergar" a superfície das nuvens eletrônicas e ver o empacotamento dos átomos. Como cada átomo tem estrutura eletrônica diferente, também foi possível identificar a natureza dos átomos em ligas metálicas, que são misturas de dois ou mais átomos metálicos diferentes.

Resumindo, sabe-se hoje que o átomo é composto de um núcleo com raio de 10^{-15} a 10^{-14} m ao redor do qual circula uma nuvem de elétrons com raio de aproximadamente 10^{-10} m, concêntrica ao núcleo. Os elétrons têm raio de aproximadamente 10^{-15} m e velocidade da ordem de 10^{6} m/s. A massa do elétron em descanso é de 9,1 x 10^{-31} kg e cada partícula do núcleo é aproximadamente 1.840 vezes mais pesada, de modo que praticamente toda a massa do átomo está ali localizada. O núcleo pode existir sob duas formas: como prótons carregados positivamente ou como nêutrons de carga nula. O número atômico Z é equivalente ao número de prótons do átomo e o seu peso atômico é igual à soma do número de prótons e do número de nêutrons do núcleo. Em um átomo de carga total nula, o número de elétrons é igual ao número de prótons e é por isso que o número atômico determina as características químicas do átomo – pois são os elétrons os responsáveis pelas ligações químicas.

Figura 1.8 Superfície de um cristal de silício e superfície de uma liga platina-ródio, obtidas por microscopia de tunelamento de elétrons.

Por meio da tabela periódica, fica clara a relação entre a estrutura atômica dos elementos e as suas propriedades. Os elementos são ordenados segundo o número de prótons do seu núcleo, ou seja, de número atômico, e na condição padrão o número de prótons corresponde ao número de elétrons da camada de elétrons. Cada um dos períodos começa com um elemento que tem um elétron de valência no orbital *s*. O primeiro período contém apenas dois elementos porque o orbital 1s pode alojar apenas 2 elétrons. O terceiro elétron do lítio deve entrar no orbital 2s e então começa o segundo período. Como existe um orbital 2s e três orbitais 2p, cada um com condição de alojar 2 elétrons, 2x (1 + 3) = 8 elementos entram na tabela, antes de serem preenchidos os orbitais 2s e 2p do elemento neônio. O terceiro período também tem 8 elétrons e começa com o sódio e termina quando os orbitais 3s e 3p são preenchidos no argônio. O quarto período começa com o orbital 4s no potássio, pois o orbital 4s tem energia menor do que o orbital 3d. O orbital 4s fica preenchido no elemento cálcio e começa então a ser preenchido o orbital 3d no elemento scândio e se iniciam os metais de transição. Como os orbitais d têm 10 elétrons, são 10 os elementos desta linha até que se inicie o preenchimento do orbital 4p, com o gálio. E assim por diante.

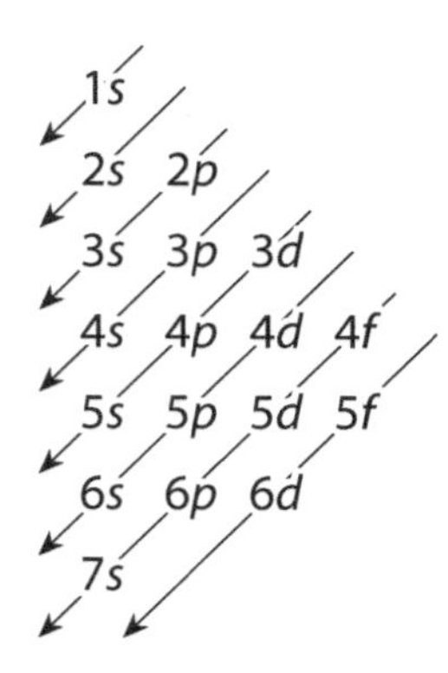

Figura 1.9 Sequência de preenchimento dos orbitais.

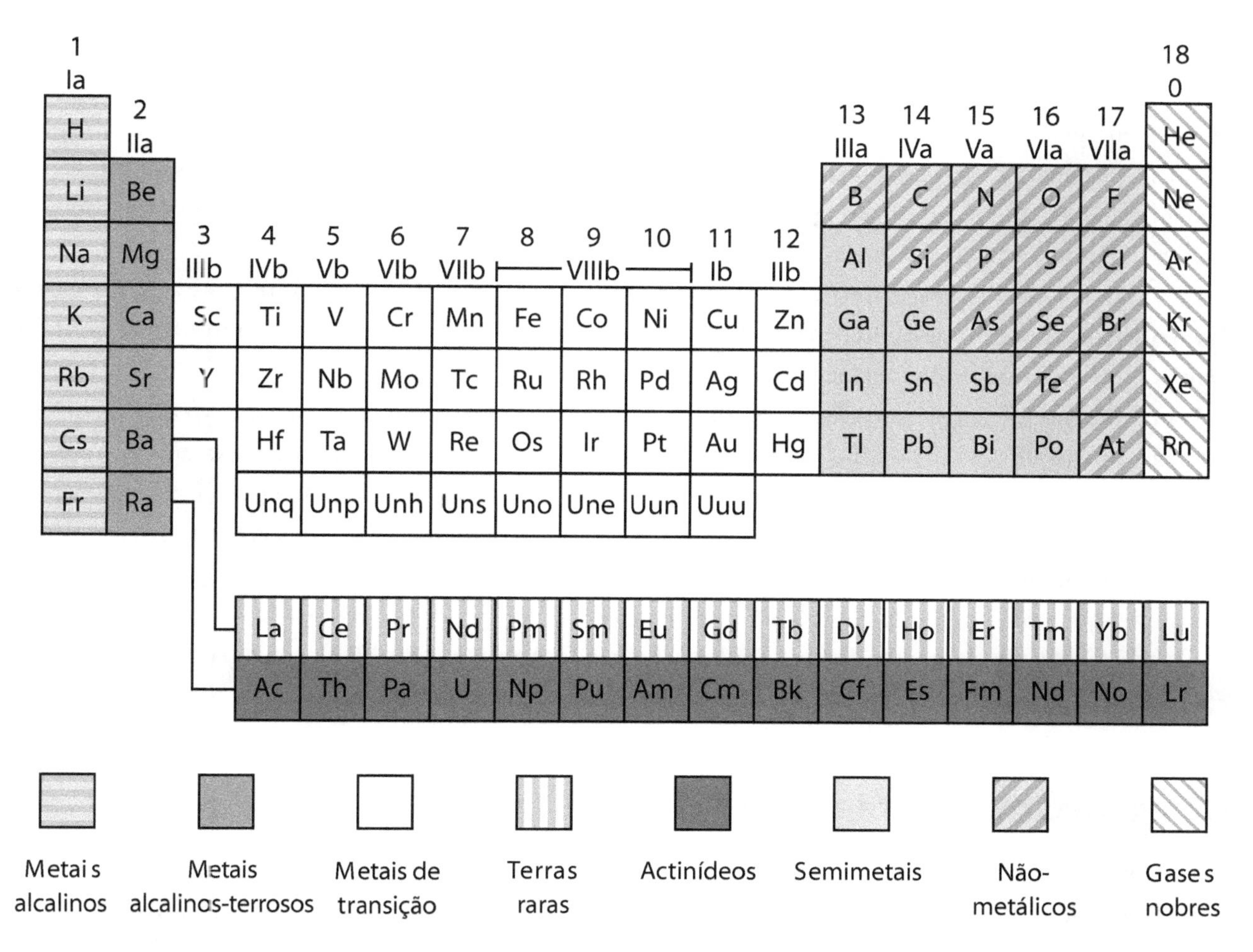

Figura 1.10 Tabela Periódica dos elementos, mostrando os orbitais de valência dos elementos nos períodos (linhas) e as famílias (colunas) dos metais (alcalino, alcalino-terrosos e de transição), dos semimetais, dos não metais e dos gases nobres.

Na tabela periódica, os elementos são enquadrados em 18 colunas verticais que delimitam as famílias ou grupos químicos. Como o número atômico aumenta ao longo das linhas, as propriedades químicas retornam em ciclos. Por isso, elementos semelhantes, com configurações de elétrons de valências iguais, aparecem agrupados verticalmente. Embora as semelhanças químicas sejam mais pronunciadas, na maioria das vezes, entre elementos da mesma coluna, há alguma similaridade entre elementos que não se acham na mesma coluna, mas que possuem o mesmo número de elétrons de valência.

Levando em conta somente suas propriedades elétricas, os elementos químicos podem ser classificados como *metais, não metais, semimetais* e *gases nobres.*

Os *metais* são bons condutores de calor e de eletricidade; sua condutividade elétrica diminui com o aumento da temperatura e, em geral, formam um reticulado cristalino compacto. Aqueles da primeira e segunda colunas (os alcalino e os alcalino-terrosos) são muito reativos e não são encontrados na natureza em sua forma metálica. Os metais de transição (colunas 3 a 12) possuem conjuntos de orbitais de valência *d* incompletos, e energia de ionização baixa. Isto significa que seus átomos têm relativamente pouca atração pelos elétrons de valência e pouca afinidade para quaisquer outros elétrons adicionais. Em ligações químicas com elementos não metálicos, os metais doam seus elétrons de valência e se tornam íons. Os metais formam íons positivos (cátions) e os não metais, íons negativos (ânions).

Os *não metais* são isolantes elétricos, mas sua condutividade aumenta com o aumento da temperatura; têm tendência a formar moléculas como N_2, S_2, Cl_2, que formam sólidos voláteis. Combinam-se com elementos metálicos formando íons negativos.

Na tabela periódica, os metais são separados dos não metais por uma faixa de *semimetais* que vai do alumínio ao polônio. Estes são condutores de eletricidade, mas com condutividade mais baixa do que os metais e, em geral, formam reticulados cristalinos pouco compactos. Possuem normalmente formas alotrópicas (diferentes tipos de ordenação dos átomos, convencionalmente nomeados por letras gregas) com propriedades elétricas diferentes. Por exemplo, o estanho α tem propriedades de semimetal (baixa condutividade elétrica), enquanto o estanho β é um condutor metálico.

Os *gases nobres* são elementos em que o subnível *p* está completo e possuem alta energia de ionização, não tendo tendência a se associar com nenhum outro elemento da tabela periódica.

1.2 Ligações químicas e a matéria

Uma vez entendido do que a matéria é constituída, é preciso entender como os átomos se organizam para formar a grande variedade de compostos presentes na natureza. Nesta eles aparecem, na maioria das vezes, combinados uns aos outros na forma de moléculas agrupadas na forma de gás, líquidos ou sólidos. Moléculas são conjuntos de dois ou mais átomos, iguais ou diferentes, ligados entre si pela interação de suas nuvens eletrônicas.

No estado gasoso, o número de moléculas por unidade de volume é muito baixo ($10^{19}/cm^3$); elas se movimentam em grande velocidade (100 m/s na temperatura ambiente) e não estão em contato permanente. No estado líquido, a densidade de moléculas sobe para $10^{22}/cm^3$, as partículas estão sempre em contato, mas se movimentam com facilidade e não possuem organização de longo alcance. No estado sólido, as partículas praticamente não têm movimento relativo e podem estar arranjadas de modo aleatório, semelhante ao estado líquido (sólido amorfo), ou em distâncias regulares umas das outras formando um reticulado contínuo (sólido cristalino). Os sólidos cristalinos são mais compactos do que os sólidos amorfos com cerca de 10^{23} partículas/cm^3. Exemplos de materiais que normalmente se encontram como sólidos amorfos são os vidros e a maioria dos plásticos (também denominados polímeros); na forma de sólidos cristalinos são os sais, os cristais de rocha e os metais.

Embora, teoricamente, qualquer substância possa assumir todos esses estados, são necessárias condições específicas ou até o desenvolvimento de tecnologia apropriada para que eles possam existir. Por exemplo, a água pode estar no estado de vapor, líquido ou sólido sob determinadas condições de pressão e temperatura, mas metais amorfos só são conseguidos por meio de misturas adequadas de átomos somadas a um resfriamento muito rápido do líquido.

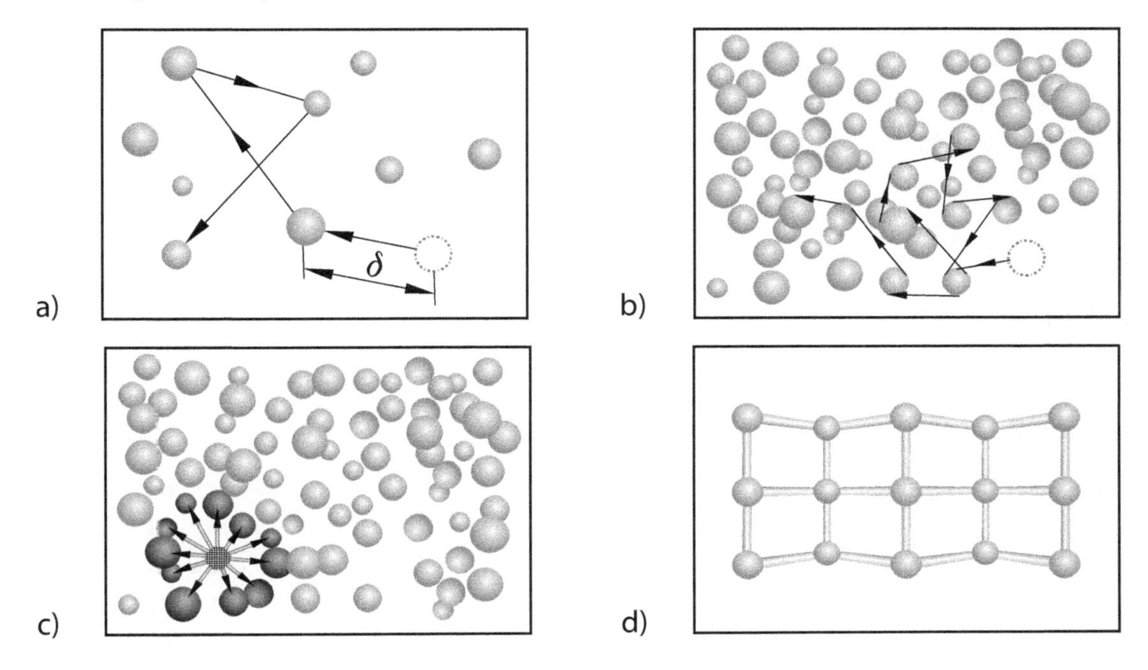

Figura 1.11 Estados da matéria: a) gasoso; b) líquido; c) sólido amorfo; d) sólido cristalino.

Como foi dito, valência significa que existem elétrons mais fracamente ligados ao átomo e que podem tomar parte na formação de ligações químicas. A maneira de os átomos se combinarem depende da sua energia de ionização. As afinidades eletrônicas dos não metais são em geral mais altas do que a dos metais, e eles têm maior tendência à aquisição de elétrons do que os metais e semimetais. Essencialmente, existem quatro tipos de ligações atômicas: ligações iônicas, covalentes, metálicas e de van der Waals.

Ligação iônica

Quando um átomo doa ou recebe um elétron, ele se torna íon positivo, no primeiro caso, ou negativo, no segundo. Ou seja, a sua carga elétrica total deixa de ser nula. O aspecto essencial da ligação iônica é a simetria eletrônica. A transferência de elétrons de átomos de baixa energia de ionização (metais) para átomos de alta afinidade eletrônica (não metais) produz íons com cargas opostas, cuja atração mútua (forças de Coulomb) conduz a um cristal estável. O exemplo deste tipo de ligação é o sal de cozinha, NaCl. O sódio doa um elétron para a nuvem eletrônica do cloro e passa a ter uma carga positiva enquanto o cloro adquire carga negativa. Por força eletrostática, os dois átomos se atraem e, na presença de outros átomos com o mesmo tipo de ligação química, forma-se um reticulado contínuo que procura anular a carga eletrônica total do conjunto.

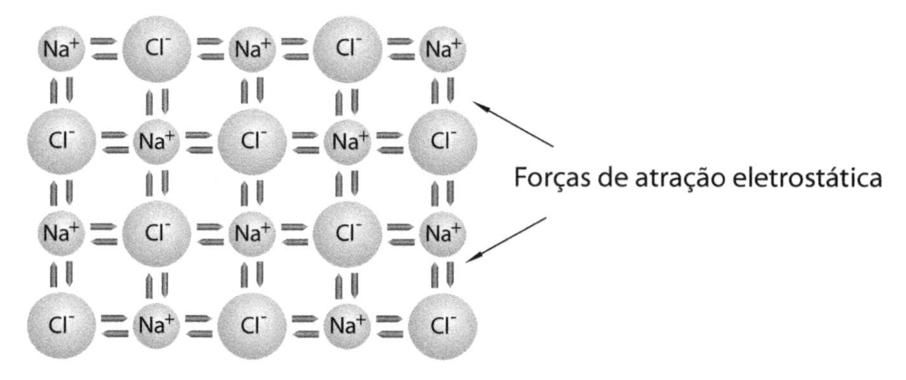

Figura 1.12 Representação esquemática da ligação iônica.

Ligação covalente

Nas ligações covalentes mais simples, os átomos em geral possuem a mesma energia de ionização e a mesma afinidade eletrônica, como, por exemplo, nos gases H_2, N_2, O_2 e Cl_2. Neste caso, os elétrons são divididos simetricamente entre os dois núcleos, ou seja, as suas nuvens eletrônicas se fundem. Assim como na ligação iônica, há uma redistribuição de densidade eletrônica que faz com que a energia total do sistema diminua. Ligações covalentes também podem se formar com átomos diferentes. Neste caso, haverá uma distribuição não homogênea da nuvem eletrônica, pois as cargas nucleares serão diferentes, e a distribuição dos átomos é bem definida, o que lhes confere polaridade. Um exemplo é a molécula do gás metano, CH_4. Quando a polaridade é muito acentuada, como no caso da água, H_2O, forma-se uma ligação *polar covalente*, na qual as moléculas se atraem mutuamente por força eletrostática. Estas moléculas tendem a ter formas bem definidas e podem também construir íons compostos, como é o caso da sílica, SiO_4^{4-}. Ligações covalentes não são condutoras de eletricidade, pois a ligação promove um preenchimento dos orbitais externos dos átomos que dela fazem parte.

A grande maioria das gemas utilizadas em joalheria é constituída de um arranjo cristalino de íons compostos; a ametista, por exemplo, é formada por cristais de quartzo com átomos de magnésio dispersos na sua estrutura.

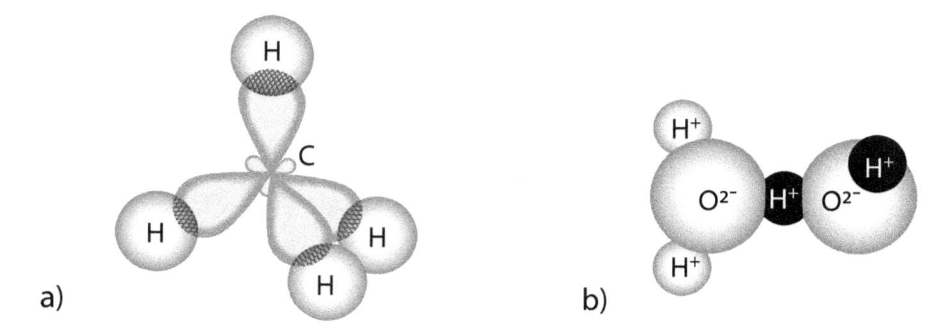

Figura 1.13 Exemplos da distribuição espacial de moléculas formadas por ligação polar covalente: a) molécula de metano; b) duas moléculas de água unidas por ligação polar covalente.

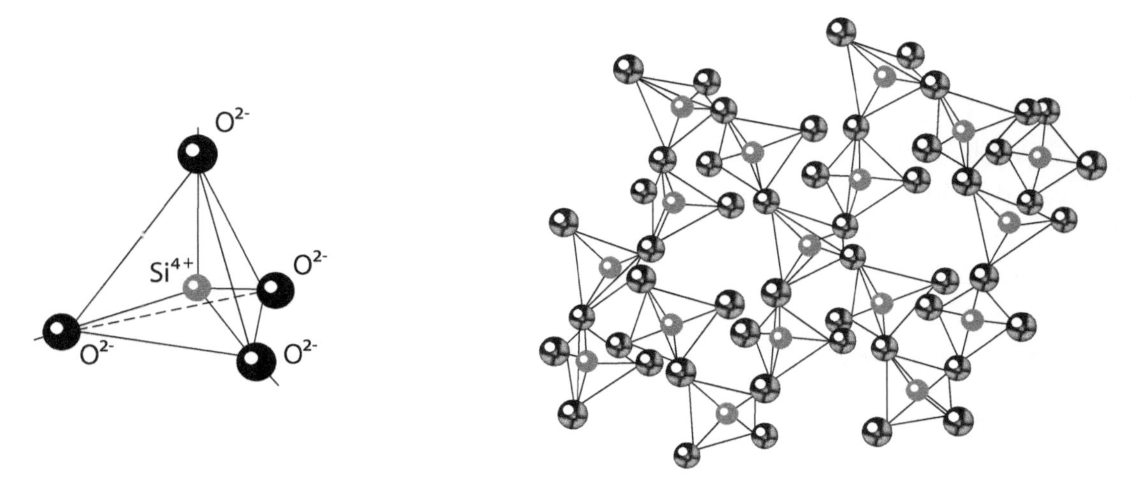

Figura 1.14 Distribuição espacial de moléculas de SiO_4^{4-} formando o cristal de quartzo.

Ligação metálica

As ligações metálicas podem ser entendidas como ligações covalentes não saturadas, ou seja, não há preenchimento dos orbitais externos do átomo, sendo que sempre há mais elétrons do que ligações necessárias para a saturação. Isto faz com que os elétrons circulem livremente em uma estrutura de íons positivos. A boa condutividade térmica e elétrica dos metais é explicada por esta liberdade dos elétrons. Como não há nada além da geometria para restringir o número de vizinhos atômicos, os átomos metálicos tendem a se agrupar de maneira compacta, como em um conjunto de esferas sólidas. Em metais puros, isto leva a estruturas cristalinas bem simples.

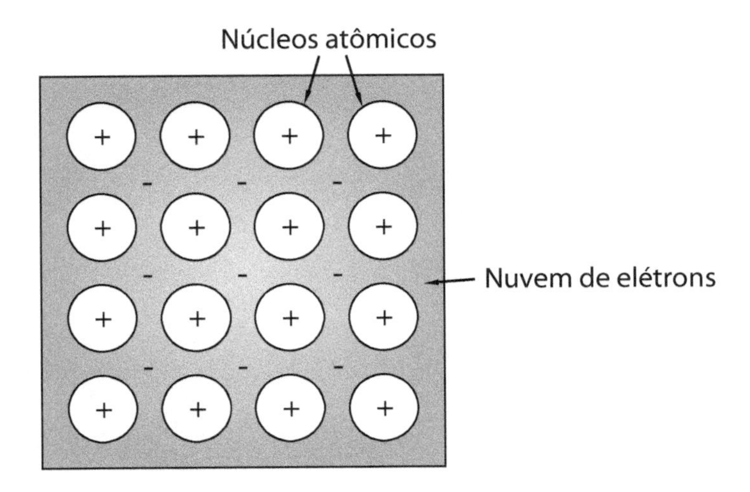

Figura 1.15 Representação esquemática da ligação metálica.

A natureza insaturada da ligação metálica também é responsável pela propriedade que os metais têm de dissolver outros elementos no seu cristal, ou seja, formar ligas. Quando um átomo de cobre se junta a um átomo de níquel, eles são relativamente indiferentes um ao outro, já que ambos contribuem para a mesma nuvem de elétrons livres. Desta forma, é possível misturar de maneira aleatória um metal com o outro formando soluções substitucionais. Com o aumento da temperatura, aumenta a vibração dos átomos em torno da sua posição no reticulado cristalino, e vem daí a sua expansão volumétrica com a temperatura. Com o aumento da vibração, o deslocamento dos elétrons de valência é prejudicada e a condutividade elétrica cai.

Ligação do tipo van der Waals

É uma força fraca que age em todos os átomos e é responsável pela condensação de gases nobres e de moléculas saturadas, e pela formação de líquidos e sólidos destas moléculas em baixas temperaturas. É a principal força de atração entre as cadeias de moléculas que formam os materiais poliméricos.

Referências bibliográficas

1.1 B. H. MAHAN. *Química um curso universitário*. 2. ed. São Paulo: Blücher, 1972.
1.2 A. COTTRELL. *An introduction to metallurgy*. 2. ed. Londres: The Institute of Materials, 1995.
1.3 R.W. CAHN. *The coming of materials science*. Pergamon Amsterdan: Elsevier Science, 2001.
1.4 W. SCHATT. *Einfuhrung in der Werkstoff Wissenschaft*. Leipzig: Deutsche Verlag fur Grundstoffindustrie, 1991.

2.

Materiais metálicos e suas propriedades

2.1 Principais características dos materiais metálicos

Atualmente são conhecidos 109 elementos químicos, dos quais 88 são metais. Destes, apenas um terço tem significado prático, isto é, são utilizados como material de fabricação. Estes metais precisam:

- Estar disponíveis na natureza em grande quantidade.
- Ser extraídos do seu minério de maneira economicamente viável.
- Ter propriedades que possibilitem o seu uso na forma de componentes de aplicação prática.

Os metais têm as seguintes características:

- Podem ser deformados mecanicamente.
- São opacos, refletem a luz quando a sua superfície está polida.
- Oferecem boa condutividade ao calor e à eletricidade.
- Formam estruturas cristalinas compactas.
- Os que se encontram próximos uns dos outros na tabela periódica, na maioria das vezes, misturam-se facilmente formando ligas. Os mais distantes são, na maioria das vezes, incompatíveis. O porquê disto será visto no Capítulo 3.

Nos metais, a estrutura cristalina pode ser modelada fisicamente pelo empacotamento de esferas rígidas. A maneira mais compacta de agrupar esferas de mesmo tamanho é arranjar um primeiro plano de forma a ter cada esfera rodeada por seis outras conforme mostra a Figura 2.1. Para referência futura, pode-se nomear estes espaços ocupados com a letra A. Uma segunda camada de esferas é adicionada nos "vazios" da primeira; e aí há duas possibilidades: ou nos lugares marcados com a letra B ou nos marcados com a letra C. Supondo que sejam preenchidos os espaços B, pode-se preencher o terceiro plano voltando à posição A ou ir à posição C. Com isto se constroem dois tipos de arranjo cristalino: a sequência ABABAB gera um reticulado *hexagonal*, ou seja, os centros das esferas do primeiro plano formam um hexágono. A sequência ABCABCABC gera um reticulado cúbico compacto denominado cúbico de face centrada, pois equivale a um empilhamento cúbico com átomos intermediários alocados no centro das faces. Nos dois casos, cada esfera possui 12 esferas vizinhas, que gera o agrupamento mais compacto, com 74% do espaço útil ocupado pelos átomos.

a) Primeira camada de átomos

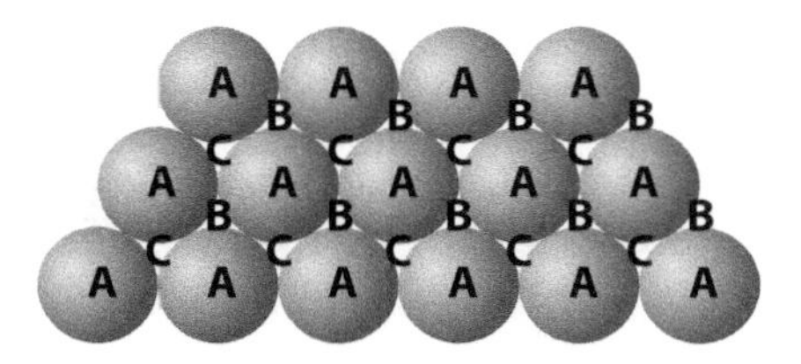

b) Segunda camada ocupando posições B

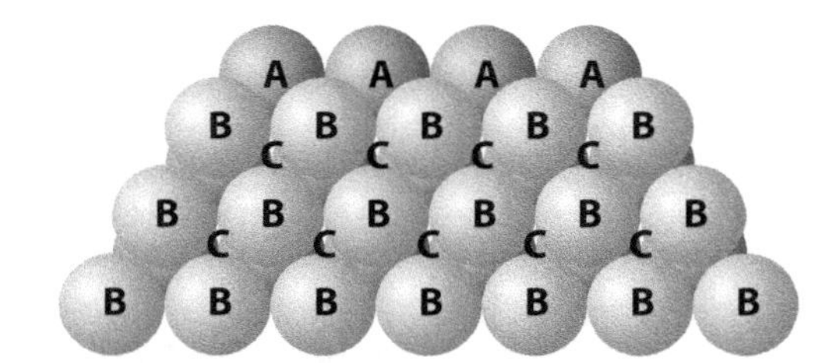

c) Arranjo hexagonal compacto

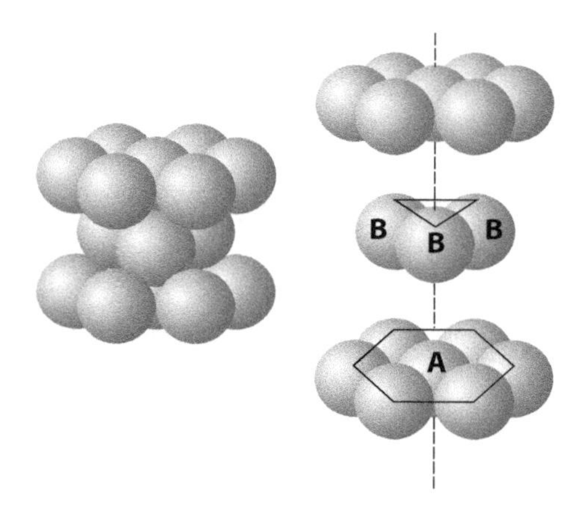

d) Arranjo cúbico de face centrada

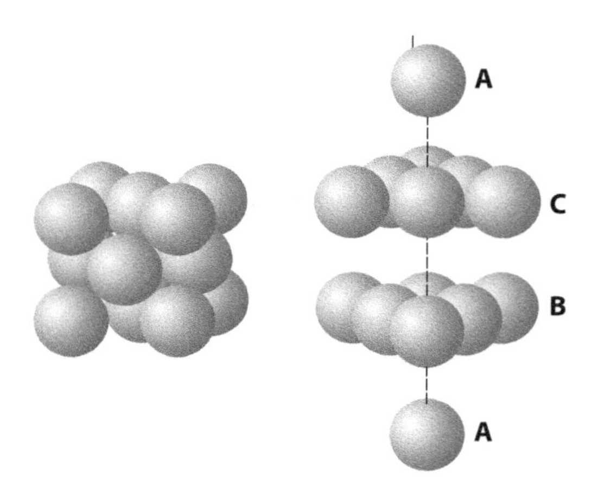

Figura 2.1 Arranjos compactos de esferas formando reticulados hexagonal compacto e cúbico de face centrada.

Uma outra possibilidade é fazer um arranjo cúbico com uma esfera no centro, denominado *cúbico de corpo centrado*. Neste caso, cada esfera tem 8 vizinhos próximos e 68% do espaço é ocupado pelos átomos.

Figura 2.2 Arranjos compactos de esferas formando reticulado cúbico de corpo centrado.

Os elementos metálicos sempre assumem uma destas três configurações, e alguns possuem formas alotrópicas, podendo assumir duas configurações diferentes, como mostra a Tabela 2.1. Mas os metais utilizados como matéria-prima não são formados de cristais únicos, e sim de uma junção de vários cristais, denominados *grãos*, orientados de diferentes modos e unidos por interfaces chamadas de *contornos de grão*. Em situações especiais, como na ponta de um lingote na região do *rechupe*, ou quando o metal é atacado quimicamente de maneira preferencial nos seus contornos de grão e em seguida fraturado, pode-se observar a superfície destes cristais, que tem formato poligonal (ver Figura 2.3b).

Tabela 2.1 Tipo de reticulado cristalino dos elementos metálicos

Li ccc	Be hc	B –	ccc – cúbico de corpo centrado hc – hexagonal compacto cfc – cúbico de face centrada								
Na ccc	Mg hc	Al cfc									
K ccc	Ca ccc, cfc	Sc cfc	Ti hc, ccc	V ccc	Cr ccc	Mn ccc	Fe ccc, cfc	Co hc	Ni cfc	Cu cfc	Zn hc
Rb ccc	Sr cfc	Y hc	Zr hc	Nb ccc	Mo ccc	Te hc	Ru hc	Rh cfc	Pd cfc	Ag cfc	Cd hc
Cs ccc	Ba ccc	La hc	Hf hc	Ta ccc	W ccc	Re hc	Os hc	Ir cfc	Pt cfc	Au cfc	Hg –

a) 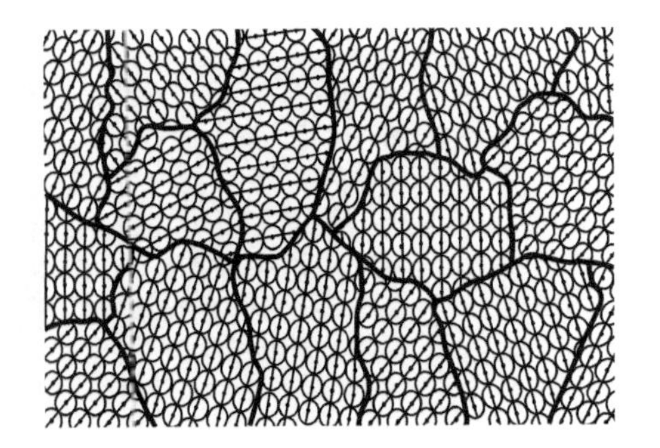

b) 

Figura 2.3 a) Representação esquemática de um agrupamento de cristais metálicos com orientação diferente se encontrando em contornos de grão; b) superfície de grãos de uma liga de ouro-níquel fraturada por corrosão sob tensão em água sanitária comercial (microscopia eletrônica de varredura) (Fonte: Referência 2.2).

A região do contorno de grão pode ser entendida como um volume onde a ordem cristalina é interrompida (Figura 2.3a), ou seja, com uma região de "defeito"[1]. O contorno de grão não é o único defeito existente nas estruturas metálicas. Outros são: átomos faltantes (lacunas), átomos de outras substâncias (impurezas ou elementos de liga) em posições substitucionais (substituindo um átomo na rede cristalina) ou intersticiais (nos espaços entre os átomos da rede cristalina), (ver Figura 2.4), planos cristalinos incompletos (discordâncias) (Figura 2.5), e sequência de empilhamento fora de ordem em cristais cfc e hc (falhas de empilhamento).

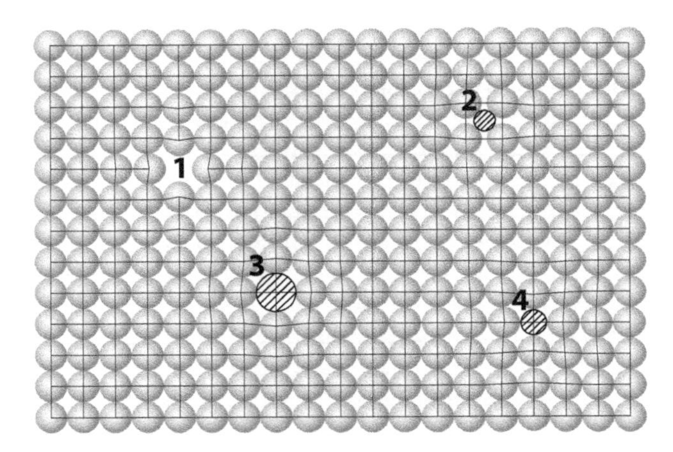

Figura 2.4 Defeitos puntiformes presentes na estrutura cristalina: 1) lacuna; 2) átomo intersticial; 3) átomo substitucional de maior raio; 4) átomo substitucional de menor raio.

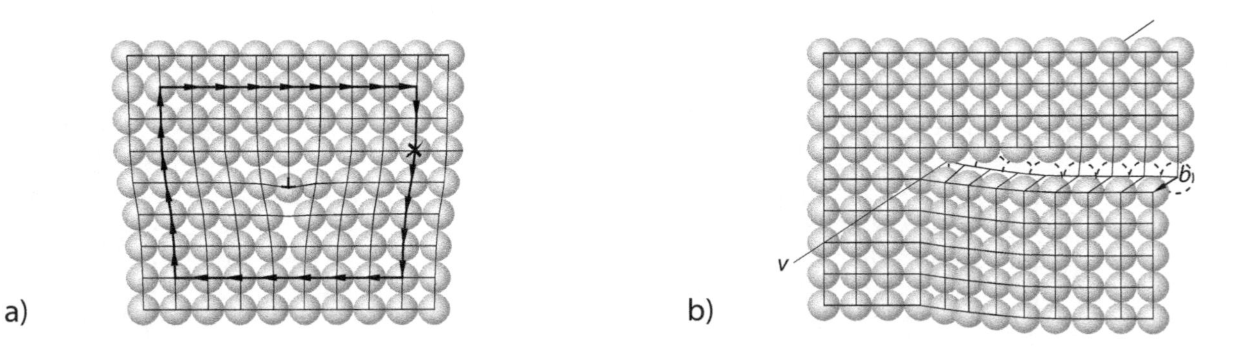

Figura 2.5 Defeitos lineares presentes em uma estrutura cristalina: a) discordância em cunha (meio-plano); b) discordância em hélice (meio-plano torcido).

1 Neste contexto, "defeito" não tem o significado usual do termo, mas significa "imperfeição da estrutura cristalina". A maioria dos "defeitos" exerce influência positiva sobre as propriedades do metal.

Apesar das semelhanças estruturais, os metais apresentam grandes diferenças nas seguintes propriedades:

- Densidade.
- Dureza e resistência mecânica.
- Temperatura de fusão.
- Atividade química.

Para os metais utilizados na ourivesaria, pode-se citar as seguintes propriedades gerais:

- Os elementos das ligas mais utilizadas, Au, Ag e Cu, estão no mesmo grupo da tabela periódica, uns sobre os outros, e todos formam reticulados cúbicos de face centrada. Eles são moderadamente moles, muito dúcteis e maleáveis, além de excelentes condutores de calor e eletricidade. Têm pontos de fusão moderadamente elevados. São suficientemente resistentes à oxidação para que possam, por vezes, ser encontrados na natureza no estado não combinado.
- Os elementos de liga importantes como os platinídeos ficam próximos ao ouro e à prata. Estes são: o rutênio, o ródio, o paládio, o ósmio, o irídio e a platina. São metais bastante raros e têm em comum uma resistência geral ao ataque químico. Possuem temperatura de fusão elevada. Os metais do grupo de platina diferem um pouco na aparência física e nas propriedades mecânicas. O rutênio e o ósmio são metais quebradiços acinzentados e muito duros. O ródio e o irídio têm aparência esbranquiçada. O ródio é mole e dúctil, enquanto o irídio é duro e quebradiço. Paládio e platina são metais brancos de brilho considerável e são mais maleáveis do que os outros metais do grupo. Eles reagem com os elementos semimetálicos, particularmente com enxofre, fósforo, arsênio, antimônio e chumbo.
- Os elementos utilizados para fabricar os metais de solda, Zn e Cd, também são vizinhos ao grupo do ouro, prata e cobre. Têm ponto de fusão baixo e seus óxidos são solúveis em água. O zinco e o cádmio reagem com o hidrogênio, mas o mercúrio, que também pertence ao mesmo grupo, não. O mercúrio é tão inerte quanto o ouro e a prata e forma amálgamas (ligas metálicas contendo mercúrio, muito utilizadas em restaurações dentárias).

2.2 Propriedades dos metais de interesse na joalheria

Muitas propriedades dos materiais metálicos estão diretamente relacionadas com a sua valência, a energia de ligação entre seus átomos, seu fator de empacotamento (estrutura cristalina) e seus pesos atômicos. Estas propriedades são: afinidade química, densidade, brilho, cor, módulo de elasticidade, calor latente de fusão, coeficiente de expansão térmica e condutividade térmica. Já outras propriedades, como dureza, resistência mecânica, alongamento e tenacidade, dependem não só destas condições fundamentais, mas também da formação dos grãos e da quantidade de defeitos presentes no material. A seguir, serão apresentadas algumas propriedades dos metais mais importantes para a ourivesaria.

Tabela 2.2 Algumas propriedades dos metais puros.

Metal	Símbolo	Número atômico	Massa atômica [g/mol]	Estados de oxidação	Densidade [g/cm³]	Ponto de fusão [°C]	Ponto de ebulição [°C]	Calor específico [kJ/(kg . K)]	Calor latente de fusão [kJ/kg]	Coeficiente de expansão térmica [10^{-6} m/(m . K)]	Condutividade térmica [W/(K . m)]	Dureza Brinell [HB] (recozido)	Limite de resistência [MPa]	Alongamento [%]
Ouro	Au	79	196,97	1,3	19,3	1.063	2.600	0,131	67	14,3	311,5	18,5	131	40
Prata	Ag	49	107,87	1,2	10,5	960,5	2.170	0,2332	104	19,7	418,7	26	137	60
Cobre	Cu	29	63,54	1,2	8,96	1.083	2.350	0,3835	205	16,98	414,1	45	221	42
Platina	Pd	78	195,09	1,2,3,4,6	21,45	1.774	4.350	0,1331	113	8,99	73,7	56	132	41
Paládio	Pt	46	106,40	2,3,4	12,03	1.554	3.387	0,2273	162	11,86	72,2	47	184	25
Ródio	Rh	45	102,91	1,2,3,4,6	12,4	1.960	4.500	0,2474	217	8,3	149,9	127	410	9
Zinco	Zn	30	65,37	2	7,13	419,5	907	0,3869	111	29,1	111,0	43	35	32
Cádmio	Cd	48	112,40	2	8,64	320,9	767	0,2315	57	30,0	92,1	16	63	55
Mercúrio	Hg	80	200,59	1,2	13,55	-38,84	357	0,1398	12	182	10,5	–	–	–
Estanho	Sn	50	118,69	2,4	7,28	231,9	2.360	0,2261	59	21,4	67,0	4	27	50
Chumbo	Pb	82	207,20	2,4	11,34	327,4	1.750	0,1251	24	29,1	29,1	4	13	31
Níquel	Ni	28	58,71	2,3	8,91	1.455	2.913	0,444	298	13,4	90,9	70	350	35
Ferro	Fe	26	55,85	2,3,6	7,87	1.539	3.000	0,4509	272	11,9	71,2	40	210	32
Titânio	Ti	22	47,90	2,3,4	4,51	1.800	3.262	0,5568	324	8,35	15,1	120	343	40
Alumínio	Al	13	26,98	3	2,7	660	2.270	0,8959	385	23,86	230,3	17	45	40

2.2.1 Aspectos gerais

⊙ Ouro (Au)

Conhecido desde a Antiguidade, sabe-se que seu uso iniciou por volta de 5000 a.C., por ocorrer naturalmente na forma metálica e ser facilmente trabalhável. A sua conformabilidade é tão alta que é possível produzir lâminas de 0,001 mm de espessura, ou com apenas 1 g de metal trefilar um fio com 2 km de extensão. Tem uma cor amarela característica e por isto absorve pouco a radiação infravermelha e seu aquecimento por raios solares é lento. Deixa-se polir facilmente, de forma que é possível produzir uma superfície altamente refletora. As suas condutividades térmica e elétrica são menores do que as da prata e do cobre, é facilmente soldável e tem baixa resistência de contato. O seu ponto de fusão é 1.063 °C, colocando-o no limite de poder ser fundido com chama de gás de cozinha (mistura de metano e oxigênio).

O ouro é resistente ao oxigênio do ar, à água, às bases e à maioria dos ácidos. Resiste mesmo a ácidos fortes como clorídrico, sulfúrico e nítrico. Foi só por volta de 1700 que foi descoberta a água régia (1 parte de ácido nítrico e 3 partes de ácido clorídrico), que é capaz de atacar um pouco este metal pela formação de cloreto cúprico $AuCl_3$. O ouro também é atacado pelo íon cloreto Cl^- e por cianetos de metais alcalinos (como KCN e NaCN) na presença de oxigênio.

Para aumentar a resistência mecânica e dureza do ouro, baixar seu ponto de fusão, modificar sua cor e reduzir o preço dos produtos deste metal, ele é normalmente ligado a cobre e prata. A liga conhecida como ouro branco é produzida pela adição de paládio ou níquel; a adição de cobre deixa sua cor mais avermelhada, enquanto a de ferro produz uma cor azulada, e a de alumínio, rosada. Ligas para brasagem, com ponto de fusão mais baixo, são feitas pela adição de zinco e cádmio. O ouro que ocorre na natureza vem ligado geralmente à prata (8 a 10% e às vezes até 40%).

Na crosta terrestre, a concentração de ouro é muito pequena (0,000002%). As regiões de maior concentração estão localizadas em locais de formação hidrotérmica, ou como depósitos sedimentares pré-cambrianos. Na maioria das vezes, ocorre na forma de partículas pequenas, como inclusões junto a outros minerais, tais como o quartzo e sulfetos (os mais comuns são pirita, calcopirita, galena, sfalerita, arsenopirita, stiberita e pirotita). Grandes acúmulos deste metal são chamados de pepitas. Quando encontrado junto a rochas, é caracterizado pela presença de cristais octaédricos, ou formando protuberâncias triangulares, como mostra a Figura 2.6.

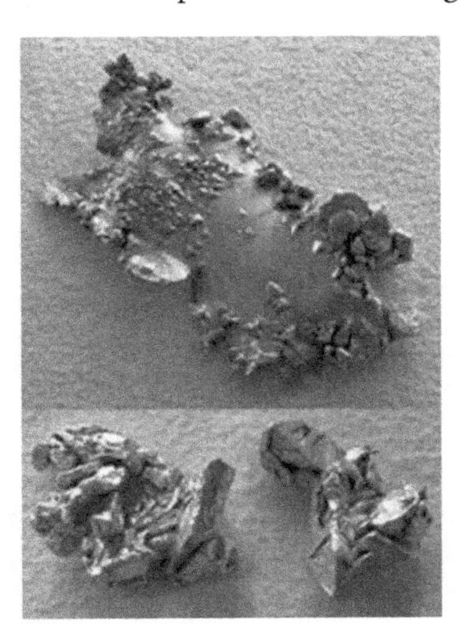

Figura 2.6 Pepitas de ouro encontradas na Califórnia e na Austrália (Fonte: www.wikpedia.org).

Desde 1880, a África do Sul é o maior produtor deste metal, mas a produção, que em 1970 correspondia a 79% da produção mundial, vem caindo. Outros grandes produtores são o Canadá, os Estados Unidos e a Austrália. Reservas importantes também estão localizadas na Rússia (Sibéria) na Índia e no Chile. Hoje 24% da produção mundial de ouro provém da extração artesanal.

No Brasil, um terço da produção deste metal também provém da extração artesanal, aqui denominada garimpo. O termo surgiu durante a era colonial e, segundo uma definição de 1731, garimpeiro era "o nome com que se apelida neste país aos que mineram furtivamente as terras diamantinas e que assim são chamados por viverem escondidos pelas garimpas das serras". As regiões de garimpo coincidem com as de sedimentação pré-cambriana do nosso território, a principal sendo a bacia amazônica. As maiores áreas são em Itaituba, no Tapajós com 2.874.500 ha; em Diamantina/Monjolos/Gouveia/Dantas/Bocaiúva (Minas Gerais), com 1.178.375 ha; Peixoto de Azevedo, com 657.550 ha; Alta Floresta, 171.000 ha; Cumaru, no município de São Félix do Xingu, com 95.145 ha. A principal técnica de extração do ouro utilizada no garimpo é a amalgamação, causando um considerável aumento no teor de mercúrio, altamente poluidor, destas regiões.

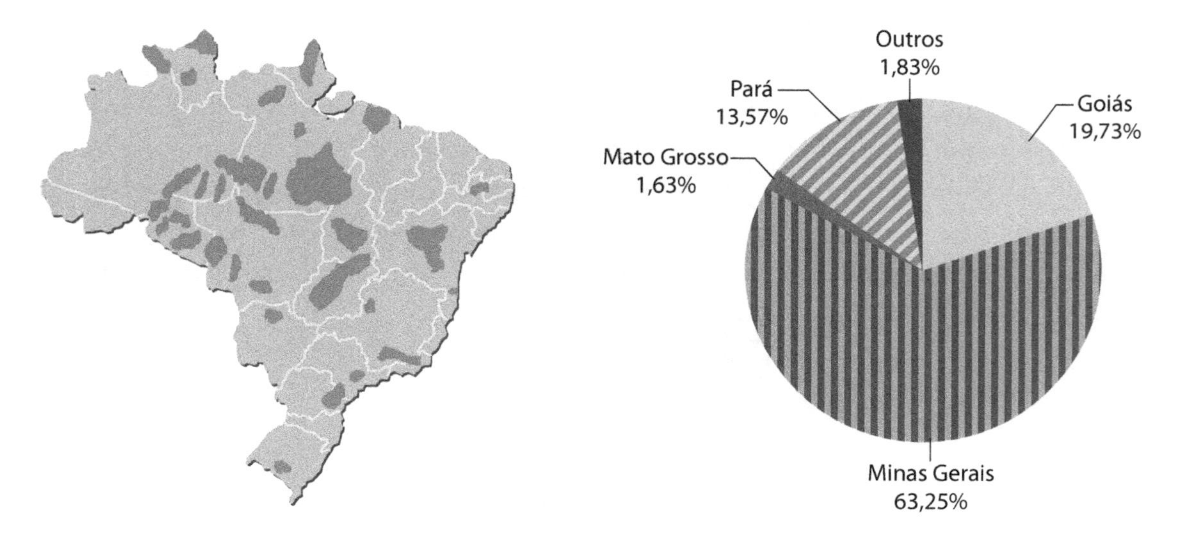

Figura 2.7 Mapa das regiões produtoras de ouro do Brasil e concentração das suas reservas nos estados brasileiros (com dados do DNPM/Departamento Nacional de Produção Mineral, em 2004).

Nas regiões em que há redução dos depósitos de ouro secundário, e encontra-se ouro em rocha primária (veios em quartzo), a extração passa gradativamente ao controle de mineradoras ou para cooperativas de garimpo, que passam a ter de empregar processos mecanizados. Reduzido número de empresas de mineração concentrou 67% do ouro produzido no Brasil em 2004 (42 toneladas). A comercialização de ouro proveniente de lavra representou em 2005 aproximadamente 9% do volume financeiro gerado pelo setor de minérios metálicos do País (ver Figura 2.8).

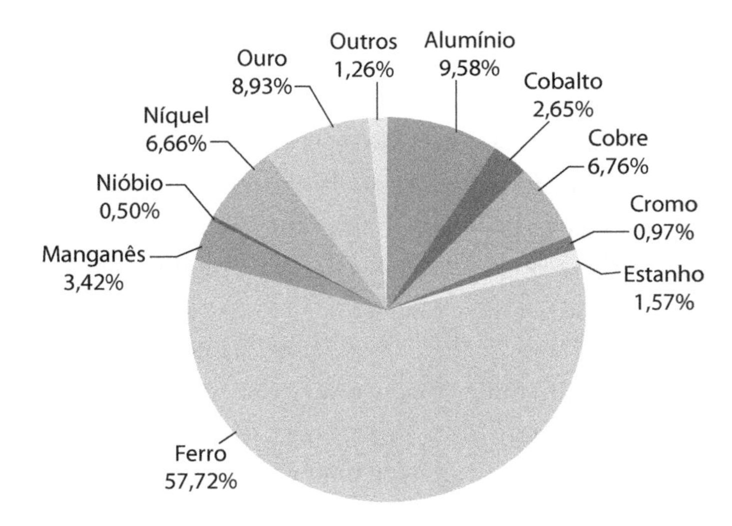

Figura 2.8 Representação do volume financeiro gerado pela comercialização de minérios de materiais metálicos no Brasil no ano de 2004 (com dados do DNPM, em 2004).

O ouro refinado é ordenado nas seguintes classes (norma NBR8000): classe I – ouro com teor mínimo de 99,5% (título 995); classe II – ouro com teor mínimo de 99,95% (título 999,5); classe III – ouro com teor mínimo de 99,99% (título 999,9); e classe IV – ouro com teor mínimo de 99,995% (título 999,95).

ℂ Prata (Ag)

A prata é muito maleável, embora menos do que o ouro, tem brilho metálico branco e pode ser facilmente polida; a sua superfície possui grande capacidade de reflexão da luz visível, mas a capacidade de refletir a luz ultravioleta é fraca. De todos os metais, é o que possui maior condutividade elétrica, mas, como é mais oxidável e mais cara do que o cobre, é preterida na utilização como material condutor de eletricidade. A prata pura também é o metal que mais conduz calor e o que oferece menor resistência de contato. Haletos de prata são fotossensíveis e, por isso, são utilizados em insumos fotográficos.

Este metal é estável em água e ar puros, mas oxida na presença de ozônio e ácido sulfídrico, ou ar contendo enxofre. O estado de valência da prata mais comum é +1 (por exemplo, no $AgNO_3$) e tem pouca ocorrência de compostos +2 (bifluoreto de prata AgF_2) e +3 (persulfato de prata $Ag_2(SO_5)_3$). A prata se combina facilmente com ácido nítrico formando $AgNO_3$, e também é atacada por cianetos de metais alcalinos.

Para aumentar a sua dureza e resistência mecânica, é normalmente ligada ao cobre (adicionam-se de 2,5 a 20%). Ligas para brasagem contêm zinco além de cobre.

As maiores fontes de prata comercializada no mundo provêm de mineração (em 2004, foram 72%), e o restante, de reciclagem e reservas governamentais. Os maiores produtores de prata são o México, o Peru e a Austrália. Ela aparece combinada ao enxofre, arsênio, estanho, antimônio ou cloro e geralmente é encontrada com outros minérios. Somente 30% das minas são de prata primária, de modo que a viabilidade de sua extração está ligada ao preço de extração de outros produtos, principalmente zinco, cobre, níquel, ouro e chumbo. Este metal também é recuperado durante o refinamento eletrolítico do cobre.

O Brasil não possui reservas significativas deste metal, mas o produz como subproduto da extração de ouro e cobre (cerca de 6 t em 2005).

A produção é consumida nos setores de joalheria e artefatos de prata (28%), indústria (42%) e fotografia (21%), embora este último esteja em declínio devido ao aumento do uso da fotografia digital.

A prata refinada é ordenada nas seguintes classes (Norma NBR 13703): classe I – prata com teor mínimo de 99,90 % (título 999,0); classe II – prata com teor mínimo de 99,95% (título 999,5); classe III – prata com teor mínimo de 99,99 % (título 999,9).

♀ Cobre (Cu)

Para o ourives, o cobre é o metal mais importante, pois é utilizado como elemento de liga para melhorar as propriedades mecânicas do ouro e da prata, além de servir como material para a fabricação de modelos e padrões.

Foi o primeiro metal trabalhado pelo homem. É o único que possui cor avermelhada, deixa-se facilmente polir, mas oxida lentamente ao ar. Depois da prata, é o melhor condutor de eletricidade e de calor, sendo extensivamente utilizado como condutor elétrico, material de construção e componente de várias ligas. O seu calor específico é muito alto e tem também alto ponto de fusão (1.083 °C), sendo muito difícil fundi-lo com chama de gás de cozinha.

Durante a oxidação ao ar, primeiro forma-se uma camada de óxido avermelhada, que, com o tempo e a ação de outras substâncias presentes no ar (cloro, enxofre e carbono), adquire cor preta e finalmente forma uma espessa camada esverdeada de carbonato de cobre, dita *pátina*, vista em alguns telhados de igrejas, como a catedral da Sé em São Paulo. O cobre é solúvel em ácido nítrico e ácido sulfúrico e todos os seus compostos devem ser tratados como tóxicos. O sulfato de cobre II, que quando hidratado, tem coloração azul, é potencialmente letal ao homem e é comumente utilizado como fungicida. Na presença de ácido acético, forma acetato de cobre ($Cu(CH_3COO)_2$), de cor verde escuro, também venenoso, muito utilizado como pigmento em tintas a óleo no passado e ainda hoje como fungicida.

Atualmente, a fonte mais comum de cobre é a calcopirita ($CuFeS_2$), de que provêm 50% da produção deste metal. Em 2005 este minério era explorado no Chile, nos Estados Unidos, no Canadá, na Zâmbia, na Mauritânia e na Polônia.

O Brasil também explora cobre, mas o exporta na forma de minério por não possuir refino auto-suficiente e importa cobre na forma metálica.

O cobre de melhor pureza para ser utilizado como elemento de liga é o proveniente do refino eletrolítico (99,99% de pureza)

Platinídeos (metais do grupo da platina)

☽☉ Platina (Pt)

Este metal tem propriedades muito específicas:

- O seu ponto de fusão é tão alto (1.773,5 °C) que só pode ser fundida em chama de acetileno ou em fornos elétricos especiais.
- Tem cor branco acinzentado, parecido com o aço, e após polimento adquire alto brilho.
- É resistente à oxidação por ar, água e maioria dos ácidos, só sendo atacada pela água régia a quente.
- Não forma compostos facilmente.
- Suas condutividades térmica e elétrica são metade das da prata.
- Modifica suas propriedades, principalmente mecânicas e o seu brilho, quando ligada a poucos milésimos de outros metais.
- No estado puro é tão maleável e mole quanto o cobre, e em joalheria é utilizada ligada ao cobre, ao paládio e a irídio (em pequenas proporções).

A sua história é muito interessante. Já no Egito antigo se trabalhava com a platina, e na América pré-colombiana, nas regiões onde hoje são o Equador e a Colômbia, foram encontrados adornos deste metal. Na época da colonização espanhola, na Colômbia, a platina era encontrada nos leitos dos rios em grandes pepitas juntamente com ouro, cobre e ferro. A primeira referência europeia sobre a ocorrência deste metal na América Central foi feita pelo italiano Ceasar Scaliger em 1557. Os espanhóis não se interessavam por ele por causa de seu alto ponto de fusão e proibiam sua extração, pois podia ser facilmente confundido com a prata, esta, sim, utilizada na fabricação de moedas. Por isso o denominaram *platina*, ou prata pequena.

Um astrônomo espanhol, Antonio Ulloa, por volta de 1735, conseguiu separá-la e classificá-la, mas seu navio foi interceptado por ingleses que o mantiveram na Inglaterra e proibiram a publicação de seu descobrimento, até que um inglês (Charles Wood) o fizesse em 1741.

Em 1773, um químico francês, Baumé, descobriu que, tal como o ferro, a platina podia ser forjada a frio com martelo e também que, o arsênico permitia separá-la do ferro, e do cobre, abrindo caminho para que passasse a ser utilizada na ourivesaria europeia.

O uso da platina se generalizou após a descoberta da chama de acetileno, de alto poder calorífico (3.200 °C), e dos cadinhos de óxido de cálcio puro. Até o fim do século XIX, a platina era mais barata que o ouro e era utilizada na fabricação de potes para contenção de ácidos e de instrumentos para laboratórios químicos. A partir de 1980, porém, a platina e outros platinídeos começaram a ser empregados na fabricação de catalisadores de limpeza de gases de combustão em veículos e seu preço disparou. Hoje ela é o metal mais caro utilizado em joalheria.

A platina ocorre com outros metais do seu grupo (irídio, por exemplo) em aluviões na Colômbia, na África do Sul e nos Estados Unidos, ou junto ao arsênio e ao astato (sperilita – $PtAs_2$) e nas reservas de níquel no Canadá e na África do Sul. Esta última é o maior produtor mundial de platina.

Paládio (Pd)

É o mais abundante dos platinídeos; não reage com o oxigênio em temperatura ambiente, mas, se aquecido a 800-850 °C, forma PdO de cor verde escuro. É menos nobre do que a platina porque é solúvel a frio em ácido nítrico e sulfúrico concentrados. Tem o ponto de fusão mais baixo dos metais do seu grupo, é mole e dúctil quando recozido, mas apresenta aumento significativo de dureza e de resistência mecânica quando deformado a frio. Assim como o ouro, pode ser laminado em folhas finas (1×10^{-7} m). Absorve facilmente grandes quantidades de hidrogênio e pode ser utilizado como purificador deste gás.

Por ter produção maior do que sua procura, não é tão caro como a platina e por isto é utilizado na fabricação de ligas de ouro branco (a adição de 15% de Pd muda a cor do ouro de amarelo para branco acinzentado). As ligas de ouro branco ao paládio são mais moles do que as de ouro branco ao níquel.

O paládio é encontrado na natureza como metal, ou ligado ao ouro e a metais do grupo da platina. As principais jazidas estão localizadas nos montes Urais, na Austrália, Etiópia e nas Américas do Norte e do Sul, mas sua produção está ligada à extração de níquel e de cobre na África do Sul e nos Estados Unidos. No Brasil existem reservas de paládio no município de Itabira, Minas Gerais.

Ródio (Rh)

É um metal com a mesma cor da prata, que não oxida ao ar e não é atacado por ácidos, nem por água régia. Tem dureza e ponto de fusão mais altos do que o ouro e a platina. É solúvel em cianetos de metais alcalinos e em $KHSO_4$ (altamente explosivo e tóxico). Por ser inerte e duro, é utilizado como recobrimento galvânico de joias de ouro branco e prata para uniformizar a cor e dar maior resistência ao desgaste.

Zinco (Zn)

O uso de zinco como elemento de liga no latão (Cu-Zn) iniciou por volta de 1000-1400 a.C. Tem cor azulada, mas se oxida facilmente e adquire cor cinza opaca. É muito abundante na crosta terrestre e é o quarto metal mais utilizado, sendo apenas suplantado pelo ferro, alumínio e cobre. Seu coeficiente de expansão térmica é muito alto e não é facilmente conformado a frio. Seu ponto de fusão é baixo e é utilizado para diminuir o ponto de fusão de ligas de ouro e prata, utilizadas na brasagem de artefatos em joalheria. Encontra ainda muito emprego na forma de latão, na fabricação de bijuterias.

O zinco é atacado por ácido clorídrico, amoníaco e solução de hidróxido de sódio.

Há jazidas de zinco espalhadas pelo mundo e seus principais minerais são o sulfeto de zinco, sfalerita – ZnS, e o carbonato de zinco, $ZnCO_3$. Os maiores produtores são a Austrália, o Canadá, a China, o Peru e os Estados Unidos.

Cádmio (Cd)

O cádmio ocorre naturalmente junto aos minérios de zinco, na forma de sulfeto (CdS), e normalmente é produzido como subproduto da extração daquele metal.

Ele é mole, maleável, dúctil, de tonalidade azul e pode ser cortado facilmente com uma faca.

Cerca de três quartos do cádmio industrializado são utilizados em baterias (especialmente as níquel-cádmio) e o terço restante é utilizado na forma de pigmentos, revestimentos metálicos e como estabilizador em polímeros. Na joalheria, ele vinha sendo usado nas ligas de brasagem, por conferir boa fluidez no estado líquido, além de baixar o ponto de fusão. O cádmio tem baixos pontos de fusão (321 °C) e de ebulição (767 °C) e alta pressão de vapor; isto significa que, durante a fusão da liga de brasagem, ele vaporiza e reage com o ar formando um fumo de óxido de cádmio (CdO) de cor marrom, que é tóxico. Exposição prolongada a este vapor pode causar doenças graves aos trabalhadores na indústria de joalheria, incluindo os refinadores das sobras de bancada, como danos no sistema respiratório, rins, fígado, sangue e o desenvolvimento de câncer. O cádmio não é expelido pelo corpo humano e, portanto, o seu efeito é cumulativo. Por isso, foram desenvolvidas ligas de brasagem que substituem o cádmio por zinco, índio, gálio ou estanho, que são metais de baixo ponto de fusão, mas alto ponto de ebulição.

☿ Mercúrio (Hg)

O mercúrio é conhecido desde a Antiguidade e se diferencia dos outros metais por ser líquido na temperatura ambiente e altamente volátil. Como seu vapor é tóxico, não pode ser guardado em recipientes abertos. Seu coeficiente de expansão térmica é muito alto e por isso é utilizado em termômetros e barômetros. Tem a cor da prata e possui alto brilho. O mercúrio é 13,5 vezes mais denso do que a água e tem alta energia de superfície, o que faz com que não molhe superfícies com facilidade. Normalmente, divide-se em gotas que correm livremente sobre superfícies lisas, como se observa quando se quebra acidentalmente um termômetro.

Sua proporção na crosta terrestre é muito baixa (0,08 partes por milhão), mas, como não se mistura facilmente com a maioria dos minerais de maior abundância, é de fácil extração; por isso a extração extensiva levou a uma drástica queda das suas reservas minerais. O minério mais comum é o cinábrio (HgS). A extração do mercúrio se faz por aquecimento do cinábrio em presença de oxigênio do ar e por condensação do seu vapor ($HgS + O_2 \rightarrow Hg + SO_2$). Os atuais produtores são Espanha, China, Tadjikistão e Kirgstão.

Ele é pouco reativo, mas se dissolve em ácido nítrico e em água régia.

Com outros metais (exceto o ferro), forma amálgamas que são ligas de grande plasticidade. Amálgamas de ouro e prata, antes do advento das pilhas galvânicas e do desenvolvimento de recobrimentos eletrolíticos, eram utilizados para fazer recobrimentos de superfícies na fabricação de artefatos e de espelhos.

Por ser um processo simples e barato, a formação de amálgamas é utilizada em garimpos para extração do ouro, pois ajuda a sedimentar o metal e separá-lo do material recolhido do leito dos rios. Assim, uma parte do mercúrio metálico é liberada na água de drenagem e acaba depositada no solo ou entra na bacia hidrográfica. O amálgama é posteriormente aquecido para vaporizar o mercúrio. Feito de maneira não apropriada, esse último processo acaba liberando vapor de mercúrio (HgO) na atmosfera, que volta à superfície depositado pelas chuvas ou é aspirado pelo homem, fixando-se em seu organismo.

A maior fonte de envenenamento por mercúrio na água ocorre pela formação de metil-mercúrio via ação de bactérias. O metil-mercúrio, quando absorvido por seres vivos (algas e peixes), acumula-se em seus tecidos. Há um aumento do teor de mercúrio à medida que se sobe na cadeia alimentar, sendo que peixes predadores em regiões contaminadas contêm altas concentrações deste elemento. Tais peixes eventualmente serão ingeridos pelos habitantes ribeirinhos.

No homem e nos animais, o mercúrio causa queda da capacidade reprodutiva, danos nos intestinos, estômago e rins, alteração no DNA, doenças do sistema nervoso e do sistema imunológico. Além disto, pode causar morte fetal.

♃ Estanho (Sn)

O estanho (do latim *stannum*) é um dos primeiros metais utilizados pelo homem e era utilizado na fabricação de bronze (uma liga cobre-estanho) já na Antiguidade (3500 a.C.).

Ele é maleável e dúctil, branco-prata. Quando conformado se rompe facilmente, e a quebra de seus grãos provoca um som conhecido como "choro do estanho". O estanho passa por uma transformação alotrópica por volta de 18 °C; abaixo desta temperatura, está na forma de estanho α (cúbico de corpo centrado), que tem propriedades de semimetal (baixa condutividade elétrica), é pouco dúctil e friável. Acima de 18 °C se apresenta como estanho β (tetragonal), que é um condutor metálico, dúctil. Esta transformação é a causa da desintegração de objetos feitos deste metal quando submetidos por muito tempo a baixas temperaturas.

Resiste à corrosão em água doce ou salgada, mas é atacado por ácidos, bases e soluções ácidas de sais. Também atua como catalisador na presença de oxigênio e acelera o ataque químico em soluções aquosas.

O estanho pode ser polido facilmente e é utilizado como recobrimento protetor contra a corrosão de outros metais, como chapas de aço para a manufatura de latas para a indústria alimentícia. Ligas de estanho têm ponto de fusão muito baixo e são utilizadas na fabricação de joias folheadas e como solda branca (ou solda de estanho) em contatos elétricos. Na ourivesaria da prata e do ouro, pode entrar em pequenas quantidades como elemento de liga de brasagem, mas, como é fragilizante, seu teor deve ser limitado.

A cassiterita (SnO_2) é o único minério de importância comercial na extração do estanho. Aproximadamente 35 países produzem estanho e em todos os continentes há um produtor importante.

♄ Chumbo (Pb)

O chumbo puro é branco e de tom azulado; é um semimetal de alto número (82) e massa (207,9) atômicos e possui baixa condutividade elétrica. Ao ar sua superfície se oxida e adquire cor cinza. É pesado e muito dúctil e se deixa trabalhar facilmente. Por ser resistente à corrosão, é utilizado na contenção de ácido sulfúrico. A liga chumbo-estanho é utilizada como solda branca.

Em ourivesaria, placas de chumbo são utilizadas como substrato para trabalhos de rechupe e cinzel. Como pequenas frações deste metal em ligas de metais nobres podem fragilizar o material, e originar pontos de baixo ponto de fusão durante o reaquecimento, é necessário removê-lo com ácidos. Ligas de ouro de 18 Kt podem ser fervidas em ácido nítrico 20%; já ligas de ouro de menor quilate e ligas de prata podem ser limpas em banho de:

1 parte de água oxigenada (H_2O_2) 30%

5 partes de ácido acético (CH_3COOH) 20% a 60 °C

Figura 2.9 Exercício de cinzelaria efetuado sobre placa de chumbo (Fonte: Referência 2.6).

O chumbo é comumente encontrado junto a jazidas de zinco, prata e cobre, sendo normalmente extraído como subproduto destes metais. O sulfato de chumbo (galena – PbS) é o seu mineral mais comum, mas há carbonatos (creussita – $PbCO_3$) e sulfatos (anglesita – $PbSO_4$). Atualmente, mais de 50% do chumbo utilizado provém de reciclagem.

O chumbo é venenoso e, quando ingerido ou aspirado na forma de pó ou de vapor, pode danificar os terminais nervosos, especialmente em crianças, além de causar disfunções no cérebro e no sangue.

Níquel (Ni)

O níquel é branco-prata e adquire alto brilho quando polido. Pertence ao grupo do ferro e é duro, maleável e dúctil. Devido à sua resistência à oxidação, é utilizado para recobrir ligas de ferro e latões, em equipamentos químicos, e também como elemento de liga no aço (juntamente com o cromo), gerando uma grande diversidade de aços inoxidáveis. Por ter alto ponto de fusão, é utilizado como base na constituição de ligas resistentes a altas temperaturas – as superligas.

Em joalheria é utilizado como elemento de liga na fabricação de ouro branco, como alternativa ao paládio. Estas ligas são difíceis de trabalhar e são propensas a sofrer fragilização durante o recozimento ao maçarico. Como muitas pessoas são alérgicas ao níquel e sofrem de irritação da pele quando em contato com o metal, a União Europeia, em 2000, restringiu por lei o uso de níquel em joias, substituindo-o pelo paládio, mas o níquel ainda está presente em 75% das joias de ouro branco comercializadas no mundo. Nos Estados Unidos, continua sendo largamente utilizado, fazendo-se apenas a distinção de a peça ser antialérgica ou livre de níquel. No Brasil, o ouro branco é produzido em escala industrial com o uso de níquel e em oficinas de ourivesaria, em pequena escala, com paládio.

A maior parte do níquel provém de dois tipos de minério: a limonita $(Fe,Ni)O(OH)$ e a garnierita $(Ni,Mg)_3Si_2O_5(OH)$. Os maiores produtores deste metal são o Canadá, a Rússia, a Austrália, Cuba e Indonésia. No Brasil, as maiores reservas se encontram no estado de Goiás e a produção de níquel representou em 2004 cerca de 6,5% do volume financeiro gerado no País pelo setor de minérios metálicos.

♂ Ferro (Fe)

O ferro (do latim *ferrum*) é um metal maleável, tenaz, de coloração cinza prateado, apresentando propriedades magnéticas; é ferromagnético na temperatura ambiente, assim como o níquel e o cobalto. Um de seus inconvenientes é a fácil oxidação, formando uma camada ocre escura quando em contato com o ar. O ferro se dissolve mais facilmente em ácidos diluídos do que em ácidos concentrados.

Apresenta diferentes formas estruturais dependendo da temperatura:

- Ferro α: É o que se encontra na temperatura ambiente, até 788 °C. O sistema cristalino é uma rede cúbica de corpo centrado, é ferromagnético e, entre 788 °C-910 °C, passa a ser paramagnético.
- Ferro γ: 910 °C-1.400 °C; cristaliza como rede cúbica de face centrada.
- Ferro δ: 1.400°C-1.539 °C; volta a apresentar rede cúbica de corpo centrado.

O ferro é utilizado extensivamente para a produção de aço, material com extensa variedade de adições de elementos de liga; ele é utilizado na produção de ferramentas, máquinas, veículos de transporte (automóveis, navios, etc.), é elemento estrutural de pontes, edifícios, e há uma infinidade de outras aplicações. Em ourivesaria, o ferramental utilizado na fabricação de jóias é quase que exclusivamente feito de ligas deste metal. Durante o trabalho de bancada, acabam se misturando raspas de metal nobre com as de ferro proveniente das ferramentas; como este metal em ligas de metais nobres é uma impureza fragilizante, muita atenção deve ser dada à sua separação na reciclagem de material na oficina.

O ferro é encontrado na natureza fazendo parte da composição de diversos minerais, entre eles muitos óxidos, como o FeO (óxido de ferro II, ou óxido ferroso) ou como Fe_2O_3 (óxido de ferro III, ou óxido férrico). Os números que acompanham o íon ferro dizem respeito às valências que apresenta: +2 e +3. Ele é raramente encontrado livre. Para obter-se ferro no estado elementar, os óxidos são reduzidos com carbono (chamado ferro gusa), e imediatamente são submetidos a um processo de refino para retirar as impurezas presentes. O controle da porcentagem residual de carbono e a adição de outros elementos dão origem a várias formas de aço.

Em 2000, os cinco maiores países produtores de ferro eram a China, o Brasil, a Austrália, a Rússia e a Índia, com 70% da produção mundial. No Brasil (2005), ele representa aproximadamente 58% do volume financeiro gerado pelo setor de minérios metálicos.

Titânio (Ti)

É um metal leve, resistente e lustroso, com brilho semelhante ao do aço. Tem alta afinidade por O, H e N, e forma óxidos, hidretos e nitretos estáveis que protegem sua superfície contra a corrosão, sendo inerte em atmosferas úmidas e em água salgada. Por ser altamente reativo com gases e vapor d'água, não pode ser fundido ou soldado ao ar, necessitando a utilização de câmaras de vácuo. Dissolve-se em ácido fluorídrico (H_2F) e também pode ser atacado por ácido clorídrico diluído a quente. Uma de suas características mais notáveis é ser tão resistente quanto o aço, mas ter apenas 60% de sua densidade. Por isso é intensamente utilizado nas indústrias aeronáutica e bélica, na fabricação de armações de óculos e na relojoaria em implantes ortopédicos. O seu ponto de fusão é elevado (1.800 °C) e, portanto, pode ser considerado metal refratário. Quando comercialmente puro, deixa-se trabalhar a frio; as ligas, no entanto, precisam ser conformadas a quente. O óxido de titânio é componente de pigmentos de tintas e bloqueadores solares.

O titânio é o nono elemento mais abundante da crosta terrestre; sua extração é economicamente viável quando na forma de rutilo (TiO_2) – minério com baixa concentração de ferro, comum em areias de praia ou rochas ígneas ácidas e metamórficas – ou de ilmenita ($FeTiO_3$) – comum em areias e em rochas ígneas. O titânio também forma com cálcio e silício a titanita ou esfênio ($CaTiSiO_5$), gema esverdeada, de brilho adamantino. Os depósitos mais relevantes de titânio se encontram na Austrália, Escandinávia, América do Norte e Malásia. O Brasil tem reservas de ilmenita e de rutilo, e beneficia o seu óxido (TiO_2), mas não produz titânio metálico.

O seu uso como metal em joalheria advém da coloração da camada de óxido que pode variar do amarelo-ouro ao azul-violeta metálico. Utiliza-se preferencialmente o titânio de pureza comercial, por ser mais fácil de trabalhar.

No trabalho de bancada, deve-se proceder de maneira um pouco distinta daquela utilizada para os metais nobres:

- No corte com serra, deve-se aplicar uma tensão crescente iniciando o trabalho com pouca pressão sobre a lâmina. É bom utilizar óleo de máquina para a lubrificação, e a serra perde o corte com facilidade.
- Da mesma forma, não se deve empregar muita pressão durante a limagem, pois a lima empasta facilmente.
- A broca deve ser utilizada com óleo lubrificante e, se quebrar, pode ser liberada como uso de ácido nítrico.
- Durante a laminação, deve-se recozer com mais frequência, pois ele encrua rapidamente.
- Na trefilação, recomenda-se oxidar a superfície primeiro, pois o lubrificante (óleo ou sabão) adere melhor à camada de óxido.
- Como não pode ser fundido ou soldado da maneira convencional, apliques de titânio são rebitados ou colados.

O titânio reage com o oxigênio formando TiO_2. O óxido é claro e absorve alguns comprimentos de onda da luz visível produzindo cores brilhantes, que variam de acordo com a espessura deste (50 nm – amarelo-ouro; 100 nm – azul). Normalmente, o óxido formado ao ar produz cor acinzentada, mas, à medida que se aplica calor (com chama de maçarico), ou um tratamento eletroquímico, a camada aumenta de espessura e assim adquire cores diferentes.

A preparação de superfície para o tratamento de oxidação é feito da seguinte maneira:

- Lixar até lixa fina (1.200).
- Polimento com pasta de óxido de níquel ou cromo ou com material de polimento de aço (pasta de diamante, alumina em suspensão).
- Imersão em ácido fluorídrico 2% (usar luvas de borracha e protetor ocular, pois o ácido ataca a pele e o seu vapor, o tecido dos olhos) em ambiente bem ventilado.
- Imersão em ácido sulfúrico 10% para evitar manchas.
- Se o tratamento de oxidação for feito por via eletrolítica, a solução de limpeza recomendada é:

  20% ácido nítrico concentrado

  20% ácido fluorídrico

  20% ácido lácteo

  40% água destilada

(A solução deve ser guardada em recipiente plástico, pois o ácido fluorídrico ataca o vidro).

- Lavar bem e não tocar com as mãos livres, pois o óleo da pele impede a formação da camada de óxido.

O eletrólito mais comum é solução aquosa de 3-5% de fosfato de sódio 3 (como a soda também está presente na coca-cola, esta também pode ser utilizada como eletrólito) e a cor pode ser controlada variando a voltagem aplicada:

Tabela 2.3 Formações de cor em titânio durante a oxidação galvânica.

Veja esta figura colorida acessando: http://livro.link/metalurgiabasica

Exemplo

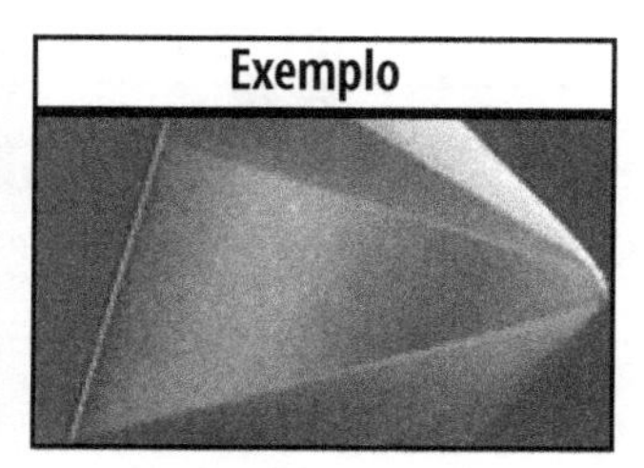

Cor	Voltagem (V)
Amarelo	9-16
Azul claro	18-22
Azul escuro	27
Violeta	58
Azul esverdeado	70

A densidade de corrente de trabalho é de 500 A/cm^2. Em imersão, uma placa de aço inoxidável ou de estanho pode ser utilizada como contra-eletrodo, mas também é possível utilizar um guardanapo de papel, ou pincel de cabo metálico, embebidos em eletrólito e ligados a um dos pólos da bateria para "desenhar" sobre o metal.

Veja esta figura colorida acessando: http://livro.link/metalurgiabasica

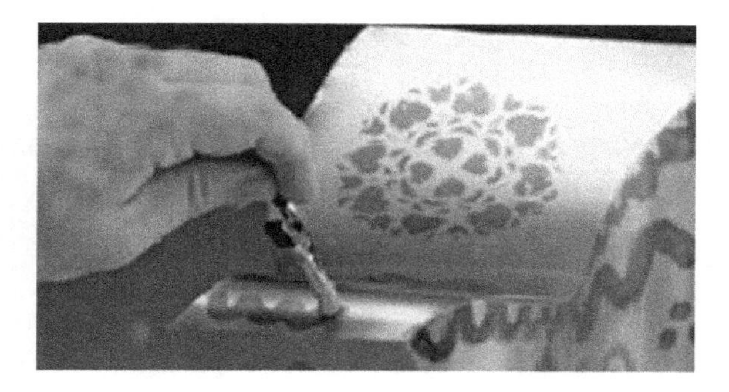

Figura 2.10 Desenhando sobre placa de titânio com pincel polarizado embebido em eletrólito (refrigerante tipo coca-cola) (Fonte: Gugenheim Museum – Bilbao).

A cor altera-se por abrasão (retirada da película de óxido), portanto, após coloração, a superfície não pode ser limpa com substâncias que contenham abrasivos e deve-se evitar o contato com outras superfícies metálicas que possam arranhar o titânio.

2.2.2 Comportamento químico dos metais (oxidação e ataque químico)

Tabela 2.4 Ataque químico dos metais puros por ácidos nítrico, clorídrico e sulfúrico e por água régia.

Ácidos:	○ frio	◉ quente	⊙ diluído	● concentrado
Metal	HNO_3	HCL	H_2SO_4	**Água régia (3 HCL: 1 HNO_3)**
Au	-	-	-	○●
Ag	○	-	◉	-
Cu	○	-	◉●	-
Pt	-	-	-	◉
Pd	◉●⊙	-	◉●	○
Zn	-	⊙	⊙	-
Cd	○	○	○	-
Hg	○	-	◉●	○
Sn	○	○	-	-
Pb	⊙	-	⊙	-
Fe	◉⊙	⊙	○	-

Ouro

Não se oxida ao ar nem em soluções aquosas. É atacado apenas por água régia (1 parte de HNO_3; 3 partes de HCl).

Prata

No estado sólido, reage ao ar formando um filme de Ag_2O, que protege a superfície por ser pouco poroso e de grande aderência, o que evita que a oxidação prossiga. No entanto, quando há H_2S no ar, proveniente da poluição atmosférica, forma-se sulfeto de prata (Ag_2S) de cor preta.

A prata é resistente a ácidos não oxidantes, como ácido clorídrico, e ácidos orgânicos. Em ácido sulfúrico a quente, oxida-se na forma de sulfato de prata Ag_2SO_4. O ácido nítrico ataca rapidamente a prata formando nitrato de prata ($AgNO_3$); como o ouro é resistente a este ácido, ele pode ser utilizado para separar os dois metais.

Cobre

O cobre permanece estável na água e no ar seco por muito tempo, mas lentamente se forma uma camada de Cu_2O avermelhada que praticamente se confunde com a cor do cobre puro. Com a presença de enxofre no ar, forma CuS, de cor escura. Durante o aquecimento ao ar, forma CuO preto. No ar úmido, forma uma pátina verde composta de diferentes sais de cobre. Antes de haver poluição atmosférica, esta pátina consistia basicamente de carbonato de cobre $CuCO_3.Cu(OH)_2$, mas hoje contém frações crescentes de cloreto ($CuCl_2.3Cu(OH)_2$) e sulfato ($CuSO_4.3Cu(OH)_2$) de cobre. Além disto, são incorporados poeira e sujeira, sendo que a bonita cor verde de outrora fica restrita aos telhados das igrejas, pois mais próximo ao solo forma-se uma camada marrom-terra.

O metal não é atacado por ácido clorídrico; em contato com o ácido nítrico, libera NO_x gasoso, que é venenoso, e forma o nitrato de cobre II ($Cu(NO_3)_2$) deixando a solução azul; em ácido sulfúrico concentrado, dissolve-se em $CuSO_4$. Em contato com ácido acético, forma acetatos de cobre como $Cu(CH_3COO)_2.H_2O$ e $Cu(CH_3COO)_2.5\ H_2O$.

Platina e Platinídeos

No ar e na água, a platina e os platinídeos se comportam como o ouro. O paládio, quando aquecido entre 400 e 850 °C, forma uma camada de óxido azul-violeta que se dissolve quando a temperatura ultrapassa este patamar.

A platina é atacada por água régia assim como o ouro. Em contato com o íons de cloro, forma um ácido, o hexacloreto de platina IV $H_2[PtCl_6]$. O paládio se dissolve bem em água régia formando $H_2[PdCl_6]$, que se transforma rapidamente em $PdCl_2$.

Zinco

Não é atacado por água pura, mas, quando existem íons em solução e se estiver em contato com metais mais nobres, sofre corrosão seletiva. Ao ar, forma uma camada cinza protetora de carbonato de zinco $2ZnCO_3.3Zn(OH)_2$. Ao fogo, oxida-se rapidamente formando o óxido de zinco ZnO, um pó esbranquiçado que ao fogo produz cor verde claro.

Cádmio

Parecido com o zinco e oxida ao ar. Quando aquecido, forma um óxido gasoso marrom, o CdO.

Em ácido nítrico, forma nitrato de cádmio $Cd(NO_3)_2$. Em ácido sulfúrico, forma lentamente $CdSO_4$ e em ácido clorídrico, $CdCl_2$.

Mercúrio

Permanece inalterado em ar seco; aquecido a 300 °C, forma HgO gasoso, que a 400 °C se decompõe. Vaporiza em temperatura ambiente e deve ser guardado em recipiente fechado.

Dissolve-se em ácido nítrico diluído, formando $Hg(NO_3)_2$, e em ácido sulfúrico concentrado, formando $HgSO_4$. É insolúvel em ácido clorídrico, mas se dissolve facilmente em água régia formando $HgCl_2$.

Estanho

Praticamente não é atacado por água ou ar. Durante o aquecimento, forma óxido de estanho SnO_3, um pó branco insolúvel.

Em ácido clorídrico, dissolve-se lentamente formando $SnCl_2$ e em ácido sulfúrico, forma $SnSO_4$. Em ácido nítrico fervente, oxida-se em ácido de estanho H_2SnO_3, um pó insolúvel.

Chumbo

Ao ar, oxida-se na forma de óxido de chumbo PbO, que forma uma camada protetora cinza azulada. Em água aerada, pode formar camadas protetoras de carbonato de chumbo $Pb(HCO_3)_2$ ou sulfato de chumbo $PbSO_4$.

Dissolve-se em ácido nítrico diluído (forma $Pb(NO_3)_2$), e é lentamente agredido em ácido sulfúrico formando $PbSO_4$.

Ferro

Em ar seco não se altera, mas, na presença de umidade ou água aerada, ou seja, nas condições ambientes normais, forma a ferrugem, uma mistura de óxidos FeO e Fe_2O_3 hidratados que pode ser descrita pela fórmula $FeO.y\ Fe_2O_3.z\ H_2O$. Esta camada é porosa e permite que a oxidação prossiga, resultando na completa oxidação da peça metálica. Durante o aquecimento ao ar, forma uma camada de óxido de ferro II, III e Fe_3O_4, a chamada carepa.

Em ácidos concentrados, forma uma camada passiva protetora, mas é solúvel em ácidos diluídos. Em ácido clorídrico, forma $FeCl_2$, em ácido sulfúrico $FeSO_4$, e em ácido nítrico diluído quente forma $Fe(NO_3)_3$.

2.2.3 Densidade

A densidade é a relação entre massa e volume:

$$\rho = \frac{m}{V}$$

Ela é uma das grandezas que dependem apenas de primeiros princípios dos materiais (massa atômica e volume da célula unitária do reticulado cristalino). Na inspeção de gemas, a densidade tem papel importante, pois é possível diferenciar uma pedra da outra, sendo fácil separar as imitações. Arquimedes, utilizando o método de imersão em água, provou que uma coroa, que deveria ter sido feita com ouro puro, tinha sido na verdade fabricada com uma liga deste metal. Isto porque a densidade depende da composição da liga, ou seja, da quantidade dos diferentes átomos presentes em seu interior, e pode ser calculada pela lei das misturas:

$$\rho_{total} = x_1 \cdot \rho_1 + x_2 \cdot \rho_2 + x_3 \cdot \rho_3 + \ldots$$

onde ρ_{total} é a densidade da liga, ρ_i é a densidade de cada componente e x_i é a fração volumétrica deste componente.

A Figura 2.11 mostra a densidade de alguns metais puros.

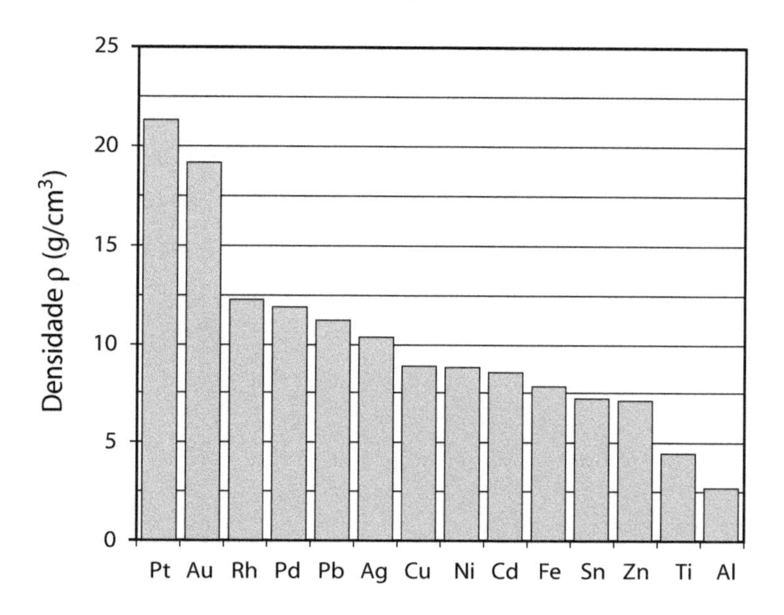

Figura 2.11 Densidades de alguns metais puros.

A relação acima pode ser utilizada para calcular facilmente a densidade de uma liga, seu volume ou massa, como mostrado nos exemplos a seguir:

Exemplo 1: Qual a densidade de uma liga de ouro contendo 75% Au, 16,5% Ag e 8,5% Cu (ouro amarelo Au750)? E de uma liga de prata contendo 5% de cobre (Ag950)?

$$\rho_{Au750} = 0{,}75\rho_{Au} + 0{,}165\rho_{Ag} + 0{,}085\rho_{Cu}$$

$$\rho_{Au750} = 0{,}75 \,.\, 19{,}3 + 0{,}165 \,.\, 10{,}5 + 0{,}085 \,.\, 8{,}96 = 16{,}97 \text{ g/cm}^3$$

$$\rho_{Ag950} = 0{,}95\ \rho_{Ag} + 0{,}05\ \rho_{Cu}$$

$$\rho_{Ag950} = 0{,}95 \,.\, 10{,}5 + 0{,}05 \,.\, 8{,}96 = 10{,}42 \text{ g/cm}^3$$

Exemplo 2: Sabendo que uma liga de Au750 tem densidade 16,97 g/cm³, qual o volume de 1 g deste material?

Conhecendo a relação $\rho = \dfrac{m}{V}$

temos que $V = \dfrac{m}{\rho} = \dfrac{1}{16{,}94} = 0{,}059\ cm^3$

O mesmo raciocínio pode ser utilizado quando se fazem misturas de ligas diferentes. As densidades de ligas são encontradas em tabelas de propriedades, e estas serão apresentadas no Capítulo 3.

Uma necessidade frequente na oficina do ourives é saber quanto de material em massa será necessário utilizar para a fabricação de uma peça, ou, ainda, utilizar o cálculo do peso final da peça para avaliar o preço final desta. Uma vez conhecida a densidade, pode-se calcular a massa de produtos semi-acabados como fios, chapas, barras. A fórmula de partida é:

$m = V \cdot \rho$

As principais aplicações são:

- Massa de um fio de secção quadrada: $m = a^2 \cdot l \cdot \rho$
- Massa de um fio de secção circular: $m = \pi \cdot r^2 \cdot l \cdot \rho$
- Massa de uma chapa: $m = a \cdot b \cdot s \cdot \rho$
- Massa de uma charneira cilíndrica: $m = (R^2 - r^2) \cdot \pi \cdot l \cdot \rho$
- $\pi = 3{,}1416$

Exemplo 3: Qual é a massa de um fio redondo de 1,5 mm de diâmetro e 25 cm de comprimento feito com Au750 amarelo (16,97 g/cm³)?

$m = \pi \cdot r^2 \cdot l \cdot \rho$

$$m = \pi \cdot \left(\frac{0{,}15}{2}\right)^2 \cdot 25 \cdot 16{,}97 = 75\ g$$

Exemplo 4: Qual a massa de uma chapa de Ag950 com 15 mm de largura, 2 mm de espessura e 20 cm de comprimento?

$m = a \cdot b \cdot s \cdot \rho$

$m = 1{,}5\ .\ 20\ .\ 0{,}2\ .\ 10{,}42 = 62{,}5\ g$

Exemplo 5: Um anel de casamento deve ser confeccionado com uma fita de espessura de 2 mm e largura de 4 mm. O anel terá 20 mm de diâmetro interno. Quanto ouro Au750 amarelo (16,97 g/cm³) será necessário?

$m = (R^2 - r^2) \cdot \pi \cdot l \cdot \rho$

l = 4 mm;

s = 2 mm;

r = 10 mm

R = r + s

m = $(1{,}2^2 - 1^2) \times 3{,}14 \times 0{,}4 \times 16{,}97 = 9{,}38$ g

E se estiverem disponíveis apenas 8 g de material, qual terá de ser a espessura do anel?

$m = (R^2 - r^2) \cdot \pi \cdot l \cdot \rho$

$8 = [(1 + x)^2 - 1^2] \cdot 3{,}14 \cdot 0{,}4 \cdot 16{,}97$

$x^2 + 2x - 0{,}37 = 0$

$x \approx 0{,}17$ cm

$x = 1{,}7$ mm

Em muitos casos, a geometria da peça é complexa e só se pode fazer um cálculo aproximado da massa necessária reduzindo o formato a uma geometria mais simples. Isto dará uma ideia aproximada da quantidade de material necessária, e é sempre útil saber se o material disponível será suficiente.

Outro aspecto prático vem do fato de que formas iguais têm volumes iguais. Assim, pode-se calcular quanto material é necessário para fazer a mesma peça com ligas diferentes.

Exemplo 6: Um anel tem massa de 8 g em Ag950 (10,42 g/cm³). Quanto pesaria o mesmo modelo em Au750 amarelo (16,97 g/cm³)?

$$\rho = \frac{m}{V}$$

$$V = \frac{m}{\rho}$$

$m_1 : \rho_1 = m_2 : \rho_2$

$8 : 10{,}42 = x : 16{,}97$

$x = 13{,}03$ g

A densidade pode ser medida pelo método de Arquimedes, utilizando-se uma balança hidrostática, e pode ser utilizada como auxiliar na prova ligas feita com reagentes químicos. É uma medida feita com uma adaptação em uma balança analítica, como mostra a Figura 2.12. A peça deve ser de uma única liga e não ter gemas cravadas, ou outros materiais diferentes. A peça é suspensa por um fio de prata fino, de massa desprezível, e imersa em um copo d'água. Inicialmente, o sistema de pesagem deve ser balanceado e zerado. Uma primeira pesagem se faz ao ar com a peça em cima do prato da balança. Uma segunda medida é feita com a peça imersa em um líquido de densidade conhecida (por exemplo, água). A diferença entre a massa do metal medida normalmente ao ar e a sua massa medida quando submerso em água corresponde à massa de água deslocada pela imersão. Como a água tem densidade 1 g/cm³, esta diferença de massa corresponde ao volume do objeto:

$|V| = |m - m'|$ e vale a relação

$$\rho = \frac{m}{m - m'} \rho_{H_2O}$$

onde

m – massa do objeto, em g

m′– massa do objeto medida na água, em g

ρ – densidade do objeto, em g/cm³

ρ_{H_2O}– densidade da água = 1 g/cm³

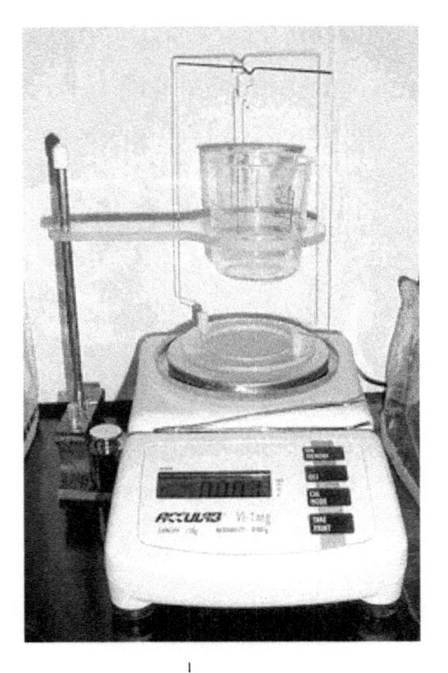

Figura 2.12 Balança hidrostática.

2.2.4 Brilho e cor

Brilho e cor são características importantes para os metais utilizados em joalheria. Isto vale tanto para peças maciças quanto para aquelas recobertas com finas camadas de metais nobres. Correspondentemente, há um esforço internacional de se buscar maneiras objetivas para classificar a cor e o brilho.

A luz visível engloba radiações eletromagnéticas de comprimento de onda entre 400 nm e 700 nm. Todos os metais são opacos, ou seja, refletem uma parte da luz incidente e absorvem o restante, não deixando que a luz os atravesse. O objeto que absorve todos os comprimentos de onda tem cor preta e o que reflete todos os comprimentos de onda, cor branca. O brilho é dado pela porcentagem refletida de cada comprimento de onda. Os metais refletem a maior parte da radiação que incide sobre eles devido à natureza da interação entre a radiação eletromagnética e os elétrons da superfície da nuvem eletrônica. A alta porcentagem de refletância é responsável por seu brilho característico, chamado brilho especular.

A percepção da cor é altamente subjetiva; depende da energia da luz incidente, do objeto e do observador, como mostra a Figura 2.13:

- A fonte de luz pode ser caracterizada pela intensidade relativa de todos os comprimentos de onda emitidos (por exemplo, a luz amarela emite em maior quantidade comprimentos de onda entre 560-590 nm).
- O objeto possui a sua refletância característica, como mostrado logo acima.
- Cada observador irá ter uma percepção de cor diferente, devido a diferenças fisiológicas. Mas, de maneira geral, o homem é capaz de identificar entre 7 e 10 milhões de cores diferentes.

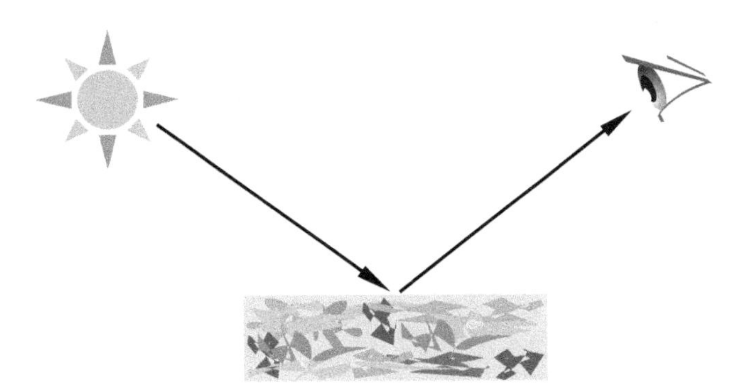

Figura 2.13 Situação do observador durante a identificação das cores.

Desde 1931, um consórcio de laboratórios e universidades, a Comission Internationàle de l'Éclairage (CIE), desenvolve trabalhos para quantificar a percepção humana de cores e desenvolver equipamentos para a sua medição. Em 1976, foi publicado o sistema de identificação de cores CIE L*a*b*, ou simplesmente

Cielab, adotado pelo Conselho Mundial do Ouro desde 2003, para a medição da cor de ligas de ouro, principalmente as brancas.

O sistema de classificação Cielab parte do princípio do funcionamento do olho humano: a retina possui receptores para as cores vermelho, azul e verde. Quando estes receptores são excitados, o cérebro interpreta o sinal em termos de claro (branco) ou escuro (preto), vermelho ou verde ou amarelo ou azul. O sistema Cielab trabalha em um sistema de coordenadas tridimensional, com os eixos:

- L – representa a luminosidade indo de 0 para o preto e 100 para o branco
- a* – positivo se a cor é vermelha e negativo se a cor é verde
- b* – postivo se a cor é amarelo e negativo se a cor é azul

O modelo Cielab não foi concebido como sendo esférico, mas a localização das cores diferenciáveis pelo ser humano cai mais ou menos dentro de uma esfera, como mostra a Figura 2.14. Os valores de L*, a* e b* são obtidos por instrumentos de espectrofotometria, que utilizam fonte de iluminação, ângulo de iluminação e sensores de ondas eletromagnéticas fixados em ângulos preestabelecidos.

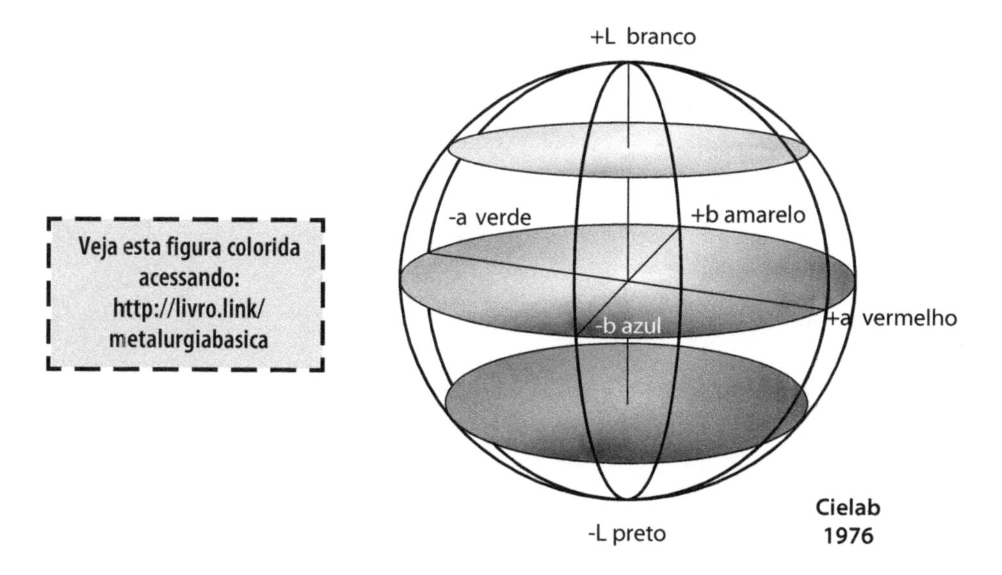

Figura 2.14 Representação do sistema de medidas de cores Cielab.

A Figura 2.15 é um gráfico no qual estão representadas as porcentagens de comprimento de onda absorvidas por alguns metais quando sobre eles incide verticalmente a luz branca (contendo todos os comprimentos de onda do espectro visível com mesma intensidade). O gráfico mostra que a prata praticamente não absorve nenhum dos comprimentos de onda, e possui um alto grau de reflexão, o que lhe dá um brilho intenso e uma cor branca. Outros metais brancos como o ródio, a platina e o paládio também pouco absorvem a luz incidente, mas possuem brilho bem menor do que a prata. Já o ouro absorve boa parte dos comprimentos de onda abaixo de 500 nm (toda a faixa entre o violeta e o azul) e reflete intensamente os comprimentos acima deste valor, e isto lhe dá a cor amarela característica. O gráfico também mostra o efeito da oxidação da prata, no estágio em que sua superfície adquire o tom amarelado.

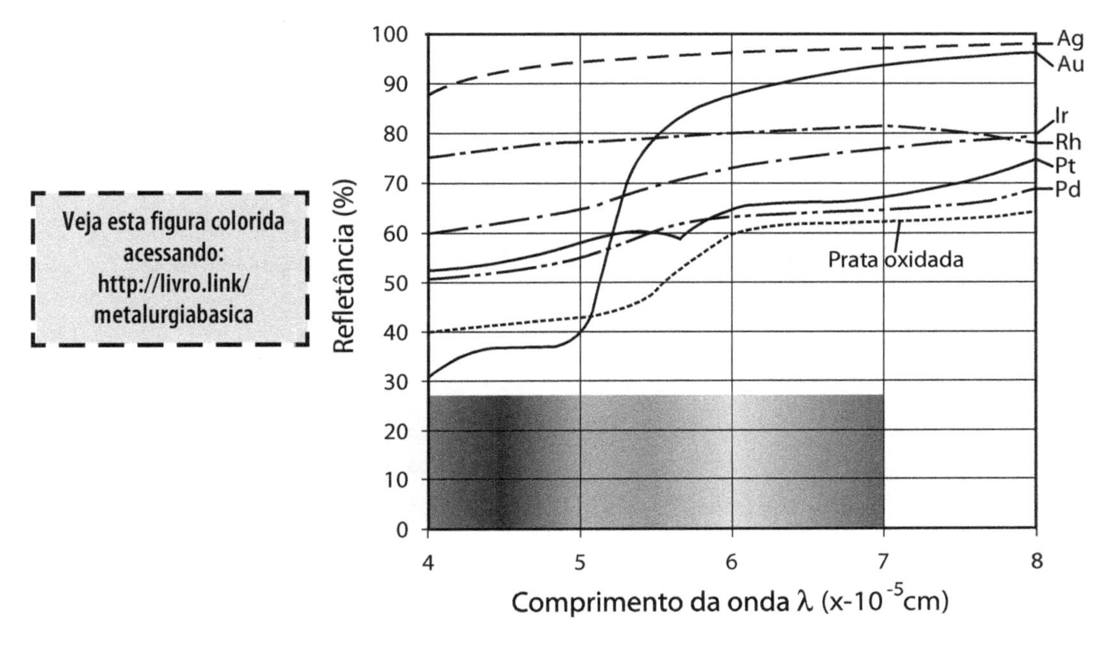

Figura 2.15 Capacidade de reflexão da luz visível de alguns metais utilizados em joalheria (Fonte: Referência 2.6).

A Tabela 2.5 mostra os valores de a*, b* e L de alguns metais puros. Ouro e cobre são os únicos cuja cor foge do branco-cinza, ou seja, das proximidades do eixo L + → L -.

Tabela 2.5 Valores das grandezas L*, a* e b* de alguns metais puros (Fonte: Referência 2.13).

Metal	L*	a*	b*
Au	81,98	4,5	38,40
Cu	84,00	11,80	14,30
Ag	92,65	-0,31	4,30
Pt	88,00	0,49	3,83
Pd	81,06	0,37	6,05
Rh	83,82	0,65	2,82

A intensidade da refletância é influenciada pelo acabamento superficial[14]. Um acabamento rugoso é comumente chamado de fosco porque a luz passa a ser refletida em várias direções e o efeito espelho (especular) diminui. A rugosidade é definida pela variação de altura de uma superfície, quando medida em um rugosímetro. Os acabamentos superficiais mais comuns obtidos com jateamento de areia, lixamento e polimento fazem com que a rugosidade superficial varie entre 150 e 0,5 μm. Um acabamento espelhado deve ter rugosidade abaixo de 1 μm, e nessas superfícies é mais difícil determinar e distinguir diferenças de cor, pois o aumento do brilho especular dificulta a interpretação, tanto no ser humano quanto nos espectrômetros de colorimetria.

2.2.5 Propriedades térmicas (calor específico, calor latente de fusão, coeficiente de expansão térmica e condutividade térmica)

As propriedades térmicas estão diretamente relacionadas com a energia de ligação entre os átomos e sua distribuição eletrônica. No reticulado cristalino, os átomos se encontram em constante vibração e a distância entre eles varia com a frequência de vibração causada pela absorção de energia na forma de calor. A temperatura é, portanto, uma medida desta energia interna presente no material. Pelo Sistema Internacional de Medidas, ela é dada em graus Celsius (°C) ou em graus Kelvin (K). Em países de língua inglesa, ainda é comum o uso de graus Fahrenheit (F). A conversão entre estas unidades é dada pelas fórmulas:

$$K = g\,°C + 274$$

$$°C = (F - 32) \cdot \frac{5}{9}$$

No limite, com o aumento da vibração, as ligações podem ser rompidas e ocorre uma mudança de estado, o metal deixa de ser sólido e passa para o estado líquido ou gasoso. A temperatura de fusão é tanto mais elevada quanto maior a força de ligação entre os átomos.

As propriedades que estão ligadas exclusivamente à força de ligação atômica estabelecem correlações aproximadamente lineares. Todo metal aumenta de volume quando aquecido e contrai quando resfriado. Como este fenômeno é muito aparente em fios e barras, define-se como coeficiente de expansão linear α, dado em m/(m · K), o quanto uma barra de um metro se alonga quando aquecida de 1 K. O coeficiente de expansão térmica está ligado ao aumento da distância entre os átomos dada pelo aumento da vibração interna. A Figura 2.16 mostra a relação entre coeficiente de expansão linear e ponto de fusão do metal. Assim, metais de menor ponto de fusão como o zinco e o chumbo se alongam três vezes mais do que a platina e o paládio. O estanho é a única exceção importante.

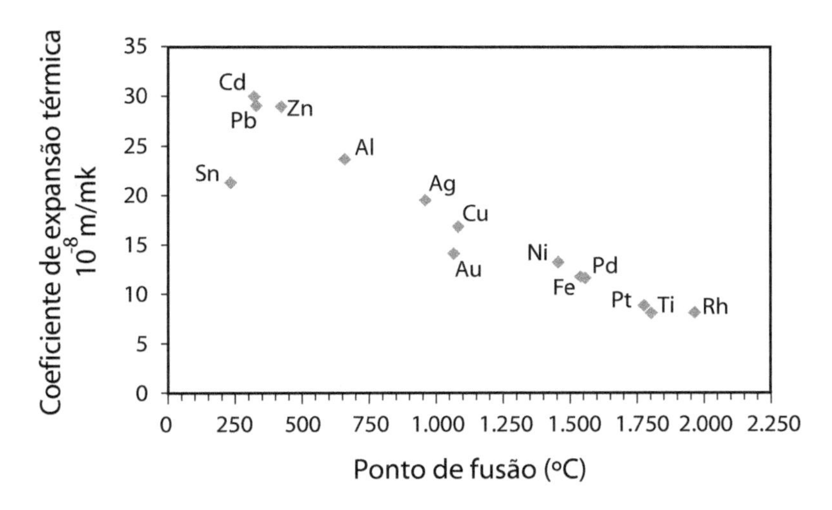

Figura 2.16 Relação entre ponto de fusão e coeficiente de expansão térmica de alguns metais puros.

Diferenças de coeficientes de expansão térmica podem dificultar bastante na montagem de dublês (brasagem de ouro amarelo sobre ouro branco ou vice-versa), pois, durante a brasagem, o substrato e a chapinha de ouro (de cor distinta) terão expansão diferente, e no resfriamento, contração diferente, podendo levar a distorções na peça. Do mesmo modo, quando se prendem duas partes a serem soldadas com arame de ferro, pode ocorrer mudança de posição entre as partes, porque o ferro se alonga bem menos do que a prata e o ouro, ver Figura 2.16.

O coeficiente de expansão térmica do vidro é muito pequeno, cerca de $8{,}6 \cdot 10^{-6}$ m/(mK), e é aproximadamente igual ao da platina. Por isso, durante a preparação de esmalte, é necessário acrescentar produtos que façam com que o coeficiente de expansão térmica do vidro se iguale ou se aproxime do metal de substrato (cobre, prata ou ouro).

Já foi mencionado que os metais, em geral, contêm defeitos internos. O número destes defeitos é proporcional à amplitude de vibração dos átomos, e sua proporção cresce exponencialmente com a temperatura. O estado líquido pode ser entendido, portanto, como uma estrutura que contém um número altíssimo de defeitos. Por isso, a passagem do estado sólido ao líquido está ligada, em geral, ao aumento de volume. Por exemplo, na fusão o cobre tem um acréscimo de volume de 4,4% e o alumínio, de 6,9%.

Capacidade térmica ou *calor específico* é a quantidade de energia (J) necessária para aumentar em um grau (K) a temperatura de um mol[2] de um material. Esta propriedade representa a capacidade do material

2 mol = $6{,}023 \times 10^{23}$ átomos (número de Avogrado) = número de átomos presentes para o peso atômico dado em gramas.

de absorver calor do meio circundante. O calor necessário para aquecer um metal Q pode ser calculado a partir da relação:

$$Q = m \cdot c \cdot \Delta T$$

onde

Q é o calor absorvido em kJ

m é a massa do material em kg

c é o calor específico em kJ/(kg . K), tabelado

ΔT é a variação de temperatura em K

Observação: o valor do calor específico varia com a temperatura e adota-se a média dos valores medidos numa certa faixa de temperatura.

Exemplo: Qual o calor necessário para aquecer 30 g de prata da temperatura ambiente (25 °C) até 960 °C?

$Q_1 = 0{,}03 \text{ kg} \cdot 0{,}2332 \text{ kJ/(kg . K)} \cdot 835 \text{ K}$

$Q_1 = 5{,}84 \text{ kJ}$

Para completar a fusão do metal, ao se atingir a temperatura de fusão é necessário fornecer energia para que este mude de estado, o calor latente de fusão. Dentro do exemplo citado, este calor é dado por:

$Q_2 = m . L$

onde L – calor latente de fusão em kJ/kg

$Q_2 = 0{,}03 \text{kg} \cdot 104 \text{ kJ/kg} = \underline{3{,}12} \text{ kJ}$

Portanto, para fundir 30 g de prata seriam necessários $Q_1 + Q_2 = 8{,}96$ kJ. Na oficina do ourives, este calor vem da chama do maçarico ou do calor produzido por um forno elétrico. Grande parte do calor gerado por estes meios é perdido para o ambiente: o ar, o cadinho de fusão, ou a cerâmica de suporte para a brasagem, e, por isso, o calor necessário para a fusão é sempre maior do que o calculado. A Figura 2.17 mostra o calor necessário para a fusão de alguns metais; observe que, apesar de ter ponto de fusão mais elevado do que a prata, o ouro consome menos calor para fundir, pois seu calor específico é menor.

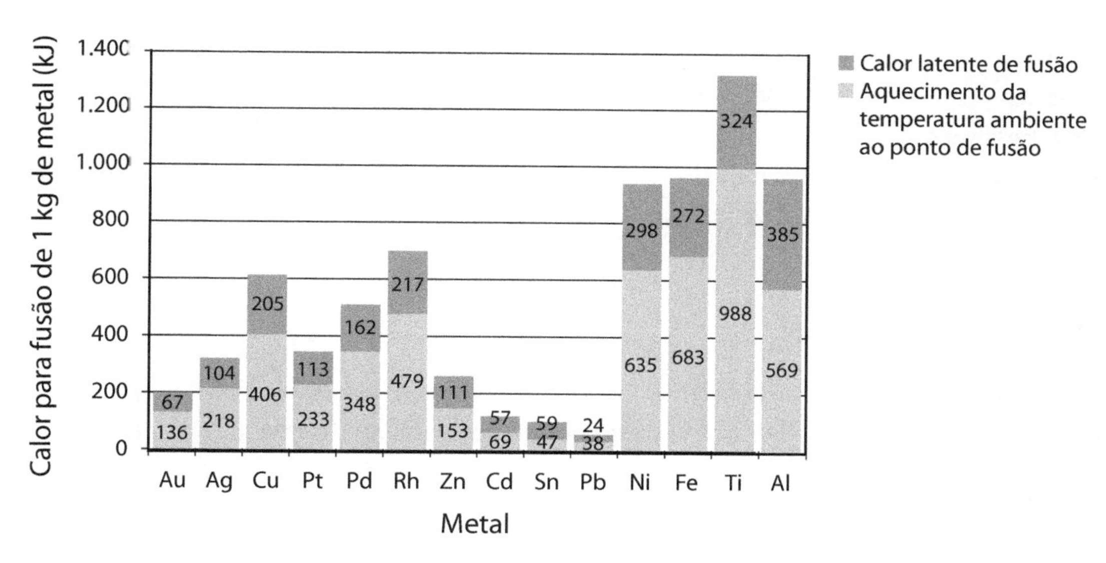

Figura 2.17 Calor necessário para a fusão de 1 kg de alguns metais puros.

A capacidade de transporte de calor de regiões de alta temperatura para regiões de baixa temperatura de um metal é chamada *condutividade térmica* λ, medida em W/m . K. O transporte de calor em metais é feito por elétrons e pela transmissão da vibração térmica de um átomo da rede cristalina para outro. O transporte por elétrons ocorre porque elétrons livres que se encontram em regiões quentes ganham energia cinética e migram para regiões mais frias, transferindo parte de sua energia para os átomos destas regiões. Quanto maior a concentração de elétrons livres, maior a condutividade térmica. Os três metais de transição com maior condutividade térmica são: a prata, o cobre e o ouro, Figura 2.18.

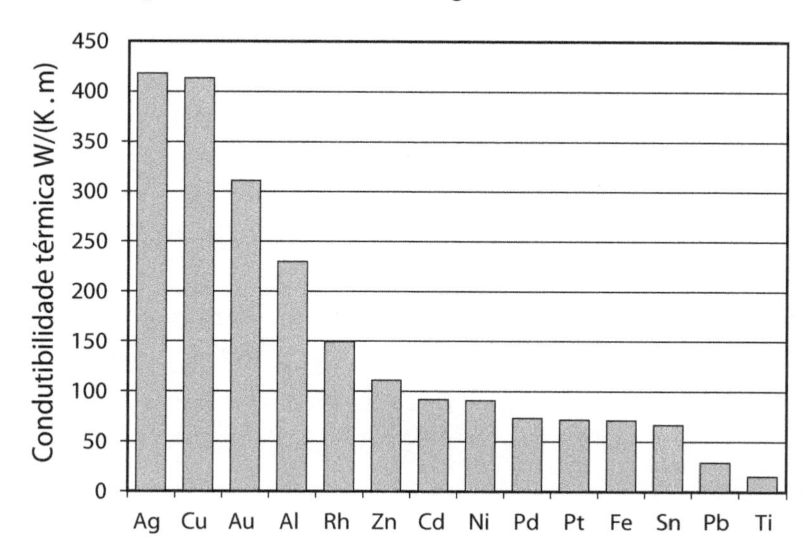

Figura 2.18 Condutividade térmica de alguns metais.

Na oficina, o ourives percebe prontamente que a extremidade oposta de um fio de prata no qual se quer formar uma esfera na ponta por fusão aquece mais rapidamente do que a de um fio de ouro ou de platina. Enquanto é possível soldar uma peça de platina ou de ouro que contenha uma gema sensível ao calor já montada, sem comprometer a pedra, não é possível fazê-lo com a prata, pois, antes de atingir a temperatura necessária, a gema já pode estar comprometida.

2.2.6 Resistência mecânica

Para poder utilizar um material para fabricar máquinas e ferramentas, é necessário que ele tenha capacidade de sustentar uma determinada força[3], ou tendência ao movimento (momento). Por outro lado, durante o processamento é necessário que o material seja deformável. Estas propriedades (resistência mecânica e plasticidade, respectivamente) são uma das mais importantes características dos materiais.

Existem três respostas principais quando um material é submetido a uma força externa:

- *Deformação reversível ou elástica*: quando a mudança de forma só ocorre durante a atuação da força, e o material volta a sua forma original quando aquela deixa de atuar. Esta propriedade está ligada à força de atração dos átomos do material e é quantificada pelo Módulo de elasticidade E e Módulo de cisalhamento G ($G = 7/8\ E$), normalmente dados em Pascal ($1\ Pa = 1\ N/m^2$).
- *Deformação irreversível ou plástica*: quando a mudança de forma permanece após ser retirada a força. O material que sofre deformação irreversível já passou pelo um estágio de deformação reversível. Esta propriedade está ligada à estrutura do material e à presença de defeitos cristalinos e é caracterizada pelo limite de resistência, limite de escoamento e alongamento ou redução de área.
- *Fratura*: quando o material se rompe. Pode ser súbita (frágil, causada pela geração e rápida propagação de trincas) ou dúctil (após deformação plástica).

Conhecer a capacidade de conformação dos metais é fundamental para a execução do trabalho do ourives, pois na oficina se fabricam chapas e fios por processos de conformação mecânica.

Nos metais, a deformação se dá ao longo dos planos mais densos do cristal. A força requerida para mover uma camada de átomos sobre a outra (como em deformação por escorregamento) corresponde em princípio à resistência teórica do metal. Ocorre que a força calculada é sempre maior do que a medida experimentalmente.

A razão da disparidade entre resistência teórica e real é a presença dos defeitos cristalinos, mencionados no início deste capítulo. Dentre eles, as discordâncias ocupam o lugar principal nesta explicação. Em cristais, discordâncias se movem por troca de lugar entre os átomos próximos à região do defeito cristalino (da mesma maneira como se move uma lagarta – ver Figura 2.15a), percorrendo todo o cristal até que o defeito

---

3 A unidade de força no Sistema Internacional de Unidades é o Newton (N), que é definido como força exigida para imprimir uma aceleração de um metro por segundo ao quadrado a uma massa de um quilograma: $1\ N = 1\ kg \cdot m/s^2$.

seja eliminado do seu interior. Estes defeitos também são chamados de defeitos lineares, pois a região de descontinuidade cristalina tem este formato (Figura 2.19c).

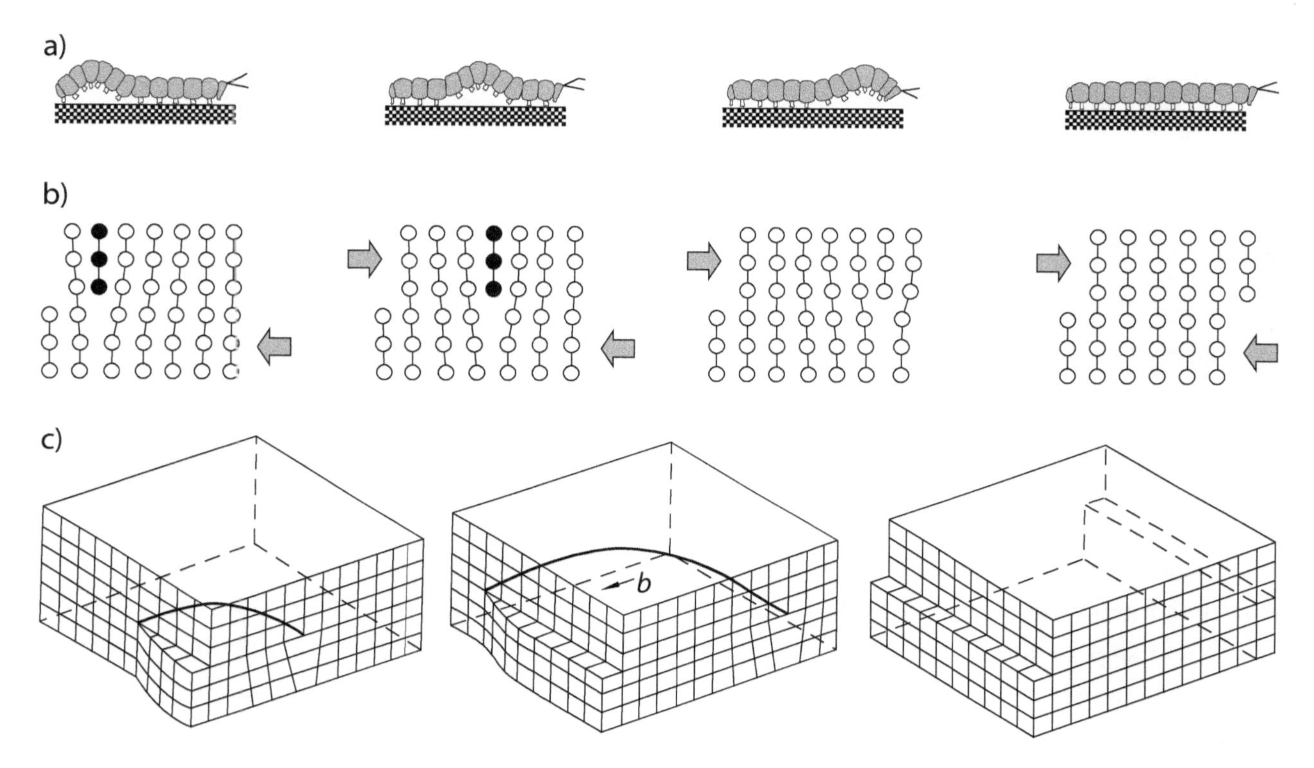

Figura 2.19 Movimentação de discordâncias no interior de um monocristal cúbico, e analogia da lagarta.

A operação das discordâncias explica a *plasticidade* em monocristais, mas, na prática, os materiais com aplicação tecnológica são quase sempre policristalinos. Essa enorme quantidade de monocristais (os grãos), orientados aleatoriamente, confere ao conjunto propriedades mecânicas isotrópicas (iguais em todas as direções).

Outros defeitos cristalinos também contribuem para modificar as propriedades mecânicas:

- Os contornos de grão atuam como barreiras ao movimento dos defeitos limitando a plasticidade, em outras palavras, aumentando a tensão para causar escorregamento.
- A presença de átomos em solução sólida também ajuda a impedir o movimento de discordâncias, e ligas em geral apresentam maior resistência à deformação do que metais puros.
- A presença de segundas fases (regiões de estrutura cristalina diferentes) age no mesmo sentido.

O processo de deformação cria discordâncias. O aumento do número de discordâncias em um material faz com que elas se cruzem e se entrelacem dificultando mutuamente o seu movimento. Assim, com o aumento da deformação, observa-se que fica mais difícil continuar a deformação – diz-se que o material encrua.

As maneiras mais comuns de se medir propriedades mecânicas de materiais metálicos são a medida de dureza e o ensaio de tração, pois simulam de maneira simplificada a resposta às solicitações mecânicas e o processo de conformação mecânica, fornecendo dados para comparar e avaliar a plasticidade e as características de trabalho dos diferentes metais. Nos dois ensaios, o material é sujeito a uma força externa até sofrer deformação plástica (dureza) chegando até a fratura (ensaio de tração).

Dureza

Mede-se a resistência do material contra a penetração de um outro corpo duro. Assim, um indentador de geometria simples é comprimido com uma força constante contra a superfície a ser medida. O tamanho da impressão, que será tanto maior quanto mais mole for o material, é utilizado como medida. É um ensaio simples, feito de maneira rotineira para o controle de qualidade dos materiais, mas o resultado é muito influenciado pelo modo como é feito. Existem vários sistemas de medida de dureza:

Brinell: uma esfera de aço ou de carboneto de tungstênio de diâmetro conhecido é comprimida sobre o material, primeiro com força crescente por 15 s e depois com força constante por 30 s. Na superfície é gerada uma impressão de diâmetro *d*. Para se chegar ao valor de dureza, compara-se a força aplicada com a superfície da impressão gerada. Como a medida possível é a do diâmetro da calota da impressão, aplica-se a fórmula da Tabela 2.6 obtendo um valor adimensional de HB. Para que as medidas sejam válidas, é necessário que entre o diâmetro da esfera e a calota de impressão haja uma relação do tipo d = (0,2 ... 0,7) D. Para medir metais nobres, utiliza-se esfera de 5 mm e força de 2.450 N para metais duros ou 1.225 N para metais moles.

Vickers: utiliza uma pirâmide de diamante de base quadrada com ângulo de 136° no vértice e se compara a carga aplicada com a diagonal da impressão deixada na superfície, utilizando a fórmula da Tabela 2.6. Como a carga aplicada pode variar, deve-se sempre fazer referência a esta, e geralmente se deixa a força atuar por 15 s. É um método mais completo e geral, para todas as durezas, para superfícies endurecidas e espessuras pequenas. Tem duas vantagens: pode ser utilizado em qualquer dureza e não danifica o objeto, pois deixa uma marca muito pequena (a medida é feita sob uma lente de microscópio ótico). As durezas Brinell e Vickers têm a mesma base de cálculo e coincidem até aproximadamente o valor 400. Para valores de dureza superiores a esta, a dureza Vickers assume valores maiores do que a Brinell.

Rockwell: assim como nos outros métodos, utiliza-se um corpo com geometria conhecida (uma ponta cônica de diamante com ângulo igual a 120° ou esfera de aço com 1,5875 mm), mas não se mede a área da impressão, e sim sua profundidade. A ponta cônica é utilizada para medir materiais duros e a esfera de aço, metais moles. A carga aplicada é bem definida. Primeiro se aplica uma carga P_0 de 10 kg e em seguida uma carga de 100 kg para a esfera (escala Rockwell B) ou uma carga de 150 kg para o cone (escala Rockwell C). Materiais muito duros, ou superfícies finas, são medidos com o cone de diamante e uma carga de 60 kg (escala Rockwell A). Se a amostra for muito fina, o ensaio se faz com pré-carga de 3 kg e carga adicional de 15, 30 ou 45 kg. Cada 2 μm de profundidade corresponde a 1 HR.

Tabela 2.6 Métodos de medida de dureza.

		Formato da impressão			
Teste	**Corpo de penetração**	**Vista lateral**	**Vista de topo**	**Carga**	**Fórmula para número de dureza**
Brinell	Esfera feita de aço ou de carboneto de tungstênio	D d	d	Variável P (N)	$HB = \frac{0,102 . 2P}{\pi . D(D - \sqrt{D^2 - d^2})}$ $d = (0,2...0,7)D$
Vickers	Pirâmide de diamante	136°	d_1 d_2	Variável P (N)	$HB = \frac{0,189\ P}{d^2}$ d = média aritmética das diagonais da impressão em mm
Rockwell	Cone de diamante ou esfera de aço com diâmetros de $\frac{1}{32}, \frac{1}{8}, \frac{1}{4}, \frac{1}{2}$ polegadas	120°		60 kg – A 100 kg – B 150 kg – C	Profundidade da impressão: 1 H R = 2 μm

A Figura 2.20 mostra as durezas de alguns metais puros não deformados. A dureza é uma grandeza muito sensível à microestrutura; varia com o grau de deformação do material – materiais encruados são mais duros do que materiais não deformados –, com a presença de elementos de liga ou de mais de uma estrutura cristalina. Em geral, as ligas metálicas são mais duras do que os seus metais puros. Enquanto o ouro e a prata puros têm 20 a 25 HB respectivamente, ligas de ouro têm dureza entre 80 e 150 HB e ligas prata-cobre, entre 60 e 80 HB.

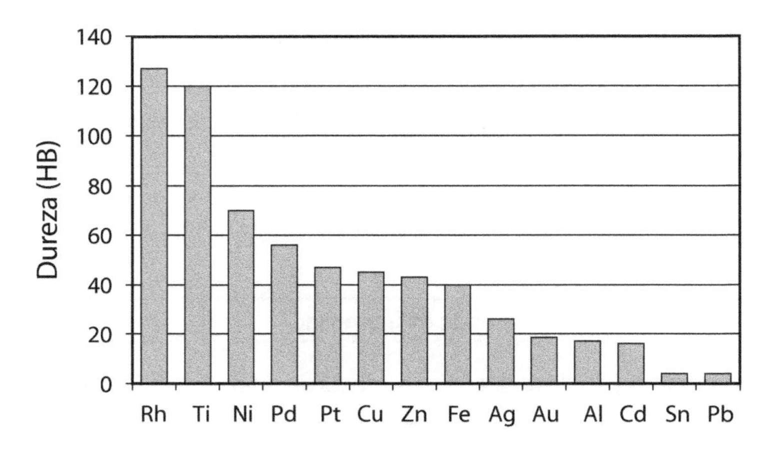

Figura 2.20 Durezas Brinell de alguns metais puros não deformados.

A dureza informa sobre a facilidade de trabalhar os metais e suas ligas em processos como forjamento e estampagem. Também dá ideia de quanto uma peça de joalheria vai resistir a riscos e ao desgaste, e se ela está sujeita a logo perder seu brilho. Um anel de liga de prata com dureza 80 HB risca mais facilmente e torna-se opaco antes que uma peça de ouro 14 Kt com uma dureza de 140 HB. Pelo mesmo motivo, é feito o recobrimento eletrolítico de peças de ouro branco com ródio, pois este metal é bem mais duro do que o ouro e a prata.

Ensaio de tração

O ensaio de tração procura responder às seguintes perguntas: qual a tensão necessária pra conformar o metal? Qual é a tensão/deformação que o metal irá suportar sem se romper? É um ensaio padronizado, realizado com corpos de prova cilíndricos ou em forma de chapa, com dimensões preestabelecidas[4] (Figura 2.21a, b). Durante o ensaio, o corpo de prova é fixado em uma máquina padrão e carregado com uma força F crescente. As medidas de *tensão* são feitas por meio de uma *célula de carga*. As medidas de *deformação* são feitas por meio de um *extensômetro* ou diretamente sobre o corpo de prova. Para interpretação dos resultados, a força aplicada é dividida pela área transversal inicial do corpo de prova A_0:

$$\sigma = \frac{F}{A_0}$$

onde σ é a tensão em N/mm^2 ou Pa; F é força em N; e A_0 a área da secção transversal do corpo de prova em mm^2.

4 O formato dos corpos de prova é definido pela norma MB-4 ditada pela ABNT (Associação Brasileira de Normas Técnicas).

Durante o ensaio, o corpo de prova sofre deformação elástica seguida de deformação plástica. Com o aumento da força, forma-se um estreitamento no centro do corpo de prova, denominado *estricção*, até que ele por fim se rompe. Do ensaio, registra-se a curva tensão-deformação da qual se obtém (Figura 2.21c):

- Tensão de escoamento (Ponto E) σ_y ou LE (MPa).
- Tensão máxima (ponto M), que corresponde ao limite de resistência LR (MPa).
- Deformações **maiores** que ε_u ocorrem com **estricção.**
- Alongamento total ε_T (%) dado por $(L - L_0)/L_0$ e tensão de ruptura σ_R (MPa) (Ponto F).
- Redução de área S (%) dada por $(A - A_0)/A_0$.

onde L e A são, respectivamente, comprimento e secção transversal do corpo de prova fraturado, e L_0 e A_0, as suas dimensões iniciais.

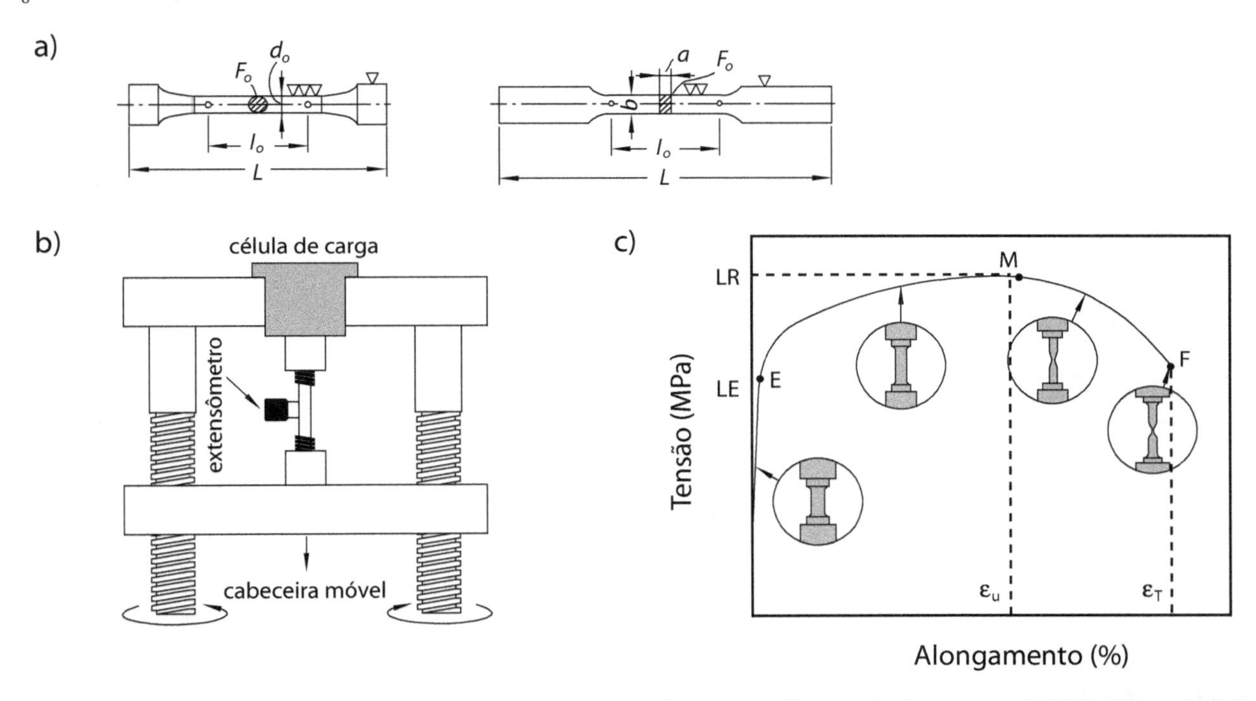

Figura 2.21 Aspectos gerais do ensaio de tração: a) formato dos corpos de prova; b) esquema da máquina de tração; c) curva tensão-deformação com as mudanças de forma que o corpo de prova experimenta durante o ensaio.

Para a maioria dos materiais metálicos, convenciona-se que as deformações puramente elásticas ocorrem até a deformação de 0,2%. É neste ponto de deformação que é medido o limite de escoamento. Quando as deformações ultrapassam esse valor, em geral a relação entre tensão e deformação deixa de ser linear (lei de Hooke), produzindo-se deformação permanente (não recuperável).

Se o ensaio for interrompido em qualquer ponto (σ_2) entre E e M, ao se retirar a tensão, a deformação medida não irá corresponder àquela medida na vertical da curva tensão-deformação, mas sim a um ponto ε_2 correspondendo a uma linha paralela à curva de deformação elástica inicial (Figura 2.22). Ou seja, irá ocorrer uma recuperação elástica. Se o ensaio for retomado no mesmo corpo de prova, a deformação segue elástica até a tensão alcançada na última deformação (ou seja, segue a linha ε_2- σ_2) e a partir daí torna-se plástica. O resultado disto é que, com o aumento de deformação plástica aplicada, a porcentagem de deformação elástica, ou, em outras palavras, o efeito mola, aumenta. É por isso que dispositivos como agulhas de broches e linguetas de fecho tipo gaveta são confeccionados com metal deformado (encruado).

No entanto, se durante a deformação o limite de resistência for ultrapassado, a resistência do material diminui devido à estricção, que reduz a área que resiste à tensão aplicada.

A Figura 2.23 mostra os limites de resistência e o alongamento de alguns metais puros. Maiores limites de escoamento e de resistência tornam necessárias tensões maiores para que o material seja deformado permanentemente. Por outro lado, o material não deve deformar-se facilmente durante o uso. Se o alongamento é baixo, não se pode forçar muito durante operações como laminação, trefilação, estampagem, dobramento etc., pois haverá fratura ou falha. Para que o material seja trabalhável, ele precisa ter um alongamento maior do que 30%.

Também durante o corte por serra ou tesoura ocorre deformação plástica antes da separação. Quanto menor a resistência mecânica, menor a força necessária para o corte; enquanto se consegue cortar uma chapa de ouro fina com uma tesoura de papel, uma chapa de aço ou de titânio precisa ser cortada com uma tesoura mais reforçada.

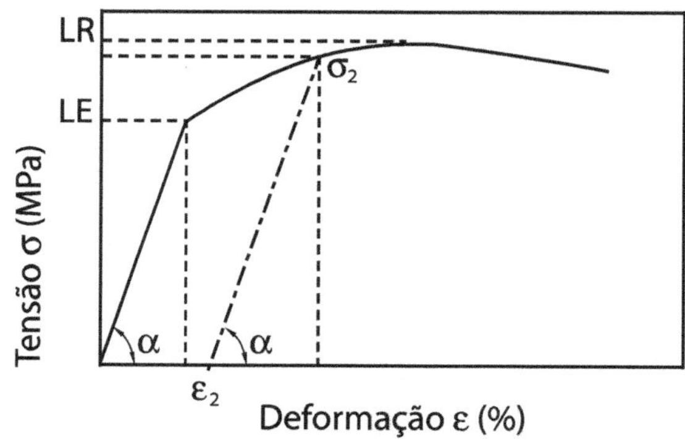

Figura 2.22 Recuperação elástica de material deformado entre LE e LR.

Na fabricação de um anel, o material deve ter alongamento alto para que possa ser conformado; por outro lado, precisa ter alto limite de resistência para que não se deforme durante o uso. O material de uma corrente deve ter alto limite de resistência e dureza para evitar o desgaste entre os elos, mas limite de escoamento suficiente para permitir a conformação deles. As garras ou caixas para a cravação de pedras devem ser suficientemente dúcteis para que possam ser dobradas facilmente sobre a pedra, mas não tanto que não a suportem em seguida.

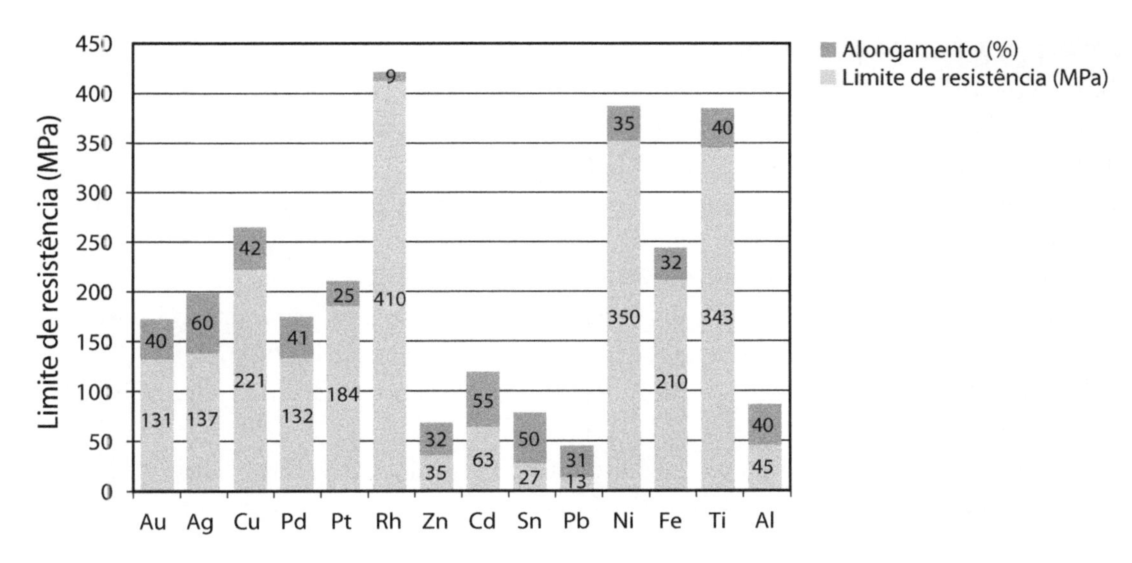

Figura 2.23 Limite de resistência e alongamento de alguns metais puros.

Embora materiais com maior limite de resistência sejam também mais duros, não há uma correlação direta entre limite de resistência e dureza que possa ser generalizada, pois os dois ensaios utilizam modos de deformação diferentes: o primeiro utiliza a tração enquanto o segundo, a compressão. A Figura 2.24 mostra que as duas grandezas não formam uma relação linear. No entanto, para famílias de ligas de um mesmo metal, é possível fazer aproximações. Para ligas de ouro e prata LR ≈ 4-5 HB. Para aços LR ≈ 3,45 HB.

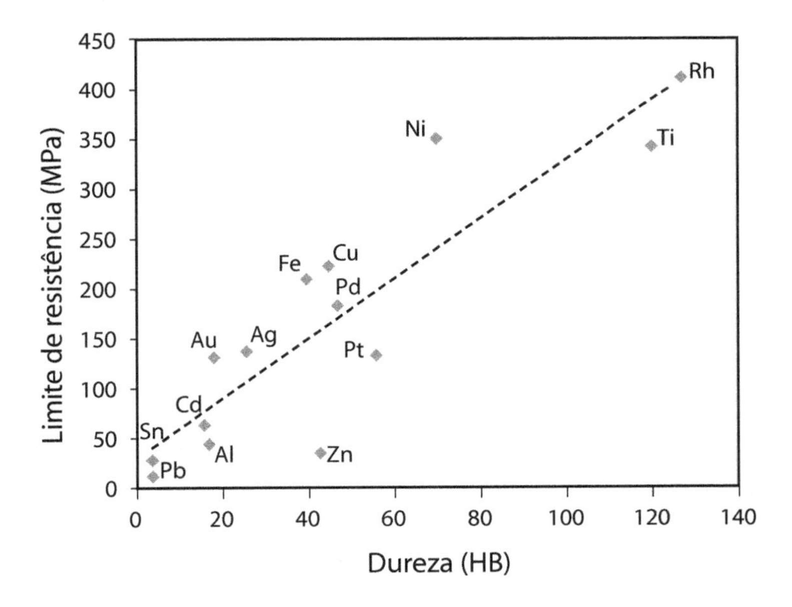

Figura 2.24 Relação dureza-limite de resistência para alguns metais puros.

Referências bibliográficas

2.1 B. H. MAHAN. *Química um curso universitário*. 2. ed. São Paulo: Blücher, 1972.

2.2 C. C. MERRIMAN, D. F. BAHR, M. G. NORTON. Environmentally induced Failure of gold jewelry alloys. *Gold Bulletin*, v. 38 (3), p. 113-119, 2005.

2.3 *Diebeneres Handbuch des Goldschmiedes*. Band II. 8. ed. Stuttgart: Rühle-Diebener Verlag, 1998.

2.4 E. BREPOHL. *Theorie und Praxis des Goldschmiedes*. 15. ed. Leipzig: Fachbuchverlag Leipzig, 2003.

2.5 L. VITIELLO. *Oreficeria moderna, técnica e prática*. 5. ed. Milão: Hoepli, 1995.

2.6 Instituto Brasileiro de Gemas e Metais Preciosos. *Políticas de ações para a cadeia produtiva de gemas e metais preciosos*. Coord. H. S. Heriques, M. M. Soares, Brasília: Brisa, 2005.

2.7 R. C. VILLAS BÔAS, C. BEINHOFF, A. R. SILVA. *Mercury in the tapajos basin*. CNPq/CYTED, Rio de Janeiro, 2001.

2.8 *Word Silver Survey 2005. A Summary*. London: GFMS Limited, The Siver Institute, 2005.

2.9 W. SCHATT. *Einfuhrung in der Werkstoff Wissenschaft*. Deutsche Verlag fur Grundstoffindustrie, Leipzig, 1991.

2.10 A. COTTRELL. *An introduction to metallurgy*. 2. ed. London: The Institute of Materials, 1995.

2.11 D. MANCHANDA, S. HENDERSON. *White gold alloys: colour measurement and grading*. World Gold Council, 2005.

2.12 G. RAYKHTSAUM, D. P. AGARWAL. Surface finishing effects on color measurements. *The Santa Fe Symposium on Jewelry Technology*, 1990, p. 147-163.

3.

A formação de ligas metálicas

3.1 Misturando os elementos metálicos

Mesmo os métodos de extração e refino mais modernos não conseguem obter metais absolutamente puros, constituídos de uma única espécie atômica. Sempre estão presentes outros tipos de átomo em pequena ou grande quantidade, que influenciam suas propriedades. Metais puros só são fabricados para aplicações especiais, pois os processos de refino são complexos e caros. As Normas definem o grau de pureza comercial dos metais: no Brasil, as normas NBR 8000 e NBR 13703 classificam graus de pureza de ouro e prata respectivamente.

Uma liga é uma substância macroscopicamente homogênea que possui propriedades metálicas e é composta de duas ou mais espécies químicas. Qualquer espécie química pode servir como elemento de liga, embora apenas os elementos metálicos sejam adicionados em maior quantidade. Primeiro serão discutidas as ligas binárias, ou seja, ligas com apenas dois elementos, e apresentados alguns princípios básicos.

O elemento de maior proporção é chamado de *solvente* e o de menor proporção, de *soluto*. Uma liga pode ser constituída por uma *solução sólida*, isto é, o segundo elemento se incorpora na rede cristalina do primeiro, ou de uma *mistura de fases*, quando o segundo elemento se separa do primeiro formando cristais de natureza diferente.

Assumindo que a um metal puro sejam adicionados átomos de um segundo elemento, e que seja dado tempo suficiente para que ajustem suas posições na estrutura cristalina, até atingir o equilíbrio: que tipo de estrutura terá a liga? Isso vai depender do tipo de interação dos dois tipos de átomos: atração, repulsão, ou indiferença.

Para começar, podem-se fazer as seguintes generalizações (Figura 3.1):

1) Se os dois átomos são indiferentes, a mistura é homogênea a nível atômico e a *solução sólida é aleatória*. Em muitas ligas, a distribuição atômica se aproxima deste ideal tendo distribuição aproximadamente homogênea; as ligas Au-Ag e Au-Cu são um bom exemplo.
2) Se átomos diferentes se atraem mais do que os iguais, a tendência é ter vizinhos próximos de espécies diferentes, ou seja, ABABAB... A natureza da estrutura resultante depende muito dos fatores que determinam a atração. Quando formada por elementos metálicos, a estrutura costuma ser *ordenada* ou formar um *super-reticulado*, como no caso do sistema Au-Cu para certas proporções bem definidas. Quando os componentes diferem eletroquimicamente ou a atração A-B é muito grande, a ligação entre os

átomos passa a ser *parcialmente iônica* e são formados compostos *intermetálicos,* como ocorre durante a formação de Cu_5Zn_8 em ligas Cu-Zn. Em casos extremos, quando o elemento adicionado é um não metal muito eletronegativo, como O, S, Cl, é formada uma substância que não possui mais as qualidades metálicas de uma liga. Um exemplo é o óxido de cobre Cu_2O que se forma em ligas Ag-Cu quando fundidas sem proteção de fluxo.

Compostos intermetálicos, assim como compostos iônicos, são duros e frágeis, não suportam quase nenhuma deformação plástica.

3) Se os átomos diferentes se atraem menos do que os iguais, os dois tipos tendem a se separar em dois cristais diferentes. Estas misturas heterogêneas se chamam *mistura de fases*. Este é o caso do sistema Ag-Cu.

Uma solução sólida pode ser *substitucional* ou *intersticial*. Solução sólida substitucional é aquela em que os átomos de soluto ocupam o lugar de átomos de solvente na rede cristalina, como em ligas Au-Ag. Soluções intersticiais são aquelas em que os átomos de um componente são tão pequenos com relação ao outro que ocupam os espaços (interstícios) entre o reticulado do solvente. O melhor exemplo de solução intersticial é o aço: solução de ferro e carbono, com carbono dissolvido nos interstícios da rede cristalina do ferro (ver Figura 3.1).

As soluções sólidas aleatórias são mais dúcteis do que soluções ordenadas ou misturas de fases.

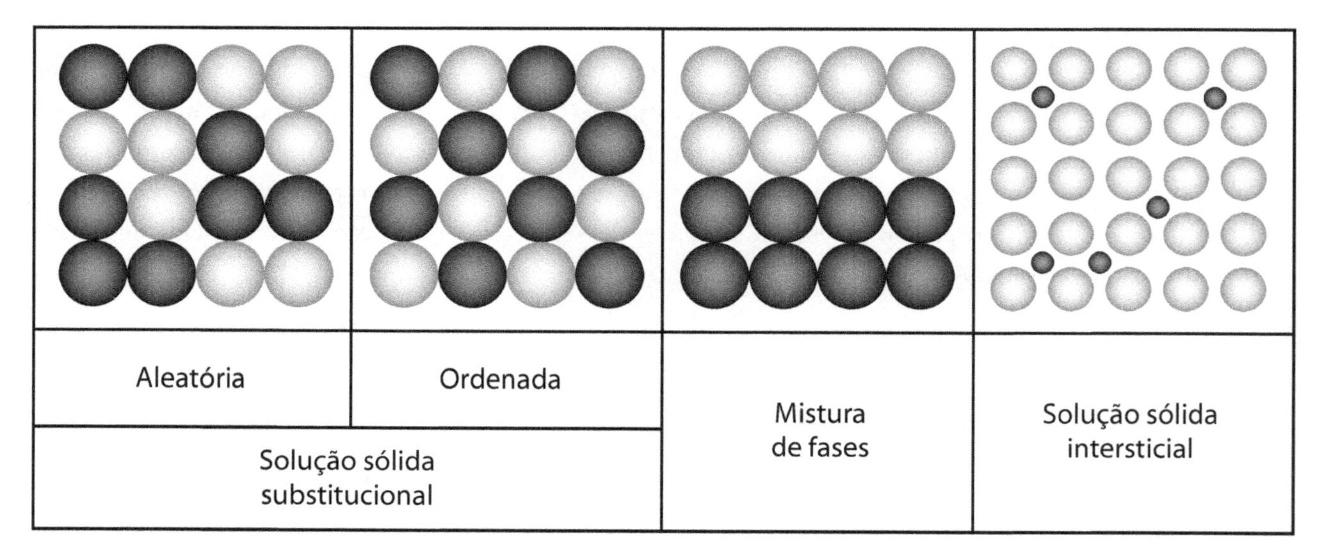

Figura 3.1 Possíveis combinações de átomos em uma estrutura metálica.

Uma solução sólida pode existir dentro de um intervalo de composição. Em qualquer composição fixa dentro deste intervalo, o material é totalmente homogêneo e as propriedades físicas do seu reticulado diferem muito pouco das de suas composições vizinhas. São poucas as soluções sólidas que cobrem todo o campo de um metal puro a outro, o que exige que os componentes tenham miscibilidade total. Na maioria das vezes, no entanto, a miscibilidade é limitada, ou seja, existe um *limite de solubilidade* para o soluto. As ligas são muito importantes tecnologicamente porque as suas características são muito diferentes das do metal puro, o que será visto ao se tratar das ligas Ag-Cu.

Quando o intervalo de solubilidade de uma fase inclui a composição do metal puro, a solução é descrita como *primária* baseada naquele componente, conhecido como *solvente,* e o elemento dissolvido é denominado como *soluto*. Muitas soluções sólidas não incluem a composição do metal puro e são chamadas de *secundárias*. Normalmente, mas nem sempre, as soluções sólidas secundárias têm estrutura cristalina diferente das de seus componentes. Soluções sólidas secundárias e intermetálicos são parecidas do ponto de vista de não possuírem um intervalo de homogeneidade que se estenda até o componente puro. Assim, os dois tipos de solução são denominados de *fases intermediárias*.

A frequente existência de soluções sólidas em ligas se deve à ligação metálica, na qual não há ligação química entre os átomos, mas sim forças de atração entre núcleos e os elétrons que circulam livremente entre eles. Este tipo de ligação é indiferente à posição relativa entre os átomos e, portanto, favorece a formação de distribuições aleatórias. Já em ligações iônicas e covalentes, as características das ligações obrigam os átomos a assumirem posições e proporções definidas.

A distribuição de átomos em uma solução substitucional depende da temperatura. Muitas soluções que são ordenadas em baixas temperaturas se tornam desordenadas a altas temperaturas. Quando os átomos estão perfeitamente ordenados, formam um reticulado ordenado, chamado de *super-reticulado*, que é mais rígido do que aquele da solução desordenada. Cada tipo de átomo tem um lugar definido nesta estrutura e isso só é possível em proporções atômicas definidas. A mistura de ouro e cobre nas proporções 1:1e 3:1 gera surper-reticulados do tipo CuAu e Cu_3Au respectivamente. A sua formação está associada com aumento de dureza e de resistência mecânica. O conhecimento das condições de composição química e temperatura para o aparecimento desta fase ordenada pode ser utilizado para dar maior resistência ao desgaste de peças de joalheria.

Existem condições que determinam a extensão em que metais podem dissolver outros metais, formando soluções sólidas primárias substitucionais; Hume-Rothery (1930) postulou as seguintes regras gerais:

- *O tamanho relativo dos átomos*: o aumento da diferença de diâmetros atômicos entre solvente e soluto substitucional diminui o campo de solução primária. Se a diferença entre soluto e solvente for maior que 15%, a solubilidade é baixa. Para soluções intersticiais, a solubilidade depende do tamanho do átomo intersticial e do tamanho do interstício, determinado pela estrutura cristalina do solvente. O fator tamanho, apenas, não garante uma grande solubilidade quando os tamanhos atômicos são próximos. Para obtê-la é necessário também que os átomos sejam semelhantes eletroquimicamente, caso contrário formarão compostos. Observando a Tabela 3.1, vê-se que os metais Au e Ag têm raios atômicos idênticos, além de estarem situados no mesmo grupo e terem mesma estrutura de reticulado cristalino; estes dois elementos formam soluções sólidas homogêneas em qualquer proporção. Observa-se também que os principais elementos utilizados para modificar as propriedades do ferro – cromo, manganês, cobalto e níquel – também têm raios atômicos muito próximos, mas, como não têm a mesma eletronegatividade, formam soluções sólidas com composição limitada.

Tabela 3.1 Raios atômicos dos elementos metálicos em Angstrons (10^{-10}m), obtidos em reticulados metálicos puros.

Li 1,55	Be 0,89											B 0,80
Na 1,90	Mg 1,36											Al 1,25
K 2,35	Ca 1,74	Sc 1,44	Ti 1,32	V 1,22	Cr 1,17	Mn 1,17	Fe 1,16	Co 1,16	Ni 1,15	Cu 1,17	Zn 1,25	Ga 1,25
Rb 2,48	Sr 1,91	Y -	Zr 1,45	Nb 1,34	Mo 1,29	Te -	Ru 1,24	Rh 1,25	Pd 1,28	Ag 1,34	Cd 1,41	In 1,50
Cs 2,67	Ba 1,98	La 1,69	Hf 1,44	Ta 1,34	W 1,30	Re 1,28	Os 1,26	Ir 1,26	Pt 1,29	Au 1,34	Hg 1,44	Tl 1,55

- *O fator eletroquímico*: quanto mais eletropositivo for um dos componentes e mais eletronegativo o outro, maior a tendência à formação de intermetálicos em detrimento de uma solução sólida, e esta, se existir, será estreita. Por exemplo, ligas Au-Al de cor púrpura, que contêm o intermetálico Au_4Al, muito duro e frágil como a maioria dos intermetálicos.
- *A valência relativa*: mantendo outros parâmetros iguais, um metal de valência baixa é mais receptivo à dissolução de um metal de valência mais alta do que vice-versa. Esta regra é válida para muitas ligas de cobre, prata e ouro com metais de valências mais altas. Tomando-se cobre ou prata como solventes e adicionando elementos de maior valência , com raios atômicos e eletronegatividade favoráveis, observa-se que existe uma relação definida entre o limite de solubilidade e a valência do soluto. Quando a composição é medida em termos de concentração de elétrons, em muitos casos o limite de solubilidade é aproximadamente 1,4 elétron de valência/átomo. Esta regra prevê que a solubilidade de metais monovalentes seja de 40% em metais bivalentes, 20% em trivalentes e 13,3% em tetravalentes. Assim, Cu dissolve Zn até 40%at. (33% massa), elementos trivalentes Al e Ga são dissolvidos até 20 %at. e elementos tetravalentes Si e Ge são dissolvidos em até 12-13%at.

Estas regras não são de fácil quantificação, mas dão uma noção da afinidade entre os elementos metálicos, de sua tendência de formar soluções, e explicam por que os elementos que mais facilmente formam ligas sempre estão próximos uns dos outros na tabela periódica.

3.2 O calor de solução e os diagramas de fase

No capítulo anterior, foi mostrado que a temperatura de um material pode ser entendida como a medida da energia de vibração presente em seu interior, e que cada elemento metálico possui capacidades distintas de absorção de calor (calor específico).

Quando se aquece prata pura em um cadinho de fusão, ela primeiro absorve calor sem mudar a sua forma; observa-se uma mudança de cor do avermelhado ao cereja vivo, mas só quando se atinge a temperatura de fusão (961 °C) – é que os grãos cristalinos se desfazem e o metal torna-se líquido. A temperatura neste ponto não muda até que todos os grãos do material tenham se liquefeito; todo o calor fornecido é absorvido neste processo e só ao seu final é que a temperatura volta a subir. Durante o resfriamento, ocorre o caminho inverso, com uma "parada" na mesma temperatura durante a solidificação (Figura 3.2, curvas 1 e 5). Durante este patamar, o material está liberando calor. Este calor extra, necessário para a fusão, e aquele liberado na solidificação são o calor latente já mencionado no Capítulo 2.

Todos os metais puros têm comportamento idêntico, com pontos fixos de fusão e de solidificação. A taxa de absorção, ou de liberação de calor nos estados sólido e líquido, é controlada pelo calor específico do material. Cada estado ou fase possui um calor específico diferente, portanto a inclinação da curva temperatura/tempo muda quando ocorre uma mudança de fase. A cada mudança de estado ou fase, há liberação (reação exotérmica) ou consumo de calor (reação endotérmica), que corresponde à diferença de calor contida nos diferentes arranjos atômicos existentes antes e após a transformação. Uma regra geral, sempre válida, é que toda transformação espontânea de fase tende a caminhar no sentido do estado que tenha menor calor interno, também conhecido como energia interna.

Como o calor específico e os calores latentes de transformação podem ser facilmente quantificados, eles são utilizados para calcular e prever o sentido de reações químicas, assim como as mudanças de fase no estado sólido.

A medida de temperatura pode ser feita por termopares (desenvolvidos por volta de 1850 na Inglaterra), dos quais um exemplo consiste de um fio de platina e outro de uma liga platina-ródio. Os dois fios são soldados em uma extremidade. Quando se aquece a extremidade soldada aparece na outra ponta dos fios uma diferença de potencial elétrico, o efeito termoelétrico, que pode ser medido com um voltímetro. Quanto maior a temperatura, maior o efeito. Com uma curva de calibração se pode obter a temperatura a cada instante durante a solidificação.

A formação de ligas normalmente passa por um processo de fusão, pois, no estado líquido, os átomos têm maior mobilidade e podem se misturar facilmente. Juntando dois elementos metálicos A e B de raios atômicos próximos e de eletronegatividades parecidas, forma-se uma solução sólida aleatória. Medindo a curva de resfriamento, observa-se que a mistura não possui um patamar de solidificação definido, mas sim uma inflexão com um trecho de inclinação diferente durante um certo período de tempo e que coincide com o estágio de criação de cristais metálicos que irão formar os grãos do sólido. Segue-se uma nova mudança na inflexão da curva quando o material encontra-se totalmente no estado sólido. As temperaturas em que ocorrem estas inflexões dependem da composição da mistura (Figura 3.2, curvas 2 a 4). No período entre as duas inflexões, as fases sólida e líquida coexistem e o material tem consistência pastosa, podendo ser cortado ou amassado com uma faca, ou a ponta de uma pinça.

Com os dados de temperatura de inflexão e composição química, pode-se construir gráficos de composição *versus* temperatura mostrando os pontos onde ocorre mudança de fase. Este diagrama é conhecido como *diagrama de equilíbrio* ou *diagrama de fases*. Os diagramas de equilíbrio devem ser construídos com taxas de resfriamento muito lentas, para que em cada instante a composição das fases presentes seja estável, ou seja, não sofra alterações com o tempo.

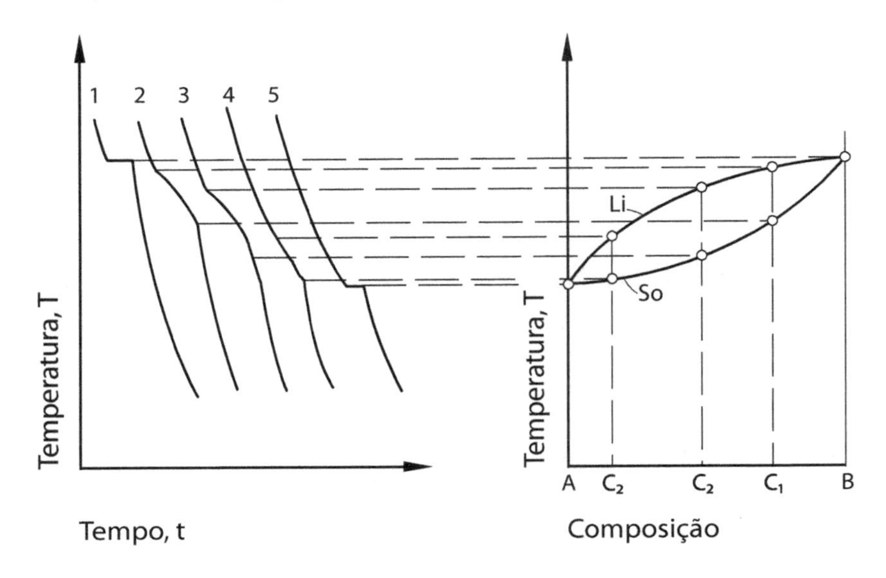

Figura 3.2 Construção de um diagrama de fases a partir dos dados de inflexão nas curvas de resfriamento de várias composições (ligas) de um sistema A-B genérico.

No eixo das abscissas está a composição da liga em porcentagem atômica ou em peso. A porcentagem atômica não é igual à porcentagem em peso porque os pesos atômicos dos átomos constituintes da liga são diferentes. Existe uma fórmula simples para converter at.% em peso%:

$$\text{peso\%} = \frac{\text{at\%} \cdot M}{\text{at\%} \cdot M + (100 - \text{at\%}) \cdot N}$$

onde M é a massa atômica do átomo A, e N é a massa atômica do átomo B.

Por praticidade, é melhor trabalhar com a concentração dada em peso, embora sejam as proporções atômicas que determinem o intervalo de estabilidade das fases. A composição tanto pode ser dada em partes por 100 (%) ou partes por 1.000 (‰). Para se ter a composição em partes por mil, basta substituir o último número (100) da equação acima por 1.000. O teor de ligas de prata e de ouro é convencionalmente dado em ‰.

No diagrama da Figura 3.2, vemos que uma liga tem uma temperatura *liquidus* acima da qual ela é totalmente líquida e uma temperatura *solidus* abaixo da qual ela é totalmente sólida. A junção de todos os pontos *liquidus* e o dos *solidus* são linhas que delimitam os campos de fase sólida e líquida, no caso. Estas curvas apresentam uma "barriga": a *liquidus*, para cima e a *solidus*, para baixo. Qualquer ponto entre estas duas linhas conterá as duas fases, ou seja, é um campo de mistura de fases.

O diagrama de equilíbrio é análogo a um mapa, onde é possível ler a temperatura de fusão e de solidificação de ligas, delimitar as regiões de composição e temperatura em que aparecem misturas de fases ou fases intermediárias, e determinar a proporção volumétrica de fases presentes. A determinação da fração volumétrica de fases se faz pela regra da alavanca, ver Figura 3.3; ela recebe este nome porque expressa a condição de equilíbrio de uma balança:

Imagine um ponto X correspondendo a uma temperatura T, e a composição C_0 na Figura 3.3, e que se deseje saber qual a proporção entre fase sólida e fase líquida em uma temperatura dentro do campo bifásico. Ela será dada por

$$\frac{M_\alpha}{M_\beta} = \frac{n}{m}$$

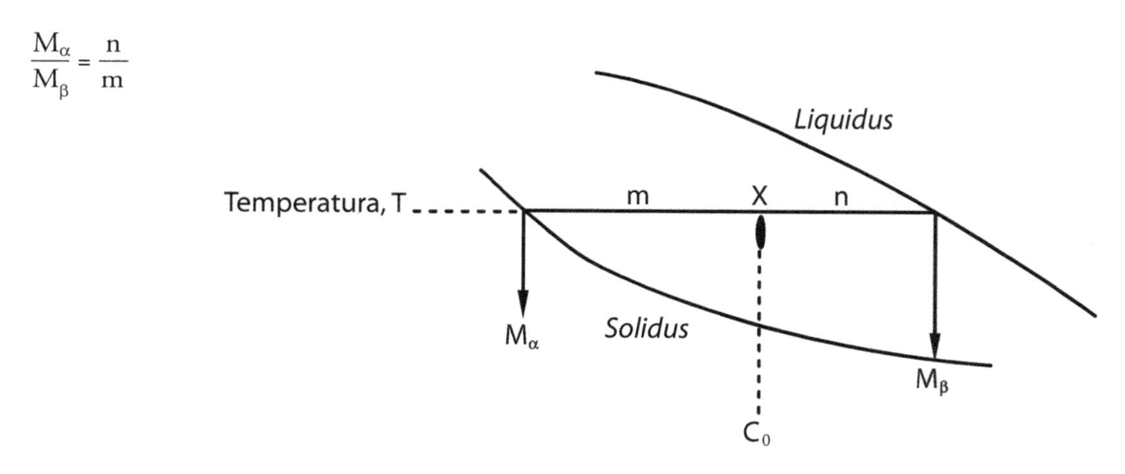

Figura 3.3 Representação esquemática de um ponto X de composição C_0 e temperatura T dentro de um campo binário sólido + líquido. Nesta condição, o material é composto de n/(n + m)% sólido e m/(m + n)% líquido.

Um exemplo prático de um diagrama de equilíbrio é o do sistema Ag-Au (Figura 3.4): o ouro puro Au.1000 funde a 1.063 °C e a prata pura Ag1.000 funde a 960,5 °C. Quando os dois elementos se misturam, a liga resultante funde em uma temperatura intermediária e apresenta um intervalo de mistura das fases sólida e líquida. À medida que a composição se distancia dos elementos puros o intervalo de duas fases aumenta. Por exemplo, a liga Au250 (Ag750) começa a fundir a 975 °C e sua fusão se completa a 988 °C.

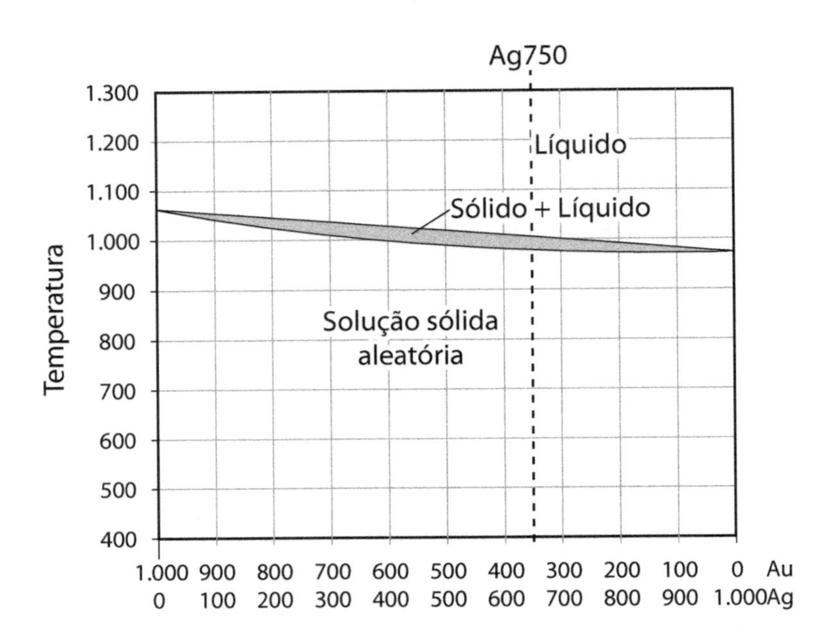

Figura 3.4 Diagrama de equilíbrio Au-Ag.

No exemplo do diagrama Au-Ag, se tomarmos a liga Au250 (Ag750) e a temperatura de 980 °C e traçarmos uma linha paralela ao eixo X, teremos duas composições: na linha *liquidus*, Au150 (Ag850), e na linha *solidus*, Au300(Ag700). Estas são, respectivamente, as composições do líquido e do sólido em equilíbrio a 980 °C. A proporção entre sólido e líquido é então:

$$\frac{\text{sólido}}{\text{líquido}} = \frac{250 - 150}{700 - 250} = \frac{100}{450} = \frac{2}{9}$$

Como

sólido + líquido = 100%

$$\frac{2}{9}\ \text{líquido} + \text{líquido} = 100$$

$$\text{líquido} = \frac{900}{1} = 81{,}8\%$$

sólido = 100 - 81,8 = 18,2%

Várias técnicas auxiliares são utilizadas na montagem de diagramas de fase. As mais utilizadas são a difração de raios X capaz de identificar a presença de fases com diferentes parâmetros cristalinos, mencionada no primeiro capítulo, e o exame metalográfico. Este consiste em observar visualmente se ocorre mais de uma fase no material e, em caso positivo, determinar a proporção relativa entre estas fases. Esta observação é feita em um microscópio. Na observação da microestrutura dos materiais, três tipos de microscópio são utilizados com maior frequência: microscópio ótico (MO), microscópio eletrônico de varredura (MEV) e microscópio eletrônico de transmissão (MET):

- *O microscópio ótico* utiliza a luz visível e permite a análise de grandes áreas, além de ser de utilização simples, rápida e pouco dispendiosa. Por microscopia ótica, pode-se observar grande parte dos defeitos cristalinos (contornos de grão, contornos de macla e, em alguns casos, contornos de subgrão) e constituintes microestruturais (fases) maiores que 0,5 μm.
- O *microscópio eletrônico de varredura* utiliza um feixe de elétrons em vez da luz, e, por apresentar excelente profundidade de foco, permite a análise de superfícies irregulares, como superfícies de fratura. Ele pode ainda identificar regiões de concentração atômica diferente por contraste de massa (regiões contendo átomos mais pesados interagem de maneira mais intensa com o feixe de elétrons e aparecem mais claras do que regiões que contêm átomos mais leves).
- O *microscópio eletrônico de transmissão* também utiliza um feixe de elétrons, mas as amostras devem ser finas o suficiente para que possam ser atravessadas pelo feixe. Ele permite a análise de defeitos, como discordâncias e defeitos de empilhamento, e pequenas partículas de outra fase com dimensões nanométricas.

Será tratada aqui apenas a observação por microscopia ótica. Sabe-se que o microscópio ótico foi inventado provavelmente antes do telescópio, talvez em 1590. Começou a ser utilizado na observação da microestrutura de aços em 1864, ano em que se considera ter Sorby iniciado a disciplina denominada metalografia, em Sheffield. Para o desenvolvimento dos materiais, talvez tenha sido o fato mais importante do século XIX.

Em geral, a aparência dos grãos de um metal fundido ou de uma chapa laminada é visível no microscópio ótico somente após uma preparação especial, que inicia com o corte de uma secção do material, gerando uma superfície plana. Esta superfície é lixada com lixas de granulometrias diferentes, partindo da com maior granulometria para a de menor. A cada passo, a amostra é rodada de 90° e lixada até que as marcas da lixa anterior desapareçam. Finalmente, a amostra é polida em um disco de pano rotativo que contém abrasivos muito finos (6 a 0,25 μm) em suspensão, até que a superfície esteja livre de riscos.

Só então a microestrutura é revelada pela imersão em soluções de ácidos ou de sais. Os ácidos atacam as regiões de contornos de grão ou regiões de composição específica. Em um ataque prolongado, por mais que os grãos tenham composição semelhante, ocorre uma intensidade de ataque diferente entre regiões vizinhas, pois cada grão tem orientação diferente dos grãos adjacentes e as propriedades químicas dos cristais, em geral, não são iguais em todos os planos. Na observação no microscópio ótico, estas diferenças de profundidade de ataque geram imagens de tonalidades diferentes, que permitem diferenciar os microconstituintes, como mostra a Figura 3.5.

Existe grande variedade de soluções químicas para ataque metalográfico. A preparação por ataque químico requer prática e persistência, pois nem sempre o resultado é imediatamente satisfatório. A Tabela 3.2

mostra alguns ataques recomendados para ligas de ouro e prata, latão e estanho. O manuseio da maioria dos ácidos deve ser realizado com cuidados especiais, como uso em lugar ventilado, de preferência em capela, proteção para os olhos e luvas de borracha.

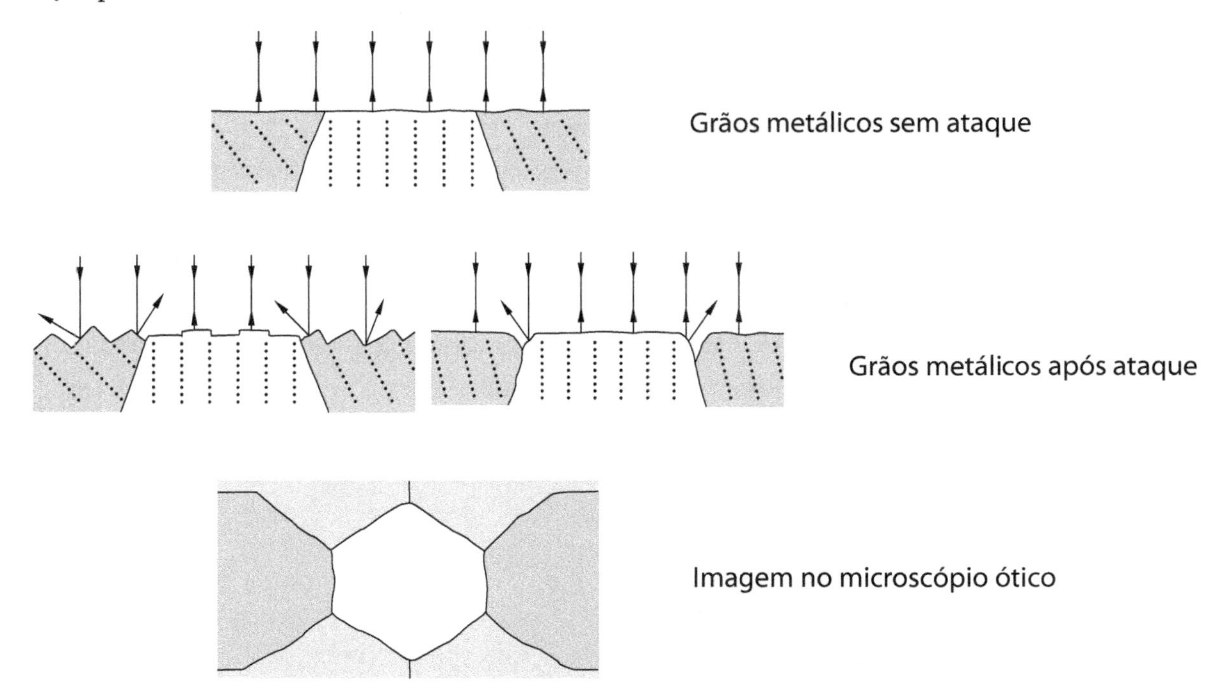

Figura 3.5 Explicação esquemática da formação de imagem em um microscópio ótico. Superfície metálica polida e atacada.

A imagem da Figura 3.6 mostra os grãos de uma liga de prata vistos em um microscópio ótico.

Figura 3.6 Liga Ag950 laminada e recozida atacada com reagente n. 5 da Tabela 3.2, vista em microscópio ótico com aumento de 500 vezes.

Tabela 3.2 Ataque metalográfico para metais nobres e ligas de joalheria.

Liga	Ataque	Observações
Au puro	**1:** 60 ml HCl 40 ml HNO_3 **2:** 1-5 g CrO_3 100 ml HCl **3:** 0,1 g CrO_3 10 ml HNO_3 100 ml HCl	1,2: Aspecto geral 3: Polimento químico e ataque 1: Preparar antes do uso. Utilizar capela e máscara protetora, imergir de alguns segundos a 1 minuto 2: Variar composição e envelhecimento do reagente para se ajustar à liga 3: Imersão de alguns segundos a 1 minuto
Ligas de Au	**2,3** **4:** 5 ml HNO_3 25 ml HCl 30 ml H_2O	4: Aspecto geral. Use quente. Forma filme de cloreto em ligas com muita prata. O filme pode ser retirado com amônia
Ag puro	**2** **5:** 50 ml NH_4OH 10-30 ml H_2O_2 (50%)	5: Aspecto geral. Imersão de alguns segundos a 1 minuto
Ligas de prata	**1, 2, 5**	
Latão 70Cu30Zn	**6:** 5 partes HNO_3 5 partes ácido acético 1 parte H_3PO_4 **7:** 2 g $FeCl_3$ 30 ml H_2O 5 ml HCl 60 ml etanol	6. Aspecto geral 7. Contornos de grão, contornos de macla
Ligas de Sn Sn-Sb Sn-Pb	**8:** 2 ml HCl 5 ml HNO_3 93 ml H_2O **9:** 2 ml HNO_3 98 ml etanol ou metanol **10:** 10 ml HNO_3 10 ml ácido acético 80 ml glicerol	8. Ataca contornos de grão do Sn 9. Ataca a matriz de estanho revelando partículas de SnSb 10. Fase rica em chumbo escura – fase rica em estanho clara

3.3 Diagramas de fase de interesse

3.3.1 Os sistemas Au-Ag, Au-Cu e Ag-Cu

Sistema Au-Ag

O diagrama de equilíbrio deste sistema já foi apresentado na Figura 3.4. Sua principal característica é a miscibilidade total entre o ouro e a prata, e a cor das ligas desse sistema muda do amarelo do ouro para um tom esverdeado em composições intermediárias, chegando ao branco da prata. Entre Au600 e Au700, a cor tende claramente ao verde, e na proporção atômica de 50% de cada elemento (Au646), a cor é um verde intenso.

Só as ligas com teor de ouro abaixo de Au523 podem ser diluídas em ácido nítrico e são solúveis em água régia quando o teor de ouro está acima de Au750. Quando o teor de prata aumenta, a superfície se cobre de cloreto de prata (AgCl), que forma uma camada protetora que impede que a reação de dissolução prossiga. Abaixo de Au377, a liga passa a ser atacada pelo enxofre e pela amônia.

Ligas do sistema Au-Ag não são utilizadas na prática por terem baixa resistência mecânica. Normalmente cobre e/ou outros elementos de liga estão presentes nas ligas comerciais, de forma que o diagrama Au-Ag tem importância apenas no entendimento do sistema Ag-Au-Cu.

Sistema Au-Cu

O ouro e o cobre também são miscíveis em todo o intervalo de composição. O diagrama de equilíbrio (Figura 3.7) apresenta duas diferenças com relação ao diagrama Au-Ag:

- As temperaturas *solidus* e *liquidus* são todas menores do que as temperaturas de transformação sólido-líquido dos dois elementos puros, e as duas curvas apresentam um mínimo no ponto Au820 (Cu180) e 911 °C. Neste ponto a solidificação da liga tem o mesmo comportamento de um elemento puro, ou seja, há um patamar na curva de solidificação. Os intervalos entre as linhas *solidus* e *liquidus* são bem estreitos, não passando de 50 °C.
- Este sistema apresenta formação de fases ordenadas no estado sólido (AuCu e $AuCu_3$), ou seja, para um intervalo de concentrações (Au900 a Au400), os átomos de cobre e de ouro se atraem muito mais do que seus iguais. Estas fases ordenadas ocorrem em temperaturas abaixo de 400 °C e se formam durante o resfriamento lento ou durante tratamentos térmicos, causando endurecimento e aumento da resistência mecânica significativos.

O diagrama Au-Cu compreende as ligas de ouro vermelho com cobre. As composições de uso comercial Au750 e Au585 fundem entre 900 e 950 °C. Durante o trabalho mecânico das ligas entre Au500 e Au750, é necessário lembrar que elas se encontram na faixa de composição onde ocorre endurecimento. Por isso, devem ser resfriadas rapidamente após a fusão ou o recozimento se, na sequência, o material for sofrer conformação a frio. Este resfriamento rápido pode ser feito em água fria ou em álcool[1]. Se, ao contrário, desejar-se alta dureza (peça finalizada), deve-se, após o recozimento, fazer um tratamento térmico por volta de 350 °C para formar intermetálicos.

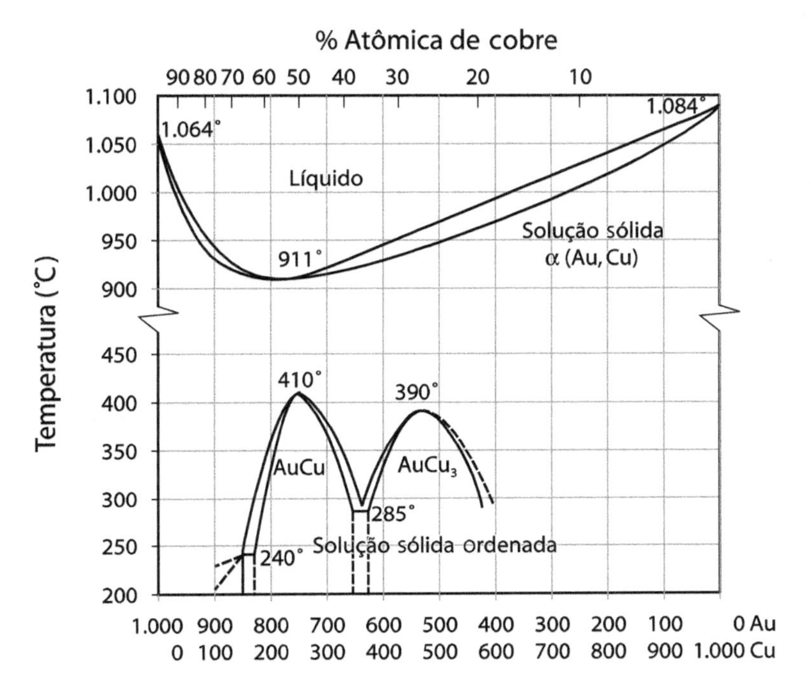

Figura 3.7 Diagrama Au-Cu.

As ligas com teor de ouro abaixo de Au650 são atacadas por ácidos fortes, principalmente ácido nítrico. Oxidam abaixo do teor Au508 e podem ser escurecidas com solução de sulfato de potássio. Todas as ligas são atacadas por água régia.

De maneira geral, é um diagrama pouco utilizado, mas é útil para entender o sistema Ag-Au-Cu.

Sistema Ag-Cu

O diagrama Ag-Cu (Figura 3.8) representa ligas comerciais de prata, pois estas são os melhores materiais para joalheria e forjaria da prata. Tanto a prata como o cobre apresentam solubilidade limitada um em outro. A máxima solubilidade do cobre na prata é 88‰ Cu e ocorre a 779 °C. Abaixo desta temperatura, a solubilidade diminui gradativamente e o diagrama apresenta uma região de duas fases.

1 O uso de álcool para o resfriamento deve ser feito com cuidado devido ao risco de explosão. É indicado apenas para peças pequenas.

Outra característica é que este diagrama apresenta um eutético (do grego *eutektos*: de fusão fácil). O eutético é um ponto com composição e temperatura fixos (Ag720, 779 °C) no qual as linhas *solidus* e *liquidos* se encontram. Neste ponto a liga solidifica em temperatura mais baixa do que a dos dois elementos puros; a solidificação ocorre com patamar de temperatura, formando, porém, duas fases: a fase α rica em prata e a fase β rica em cobre. As composições químicas destas fases (a 200 °C) são respectivamente Ag990 (Cu10) e Ag0 (Cu1.000), ou seja, a solubilidade mútua é praticamente nula, e qualquer liga entre este intervalo será constituída de proporções diferentes de prata e cobre praticamente puros. A fração volumétrica das fases α e β pode ser calculada pela regra da alavanca.

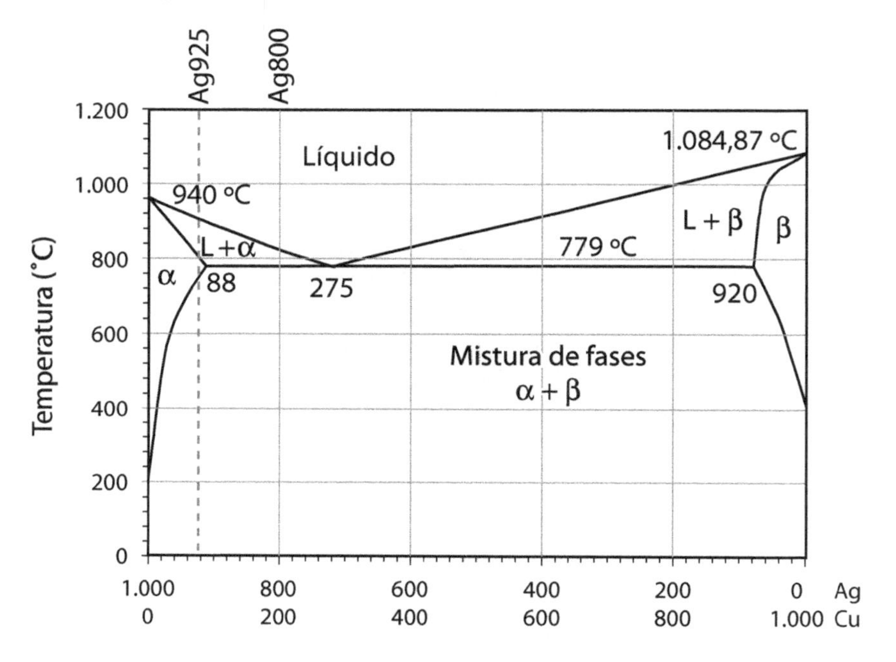

Figura 3.8 Diagrama Ag-Cu.

As ligas com composição localizada à esquerda do ponto eutético são chamadas *hipoeutéticas* e se solidificam no campo α + líquido, o que significa que iniciam a sua solidificação formando cristais de fase α. Quando a temperatura atinge a temperatura do ponto eutético, o restante do líquido forma as fases α e β de maneira simultânea.

As ligas localizadas à direita do ponto eutético denominam-se *hipereutéticas* e iniciam a solidificação formando cristais da fase β, e quando a temperatura atinge o ponto eutético, o restante do líquido forma as fases α e β de maneira simultânea.

Para entender melhor como funciona o sistema eutético, pode-se observar como ocorre a solidificação das ligas Ag920, Ag785, Ag715 e Ag500, cujas microestruturas são apresentadas na Figura 3.9. Nelas a fase escura é a rica em cobre (β) e a mais clara, a rica em prata (α).

– Ag920 (Figura 3.9a): a liga solidifica entre 930 e 890 °C formando fase α, sem apresentar a formação de eutético, pois, com 80% de cobre, ainda se encontra no campo de solução sólida α. Somente abaixo de 760 °C é que a liga entra no campo bifásico α + β e a partir daí começa a se formar a fase rica em cobre nos contornos de grão da fase α formada durante a solidificação. Se a liga for solidificada rapidamente, porém, a transformação que ocorre no estado sólido pode ser parcialmente suprimida.

– Ag785 (Figura 3.9b): liga hipoeutética que já não se encontra no campo de miscibilidade de Cu em Ag. Ela se solidifica formando cristais de fase α e tem intervalo de solidificação entre 820 e 779 °C. As composições do sólido e do líquido seguem as linhas *solidus* e *liquidus* que delimitam este intervalo. Isto significa que, à medida que a solidificação avança, tanto o sólido formado quanto o líquido se enriquecem em Cu. Quando o líquido atinge a composição eutética, ocorre a formação das fases α e β. A fase α primária (a primeira a se formar) tem o formato de pequenos galhos ramificados ou dedos, que, por sua forma, recebem o nome de *dendritas*. O eutético é constituído de lamelas finas e paralelas das fases α e β.

– Ag500 (Figura 3.9d) liga hipereutética: a liga se solidifica com formação de fase β primária e tem intervalo de solidificação entre 870 e 779 °C. O líquido e o sólido vão se enriquecendo em prata à medida que a solidificação avança, e quando o líquido atinge a temperatura eutética, formam-se concomitantemente as fases α e β. Estas ligas não têm nenhuma aplicação em joalheria por sua cor ser avermelhada.

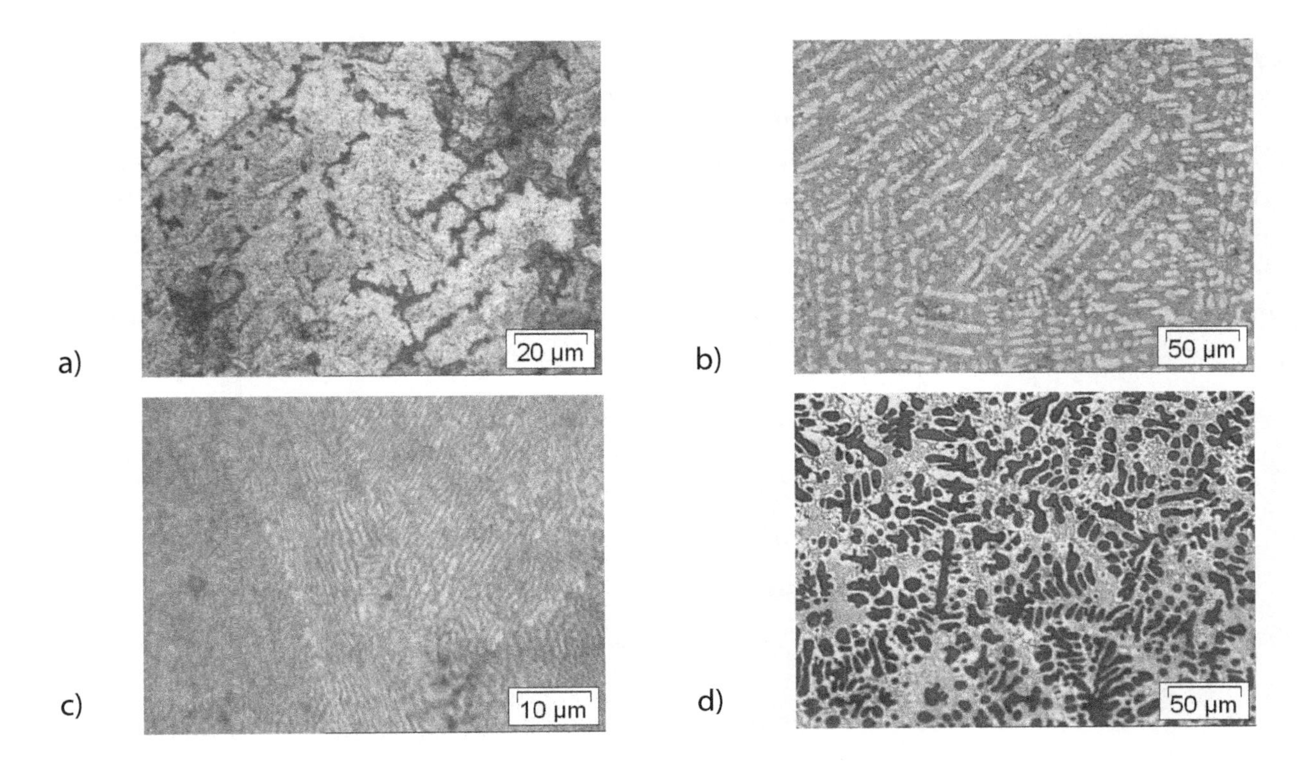

Figura 3.9 Micrografia de algumas ligas do sistema Ag-Cu na estrutura de solidificação. Microscopia ótica (ataques 2 e 5 da Tabela 3.2; as áreas claras correspondem à fase α e as escuras, à fase β: a) liga Ag920; b) liga Ag785; c) liga Ag715; d) liga Ag500.

– Ag715 (Figura 3.9c) liga eutética: ela se solidifica sem intervalo de solidificação a 779 °C. As fases α e β crescem concomitantemente na forma de lamelas paralelas formando colônias, tanto mais finas quanto maior a velocidade de resfriamento. Durante a solidificação, é no líquido localizado adiante da frente de crescimento das duas fases que ocorre a separação entre cobre e prata, segundo o esquema da Figura 3.10.

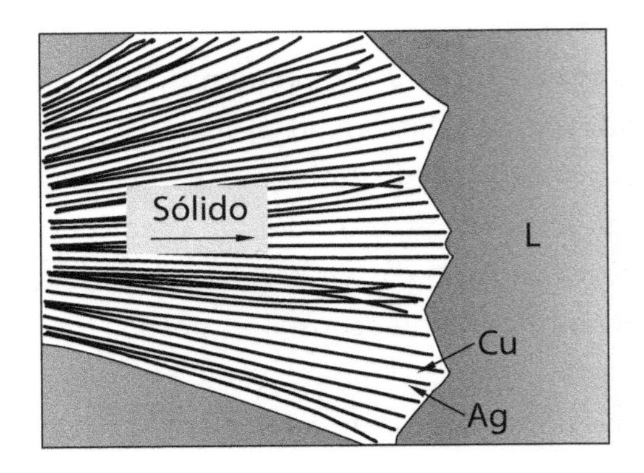

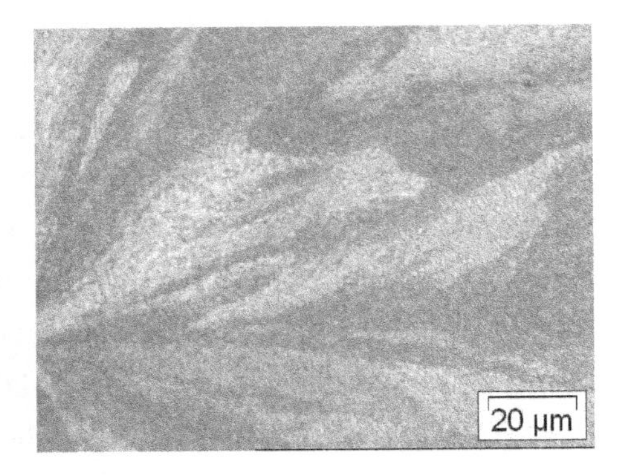

Figura 3.10 Esquematização do crescimento do eutético lamelar Ag-Cu, com separação de prata e cobre na fase líquida formando as fases α e β respectivamente. A micrografia ótica mostra direção de crescimento de colônias.

A fusão de ligas de prata

A prata no estado líquido absorve muito oxigênio, aproximadamente 40 vezes mais do que no estado sólido. O problema é que, no estado sólido, esta solubilidade cai para 0,5 do seu volume. O gás dissolvido precisa então sair de solução, e isto ocorre de maneira explosiva, causando respingos de metal líquido. O gás que não consegue sair fica aprisionado na forma de bolhas no interior do material, que diminuem a resistência mecânica e o alongamento, fazendo com que ele trinque com maior facilidade. Se o material for recozido durante o trabalho mecânico, o gás contido no material também expande formando bolhas na superfície da chapa. A Figura 3.11 mostra poros causados pela absorção de oxigênio em uma liga Ag500.

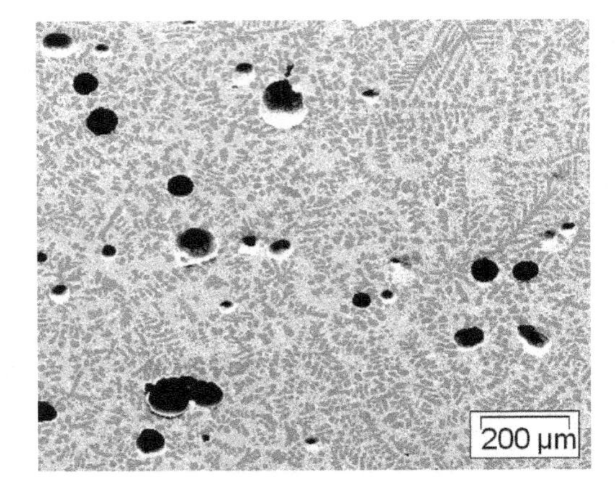

Figura 3.11 Poros causados pela absorção de oxigênio do ar devido à fusão em temperatura muito elevada. Liga Ag500.

Já nas ligas com cobre, existe outro problema, pois o oxigênio forma com este metal o óxido Cu_2O, que se incorpora à liga na forma de inclusões. As inclusões são duras e frágeis, e uma fração volumétrica de 1% já é suficiente para fragilizar o material. Além disso, essas inclusões podem ser arrancadas durante o polimento deixando pequenos buracos na superfície, formando defeitos com forma de pequenas vírgulas. Por isso, durante a fusão de ligas de prata se deve evitar ao máximo a presença de oxigênio.

A formação de óxido de cobre também ocorre durante o recozimento de chapas quando feito com a chama de maçarico sem proteção de fluxo. Esta oxidação preferencial do cobre forma uma camada superficial rica em Cu_2O, que pode ter até 0,25 mm de espessura e dá uma cor azulada à superfície. O óxido pode ser dissolvido parcialmente com uma solução de 20-30% de ácido sulfúrico, mas, em geral, esta camada superficial só pode ser retirada por desbaste com limas e lixas.

Características das ligas comerciais de prata

Quando se adiciona cobre à prata, a cor da liga sai do branco (até Ag925), passa pelo amarelado (Ag800-Ag720), pelo avermelhado (Ag500), até que o vermelho-cobre domina para teores de prata abaixo de Ag330. As ligas de interesse para joalheria são aquelas com teor de prata acima de 720‰ (Ag720) e, portanto, este intervalo de composição será examinado com mais atenção.

É preciso lembrar que os diagramas de equilíbrio de fases representam estados de equilíbrio, ou seja, que ocorrem em velocidades de solidificação muito lentas, muito pouco comuns na prática.

Uma liga Ag925 pode, por exemplo, apresentar líquido eutético solidificado, portanto começará a liquefazer a 779 °C, e o metal "enruga". Na prática se recomenda não ultrapassar a temperatura eutética durante o trabalho de ligas de prata; por isso também não se utilizam ligas de brasagem com ponto de fusão superior a 740 °C, a não ser quando se trabalha com teor de prata acima de Ag950.

A Tabela 3.3 e a Figura 3.12 mostram as propriedades das ligas prata-cobre mais utilizadas. A dureza e a resistência mecânicos aumentam significativamente com o aumento do teor de cobre, e o máximo destas propriedades se localiza no ponto eutético, próximo à liga Ag720. As ligas comerciais têm aproximadamente o dobro da dureza da prata pura. Elas são conformáveis mecanicamente (alongamento entre 25 e 30% aproximadamente), e apresentam resistência mecânica razoável durante o uso.

A liga Ag970 tem características como cor e resistência à oxidação mais próximas às da prata pura. É uma liga recomendada para trabalhos de esmaltação, pois tem ponto de fusão acima dos óxidos utilizados nesta técnica (750-800 °C). Pode ser conformada até 75% de redução de área sem precisar de recozimento, mas não possui dureza elevada no estado recozido. Por isso, é melhor que as peças acabadas estejam no estado encruado, ver Figura 3.13, que mostra a curva de endurecimento de uma liga de prata Ag970 em função da redução de espessura durante a laminação. Ela pode ser unida por brasagem utilizando a liga eutética (Ag720), pois a diferença de temperatura de fusão (de cerca de 900 °C para 779 °C) é suficientemente grande.

Tabela 3.3 Propriedades de ligas do sistema Ag-Cu: porcentagem de fase rica em cobre (β), intervalo de solidificação (°C), densidade (ρ), dureza Brinell, limite de resistência (LR) e alongamento (%).

Liga	Composição (‰)		Fase β (%)	Intervalo de solidificação (°C)	ρ (g/cm³)	Dureza Brinell	LR (MPa)	Alongamento (%)
	Prata	Cobre						
Ag970	970	30	2,0	900...950	10,45	50...60	200...250	45
Ag950	950	50	4,0	880...940	10,42	55...65	230...280	30
Ag925	925	75	6,5	800...900	10,38	64...76	270...300	28
Ag800	800	200	19,2	779...820	10,18	80...92	310...340	23
Ag720	720	280	27,3	779...820	10,06	85...95	340...370	23

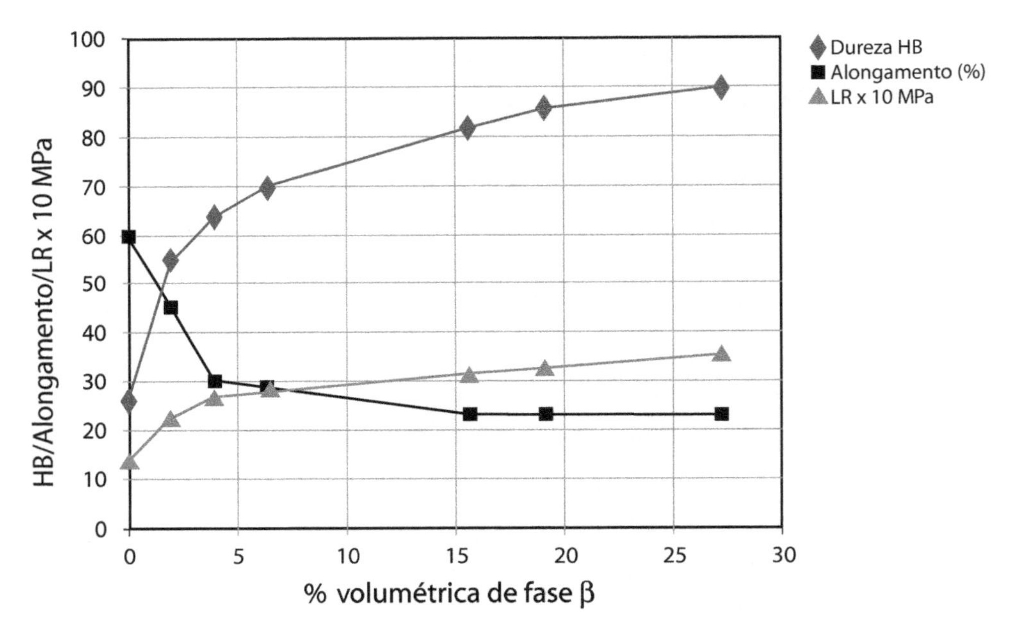

Figura 3.12 Propriedades de tração das ligas de prata em função da fração volumétrica de fase β.

No Brasil, em oficinas de ourivesaria, a liga mais utilizada para confeccionar joias de prata é a Ag950. Ela tem cor da prata pura e é muito resistente à oxidação. Com seu ponto de fusão igual a 880 °C, é adequada para trabalhos de esmaltação e pode ser brasada com ligas de ponto de fusão mais altos. É duas vezes mais dura do que a prata pura, mas ainda é passível de trabalho mecânico, podendo ser deformada 75% antes do recozimento. Endurece durante o resfriamento lento devido à precipitação de finíssimas partículas de fase β quando o teor de cobre ultrapassa o campo de solubilidade da fase α (cerca de 600 °C) e entra no campo bifásico α + β. A dureza neste caso pode chegar a 120 HB, como mostra a Figura 3.14.

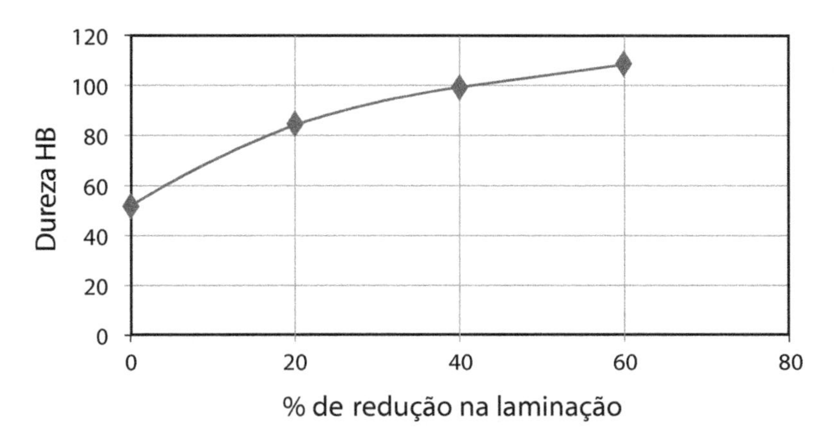

Figura 3.13 Curva de endurecimento da liga Ag970 em função da redução de espessura durante a laminação.

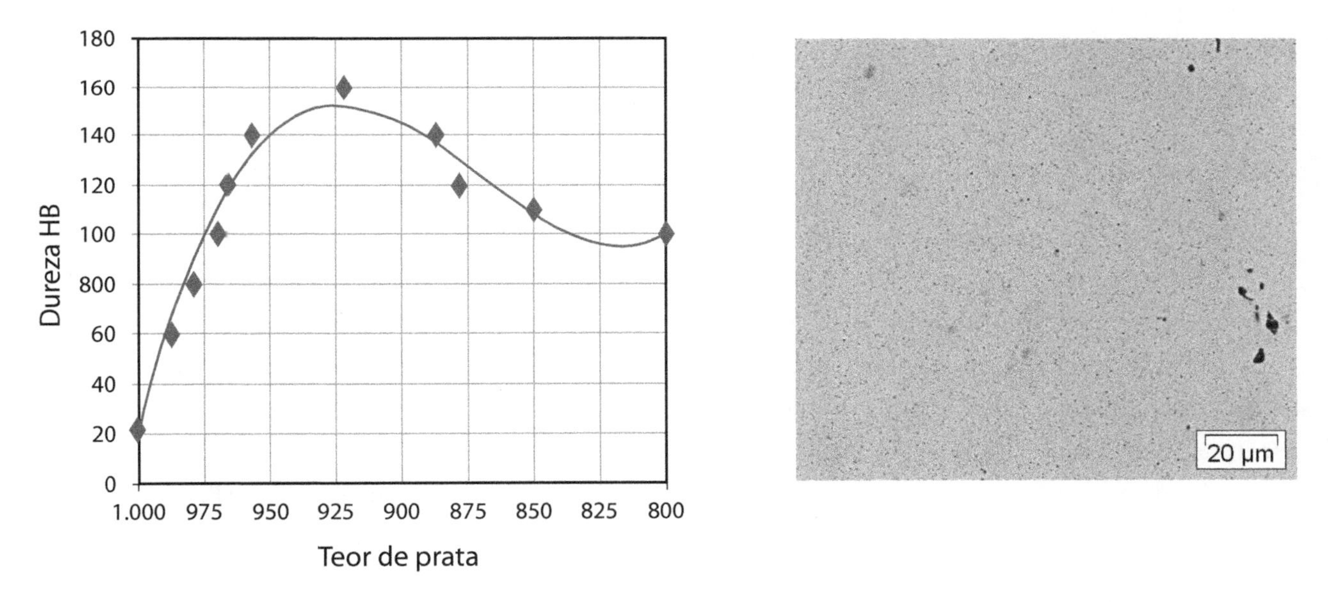

Figura 3.14 Precipitação de fase β finamente dispersa em uma liga Ag950 laminada, e recozida resfriada ao ar. Gráfico de dureza Brinell alcançada por tratamento térmico de precipitação de fase β, *versus* teor de prata na liga.

A liga Ag925 é tradicionalmente utilizada na Europa e nos Estados Unidos para joias de prata, e no Brasil também predomina na produção industrial dessas joias, sendo um dos teores mínimos aceitos pela norma NBR 13703. Atinge o máximo de endurecimento por dispersão de precipitados de fase β, podendo chegar a 160 HB, e por isso se recomenda que seja resfriada rapidamente em água ou álcool após o recozimento, para impedir que a precipitação ocorra. Por outro lado, e embora não seja de praxe, o tratamento térmico de precipitação a 300 °C pode ser aplicado no final do processo de fabricação para aumentar a resistência mecânica das peças acabadas.

A liga Ag800 tem 19% de fase β na forma de lamelas eutéticas, é bem mais dura do que as ligas Ag950 e Ag925, e precisa ser recozida com mais frequência durante os trabalhos de conformação mecânica. Como tem ponto de fusão mais baixo (800 °C), é mais fácil de fundir do que estas outras duas ligas. Não é muito utilizada por sua cor amarelada. Sua resistência à oxidação é bem menor e, por conter mais cobre, está sujeita a formar sais venenosos desse elemento na sua superfície, como, por exemplo, quando entra em contato com o vinagre (ácido acético). Quando encruada, possui um efeito mola mais elevado do que as ligas sem microestrutura eutética, e por isso é utilizada na fabricação de linguetas e agulhas para broches. Também pode ser endurecida por tratamento térmico, mas a dureza final atingida será menor do que a da liga Ag950.

A liga eutética Ag720 é o material de maior dureza e limite de resistência dentre as ligas de prata e também pode ser utilizada para fabricar molas, linguetas e agulhas. É, no entanto, mais difícil de conformar mecanicamente. Também pode ser utilizada como material de brasagem para as ligas Ag950 e Ag970.

A oxidação de ligas de prata

A prata polida tem alto índice de refração, portanto reflete quase toda a luz incidente. A prata pura é praticamente inerte ao oxigênio, mas, com o aumento do teor de enxofre do ar, ocorre a formação de sulfato de prata Ag_2S. Já nas ligas de prata expostas ao ar, a presença de cobre propicia a formação de sulfeto de cobre I (Cu_2S) e dos óxidos de cobre Cu_2O (vermelho) e CuO (preto). O resultado é que, quanto maior o teor de cobre na liga, maior a tendência de formação de camadas superficiais de sulfetos e de óxidos, que escurecem a superfície e tiram o seu brilho.

A camada mista de sulfetos e óxidos cresce lentamente. No início é fina e confere um brilho amarelado à peça. Com o aumento da espessura da camada, a superfície se torna marrom, azulada e, finalmente, preta.

Quando joias de prata entram em contato com a pele, suor ou cosméticos contendo enxofre, também podem causar a formação da camada de sulfeto. O teor de enxofre do suor pode aumentar muito quando a pessoa que veste a joia adoece. Os sulfetos podem aderir à pele deixando manchas escuras – isso mesmo se tratando de prata Ag950!

O recobrimento com ródio é uma alternativa para proteger a superfície da ação atmosférica, pois ele é duro e resistente à abrasão. Mas seu brilho é diferente do da prata, mais para o azulado, e adquire uma cor preto azulado durante o aquecimento com o maçarico caso a peça tenha que ser reparada. A camada de ródio precisa então ser removida, e nova deposição deverá ser realizada.

O uso frequente e a limpeza com produtos especializados são os melhores remédios para a manutenção do brilho de peças de prata.

A adição de outros elementos metálicos às ligas de prata

Na prática industrial, essas ligas são preparadas a partir de prata eletrolítica e pré-ligas de cobre; nestas estão presentes outros elementos, cuja finalidade é modificar propriedades como intervalo de solidificação, cor, tendência à oxidação e dureza.

Os elementos de liga metálicos mais importantes são zinco e estanho, utilizados para abaixar o ponto de fusão e produzir ligas de brasagem[2]. A Tabela 3.4 mostra a composição de ligas para brasagem de prata comerciais e suas propriedades:

Tabela 3.4 Ligas de brasagem para prata (Fontes: Referências 3.1, 3.2 e 3.3).

Ligas para brasagem Composição em ‰ (massa)	Intervalo de solidificação (°C)	Temperatura de trabalho (°C)	Densidade (g/cm³)	Nome dado na prática
Ag750 Cu230 Zn20	740-775	770	10,0	Solda forte
Ag675 Cu235 Zn90	700-730	730	9,7	Solda média
Ag600 Cu260 Zn140	695-730	710	9,5	Solda fraca
Ag600 Cu230 Zn145 Sn25	620-685	680	9,6	Solda fraca

A composição das ligas de brasagem, em geral, parte de ligas próximas ao ponto eutético (Ag720); adiciona-se zinco para baixar o ponto de fusão de modo que a liga esteja líquida e bem fluida em temperaturas 50 °C abaixo das do ponto de início de fusão do material a unir. Além disso, a adição de zinco faz com que a liga se torne mais resistente à oxidação e mais maleável.

2 Brasagem: processo de junção de materiais por meio de um metal líquido, que o ourives denomina "soldagem". O Capítulo 8 descreve este processo em detalhe.

O zinco entra em solução sólida tanto na prata como no cobre. Na prata pura, ele entra em solução até 200‰ e no cobre, até 350‰. No entanto, recomenda-se que o teor de zinco na prata não ultrapasse 140‰, pois, se ultrapassar o limite de solubilidade na liga, há o perigo de ele se unir ao metal da peça e diz-se que a solda "come" o metal. A sua adição nas porcentagens descritas na Tabela 3.4 não gera o aparecimento de outras fases além de α e β do diagrama Ag-Cu. A Figura 3.15 é a microestrutura de uma liga para "solda fraca". Trata-se de uma liga hipereutética, com dendritas de fase β e eutético com fase $\alpha + \beta$; o zinco está presente tanto na fase rica em cobre (composição aproximada de 700Cu, 150Ag e 150Zn) quanto na fase α (composição aproximada de 780Ag, 100Cu, 100Zn).

Como o zinco está presente no latão (ligas Cu-Zn), na oficina de ourivesaria as ligas de solta forte, média e fraca da Tabela 3.4 são fabricadas a partir da adição de cobre eletrolítico e latão à prata. Deve-se, no entanto, tomar o cuidado de conhecer exatamente o teor de zinco do latão utilizado e se este não contém outros elementos de liga na sua composição.

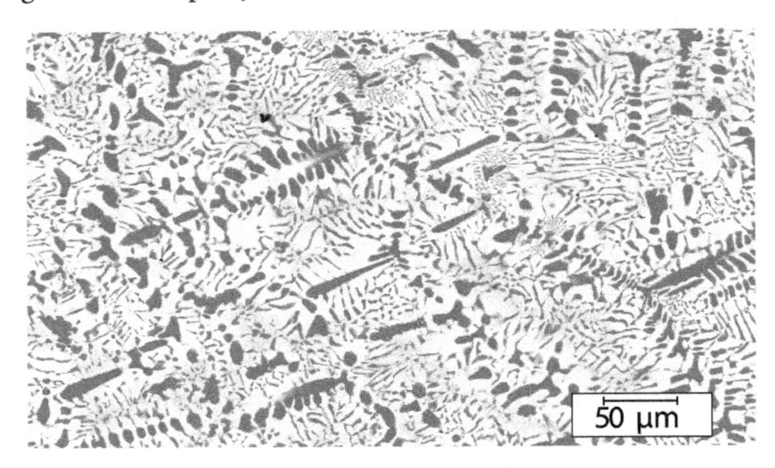

Figura 3.15 Microestrutura de uma liga de "solda fraca" Ag600 Cu260 Zn140. Fase β escura e fase α clara.

O estanho também é utilizado para baixar o ponto de fusão de ligas Ag-Cu, mas não pode ultrapassar 90‰, pois ele formaria o intermetálico Cu_4Sn, que fragiliza o material. Além disso, o excesso de estanho oxida muito facilmente durante a fusão formando óxidos que também se agregam à microestrutura e diminuem ainda mais as propriedades mecânicas da solda.

Outros elementos, em pequenas quantidades, podem entrar na composição de pré-ligas para diminuir a oxidação do cobre. O alumínio é solúvel em até 50‰ em ligas no estado sólido. Ele torna a liga mais branca e também mais dura, mas aumenta a sua tendência à oxidação. Em solução sólida, combina-se rapidamente com o oxigênio dissolvido formando partículas de óxido durante o aquecimento e fusão. Por isso, em pequenas quantidades, serve para retirar o oxigênio de solução sólida. O mesmo efeito ocorre com pequenas adições de titânio.

O níquel pode ser adicionado a ligas para fundição para aumentar a dureza e diminuir o tamanho de grão. Ele pode entrar nas ligas em até 10‰. Teores maiores de níquel não são absorvidos em solução sólida e tornam a liga frágil.

As impurezas mais importantes em ligas de prata são:

- *Ferro*: não é solúvel na prata nem no estado líquido nem no estado sólido. Se presente durante a fusão, permanece no material na forma de inclusões, que irão dificultar o trabalho mecânico e o acabamento das peças. Por isso, na fusão de restos de bancada, na oficina, o ferro deve ser separado com o uso de ímãs antes de reaproveitar a prata.
- *Chumbo*: forma um eutético com a prata a 304 °C e, portanto, cria regiões de baixíssimo ponto de fusão que tornam a liga frágil quando aquecida. Por isso, este metal deve ser retirado da superfície de ligas de prata após trabalhos de conformação mecânica de rechupe ou cinzel, ou contato com solda branca (liga Pb-Sn).
- *Silício*: se dissolve na prata até 15 ‰ (massa), mas fragiliza a liga tornando-a quebradiça.
- *Enxofre*: forma sulfetos Ag_2S e Cu_2S que podem estar presentes no interior do material se o gás do maçarico utilizado na fusão contiver enxofre, se o material contiver resíduos de ácido sulfúrico utilizado na limpeza das peças ou se o enxofre vier como impureza do cobre eletrolítico.
- *Fósforo*: pode vir do desoxidante utilizado durante a fusão das ligas de prata, quando utilizado em excesso. Forma fases eutéticas AgP_2 e Cu_3P, ambas frágeis. As ligas com fósforo ficam mais frágeis, oxidam mais rapidamente e são difíceis de recobrir eletroliticamente.

3.3.2 Sistema ternário Ag-Au-Cu

3.3.2.1 Como ler diagramas ternários

Será apresentado o sistema Ag-Au-Cu, mas o mesmo raciocínio se aplica a todos os sistemas de três componentes.

Sistemas ternários se constroem a partir de três diagramas binários. No caso do diagrama Ag-Au-Cu, estes diagramas são os Au-Ag, Au-Cu e Ag-Cu apresentados anteriormente. Naturalmente, os diagramas ternários têm muitos aspectos em comum com os diagramas binários; neles também ocorrem soluções sólidas e fases intermediárias e suas ligas apresentam intervalo de solidificação e eutéticos. A principal diferença é que, em diagramas binários, nunca se tem mais do que duas fases em equilíbrio, enquanto que, em diagramas ternários, é possível que três fases distintas se encontrem em equilíbrio e, portanto, existem eutéticos ternários (líquido ⟶ fase 1 + fase 2 + fase 3) e campos de três fases. Outra característica é que as linhas *liquidus* e *solidus* se transformam em superfícies e que o ponto eutético binário (líquido ⟶ fase 1 + fase 2) se transforma em linha (ou calha) eutética.

A visualização de um sistema ternário não é bidimensional como no caso de diagramas binários, mas sim tridimensional. Em geral, temos um sistema de coordenadas com três eixos de composição química formando um triângulo equilátero e um eixo ortogonal para a temperatura, como na Figura 3.16, gerando um prisma.

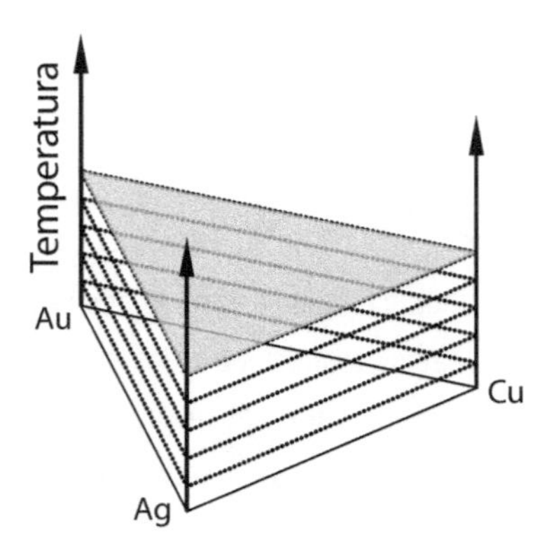

Figura 3.16 Representação esquemática dos eixos de um diagrama ternário, mostrando planos isotérmicos.

Nesta representação, os vértices representam os elementos puros e qualquer ponto no meio do triângulo é formado por uma soma das porcentagens dos três elementos, sendo que o total é sempre 1.000‰ (massa). Uma figura geométrica assim complexa não é de fácil visualização, por isso a leitura destes diagramas é feita por representações simplificadas, tais como:

- Cortes isotérmicos, ou seja, cortes de planos no espaço que representam uma mesma temperatura, como mostra a Figura 3.16.
- Cortes em composição constante, ou seja, fixa-se a quantidade de um elemento, por exemplo, 750‰ (massa) de ouro – o Au750 – e se faz um corte paralelo ao eixo da temperatura. Obtém-se assim um diagrama semelhante ao diagrama binário, chamado de pseudobinário, como mostra a Figura 3.17. Naturalmente, quando a composição do elemento tomado como sendo de concentração constante é zero, o corte de mesma concentração se reduz ao diagrama binário dos outros dois elementos. Por exemplo, se a concentração de ouro é zero, obtém-se o diagrama Ag-Cu e assim respectivamente.
- Projeções de superfícies no plano. Estas representações são utilizadas para mostrar a superfície *liquidus* e a superfície *solidus*, e a sua representação se assemelha a um mapa cartográfico, onde as curvas de nível correspondem às linhas isotérmicas, como mostram as Figuras 18a e 18b.

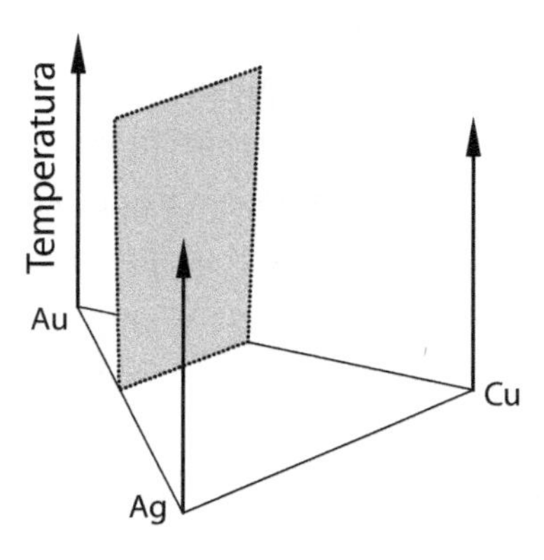

Figura 3.17 Representação esquemática de um diagrama ternário mostrando um corte de concentração constante.

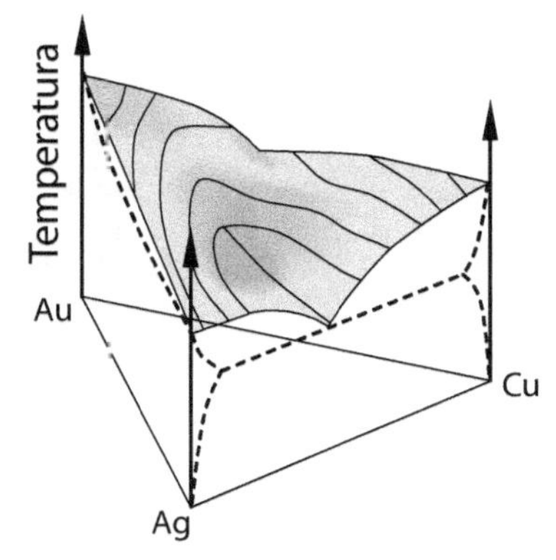

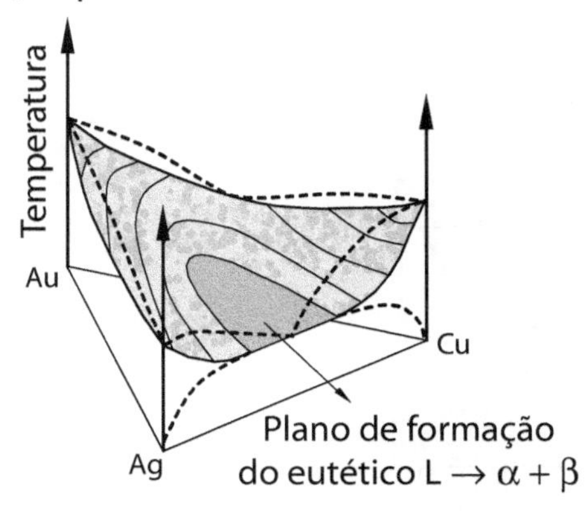

Figura 3.18 Representação esquemática das superfícies liquidus (a) e solidus (b) do sistema ternário Ag-Au-Cu.

É importante notar que toda projeção no plano do triângulo equilátero mostra todas as composições do sistema em uma mesma condição de transformação térmica (superfície *liquidus* ou superfície *solidus* ou fases presentes em uma determinada temperatura). Por outro lado, cortes mantendo a concentração de um dos três elementos constante mostram todas as transformações estáveis que podem ocorrer. Por exemplo, todas as mudanças de fase de ligas contendo 750‰ de ouro – o Au750.

Tanto o corte isotérmico quanto a projeção de superfície são representados por uma figura plana dentro de um triângulo equilátero. Como saber qual a proporção de elementos representada por um ponto no interior do triângulo? Os planos de concentração constante são sempre paralelos ao plano oposto ao vértice do elemento em questão, pois, quando a concentração do elemento é zero, devemos obter um diagrama binário. Portanto, para saber qual a concentração de ouro de um determinado ponto no interior do triângulo, devemos traçar uma linha paralela ao eixo Ag-Cu e projetá-la no eixo de concentração que mede o teor de Au (eixo Ag → Au ou eixo Cu → Au, dependendo da convenção adotada no diagrama – sentido horário ou anti-horário), e assim por diante. No exemplo da Figura 3.19, o diagrama mostra as concentrações crescendo em sentido horário. O ponto A representa uma liga com composição de 450‰ de Au (Au450), 340‰ de Ag (Ag340) e 210‰ de Cu (Cu210). Somando as três porcentagens, obtemos 1.000‰.

É importante notar que, embora por praticidade se utilizem diagramas de concentração em massa, é a relação entre as frações atômicas que determina a microestrutura das ligas, sua cor e sua resistência ao ataque químico. Como o ouro é 3 vezes mais pesado do que o cobre e 1,8 vez mais pesado do que a prata, ligas com peso constante de ouro representam porcentagens atômicas bem distintas quando se varia a relação prata-cobre. Por exemplo, a liga Au333 ao cobre contém 14at.% Au e a liga Au333 com prata contém 21,5at.% Au. Fazendo o raciocínio inverso, uma liga com 50at.% Au é uma liga Au646 se o elemento de liga for a prata, e uma liga Au756 se o elemento de liga for o cobre. A Figura 3.20 mostra a relação entre porcentagem em peso e porcentagem atômica para ligas dos sistemas Au-Ag e Au-Cu.

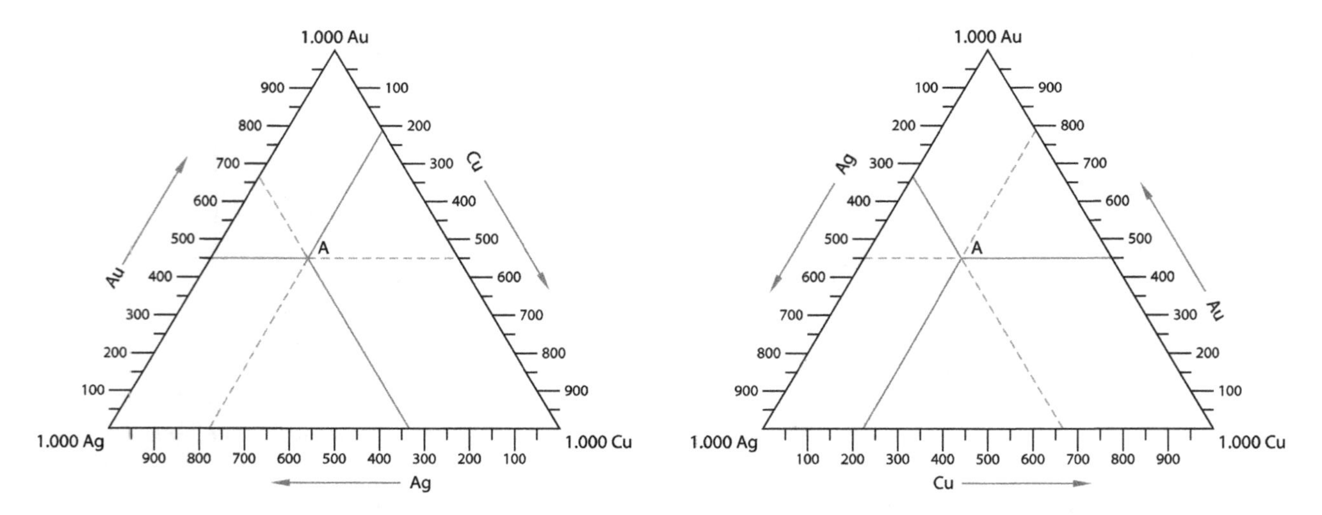

Figura 3.19 Leitura de concentrações em um diagrama ternário Ag-Au-Cu.

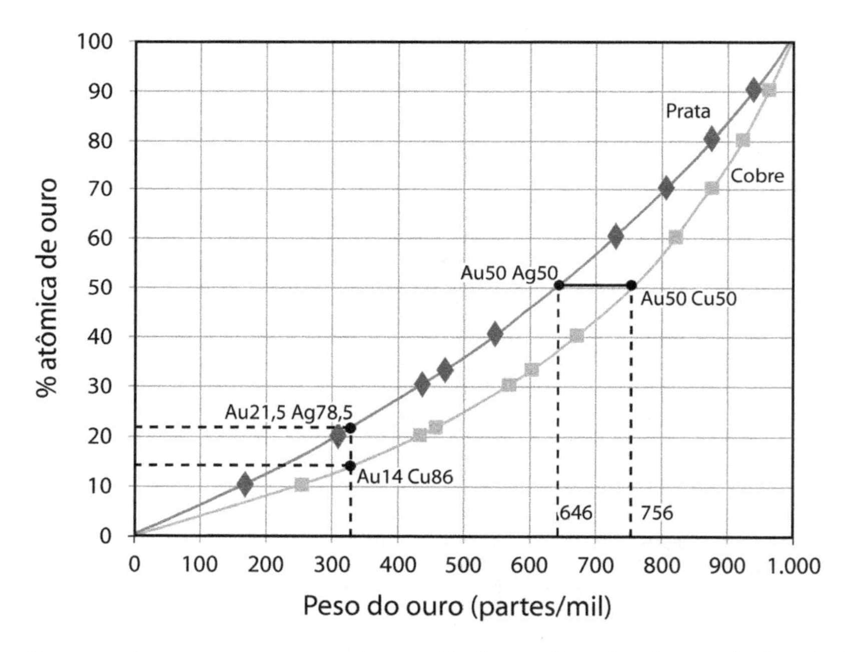

Figura 3.20 Relação entre porcentagem em peso e porcentagem atômica para ligas dos sistemas Au-Ag e Au-Cu.

3.3.2.2 O sistema Ag-Au-Cu

A Figura 3.21 mostra a projeção da superfície *liquidus* do sistema Ag-Au-Cu, com suas linhas isotérmicas, ou seja, cada linha cheia representa composições químicas que têm o seu ponto *liquidus* na temperatura indicada. Ela se assemelha a um mapa de uma região de colinas, com um vale que corre do ponto eutético binário Ag-Cu (779 °C) até o ponto K (800 °C). Neste mapa também estão representadas algumas linhas de cortes de isoconcentração (traço-ponto) representando ligas de importância comercial: Au750, Au585, Au420 e Au333.

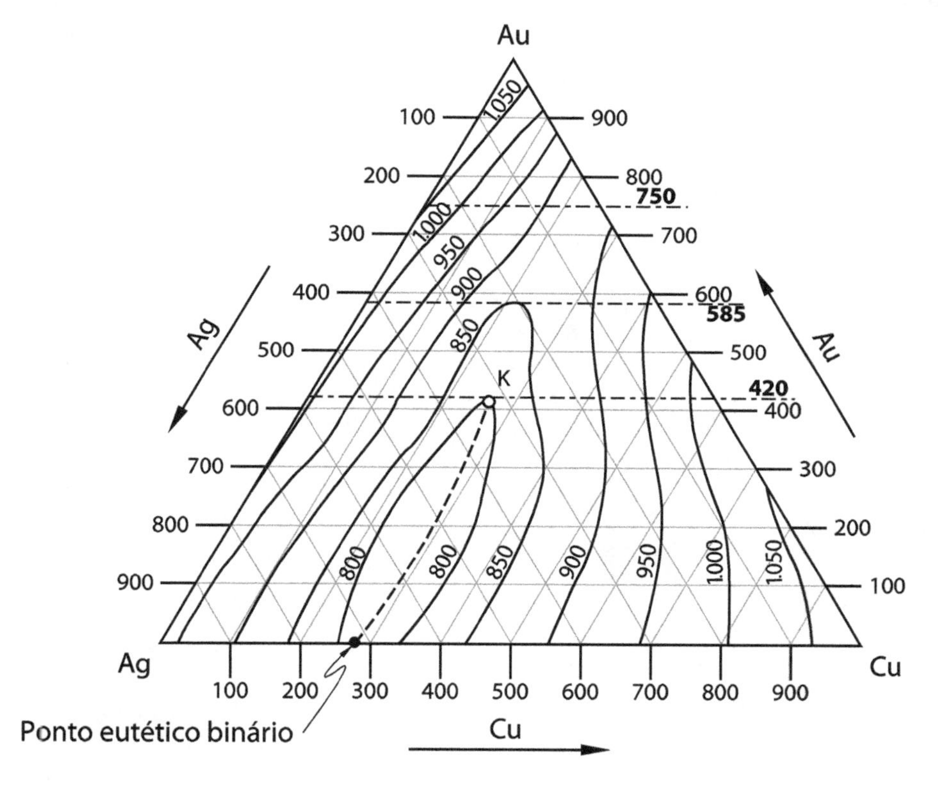

Figura 3.21 Projeção da superfície *liquidus* do sistema Ag-Au-Cu.

Deste diagrama vemos que as ligas Au333 e Au420 se solidificam dentro do campo da calha do eutético binário, que parte do ponto eutético do sistema Ag-Cu. A liga Au420 tangencia o ponto K. Nesta calha eutética, a reação de solidificação é a seguinte:

líquido → fase α (rica em Ag) + fase β[3] (rica em Cu) + líquido'

---

3 Na literatura, a fase β recebe a denominação α_2(Au,Cu). Para manter coerência com o diagrama binário Ag-Cu e evitar confusões de denominação, manteve-se o nome β para esta fase rica em cobre.

isto significa que o eutético binário não ocorre em uma temperatura fixa, mas sim em um intervalo de solidificação. O espaço onde ocorre a coexistência da fase líquido' com as fases α e β tem forma de uma lente côncava. A liga verdadeiramente eutética (onde ocorre a reação líquido → α + β) ocorre no ponto K, próximo à liga Au420/Ag320/Cu260. Esta característica fica mais clara quando se observa a projeção da superfície *solidus* do sistema Ag-Au-Cu, mostrado na Figura 3.22.

As fases α e β correspondem àquelas do sistema Ag-Cu, mas com uma certa porcentagem de ouro em solução sólida. Como o ouro é totalmente solúvel na prata e no cobre, à medida que o seu teor na liga aumenta, as composições das duas fases se aproximam até que na liga Au420 elas se igualam. Assim, pode-se dizer que, quando o teor da liga é superior a Au420, só ocorre a formação de uma solução sólida homogênea.

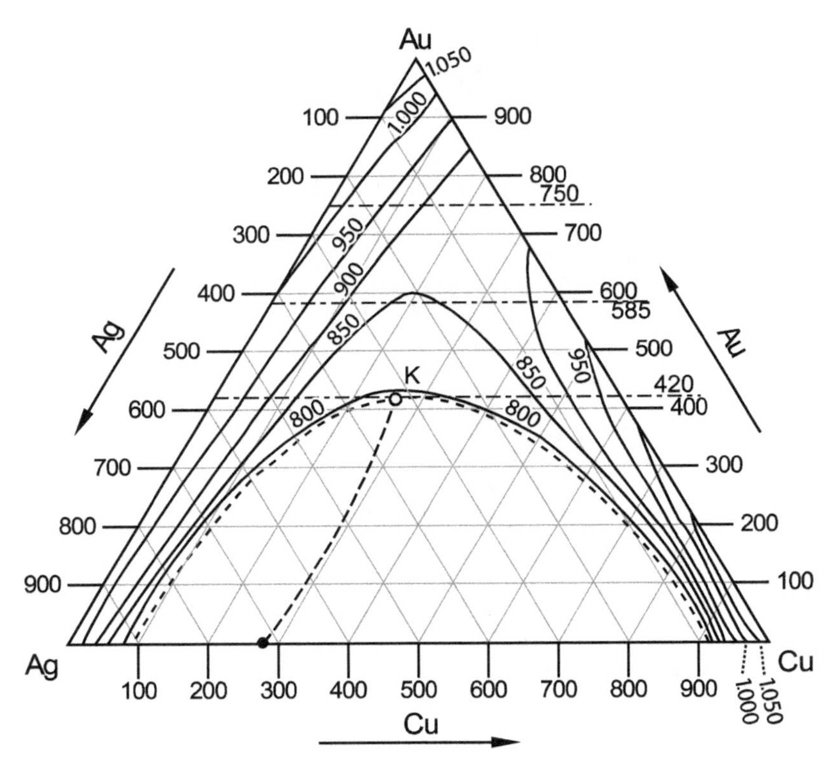

Figura 3.22 Projeção da superfície *solidus* do sistema Ag-Au-Cu.

Para que a sequência de solidificação de ligas com eutético fique mais clara, vamos observar um corte de isoconcentração para ligas Au333, ver Figura 3.23, no qual há um diagrama pseudobinário muito parecido com o diagrama Ag-Cu. As únicas diferenças são:

- No eixo das concentrações, o teor de cobre e de prata é de no máximo 667‰, já que os restantes 333‰ são fixos.
- Abaixo do ponto eutético, há um campo de três fases contendo líquido, fase α e fase β.

Assim como no sistema Ag-Cu, as ligas hipoeutéticas se solidificam formando primeiro a fase α rica em prata e as ligas hipereutéticas se solidificam formando primeiro a fase β rica em cobre.

No caso da liga Au333, a porcentagem atômica de ouro é tal que cada dois átomos de ouro é circundado por em média nove átomos de prata ou cobre, ou seja, esta liga na realidade é uma liga Ag-Cu com um pouco de ouro. Daí as suas características serem semelhantes às das ligas Ag-Cu:

- As cores das ligas Au333 são diferentes da do ouro puro – mesmo as de tom amarelo são mais pálidas.
- As ligas com mais cobre (hipereutéticas) oxidam facilmente.
- As ligas Au333 se dissolvem em ácido nítrico.
- As ligas eutéticas (entre Cu120 e Cu550) começam a fundir a partir de 780 °C e precisam, portanto, de soldas de baixo ponto de fusão (Tf < 730 °C).
- Como o resfriamento que ocorre na prática é sempre mais rápido do que o necessário para que haja separação total das fases α e β, estas ligas contêm mais cobre na fase α e mais prata na fase β do que o teor de equilíbrio em temperatura ambiente e, por isso, também são endurecíveis por tratamento térmico de precipitação.

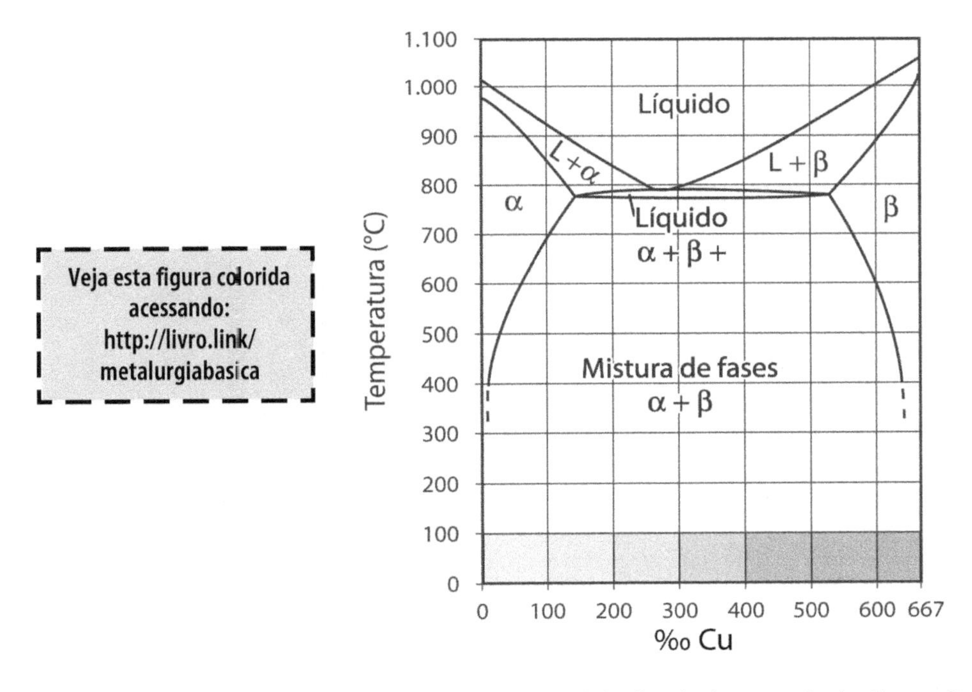

Figura 3.23 Corte de isoconcentração – diagrama pseudobinário do diagrama Au-Ag-Cu para ligas Au333. Escala de cores das ligas Au333 (8 Kt).

A Figura 3.24 mostra duas microestruturas de ligas Au333; em (a) tem-se uma liga hipoeutética com microestrutura de solidificação contendo dendritas de fase α e eutético α + β. A Figura 3.24b mostra uma liga eutética laminada, recristalizada e tratada termicamente contendo fase α e β, esta com precipitados.

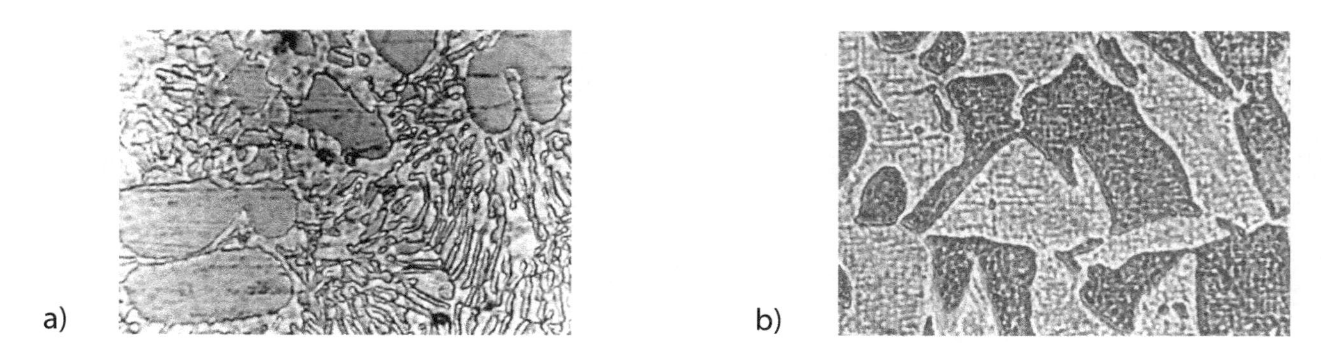

Figura 3.24 a) Liga Au333 hipoeutética; b) liga Au333 eutética laminada, recristalizada e tratada termicamente (Fonte: Referência 3.3).

Dentre as ligas de interesse comercial, as Au417 são as de maior concentração de ouro que possuem campo bifásico durante a solidificação. O corte de isoconcentração se parece com o das ligas Au333, como mostra a Figura 3.25, mas o seu campo trifásico α + β + líquido é menor. Em comparação com as ligas Au333:

- As cores são semelhantes, mas de um amarelo mais intenso. A resistência ao ataque químico é bem melhor.
- A sua temperatura eutética é menor do que 800 °C e somente as ligas que solidificam fora do campo eutético (cores verde pálido – campo α – e vermelho – campo β) são unidas facilmente por brasagem.
- As ligas de cores médias (amarelo) têm dureza mais elevada.

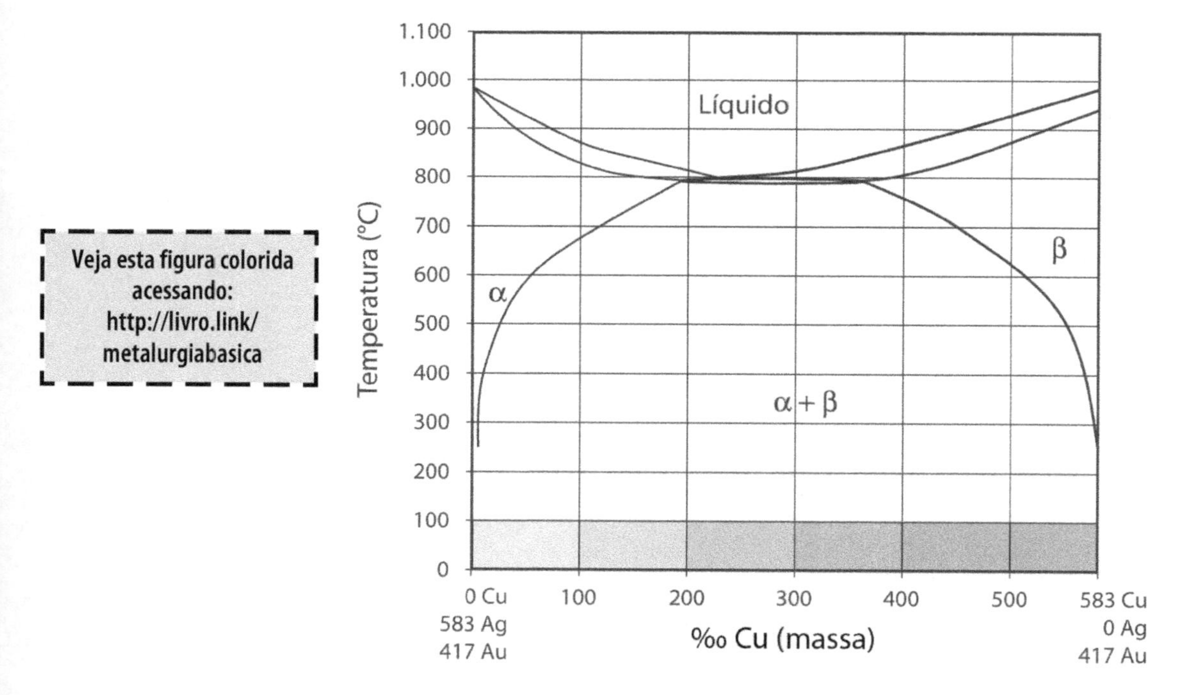

Figura 3.25 Corte pseudobinário das ligas Au417 (10 Kt). Escala de cores para as ligas de 10 Kt.

Voltando para um corte de projeção na superfície do triângulo equilátero, na Figura 3.26 observa-se que o campo de mistura de fases α + β abaixo da superfície *solidus* se estende bastante no diagrama ternário abrangendo uma gama de composições cada vez maior à medida que a temperatura diminui.

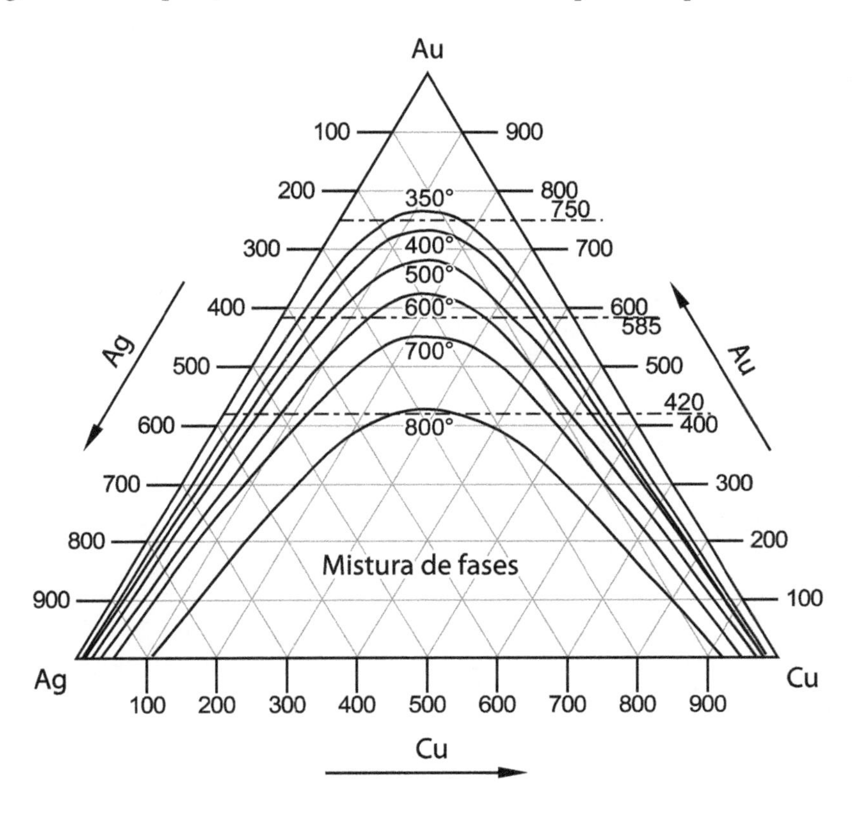

Figura 3.26 Superfície da região bifásica α + β do diagrama Ag-Au-Cu.

Como consequência, algumas ligas que apresentam formação de solução sólida homogênea (α) após a solidificação (como as ligas Au750 e Au585) exibem precipitação de fase β em baixas temperaturas, como mostra o corte de isoconcentração para Au750 da Figura 3.27. Esta reação de precipitação ocorre quando os átomos têm tempo e energia (calor) suficientes para se mover no reticulado cristalino (processo este denominado difusão); logo, esta transformação só ocorre se o resfriamento da liga for muito lento. Na prática, o resfriamento não é lento o suficiente e a solução sólida permanece "congelada" (Figura 3.28). A formação de fase β pode então ser alcançada por tratamento térmico separado e ocorrerá um endurecimento da liga associada à formação dos precipitados.

Além da presença do campo bifásico, que provém do sistema Ag-Cu, nas ligas mais ricas em cobre entre Au900 e Au250 do sistema Ag-Au-Cu, também estarão presentes as fases ordenadas do sistema Au-Cu: AuCu, e $AuCu_3$. O que se observa é que a fase β se transforma em fase ordenada. A Figura 3.29 mostra um corte de concentração constante para 50% atômico de Au (composição que gera AuCu no diagrama Au-Cu). O gráfico foi convertido para porcentagens em peso, dadas em partes por mil. Nota-se que o campo da fase ordenada AuCu avança para a região do campo bifásico α + β, e que a fase β rica em cobre sofre ordenação à medida que a temperatura diminui. O mesmo ocorre com outras ligas que tenham formação de fase ordenada.

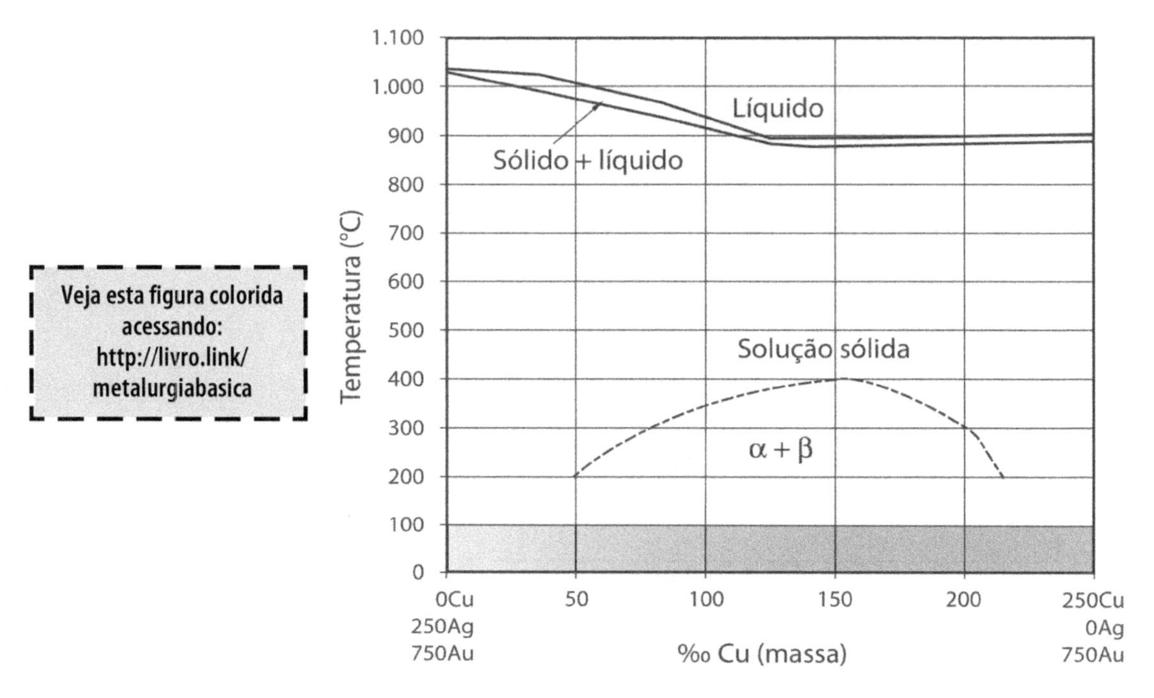

Figura 3.27 Corte de isoconcentração para Au750 (massa), com escala de cores.

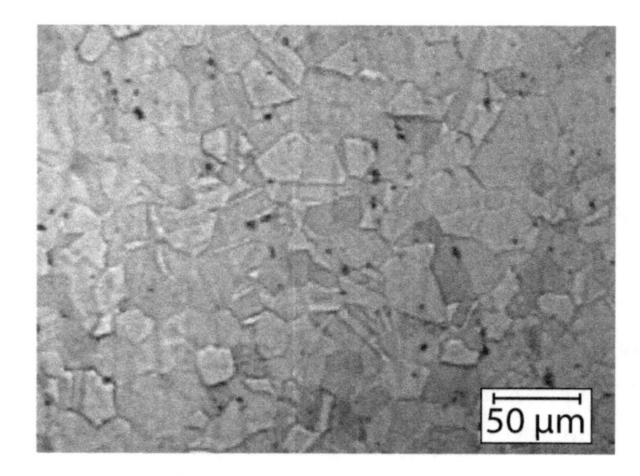

Figura 3.28 Liga Au585 recozida a 750 °C por 18 minutos e resfriada rapidamente (Fonte: Referência 3.11).

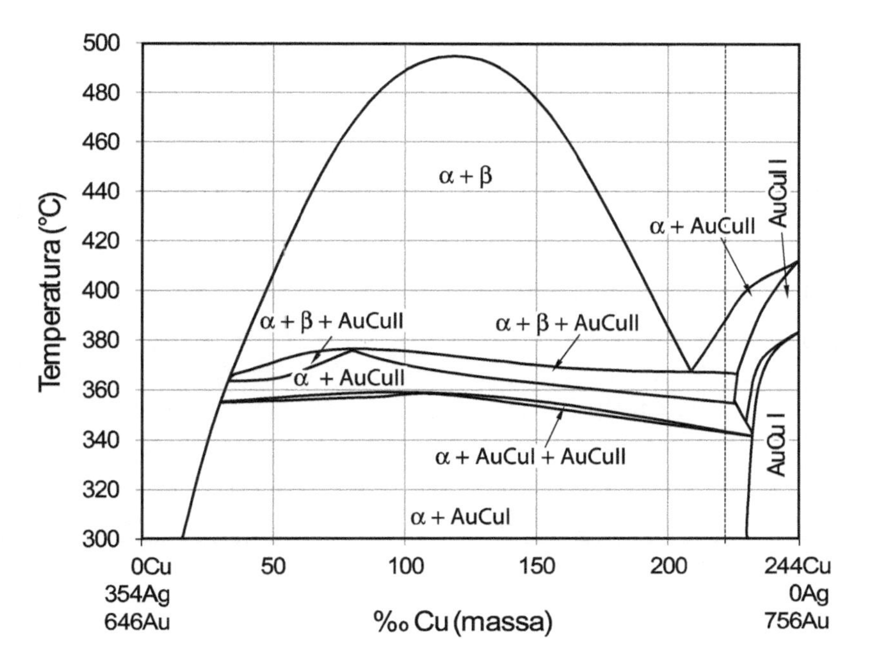

Figura 3.29 Corte de isoconcentração do diagrama Ag-Au-Cu para Au50%at. Convertido para concentração dada em partes por mil (massa) (Fonte: Referência 3.6).

3.3.2.3 Características das ligas comerciais Au-Ag-Cu

As ligas de ouro comerciais são graduadas (em peso de ouro) em partes por mil ou em quilates (Kt). O quilate[4] é uma unidade de medida histórica, e tem duas raízes etimológicas: 1) do árabe *qirat* – a vigésima quarta parte de um denaro (unidade monetária – o ouro); 2) do grego *kerátion* (caroba), uma semente que era originalmente utilizada como contrapeso nas balanças na Grécia e no Oriente Médio. Ele tem o valor máximo de 24 Kt para o ouro puro, e para fazer a conversão de Kt em ‰ - peso, basta dividir o valor de Kt por 24 e multiplicar por 1.000 (Figura 3.26).

Em muitos países (por exemplo, Inglaterra, França, Holanda, Marrocos, Egito), a lei determina que cada item de joalheria seja estampado com o seu teor em ouro, e isso é controlado por uma instituição independente. Onde não existe estampagem obrigatória, os próprios fabricantes colocam a estampa de composição e, nos itens de exportação, o teor de ouro médio é controlado e medido por amostragem. No Brasil, a norma NBR 13703 fixa a relação quilates-peso de ouro mínimo para garantir que as peças comercializadas tenham o teor de ouro mínimo dentro da relação descrita na Figura 3.30.

4 Em inglês, *carat* – *ct*; em italiano, *carato* – *kt*.

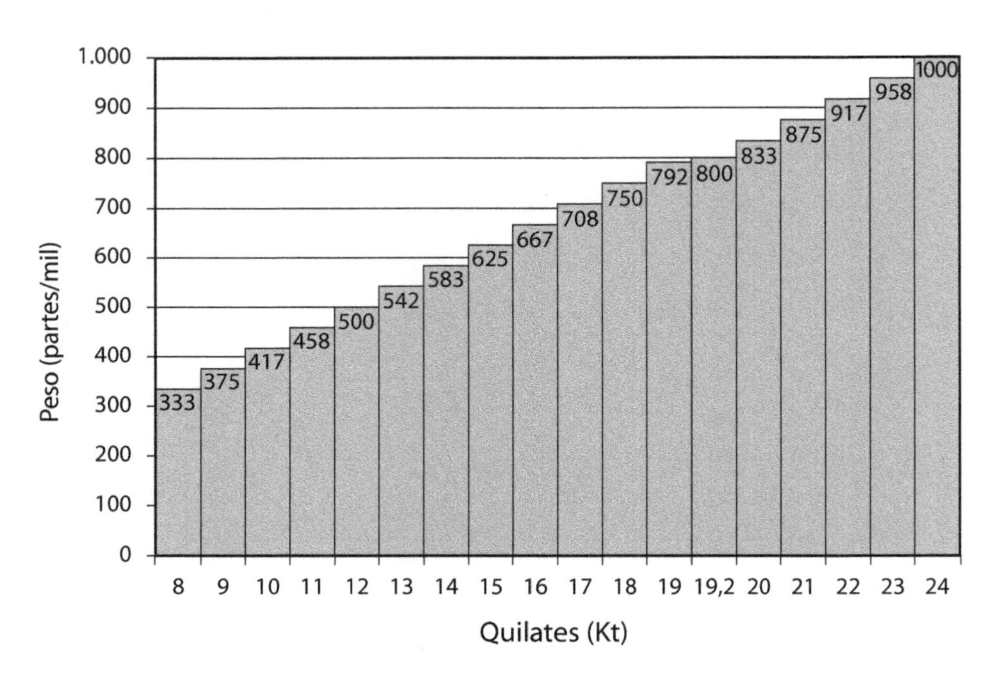

Figura 3.30 Relação entre as unidades de concentração em ligas de ouro: ‰ - peso x quilates.

O uso de ligas de ouro para a fabricação de joias varia de acordo com as tradições de cada país. As ligas mais usadas para joalheria na Europa são Au750 (18 Kt) e Au585 (14 Kt), embora as ligas de Au375 (9 Kt) sejam populares na Inglaterra e as de Au333 (8 Kt) sejam populares na Alemanha. Portugal é o único país a utilizar ligas Au800 (19,2 Kt). Os Estados Unidos utilizam majoritariamente ligas de Au585 (14 Kt), e algumas ligas de Au417 (10 Kt). No Oriente Médio e na Ásia, onde joias servem tanto para adorno quanto para investimento, as joias são tradicionalmente feitas com ligas de maior teor de ouro: Au917 (22 Kt) (ou até Au958 – 23 Kt) nos países árabes e Índia; Au990 (praticamente 24 Kt) na China e Hong-Kong. No Brasil, a grande maioria das peças de joalheria (cerca de 98%) é fabricada com ligas Au 750 (18 Kt) e se introduziu a liga Au417 (10 Kt) como liga de baixa quilatagem.

A seguir, serão abordadas as características gerais de propriedades de cor, mecânicas, e de estabilidade química das ligas Ag-Au-Cu.

Cor

A cor das ligas é uma preocupação constante do fabricante das joias, pois o homem tem capacidade de distinguir uma diferença de 0,5 ponto dentro da notação Cielab. As ligas mais utilizadas do sistema Ag-Au-Cu são as de cor amarela, e o ouro puro (Au 999) é representado pelas coordenadas $L^* = 81,9$;

a* = 4,5; b* = 38,42 naquela notação. Há, porém, variações sutis sobre a cor amarela básica através da variação dos teores de prata (L* = 92,65; a* = -0,31; b* = 4,305) e de cobre (L* = 84; a* = 11,8; b* = 14,3). Além disso, obtêm-se uma tonalidade esverdeada quando se substitui o cobre pela prata em composições entre Au600-Ag400 e Au700-Ag300 e uma tonalidade rosa ou vermelha quando se substitui a prata pelo cobre para todas as composições abaixo de Au875-Cu125. A Figura 3.31 mostra os valores de a* e b* para algumas ligas do sistema Ag-Au-Cu e para ouro, prata e cobre puros. Os valores de L* das ligas ali representadas estão todos entre 80 e 85.

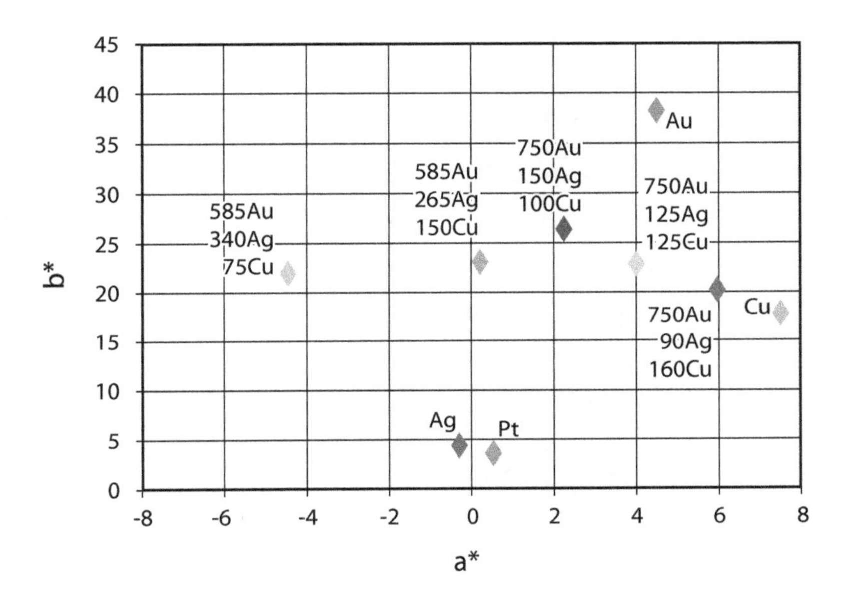

Figura 3.31 Variação das cores de ligas de ouro Au585 (14 Kt) e Au750 (18 Kt) em comparação com as cores de alguns metais puros (Au, Cu, Ag e Pt) (Fonte: Referência 3.10).

No sistema Ag-Au-Cu, as ligas de tonalidade branca são aquelas com alto teor de prata e estão fora da paleta de ligas de ouro comerciais. Ligas de ouro branco, como substitutos da platina, são obtidas em ligas Au-Cu-Ni-Zn ou Ag-Au-Pd, como será visto adiante. A Tabela 3.5 mostra a cor, a densidade e o intervalo de solidificação das ligas de ouro mais comuns.

Veja esta tabela colorida acessando: http://livro.link/metalurgiabasica

Tabela 3.5 Ligas de ouro mais comuns.

Au (‰/Kt)	Composição		Cor	Densidade g/cm³	Intervalo de Solidificação °C	L	a	b
	Prata	Cobre						
1.000/24	–	–	Amarelo	19,32	1.064	81,9	4,5	38,5
917/22	55	28	Amarelo	17,9	1.020-995	87,5	0,0	32,5
	32	51	Amarelo escuro	17,8	982-964	87,5	+2,5	30
875/21	45	80	Amarelo-rosa	16,8	964-940	87,5	+5	20
	17,5	107,5	Rosa	16,8	952-928	87,5	+6,0	25
	–	125	Vermelho	16,7	940-926	87,5	+7,5	25
750/18	250	–	Verde pálido	15,9	1.038-1.030	93	-5,5	30
	160	90	Amarelo pálido (italiano)	15,6	895-920	90,0	+2,2	27
	125	125	Amarelo (inglês)	15,45	885-895	87,5	+4,0	26
	90	160	Rosa	15,3	880-885	87,5	+6	20
	45	205	Vermelho	15,15	890-895	87,5	+7	20
585/14	382,5	32,5	Verde pálido	13,7	990-970	95	-5	15
	280	135	Amarelo	16,6	870-830	92	+0,5	18
	188	227	Amarelo escuro	15,5	850-810	87,5	+2,5	20
	90	325	Laranja	13,4	890-850	85,5	+7,5	16
	–	415	Vermelho	13,2	970-930	85,5	+8	12
417/10	283	300	Amarelo	13,7	795-824	90	+2,5	13
	33	550	Vermelho	13,3	930-380	87,5	+7	15
333/8	543	133	Amarelo pálido	11,0	870-790	95	-1	10
	445	222	Amarelo	10,9	820-800	93	+0,5	10
	333	334	Amarelo escuro	10,9	825-800	90	+3	12
	200	467	Laranja	10,8	900-800	88	+5,5	13
	95	572	Vermelho	10,7	950-860	87,5	+7,5	13

Fontes: Referências 3.15, 3.10, 3.7.

Propriedades mecânicas

A dureza das ligas de ouro do sistema Ag-Au-Cu está primordialmente associada às tensões causadas pelas diferenças de tamanho atômico entre os átomos de cobre, prata e ouro, que causam distorções no reticulado cristalino. O átomo de cobre é bem menor do que os dois últimos e por isso tem um efeito de endurecimento bem maior do que o da prata quando substitui o ouro na rede cristalina. A Figura 3.32 mostra valores de dureza Brinell de ligas recozidas no diagrama ternário Ag-Au-Cu que pode ser lido da mesma maneira que um diagrama de fases e mostra que, do lado rico em prata, as durezas são menores do que no lado rico em cobre, e que ocorre um máximo de dureza para a liga Au500-Ag200-Cu300.

A resistência mecânica acompanha a mesma tendência da dureza e as ligas entre Au500e Au600 são as que possuem maiores valores de limite de resistência e menores valores de alongamento, como mostra a Tabela 3.6.

Um segundo fator para o aumento da dureza em ligas recozidas é o aparecimento do campo bifásico $\alpha + \beta$ durante a solidificação, ou após a solubilização naquelas ligas em que não se consiga produzir uma microestrutura monofásica. A Figura 3.33 mostra o efeito da velocidade de resfriamento após a solubilização a 700 °C de ligas Au417 (10 Kt). As amostras resfriadas rapidamente serão mais moles do que as resfriadas lentamente no forno, pois estas tendem a formar a proporção de fases α e β de equilíbrio (aquelas determinadas pelo diagrama Ag-Au-Cu). As amostras resfriadas rapidamente e depois tratadas entre 260 e 315 °C sofrerão precipitação (envelhecimento) semelhante às ligas Au333, chegando ao máximo de dureza.

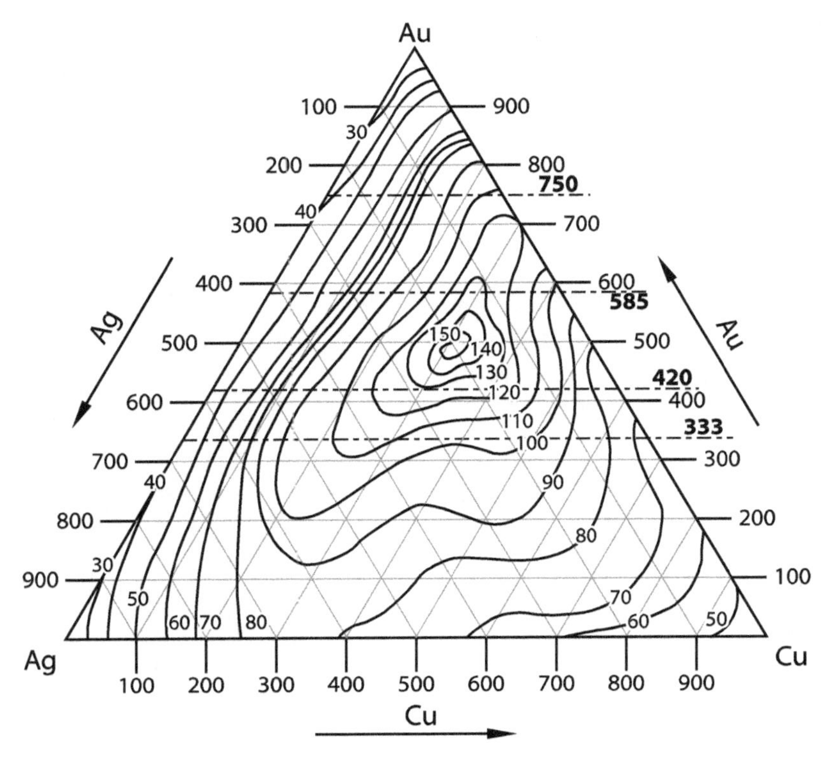

Figura 3.32 Diagrama de dureza HB de ligas Ag-Au-Cu solidificadas e solubilizadas (Fonte: Referência 3.16).

Tabela 3.6 Propriedades mecânicas de algumas ligas do sistema Ag-Au-Cu.

Concentração de ouro (‰/Kt)	Composição (‰)		Dureza (HV)	Limite de resistência (MPa)	Alongamento (%)
	Prata	Cobre			
1000/(24)	–	–	20	131	40
917/(22)	55	28	52	200	40
	32	51	70	220	35
875/(21)	45	80	100	350	37
	175	107,5	123	400	42
750/(18)	160	90	97	363	42
	125	125	120	471	45
	90	160	125	480	47
585/(14)	382,5	32,5	65	280	34
	188	227	130	510	32
	90	325	110	480	44
417/(10)	285	300	135	530	20
	33	550	90	450	40

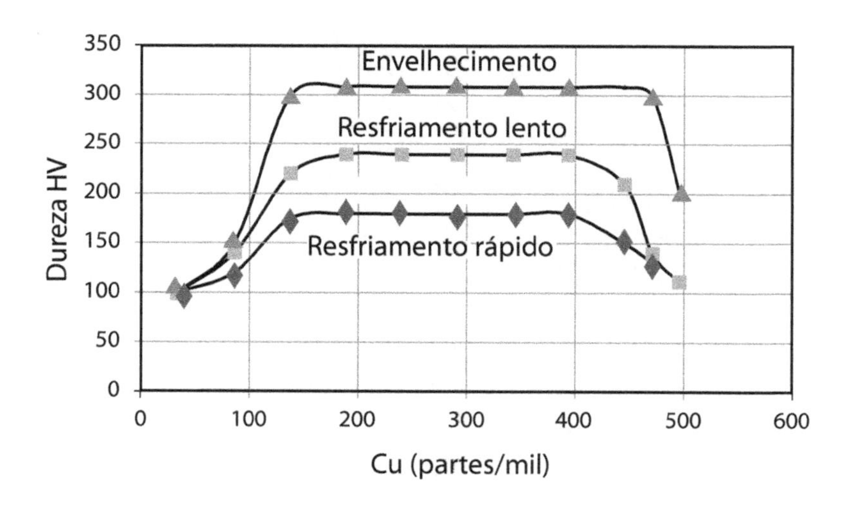

Figura 3.33 Efeito da solubilização e do tratamento de precipitação na dureza de ligas Au417 (10 Kt) (Fonte: Referência 3.16).

As ligas Au750 (18 Kt) são ligas fáceis de trabalhar mecanicamente quando resfriadas rapidamente, pois o aparecimento do campo bifásico pode ser suprimido e o endurecimento se deve apenas à presença de cobre em solução sólida. As ligas de cor amarelo possuem características de encruamento muito semelhantes, mas as ligas com tom para o vermelho mostram encruamento mais acentuado e são um pouco mais duras de trabalhar mecanicamente, como mostra a Figura 3.34.

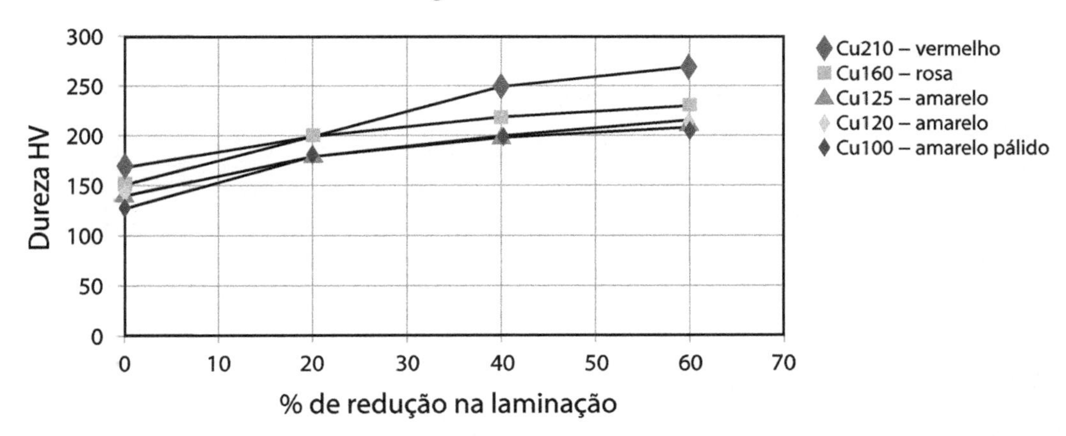

Figura 3.34 Dureza de ligas Au750 inicialmente solubilizadas e resfriadas rapidamente em função da porcentagem de redução de espessura durante a laminação a frio (Fonte: Referência 3.16).

O limite de resistência e o alongamento também aumentam com o aumento do teor de cobre da liga, como mostra a Figura 3.35.

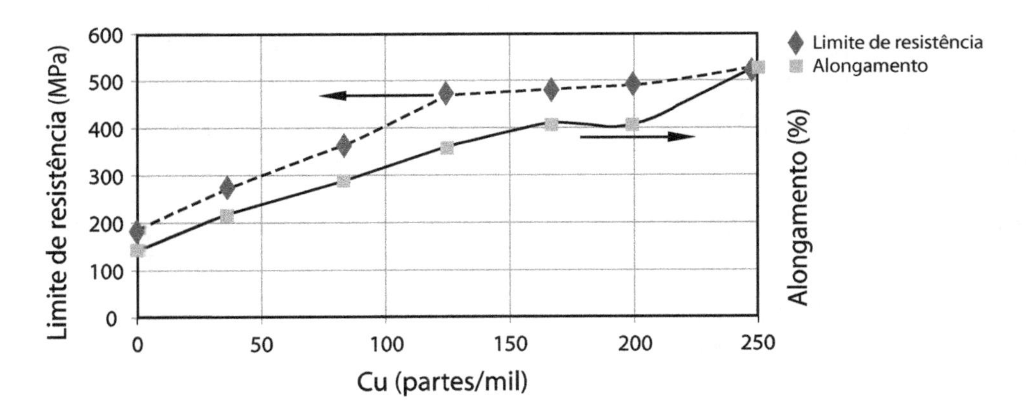

Figura 3.35 Limite de resistência e alongamento de ligas Au750 solubilizadas e resfriadas rapidamente (Fontes: Referências 3.3 e 3.16).

Já o tratamento de precipitação leva ao aparecimento da fase ordenada AuCu em ligas de alto teor de cobre, aumentando muito a dureza do material, como mostra a Figura 3.36.

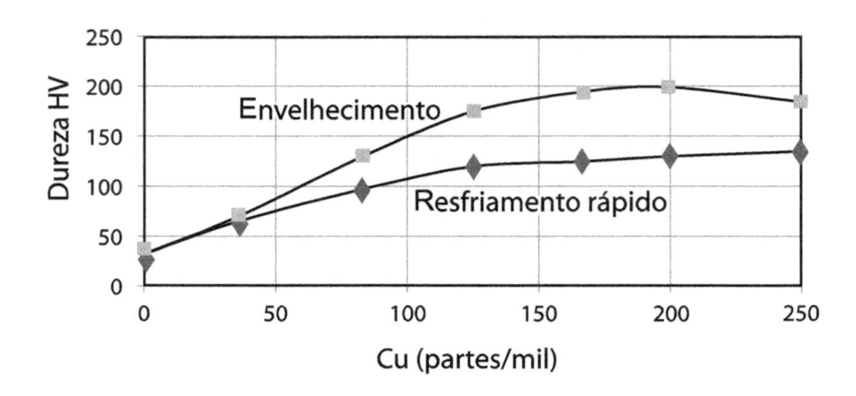

Figura 3.36 Influência do resfriamento rápido e do tratamento de envelhecimento na dureza das ligas Au750 (18 Kt) (Fonte: Referência 3.14).

Resistência ao ataque químico

A resistência ao ataque químico (incluindo ar atmosférico) varia com a concentração dos elementos de liga, e, segundo a concentração de ouro (em at.%), as ligas exibem as seguintes características:

- Ligas com 0 a 25at.% Au são dissolvidas por ácidos e são atacadas pelo enxofre contido no ar, adquirindo coloração escura.
- Nas ligas com 25 a 37,5at.% Au os elementos de liga são dissolvidas em ácidos fortes e o ouro não é afetado.
- Ligas com 37,5 a 50at.% Au são atacadas por ácidos, que dissolvem a prata e o cobre, mas, ao chegar à concentração de 50at.% Au, a liga passa ser resistente ao ataque químico.
- Ligas com 50 a 100at.% Au são resistentes ao ataque químico e são atacadas apenas por água régia.
- É conveniente lembrar que, como cobre e prata têm diferentes pesos atômicos, suas proporções expressas em at.% e peso‰ são diferentes (a prata tem peso atômico maior do que o cobre); portanto, para uma mesma concentração em massa de ouro (por exemplo, ligas Au417 – 10 Kt), as ligas com prata serão mais resistentes do que as com cobre, como mostra a Figura 3.37.

O ouro puro não é atacado pelo ar atmosférico. Quando ligas de ouro escurecem, é pela reação entre o ar e os demais elementos de liga. O limite inferior de resistência ao ar fica por volta de 25at.%, ou seja, entre 508Au-492Cu e 377Au-623Ag. As ligas com maior teor de prata adquirem cor amarelo esverdeado, e as ligas com maior teor de cobre adquirem tonalidade marrom escuro. Nessas, como nas ligas de prata, não é possível interferir no processo de oxidação, e o meio mais seguro de proteger ligas de baixo teor de ouro é o recobrimento galvânico com uma camada com maior concentração de ouro.

Nas ligas de quilate abaixo de Au750 (18 Kt) pode ocorrer dissolução dos elementos de liga por contato com agentes químicos, como os presentes em laboratórios fotográficos ou em salões de beleza. Assim como com ligas de prata, ligas com menos que 50at.% Au também podem ser atacadas pelo suor da pele, por constituição do próprio usuário, por modificações de metabolismo ou como resultado do uso de medicamentos.

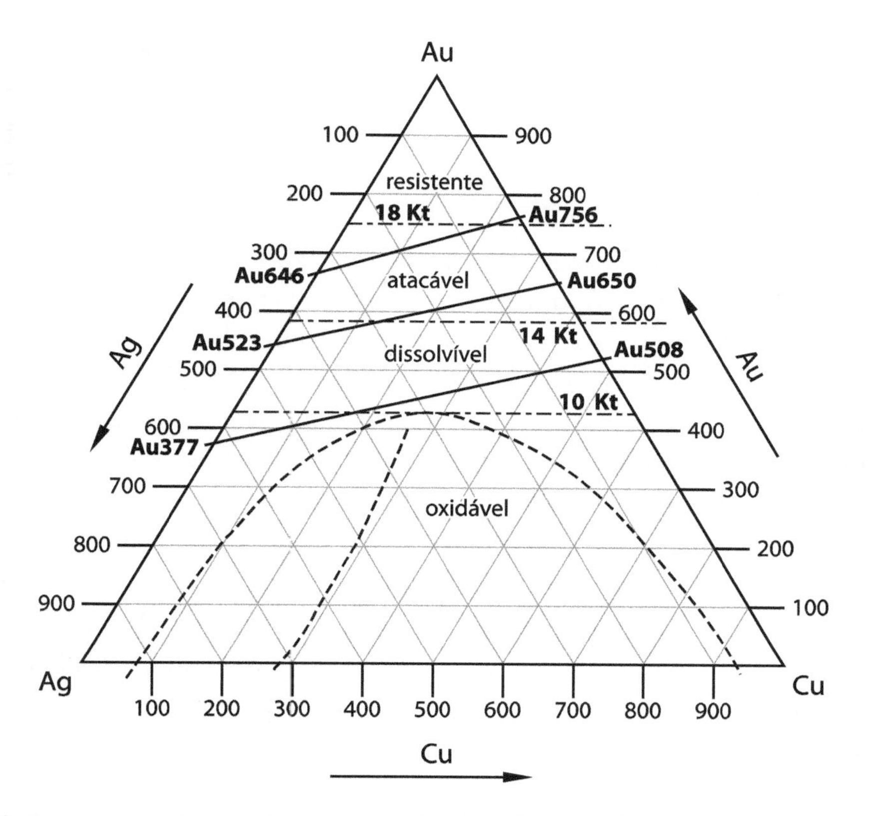

Figura 3.37 Resistência ao ataque químico de ligas do sistema Ag-Au-Cu (Fontes: Referências 3.1 e 3.14).

3.3.2.4 A influência de outros elementos de liga

Ligas comerciais de ouro tanto podem ser preparadas a partir de Ag, Au e Cu de pureza comercial, como é mais frequente em pequenas oficinas de ourivesaria, ou a partir de pré-ligas, que, além, de Ag e Cu, contêm outros elementos. Estes são em geral adicionados para melhorar propriedades como cor, resistência mecânica, dureza, tamanho de grão, velocidade de precipitação ou de recristalização e fluidez do metal líquido; com isso, visam adequar o material aos processos de produção em larga escala.

Em ligas de Au999,9, a adição de cerca de 50 ppm de berílio, cálcio e lantânio aumenta a resistência mecânica e retarda o processo de recristalização.

Como o ouro puro é muito mole para dar permanência ao brilho de peças de joalheria e não possui resistência mecânica suficiente para certos trabalhos mecânicos, fabricantes de ligas procuram introduzir elementos de liga para torná-lo mais resistente. Os mecanismos de endurecimento procurados são o de endurecimento por solução sólida com a introdução de elementos de liga de menor raio atômico do que o ouro (por exemplo, cálcio e cério), e o endurecimento por formação de precipitados finos. Ligas comerciais de ouro 24 Kt (com 99-99,5% Au no mínimo), 22 Kt e 21 Kt podem conter adições de elementos pouco solúveis no ouro, e por isso formadores de intermetálicos, tais como cobalto (até 20‰) e titânio (até 10‰) também podem se valer da adição de dois elementos que tendem a formar intermetálicos entre si como cobalto e antimônio ou níquel e antimônio ou, ainda, pela adição de terras raras (rênio, rutênio, ítrio), que formam compostos com o ouro e podem endurecer a liga por precipitação.

Em ligas Au750 (18 Kt) e Au585 (14 Kt) para fundição, a adição de zinco (até 200‰), gálio (até 100‰), índio (até 100‰), silício (0,02 a 2‰), cobalto (até 300 ppm) e irídio (até 700 ppm) contribui para abaixar as temperaturas do intervalo de fusão e aumentar a fluidez do metal líquido (melhor preenchimento de paredes finas). O silício, além de diminuir o ponto de fusão, inibe a oxidação de outros elementos de liga durante a fusão gerando peças mais limpas, mas causa significativo aumento do tamanho de grão e não é solúvel em zinco, podendo gerar presença massiva de intermetálicos quando em excesso. Para contrabalançar o aumento de tamanho de grão, alguns produtores adicionam irídio ou rênio na composição do metal, pois ambos têm um forte efeito sobre este fenômeno. Todos os elementos citados acima, quando em solução sólida, aumentam a dureza, o limite de resistência, o alongamento da liga, e modificam a cor, trazendo as ligas de tonalidade vermelha para o amarelo e as ligas amarelas para o branco.

Alumínio em pequenas quantidades aumenta a resistência à corrosão de ligas de ouro de baixo quilate, mas, quando sua solubilidade é ultrapassada, começam a se formar intermetálicos como Au_4Al de cor rosa púrpura; ainda, durante a fusão, o alumínio tem grande tendência à oxidação formando inclusões de Al_2O_3.

Zinco é o metal mais comumente adicionado às ligas de ouro, principalmente para baixar o ponto de fusão da liga na fabricação de material para brasagem ou em ligas destinadas a fundição. O limite de solubilidade do zinco nos metais do sistema Ag-Au-Cu é de:

- 40‰ no ouro. A 50‰, forma o intermetálico Au_3Zn (frágil).
- 200‰ na prata e, a partir daí, forma o intermetálico ζ-AgZn.
- 400 ‰ no cobre, quando se inicia a formação da fase β (CCC).

No sistema quaternário, a formação do intermetálico Au_3Zn é suprimida e ligas de ouro comerciais podem receber até cerca de 200‰ de Zn. No sistema quaternário, o zinco também tem o efeito de deslocar os campos de formação da fase ordenada AuCu e de bifásico α + β responsáveis pelo endurecimento das ligas Ag-Au-Cu, diminuindo a dureza atingida em ligas fundidas e que passaram por tratamentos de precipitação.

O zinco, por ser mais barato do que a prata e também por levar a cor de ligas Au-Cu para o tom amarelo (cada 0,4 g de zinco causa um desvio para o amarelo equivalente à adição de 1 g de prata), chega a substituí-la totalmente em algumas ligas comerciais de fundição de ouro de baixo quilate (14 e 10 Kt). Estas ligas, porém, são sujeitas à formação de intermetálicos em baixas temperaturas, o que leva à fragilidade e baixa conformabilidade e dificulta o seu manejo no trabalho de bancada convencional. Como o cobre e o zinco têm pesos atômicos muito próximos (63,5 e 65,4 respectivamente), estas ligas sem prata contêm porcentagens atômicas de ouro mais próximas das ligas Au-Cu, bem inferiores às ligas com prata, e são, portanto, mais sensíveis ao ataque químico.

O gráfico da Figura 3.38 mostra o efeito da adição de Zn na temperatura *solidus* e *liquidus* de ligas Ag-Au-Cu, quando se substitui a prata pelo zinco.

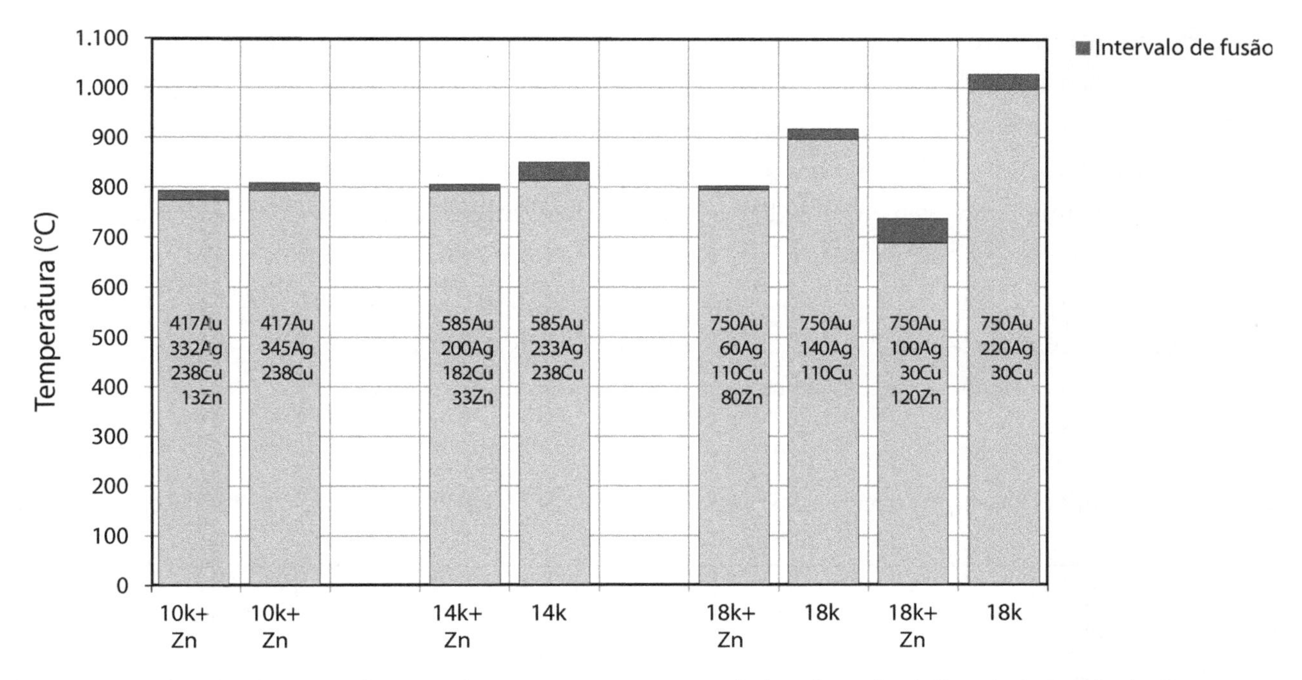

Figura 3.38 Efeito da substituição da prata pelo zinco nas temperaturas *solidus* e *liquidus* de ligas do sistema Ag-Au-Cu.

Em países onde há controle do teor de ouro contido nas peças de joalheria, é necessário que o material para brasagem tenha o mesmo teor de ouro (em peso) do que a peça. No Brasil, é prática das pequenas oficinas de ourives adicionar cerca de 28‰ de Zn às ligas de Ag-Au-Cu para compor ligas de "solda forte". Esta adição é feita geralmente na forma de liga Cu-Zn (latão Cu_{70}-Zn_{30} ou Cu_{60}-Zn_{40}). A Tabela 3.7 mostra composições de ligas para brasagem de ouro amarelo sugeridas pelo Conselho Mundial de Ouro.

O estanho, como mostra a Tabela 3.7, também é um dos metais utilizados na produção de ligas de brasagem. Ligas de Ag-Au-Cu podem dissolver até 40‰ de estanho sem apresentarem fragilização. Se este limite de solubilidade for ultrapassado, durante a solidificação começa a ocorrer a formação de óxido de estanho entre os grãos metálicos, o que fragiliza a região dos contornos de grão tornando o material quebradiço.

São impurezas a serem evitadas:

Chumbo: fragiliza ligas de ouro assim como ligas de prata. Nas primeiras, alguns centésimos de chumbo já formam o intermetálico Au_2Pb, muito frágil e que tende a formar filmes finos envolvendo os contornos de grão. Esta fase tem ponto de fusão baixo (418 °C) e, portanto, se liquefaz nas temperaturas usuais de recozimento das ligas de Au e Ag, provocando o que se chama de fragilidade a quente. Chumbo pode entrar em contato com a liga pelo uso de ligas Pb-Sn na composição de ligas para solda, pelo uso de solda branca ou na forma de partículas após trabalho de cinzelagem sobre superfície de chumbo. Por isso, após o contato com chumbo, antes de qualquer recozimento, todas as peças de ouro precisam passar por um banho de ácido para que esse metal seja removido.

Ferro e aço: como partícula, acabam formando inclusões sólidas em ligas de ouro devido ao seu alto ponto de fusão e por não se dissolver neste elemento, do mesmo modo como foi descrito para ligas de prata.

Enxofre: pode causar surgimento de inclusões, não por reação com o ouro, mas sim com os outros elementos de liga. Suas fontes são as mesmas já citadas nas ligas de prata.

Fósforo: pode reagir com elementos de liga formado fosfatos frágeis; pode estar contido como impureza no gás de rua.

Oxigênio: não reage com o ouro, mas sim com os elementos de liga, da mesma forma que nas ligas de prata.

Outros gases, como vapor d'água, CO e CO_2, SO_2, podem ficar aprisionados no metal durante a solidificação, gerando porosidades que irão dificultar o trabalho mecânico.

Tabela 3.7 Ligas para brasagem mais comuns para ligas amarelas do sistema Ag-Au-Cu sugeridas pelo Conselho Mundial do Ouro.

Quilates	Ligas de brasagem	Au ‰	Ag ‰	Cu ‰	Zn ‰	Sn ‰	In ‰	Intervalo de Fusão °C
10	Fraca	416,7	271,0	209,0	53,3	25,0	25,0	680-730
	Média	416,7	294,0	221,8	42,5	25,0	–	743-763
	Forte	416,7	332,5	238,5	12,3	–	–	777-795
14	Fraca	583,3	144,2	130,0	117,5	–	25,0	685-728
	Média	583,3	175,0	156,7	60,0	25,0	–	757-774
	Forte	583,3	200,0	181,7	35,0	–	–	795-807
18	Fraca	750,0	10,0	30,0	12,0	–	–	690-739
	Fraca	750,0	50,0	93,0	67,0	–	40	726-750
	Média	750,0	60,0	100,0	70,0	–	20	765-781
	Forte	750,0	60,0	110,0	80,0	–	–	797-804

3.3.3 Sistemas Ag-Au-Pd e Au-Cu-Ni, o ouro branco

Antes de 1920, a platina tinha muita aplicação em joalheria, mas, com o considerável aumento de seu preço, buscaram-se ligas alternativas. Foram então desenvolvidas as ligas de ouro branco. Com exceção do cobre, a maioria dos outros metais tende a levar a cor do ouro para o branco e é possível fabricar ligas de ouro de 21 Kt com cor próxima à da platina. Os elementos Pt, Pd e Ni têm grande efeito sobre a cor do ouro, enquanto Ag, Zn têm efeito moderado e os demais, efeito fraco. Existem daí duas classes de ouro branco: ao níquel e ao paládio.

Por ser relativamente barato, o Ni é largamente utilizado para produzir ligas de ouro branco, principalmente peças fundidas. No entanto, é causador de alergias e a Comunidade Europeia, desde o ano 2000, incentiva a sua substituição. As ligas ao paládio são restritas a pequenos lotes devido ao seu preço mais elevado; são melhores de se trabalhar mecanicamente e, por isso, preferidas no trabalho artesanal.

A definição de branco é muito ampla e, em geral, as ligas de ouro branco têm tom amarelado, sendo recobertas com ródio para que a sua aparência fique mais próxima da platina.

3.3.3.1 Sistema Au-Cu-Ni

Um teor de níquel de 135‰ é suficiente para trazer a cor do ouro para o branco. O diagrama binário Au-Ni (Figura 3.39) mostra que as ligas deste sistema formam uma solução sólida homogênea em temperaturas acima de 850 °C e que, abaixo desta, ocorre um campo bifásico com formação de uma solução sólida rica em ouro e uma segunda rica em níquel. A região de estrutura bifásica possui alta dureza e baixa conformabilidade e, por isso, são necessários outros elementos de liga para melhorar as propriedades mecânicas.

A prata tem baixa solubilidade para o níquel tanto no estado líquido quanto no estado sólido. Já o cobre e o níquel são completamente solúveis um no outro e a adição do primeiro aumenta sua maleabilidade. Por isso, as ligas de ouro branco ao níquel são baseadas no sistema Au-Cu-Ni, com adições de zinco para baixar o ponto de fusão, aumentar o efeito de branqueamento e diminuir a oxidação durante a fusão. Mas o zinco também aumenta a suscetibilidade a trincas de resfriamento e diminui a resistência mecânica da liga.

No sistema Au-Cu-Ni, o campo bifásico se estende para temperaturas mais baixas, como mostra a Figura 3.40, sendo que boa parte das ligas de Au750 a Au417 irão sofrer precipitação de uma fase rica em níquel durante o resfriamento, pois a 527 °C o campo de solução sólida é limitado a 80‰ de níquel. Isto tem importância tecnológica, porque, além de aumentar a dureza da liga, a fase rica em níquel é responsável pela liberação deste elemento quando o metal entra em contato com a pele humana.

Nas ligas Au-Cu-Ni, é difícil associar boa cor e boa resistência mecânica; a adição de cobre melhora a maleabilidade, mas prejudica a cor do material, trazendo-a para o amarelo. As ligas contendo de 90 a 120‰ de níquel possuem cor branca aceitável, mas são quebradiças e só podem ser aproveitadas para peças fundidas; as ligas contendo 30 a 50‰ de níquel têm excelentes propriedades mecânicas, mas necessitam de recobrimento com ródio e possuem resistência à corrosão mais baixa. A Tabela 3.8 mostra as propriedades de algumas ligas de Au750 e Au585 ao níquel.

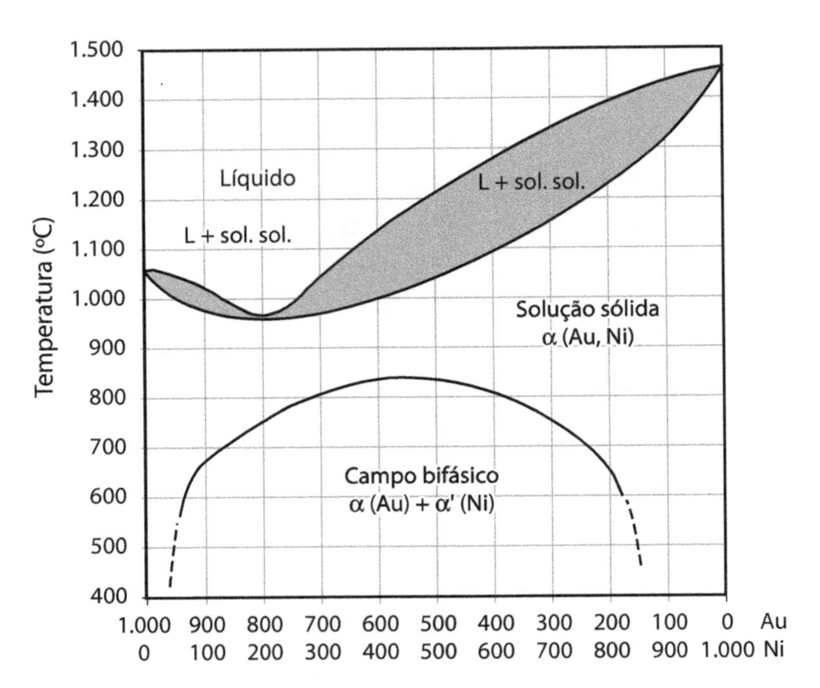

Figura 3.39 Diagrama de equilíbrio do sistema Au-Ni.

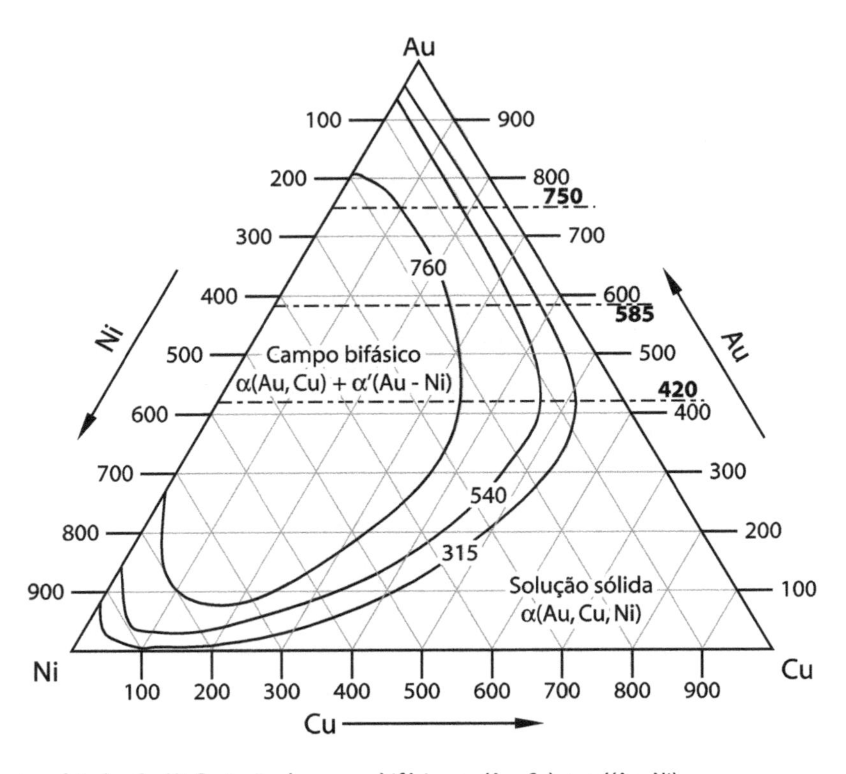

Figura 3.40 Digrama ternário Au-Cu-Ni. Projeção do campo bifásico α (Au, Cu) + α'(Au, Ni).

Tabela 3.8 Propriedades de algumas ligas de ouro branco ao níquel. Composições dadas em ‰ (Fonte: Referência 3.7).

Ligas	Au	Ni	Cu	Zn	HV_1	HV_2	Tl (°C)	Ts (°C)	LE (MPa)	LR (MPa)	A (%)	L*	a*	b*
18 Kt	750	110	95	45	223	307	950	913	643	716	17,6	85,1	0,3	8,4
	750	66	154	30	187	288	946	922	437	607	39,7	85,7	1,6	11,1
	750	40	170	30	184	268	921	898	410	621	38,8	86,7	2,7	13,0
14 Kt	585	110	255	50	169	306	986	956	529	747	33,2	84,5	1,2	8,7
	585	65	284	66	153	278	965	924	502	706	30,6	86,2	1,9	10,9

HV_1: dureza Vickers do material com estrutura de solidificação

HV_2: dureza Vickers do material laminado 70%

Tl: temperatura *liquidus*

Ts: temperatura *solidus*

LE: limite de escoamento

LR: limite de resistência

A: alongamento

L*, a*, b*: parâmentros de cor do sistema Cielab

A Figura 3.41 mostra o efeito da adição de cobre e zinco sobre o desvio de cor das ligas de ouro ao níquel. É importante notar que os elementos prata, paládio e ródio apresentam tonalidades de branco muito próximas, e que ligas ao níquel com alto teor de cobre terão uma diferença bem acentuada com relação ao recobrimento de ródio.

É dever do profissional alertar o consumidor de que esta diferença existe, pois nenhum recobrimento é eterno e, quando a camada de ródio desgasta, o ourives se vê frente a um cliente que demanda explicações.

As ligas de níquel têm as seguintes desvantagens no trabalho de bancada:

- A dureza e o limite de escoamento são o dobro das ligas ao paládio.
- Devem ser recozidas entre 600 e 700 °C, e tendem a apresentar grãos grosseiros (grandes).
- Para evitar crescimento exagerado de grão, precisam ter sido deformadas no mínimo 50% antes do recozimento.
- Durante o recozimento, formam uma camada de óxido de níquel aderente, que não é atacada por ácidos convencionais e só pode ser retirada por lixamento; por isso, as peças precisam receber fluxo protetor durante o aquecimento.
- Devem sempre ser resfriadas lentamente para evitar trincas de choque térmico.

- Não podem entrar em contato com enxofre (presente nas atmosferas urbanas, nos cadinhos, no gás de cozinha), pois formam sulfetos de níquel que, em contorno de grão, tornam o material frágil.
- Não são recuperáveis na oficina e precisam ser enviadas para recuperação industrial.

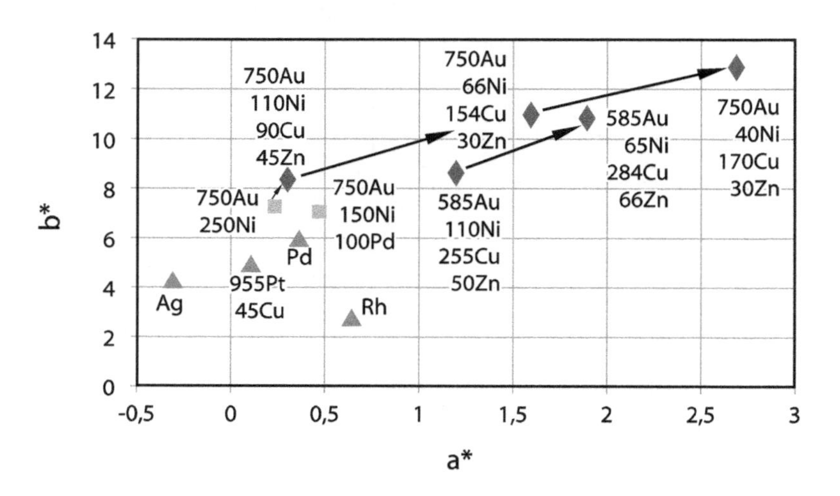

Figura 3.41 Parâmetros Cielab a* e b* de algumas ligas de ouro ao níquel (Fonte: Referência 3.7).

3.3.3.2 Sistema Ag-Au-Pd

Cerca de 160‰ de paládio já é suficiente para trazer a cor do ouro para o branco, e as ligas de ouro branco ao paládio têm cor branco acinzentado próxima à da platina. Elas são baseadas no sistema Ag-Au-Pd, que apresenta miscibilidade total dos três elementos resultando, portanto, em uma solução sólida homogênea após a solidificação. A Figura 3.42 mostra a superfície *liquidus* deste sistema com os limites de concentração para o tom de cor branca e um corte de isoconcentração para Au750.

As vantagens das ligas ao paládio são:

- Excelente resistência à corrosão; não reagem com produtos químicos usuais.
- Podem ser fundidas pelos meios convencionais – ligas Au750, Pd100, Ag200 são fundidas em chama oxiacetilênica.
- Não tendem a formar óxidos insolúveis durante a fusão.
- Não mudam de cor durante o recozimento.
- Sua baixa dureza permite trabalhos de conformação mecânica e de cravação.
- Após o polimento, adquirem alto brilho.

Carbono é um elemento fragilizante destas ligas e, portanto, o ouro branco ao paládio não deve ser fundido em cadinhos de grafite ou recozido sobre placas deste material. A Tabela 3.9 resume algumas propriedades de ligas Au750 ao paládio.

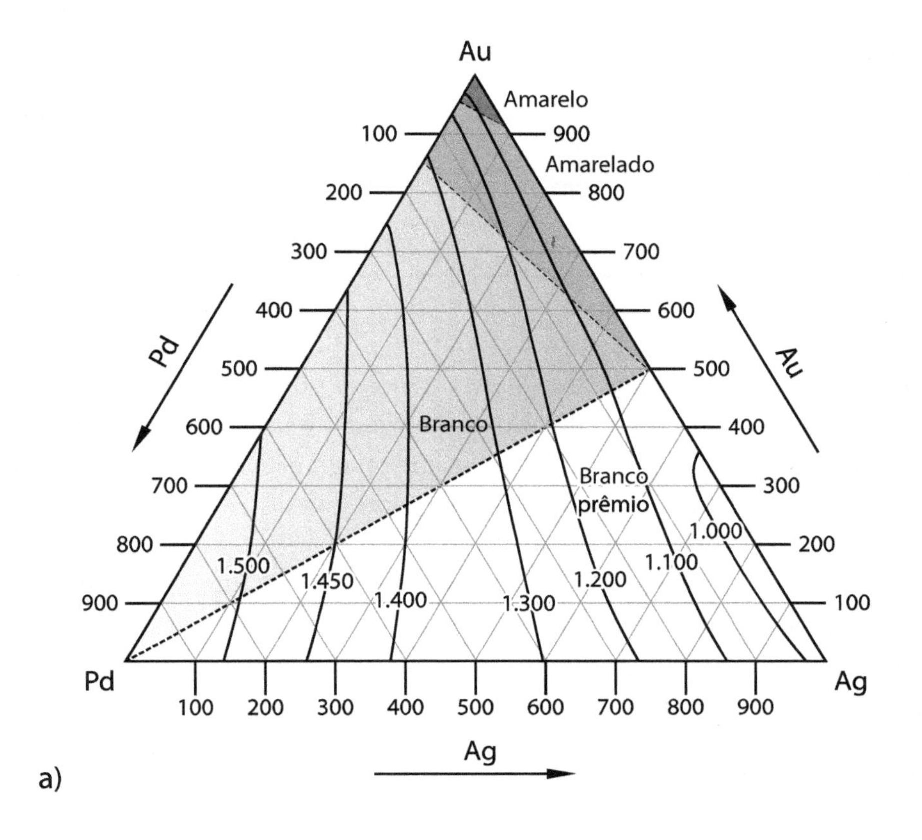

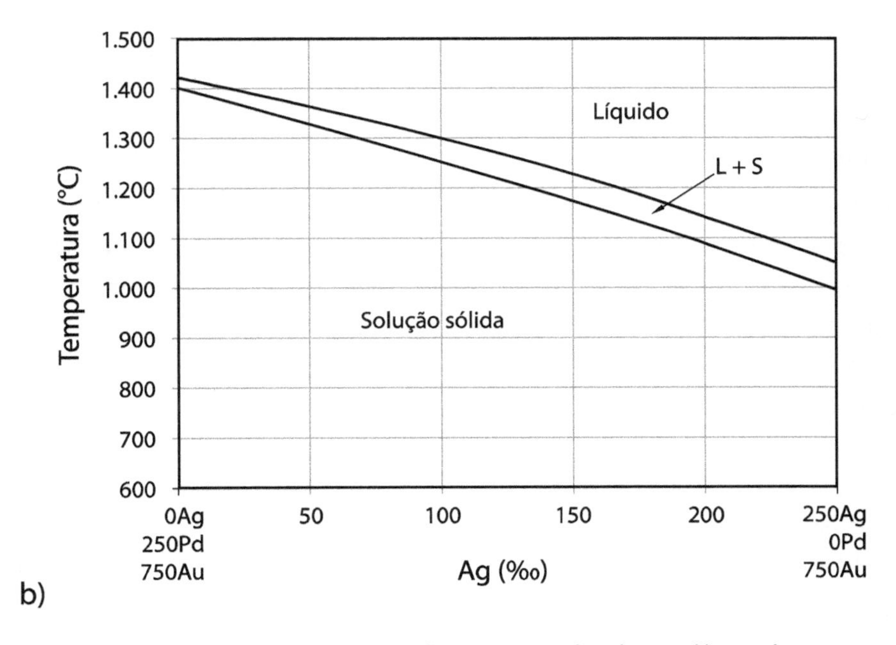

Figura 3.42 Diagramas de equilíbrio do sistema Ag-Au-Pd: a) superfície *líquidus* e padrão de cores; b) corte de isoconcentração para Au750.

Tabela 3.9 Propriedades de ligas Ag-Au-Pd: intervalo de fusão, dureza e densidade.

Au	Ag	Pd	Tl-Ts (°C)	Dureza HB	ρ (g/cm³)
750	50	200	1.280-1.272	110	17,4
750	150	100	1.220-1.170	80	17,2

As maiores desvantagens do uso do paládio são o seu alto preço e a alta densidade (12,03 g/cm³), que fazem com que as peças sejam naturalmente mais pesadas e caras. Por terem alto ponto de fusão, estas ligas tendem a volatilizar o zinco quando este é adicionado para a fabricação de ligas de brasagem; portanto, durante a fundição, ligas contendo este elemento não devem permanecer no estado líquido por longos períodos.

Ligas comerciais de ouro branco podem conter 60 a 80‰ de paládio, mais prata, zinco, cobre e até níquel. Estas ligas não são necessariamente brancas e requerem recobrimento com ródio.

3.3.4 Ligas de cobre – os latões e os bronzes

As ligas de cobre mais utilizadas são os latões e os bronzes. São utilizadas desde a Antiguidade para produzir estátuas e utensílios de uso cotidiano. A peça de bronze fundida mais antiga data de cerca 3200 a.C. e foi encontrada na Mesopotâmia (hoje Iraque).

Latões são ligas Cu-Zn com ou sem pequenas adições de outros elementos, por exemplo, Pb, Sn, Fe, Mn, Ni, Si. Estas ligas são empregadas em grande escala na indústria de bijuterias folheadas (recobertas com metais nobres por galvanoplastia), onde são conhecidas como ligas de alto ponto de fusão por fundirem entre 900 e 1.100 °C.

Bronzes são todas as outras ligas de Cu, tradicionalmente ligas Cu-Sn, mas também Cu-Al, Cu-Si, Cu-Be e Cu-Pb. Bronzes de estanho são comumente empregados na fundição de estatuetas decorativas e sinos e os de alumínio (tom amarelo) substituem os latões na fabricação de bijuterias. As ligas Cu-Ni – chamadas de prata alemã, alpaca e packfong (China) – têm tom branco e também são aplicadas na fabricação de bijuterias. As ligas de uso industrial têm suas composições dadas em %, e a partir deste ponto todas as composições para ligas de cobre serão dadas com esta notação.

O cobre forma soluções sólidas com o zinco (até 39%), o estanho (até 14%) e o alumínio (até 9%). A fase presente é o Cu-α cúbico de face centrada, de boa plasticidade. Quando o limite de solubilidade é ultrapassado, formam-se intermetálicos complexos e as ligas apresentam aumento da dureza e da resistência mecânica, tornando-se mais difíceis de trabalhar. Já com o níquel, o cobre possui solubilidade ilimitada, o que confere às suas ligas excelente conformabilidade.

Sistema Cu-Zn

Os latões são ligas Cu-Zn, com boa resistência mecânica e à corrosão, e suas propriedades variam muito com o teor de zinco. A adição de zinco ao cobre faz baixar o ponto de fusão e traz a cor do avermelhado ao amarelo. Como o zinco possui reticulado cristalino hexagonal compacto, ao contrário do cobre, que é cúbico de face centrada, a solubilidade do zinco no cobre é limitada, porém, como a diferença entre os diâmetros dos átomos de cobre e de zinco é relativamente pequena (4%), existe uma certa solubilidade, chegando a 35% a 20 °C e atingindo 38%, seu valor máximo, a 456 °C. A Figura 3.43 mostra o diagrama de equilíbrio Cu-Zn.

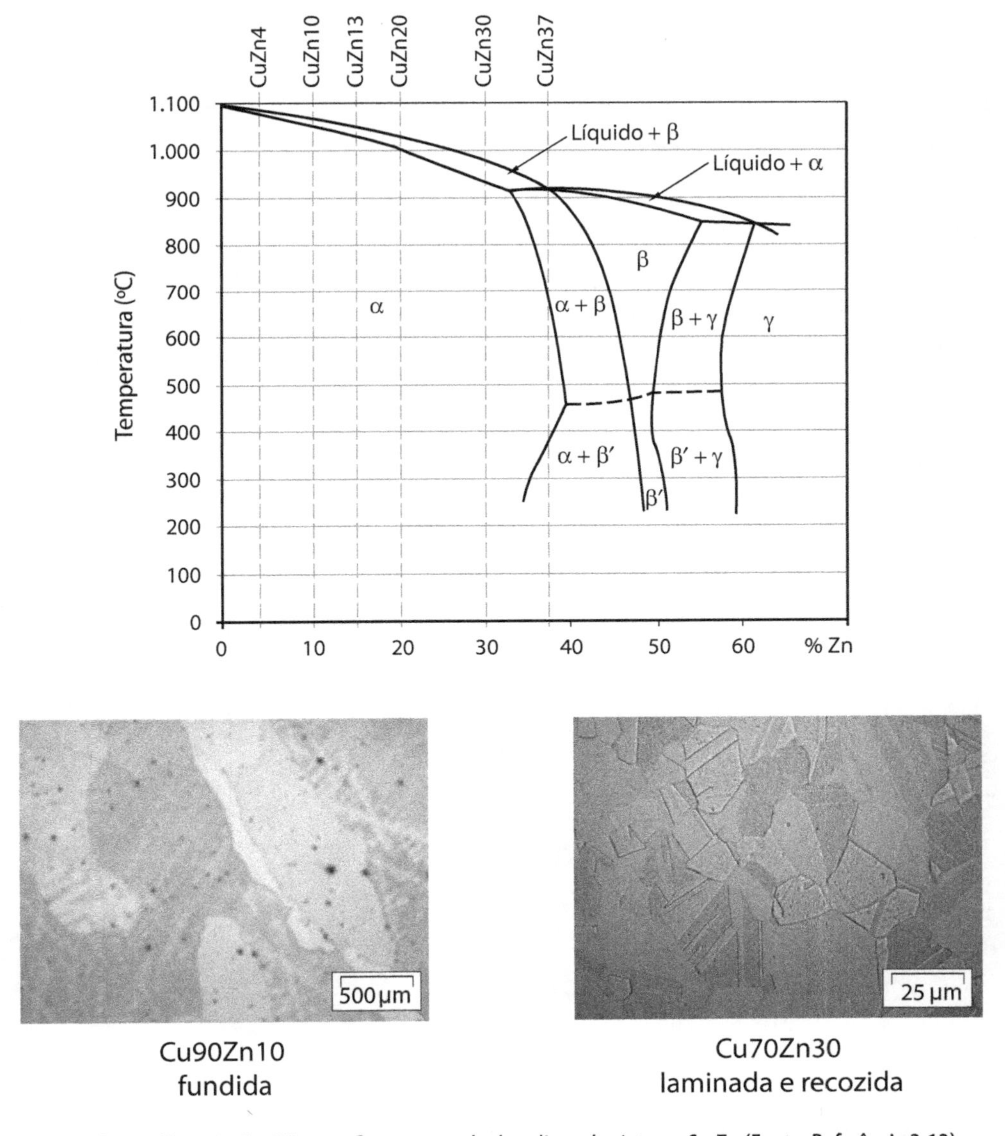

Figura 3.43 Diagrama de equilíbrio Cu-Zn. Micrografias mostrando duas ligas do sistema Cu-Zn (Fonte: Referência 3.13).

As ligas contendo até 39% de zinco são monofásicas, constituídas de Cu-α com zinco em solução sólida, e são denominados latões alfa. Estes latões têm boa conformabilidade e sua resistência mecânica e ductilidade aumentam com o teor de Zn. Os latões alfa podem ser identificados por sua mudança de cor, saindo do avermelhado do cobre (entre 4 e 20% de Zn) e indo ao dourado à medida que o zinco se aproxima de 35%. As ligas entre 4% e 10% Zn são apropriadas para o trabalho de esmaltação e também podem ser utilizadas na fabricação de semijoias. As ligas com 33% de zinco têm resistência mecânica apropriada para o trabalho de conformação mecânica e de cinzel, adquirem brilho no polimento, têm cor amarelo, e por estas qualidades são utilizadas na fabricação de utensílios como vasos e recipientes variados.

Nas ligas entre 39 e 50% aparece um novo componente microestrutural – a fase β (CuZn), que também é uma solução sólida, mas tem caráter intermetálico com estrutura cúbica de corpo centrado e uma relação de elétron de valência por átomo de 3/2. É desordenada em altas temperaturas (acima de 453-470 °C) e ordenada a baixas temperaturas, quando passa a ser denominada β'.

Acima de 50% Zn, forma-se a fase γ-Cu_5Zn_8, um intermetálico de estrutura cúbica complexa, muito frágil. A Figura 3.44 mostra a evolução das propriedades mecânicas dos latões em função do teor de Zn; observe que há um máximo de propriedades mecânicas próximo à composição que limita os campos α e α + β e que ocorre um decréscimo acentuado de propriedades com o aparecimento da fase γ. Por isso, os latões para uso em temperatura ambiente possuem teor de zinco menor que 50%, contendo fase α ou fases α + β. A maioria das aplicações em bijuteria é de ligas de latão alfa (ver propriedades na Tabela 3.10), e no Brasil predomina o uso de latão 70/30 (isto é, 30% Zn) para a estamparia e fundição de metal base para bijuterias folheadas.

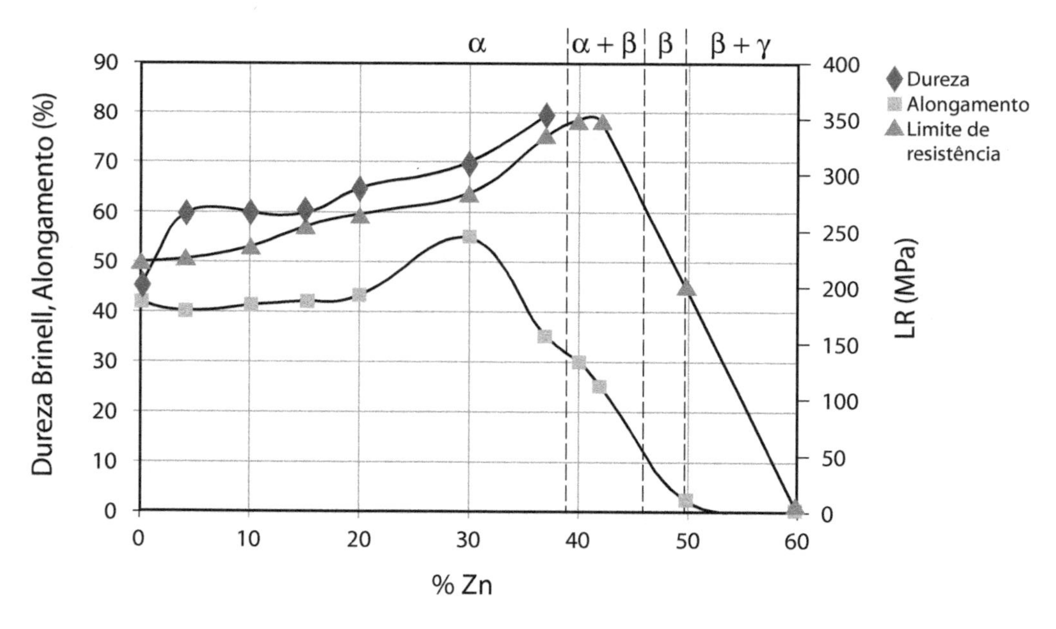

Figura 3.44 Propriedades mecânicas dos latões em função do seu teor de Zn.

Embora os latões sejam mais duros do que o cobre comercialmente puro, são materiais que endurecem por deformação a uma taxa muito mais baixa do que aquele, e, assim, a estricção (redução de seção transversal causada pela deformação) somente ocorre para deformações muito grandes. Deste modo, ao se conformar uma dessas ligas numa matriz, esta pode se deformar consideravelmente antes que ocorra estricção e subsequente fratura. As ligas que mais mantêm essa característica para altos níveis de deformação a frio são os latões com 20 a 30% de zinco, que têm alongamento bem maior do que os latões com menores teores de zinco, embora, de um modo geral, ocorra perda de ductilidade em todos os latões com o aumento da deformação a frio.

Tabela 3.10 Propriedades mecânicas dos latões alfa (Fontes: Referências 3.13 e 3.16).

Liga	Elementos de liga (%)			Dureza HB	LR (MPa)	A (%)	Aplicação
	Cu	Zn	Outros				
CuZn 4	95-97	3-5	0,2	60	225	40	Esmaltação
CuZn10 (Tombac)	89-91	9-11	0,2	60	235	41	Esmaltação, bijuterias, folheados
CuZn 15	84-86	14-16	0,3	60	255	42	Bijuterias, folheados
CuZn 20	78-81	19-22	0,3	65	265	43	Bijuterias, folheados
CuZn 30 (latão para cartucho)	69-73	27-31	0,3	70	284	45	Estampagem, peças fundidas, folheados
CuZn 34 (latão amarelo)	66-67	33-34	0,3	80	300	40	Estampagem, peças fundidas, folheados
CuZn 37 (Muntz Metal)	62-65	35-38	0,5	80	334	30	Produtos de fundição e de conformação a quente

LR = limite de resistência; A = alongamento.

Outro aspecto importante dos latões é a grande influência do tamanho de grão inicial sobre as características de deformação durante os processos de fabricação. Quando o grão é grosseiro o suficiente para igualar ou mesmo exceder a espessura da chapa (ou do corpo-de-prova de ensaio de tração), então praticamente quase não há contornos de grão para inibir o deslizamento e contribuir para o encruamento, e à medida que o grão cresce o latão apresenta menor alongamento até a fratura. Sendo assim, o controle do tamanho de grão antes da deformação a frio é muito importante, e os recozimentos posteriores devem ser rigorosamente controlados, quanto ao tempo e à temperatura, para produzir grãos finos.

Aos latões pode ser ainda adicionado estanho (0,2 a 3%) para melhorar a resistência à corrosão, chumbo para melhorar a usinabilidade, e alumínio, que aumenta a fluidez do metal líquido e melhora o acabamento superficial diminuindo a oxidação durante a fundição. O latão com alumínio de composição 76% Cu; 22%

Zn; 2% Al é utilizado industrialmente na fabricação de tubulações de condensadores e recuperadores de calor, sendo recomendado para tubulações de fluidos que se deslocam com grande velocidades.

É prática comum no Brasil utilizar sucata de latão de estamparia para a fabricação de peças fundidas. Como o zinco é volátil, a refusão acarreta perda deste elemento de liga. Para melhorar a qualidade superficial das peças e evitar a oxidação superficial, é adicionado alumínio. Recomenda-se que a adição fique entre 0,15 e 0,35%, pois acima disso haverá maior contração durante a solidificação e passa a ser necessária a introdução de modificações no molde de fundição. A adição de zinco durante a refusão e pouco antes do vazamento da liga também é recomendada para compensar perdas por vaporização.

Os latões com teores de zinco até 15% apresentam satisfatória resistência à corrosão causada por soluções aquosas, mas acima desse teor podem sofrer dezincificação. Esta é um ataque corrosivo preferencial que leva à oxidação e eliminação do zinco presente no latão, que, assim, assume coloração mais avermelhada em determinados locais. Soluções salinas (mesmo com velocidade moderada), água salobra e soluções suavemente ácidas já são suficientes para levar à dezincificação do latão. Do mesmo modo, sua suscetibilidade à corrosão sob tensão também é dependente do teor de zinco, sendo mais acentuada quando este supera os 15%. Os latões com estanho possuem resistência à corrosão significativamente maior do que a dos latões binários (Cu-Zn), e principalmente têm melhor resistência à dezincificação devido à presença de teores significativos de estanho. É o caso do latão do almirantado (ligas Cu-Zn-Sn), modificação do latão para cartuchos ao qual se adiciona 1% de estanho, e do latão naval, modificação do metal de Muntz com 0,75% de estanho. Outros elementos em menor escala podem ser adicionados ao latão para aplicações navais, como o níquel e o chumbo. Os latões (Cu-Zn-Al) e bronzes de alumínio (Cu-Al) têm sua resistência à corrosão melhorada pela formação da camada passivadora de alumina (Al_2O_3), que impede o prosseguimento da corrosão.

A exposição de latão ao ar provoca o aparecimento de um filme de óxido verde – a pátina descrita no Capítulo 2. Para preservar a superfície, esmaltação e o recobrimento com metais mais resistentes à oxidação como o níquel, prata e ouro são recursos comumente empregados na fabricação de bijuterias e joias folheadas. Uma outra opção é a coloração de sua superfície por agentes químicos em peças decorativas, atingindo tons de marrom, azul e preto.

Sistema Cu-Al

As ligas Cu-Al são denominadas bronzes ao alumínio. A Figura 3.45 mostra o lado rico em cobre do diagrama de equilíbrio Cu-Al, que apresenta muitas semelhanças com o diagrama Cu-Zn. A solubilidade do alumínio no cobre é relativamente alta e, para teores mais elevados de alumínio, formam-se diversos tipos de compostos intermetálicos, alguns dos quais possuem a mesma estrutura cristalina e estequiometria dos compostos intermetálicos do sistema Cu-Zn. A relação entre o tamanho dos átomos de cobre e alumínio também é semelhante à do sistema Cu-Zn e exerce um efeito endurecedor semelhante à do zinco, por isso espera-se boa resistência mecânica para as ligas Cu-Al via endurecimento por solução sólida. De fato, o alumínio é um eficiente agente de endurecimento e existem duas ligas comerciais, com teores de 5 e 8% de alumínio, que são soluções sólidas; seu tratamento térmico resume-se a homogeneização convencional da liga fundida e recozimento da liga trabalhada. As ligas utilizadas na prática são aquelas com teor de alumínio menor que 12% e se constituem de solução sólida α ou de uma mistura de $\alpha + \gamma'$. A fase γ'é o produto da decomposição da fase β e aparece abaixo de 535 °C, ver diagrama de equilíbrio.

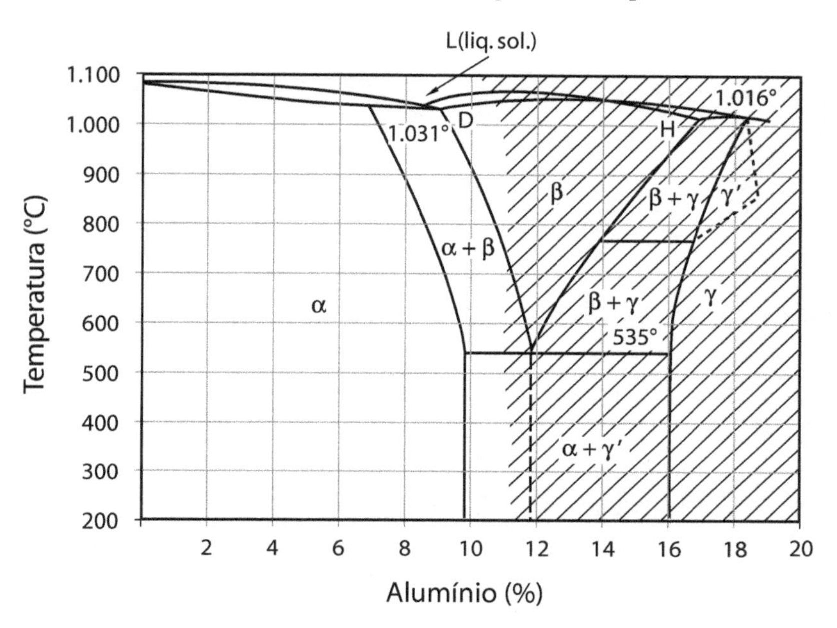

Figura 3.45 Diagrama de equilíbrio Cu-Al.

A fase γ' é dura e frágil e sua presença causa considerável diminuição da resistência mecânica e do alongamento. A Figura 3.46 mostra a evolução das propriedades mecânicas das ligas Cu-Al em função do teor de Al.

Os bronzes de alumínio comerciais contêm, em geral, de 9 a 12% de alumínio, e um máximo de 6% de ferro e níquel. Ligas neste intervalo de composições são endurecíveis por uma combinação de endurecimento por solução sólida, deformação plástica e precipitação de fase kappa (κ), rica em ferro e níquel. A microestrutura de uma liga com até 11% de alumínio contendo ferro e níquel é constituída de solução sólida α e de fase κ. A segunda fase aumenta a resistência mecânica do bronze sem diminuir a sua ductilidade, pois ela absorve parte do alumínio, retardando a formação de fase β e, consequentemente, da fase γ' responsável pela fragilização da liga. A Figura 3.47 mostra a microestrutura de uma liga de bronze contendo 9% alumínio, 3,5% ferro após deformação plástica e recristalização.

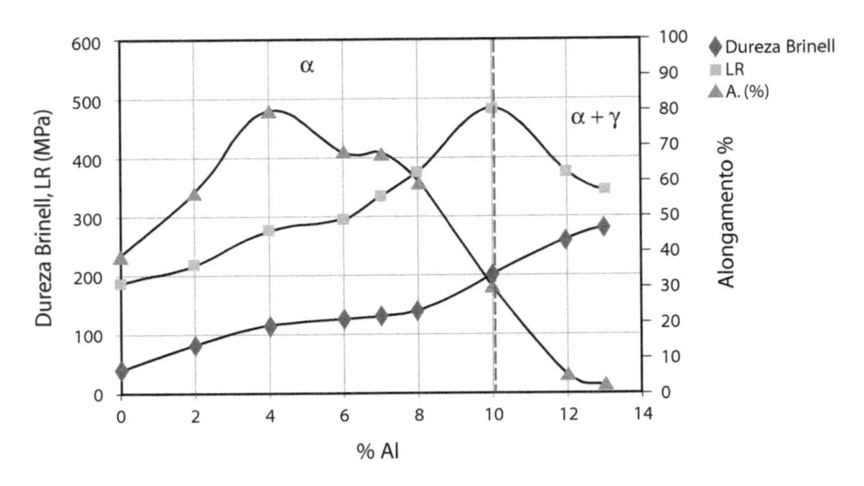

LR = limite de resistência; A = alongamento.

Figura 3.46 Dureza e propriedades de tração das ligas Cu-Al em função do teor de alumínio.

Figura 3.47 Microestrutura de uma liga Cu-9%Al-3,5% Fe (Fonte: Referência 3.13).

Os bronzes de alumínio são utilizados por sua combinação de altas resistências mecânica, à corrosão e ao desgaste. São utilizados na indústria química e em componentes que trabalham em ambiente marinho. Sua alta resistência à corrosão se dá pela formação de uma camada de óxido de alumínio muito fina e aderente, que impede que a superfície metálica entre em contato com o ambiente corrosivo. Os bronzes de alumínio (Cu-Al) contendo de 5 a 12% de alumínio possuem excelente resistência à corrosão sob impacto de partículas e gotas, e à oxidação em alta temperatura. Resistem bem à abrasão mecânica e ao ataque químico de soluções de sulfetos. Quando o teor de alumínio é inferior a 8%, a liga é monofásica e resiste bem à maioria dos tipos de ataques corrosivos, porém, acima de 8% de alumínio, a fase β já é menos resistente à corrosão do que a fase α e a microestrutura eutetóide (α + γ') é ainda menos resistente à corrosão. A Tabela 3.12 resume as propriedades de resistência mecânicas de algumas ligas comerciais de bronze ao alumínio.

Tabela 3.11 Propriedades mecânicas de ligas de bronze ao alumínio comerciais (Fontes: Referências 3.13 e 3.16).

Composição aproximada	LR (MPa)	0.5% LE (MPa)	A (%)	Dureza HB
9% Al, 3% Fe bronze ao alumínio	550	190	35	125
10% Al, 5% Ni, 4% Fe, 1% Mn bronze níquel-alumínio	660	260	25	160
11% Al, 4% Ni, 4% Fe, bronze ao níquel-alumínio, TT*	830	470	10	230
18% Mn, 8% Al, 3% Fe, 2% Ni bronze ao manganês	600	270	15	220
13% Al, 4% Fe (bronze para mancal)	–	–	–	250

* TT = tratamento térmico; LR = limite de resistência; 0,5% LE = limite de escoamento para deformação de 0,5%.

Estas ligas precisam de técnicas de fundição cuidadosas, como atmosferas desoxidantes e controle da temperatura do líquido. O uso de desgaseificantes, pouco antes do vazamento, remove hidrogênio e oxigênio, evitando que a peça solidificada fique muito porosa. O uso de fluxos à base de fluoretos pode ainda ajudar a retirar os óxidos de suspensão, fazendo com que o produto final fique mais limpo de inclusões.

Sistema Cu-Sn

O sistema Cu-Sn foi o primeiro diagrama de equilíbrio de não ferrosos determinado experimentalmente de maneira acurada. Ele foi estudado por C.T. Heycock e F.H. Neville entre 1884 e 1908 (Cambridge – Inglaterra) em ensaios de resfriamento a partir do líquido, com controle de temperatura por termopares platina-ródio e por exames metalográficos. A Figura 3.48 mostra este diagrama até a composição Cu-40% Sn. A fase α é uma solução sólida de estanho em cobre; há ainda uma série de soluções sólidas de caráter intermetálico: β(Cu_5Sn), γ(Cu_4Sn), δ($Cu_{31}Sn_8$) e ε(Cu_3Sn). Por fim, o diagrama mostra vários aspectos dos sistemas binários que não foram apresentados anteriormente:

- – – – – – – está assinalada a linha *sólidus*, na qual os pontos A e A' mostram reações **peritéticas**: na reação peritética tem-se uma mistura sólido + líquido gerando um sólido diferente do primeiro, neste caso L + α ⟶ β (Cu_5Sn) e L + β ⟶ γ (Cu_4Sn); como a reação eutética, esta reação ocorre a temperatura constante.
- .... está assinalado o campo de estabilidade da fase β. Em verde, o campo de estabilidade da fase γ. No ponto B ocorre

a transformação $\beta \rightarrow \alpha + \gamma$. No ponto C, a transformação $\gamma \rightarrow \alpha + \delta$. Estas são reações **eutetóides**, assim denominadas por ocorrerem da mesma forma que uma reação eutética mas, neste caso, todas as fases da reação estão no estado sólido.

Somente o lado esquerdo do diagrama tem importância prática. A transformação $\alpha + \delta \rightarrow \alpha + \varepsilon$ só ocorre quando o resfriamento é muito lento e, em condições de solidificação usuais, ligas contendo mais que 6% Sn apresentam fases $\alpha + \delta$. A fase δ é muito frágil, e somente ligas contendo apenas α (isto é, abaixo de 6% Sn) são deformáveis mecanicamente. Ligas entre 6 e 11% Sn são utilizadas apenas como ligas de fundição. Com o aumento do teor de Sn, a cor da liga muda do vermelho para o amarelo ouro, a dureza e o limite de resistência aumentam, enquanto diminui o alongamento.

Os bronzes para sinos contêm 22 a 20% Sn. Outros bronzes para fundição em geral podem conter: 3 a 23% de zinco para melhorar a fluidez do líquido e conseguir, assim, fundir peças de geometria complexa e de paredes finas; 1 a 2% de chumbo para aumentar a sua usinabilidade, resistência à oxidação e resistência mecânica. A Tabela 3.11 mostra as propriedades de algumas ligas de bronze ao estanho.

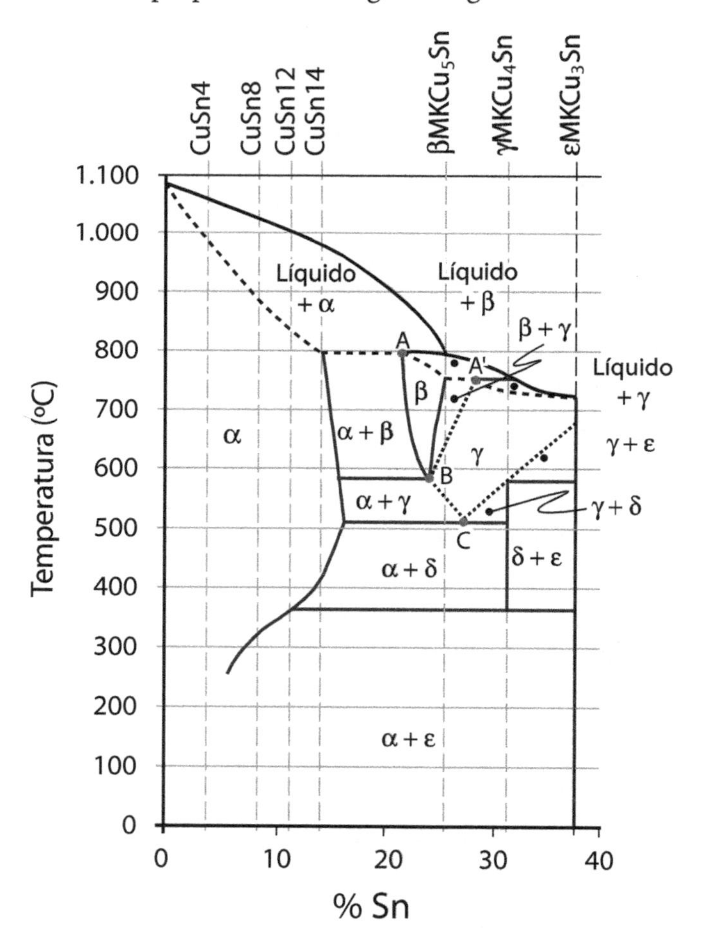

Figura 3.48 Diagrama de equilíbrio Cu-Sn.

Tabela 3.12 Propriedades de algumas ligas Cu-Sn e Cu-Sn-Zn (Fonte: Referência 3.16).

Liga	Elementos de liga (%)				Dureza HB	LR (MPa)	A (%)	Aplicação
	Cu	Sn	Zn	Outros				
CuSn4	95-97	3-5	–	0,3	70	314	48	Deformada a frio
CuSn8	91-93	7-9	–	0,3	90	392	55	Deformada a frio
CuSn12	87-89	11-13	–	0,3	105	314	15	Liga de fundição
CuSn4Zn3	93-94	3-5	2-7	0,2	110	420	60	Tubos, molas, peças fundidas
CuSn6Zn6	86-90	5-7	5-7	0,2	100	400	50	Tubos, molas, peças fundidas
CuSn10Zn	87-89	8-11	1-3	0,2	90	294	10	Tubos, molas, peças fundidas

LR = limite de resistência (MPa); A = alongamento (%).

Sistema Cu-Ni

As ligas de alpaca foram introduzidas na Europa em 1823, embora os chineses já as utilizassem desde 300 a.C. Possuem cor próxima à da prata, mas têm alta resistência à oxidação, não formando como ela camadas de sulfeto em contato com o ar. Como mencionado, seu uso em bijuterias pode causar reações alérgicas aos indivíduos com sensibilidade ao níquel. São fáceis de recobrir por galvanoplastia, podendo receber camadas superficiais de ouro ou prata.

O sistema Cu-Ni (Figura 3.49) não apresenta formação de fases intermediárias durante a solidificação e não passa por transformações de fase acima de 330 °C. Por isso, forma ligas adequadas ao trabalho de conformação mecânica, denominadas de prata alemã ou alpaca. Estas ligas, baseadas no sistema Cu-Ni-Zn com 58-67% Cu, 11-26% Ni, e 12-26% Zn, são em geral bifásicas, contendo duas soluções sólidas cúbicas de face centrada (α_1 e α_2). A Tabela 3.13 mostra as propriedades destas ligas e suas aplicações.

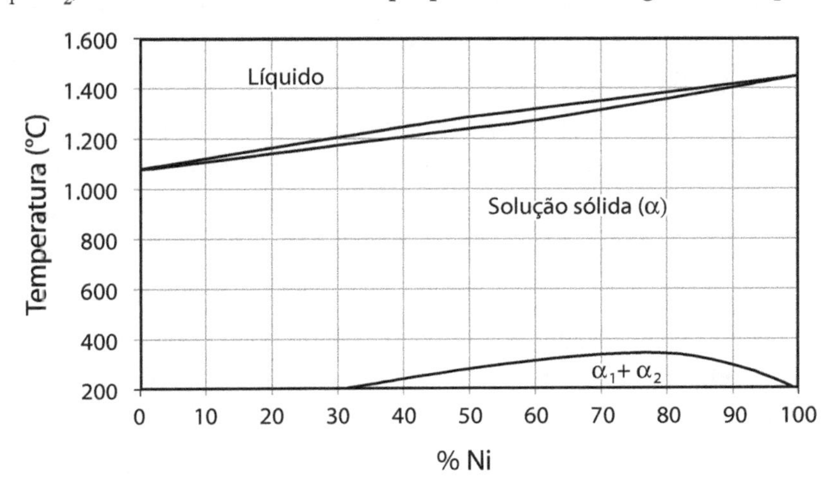

Figura 3.49 Diagrama de equilíbrio Cu-Ni.

Tabela 3.13 Propriedades mecânicas das ligas Cu-Ni-Zn (Fonte: Referência 3.16).

Liga	Cu	Ni	Zn	T_s-T_f (°C)	Dureza Brinell	LR (MPa)	A (%)	Aplicação e Cor
CuNi21Zn24	61-63	11-13	24-28	998-1.037	80	350	40	Estampagem, talheres, amarelada
CuNi18Zn20	60-64	17-19	23-17	1.071-1.110	85	380	36	Estampagem, talheres, branco azulado

T_s-T_f = intervalo de fusão (°C); LR = limite de resistência (Mpa); A = alongamento (%).

3.3.5 Ligas de baixo ponto de fusão – ligas de estanho (Sn-Sb, Sn-Pb, Sn-Ag)

Ligas de Sn já eram conhecidas pelos romanos, e na Europa do século XVII continuaram sendo muito utilizadas na fabricação de utensílios domésticos como jarras, vasos, pratos, candelabros. A partir do século XIX, foram substituídas pelas ligas Cu-Ni mais fáceis de polir e que não oxidam facilmente. São ligas mais baratas do que as de cobre e, por fundirem em temperaturas entre 180 e 300 °C, são muito econômicas quando processadas por fundição. Por esses motivos, são utilizadas na fabricação de bijuterias, em reparos de joias com pedras já montadas, e de peças esmaltadas, que não devem sofrer aquecimento acentuado, e como solda branca na indústria eletroeletrônica. Possuem resistência mecânica inferior às ligas citadas anteriormente, mas baixo coeficiente de atrito, e por isso são utilizadas na indústria como camada de proteção ao desgaste em mancais.

O ponto de fusão do estanho é 232 °C e sua densidade, 7,3 g/cm^3. Esse elemento exibe reação alotrópica que ocorre a 18 °C; abaixo desta temperatura, tem estrutura cristalina cúbica (α-Sn) e acima, estrutura tetragonal (β-Sn). A reação alotrópica $\beta \rightarrow \alpha$ é acompanhada por uma mudança de volume de 25%, o que gera tensões internas muito altas que tendem a fraturar os frágeis cristais de α resultando em um pó cinza. Esta reação, porém, é muito lenta e só é perceptível após longa permanência abaixo de -30 °C. Adições de elementos de liga reduzem drasticamente a velocidade da reação e, geralmente, acima de 0,5% de adição a transformação é suprimida.

O estanho β é muito dúctil e pode sofrer trabalho mecânico sem precisar de recozimentos, pois a temperatura de recristalização está abaixo da temperatura ambiente. Devido a sua baixa dureza e baixa resistência mecânica, o estanho deve sempre ser utilizado na forma de liga para melhorar suas propriedades. Os principais elementos de liga são: o antimônio, o chumbo, o cobre e o bismuto. Como o chumbo vaporiza durante a fusão e é tóxico, podendo causar câncer, foram desenvolvidas variações de ligas de estanho, entre elas as Sn-Ag. Ligas de estanho também formam as soldas brancas utilizadas na indústria eletroeletrônica; ligas binárias Sn-Sb são adequadas para bijuterias (usualmente, 92Sn-8Sb) e peltres (ligas ternárias e quaternárias à base de Sn contendo Sb, Cu, Bi, Pb).

A Figura 3.50 mostra o digrama Sn-Sb, que contém duas reações peritéticas. A partir de 10% Sb inicia a formação do intermetálico β-SnSb, que, por ser mais duro que a solução sólida α, aumenta a resistência ao desgaste da liga. Este composto tem grande diferença de densidade com o líquido e, para diminuir a sua segregação em processos de fundição, é adicionado Cu, que forma o composto Cu_3Sn. Este se solidifica antes, formando uma rede de dendritas finas que acaba aprisionando o β-SnSb quando este finalmente se forma.

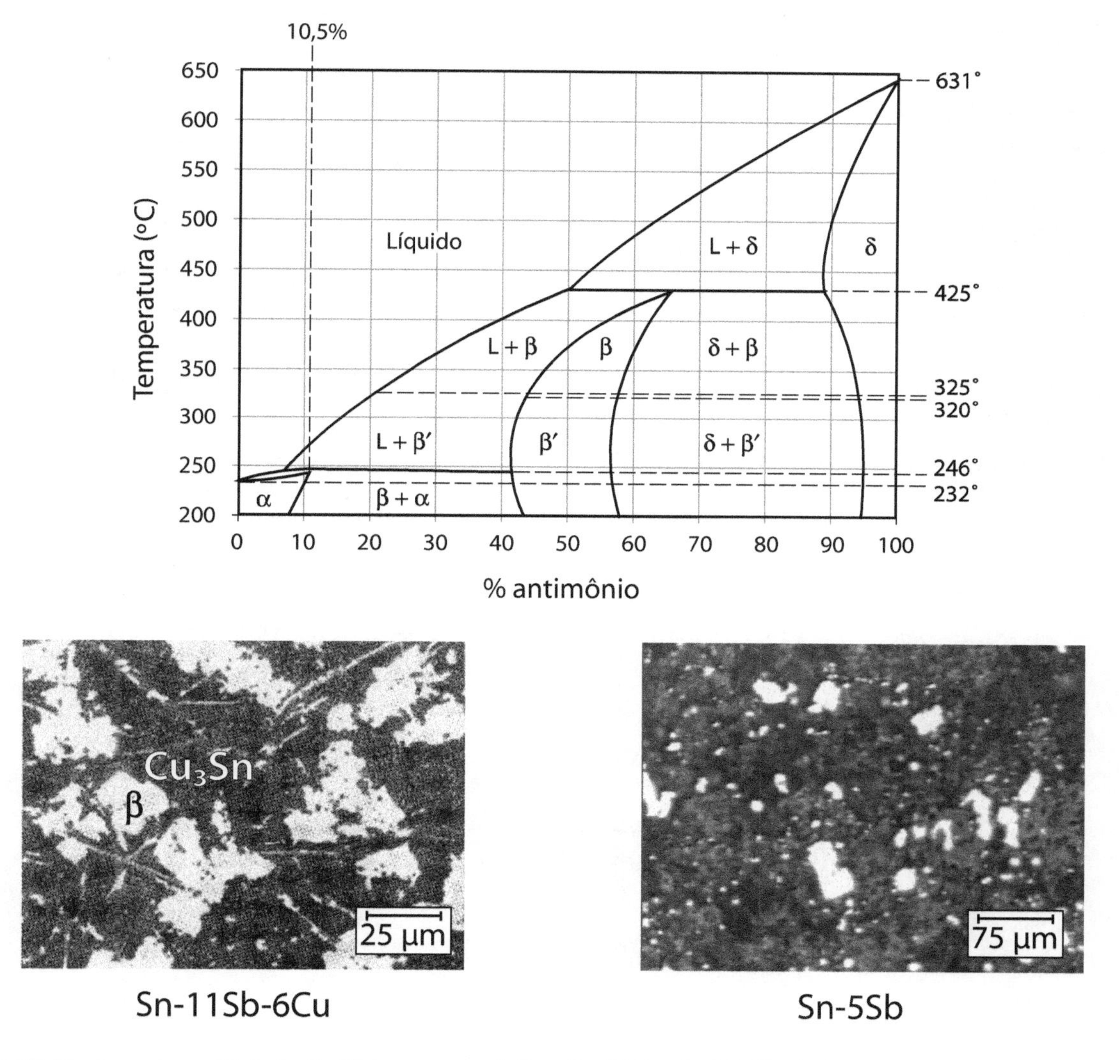

Figura 3.50 Diagrama de equilíbrio Sn-Sb. Microestruturas de ligas Sn-5%Sb e Sn-11%Sb-6%Cu.

No Brasil, é utilizado o metal anglo-saxão conhecido como liga 94 (ver Tabela 3.14). Esta liga compõe bijuterias fundidas, principalmente as destinadas à exportação para países que têm restrição ao uso de chumbo e cádmio.

As ligas de peltre Sn-Sb-Cu mais conhecidas no exterior são:

95Sn-1Cu-4Sb 91Sn-2Cu-7Sb	Denominadas "metalanglo-saxão". Fundem entre 227 e 300 °C e são utilizadas em vasos, castiçais, serviços de café e chá. Oxidam em contato com a água
81Sn-10Cu-9Sb	Metal branco holandês
87Sn-5Cu-8Sb 80Sn-2Cu-6Sb-2Bi	Hannover Britannia Ligas de fácil polimento

Tabela 3.14 Propriedades das ligas de peltre com Sb utilizadas no Brasil.

	Sn	Sb	Cu	Densidade (g/cm³)	Dureza HB	LR (MPa)	A (%)	Intervalo de fusão (°C)	Observações
Liga 94	94	4,5	1,5	7,29	23	40	30	244-295	Peças para decoração
	95	5	–	7,32	19	–	–	225-245	

O chumbo é comumente adicionado para diminuir o ponto de fusão do Sn e das ligas de peltre, e ainda é utilizado no Brasil como principal elemento de liga do Sn nos materiais conhecidos como ligas de baixa fusão. Ele forma um eutético com o Sn que funde a 183,3 °C, como mostra a Figura 3.51.

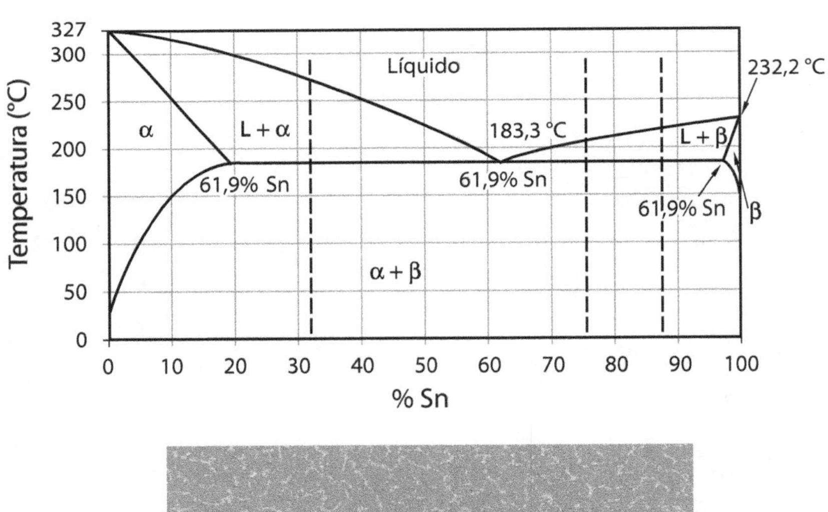

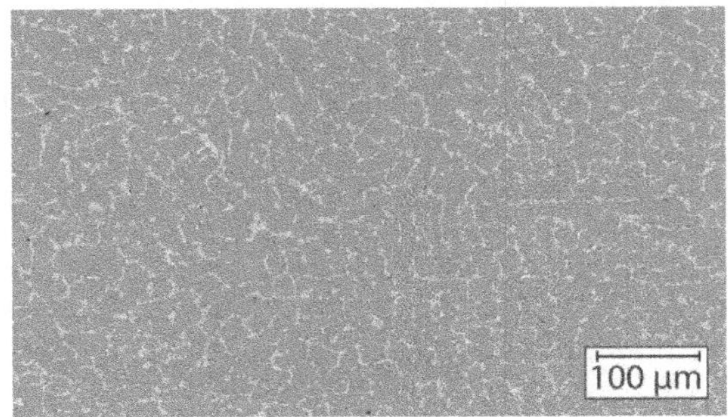

Figura 3.51 Diagrama de equilíbrio Pb-Sn e microestrutura de uma liga 85%Sn-15%Pb.

Algumas ligas de peltre contendo Pb conhecidas no exterior são:

85Sn-4Cu-7Sb-4Pb	Peltre britânico
83Sn-2Cu-7Sb-5Zn-3Pb	"Queen's metal"
82Sn-18Pb	Peltre francês
80Sn-20Pb	Peltre inglês

No Brasil, são utilizadas ligas Sn-Pb contendo Sb para aumentar a dureza e Cd para aumentar o brilho após o polimento e a fluidez da liga líquida. A Tabela 3.15 mostra as propriedades das ligas contendo 88, 76 e 32% Sn contendo adições de Sb, Pb e Cd. Estes materiais, além do eutético Sn-Pb, contêm β-SnSb no interior das dendritas de Sn e partículas ricas em cádmio entre as dendritas de Sn.

Comparado aos metais preciosos, o peltre tem baixo custo. As ligas contendo chumbo custam menos do que as que não o contêm, mas têm maior densidade que aquelas, levando a peças mais pesadas e com custo final equivalente às sem chumbo.

As ligas de peltre podem ser conformadas por laminação sem necessitar de recozimento, e podem ser soldadas com ligas de solda branca (em inglês, *solders*) como ligas Sn-Pb-Bi.

Tabela 3.15 Propriedades das ligas de peltre contendo Sb, Pb e Cd utilizadas no Brasil.

Nome	Composição	Densidade (g/cm³)	Dureza Brinell	LR (MPa)	A (%)	Intervalo de fusão (°C)	Observações
Liga 88	88Sn-1,5Sb - 9Pb-1,5Cd	7,53615	20			183-220	Elevado grau de reprodução de detalhes. Peças com paredes finas e leves. Alto brilho
Liga 76	76Sn-2Sb-20,5Pb-1,5Cd	7,9422	12	47	32	183-200	Bom brilho e razoável fluidez com baixo custo
Liga 32	32Sn-2,5Sb -64Pb-1,5Cd	9,75765	16	52	30	183-270	Bom brilho e razoável fluidez com baixo custo. Peças grandes e sem muitos detalhes

O aumento da conscientização sobre os danos ambientais e à saúde causados pelo chumbo e cádmio e incentivos à diminuição do seu uso pelas autoridades públicas no Brasil tendem a minimizar o uso dessas ligas.

No exterior, o mesmo movimento incentivou o desenvolvimento de ligas de estanho sem chumbo para uso como solda branca na indústria de eletroeletrônicos. Dessas ligas, as Sn-Ag são as mais comuns por apresentarem maior resistência mecânica e melhor resistência à fluência em temperatura ambiente quando comparadas às ligas Sn-Pb. O diagrama Sn-Ag, ver Figura 3.52, possui duas reações peritéticas no canto rico em prata: a primeira a 723 °C, onde se forma a fase ζ-(Ag,Sn) hexagonal compacta de caráter intermetálico, e a segunda a 479,9 °C, que gera a fase ordenada Ag_3Sn. No lado rico em Sn, a 3,73% Ag ocorre a reação eutética L → (Sn) + Ag_3Sn a 220,3 °C. As ligas de Sn-Ag mais utilizadas são as hipoeutéticas com aproximadamente 3-3,5% Ag e as hipereutéticas com cerca de 5% Ag. As ligas fundidas com 3,5% Ag possuem um limite de resistência de aproximadamente 29 MPa e cerca de 40% de alongamento.

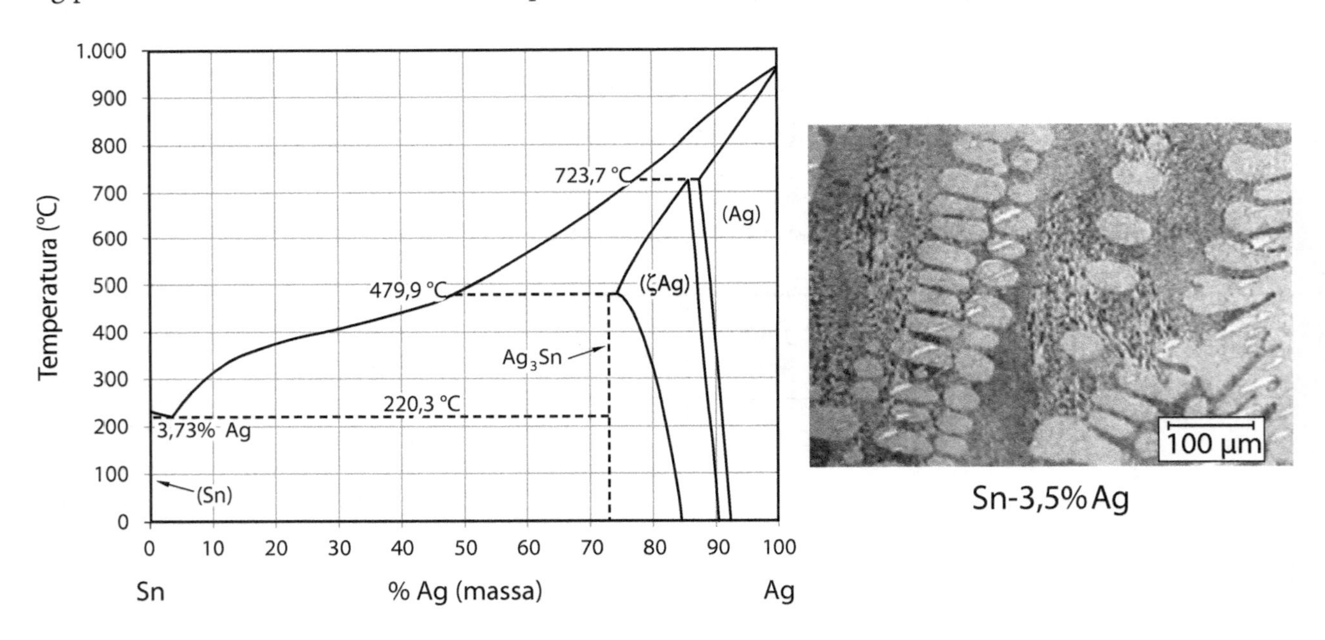

Figura 3.52 Diagrama de equilíbrio Sn-Ag. Microestrutura de uma liga Sn-3,5% Ag.

3.4 Cálculo de ligas

Embora seja possível comprar ligas já prontas, existem situações do tipo: (i) completar a quantidade de material; (ii) aproveitar material existente para produzir um liga de outra quilatagem; (iii) produzir uma liga de brasagem, para as quais é necessário fundir a própria liga. É ainda comum se utilizar uma pré-liga comercial para se produzir ligas de ouro ou prata.

Em todos estes casos, é necessário calcular quanto de metal em massa tem-se que adicionar para que a proporção se ajuste à composição final desejada. Os problemas sempre seguem o seguinte padrão:

Porcentagem ou partes por mil → Massa em gramas

Total: concentração de elemento X = Massa total: massa do elemento X

O total da porcentagem em % ou ‰ será sempre igual a 100 ou a 1.000 respectivamente. São dois os casos mais comuns: produção de uma nova liga e produção de ligas de concentração mais baixa ou mais alta a partir de material existente.

Para ligas de ouro, é conveniente utilizar a concentração dada em ‰. Sendo assim, antes de fazer qualquer cálculo se recomenda primeiro traduzir as concentrações dadas em quilates para esta notação utilizando a seguinte relação (ver também Figura 3.28):

$$\frac{\text{Quilates}}{24} = \frac{\text{concentração}}{1.000}$$

Por exemplo: $\frac{18}{24} = \frac{x}{1.000}$

$x = 750‰$

A seguir serão apresentados alguns exemplos com ligas de ouro, lembrando que o princípio de cálculo é o mesmo para qualquer tipo de liga:

Liga nova

Exemplo 1: Quero produzir 25 g de liga Au417. Quanto ouro é necessário?

$$\frac{1.000}{417} = \frac{25}{x}$$

$$x = \frac{25 \cdot 417}{1.000} = 10{,}42 \text{ g}$$

Exemplo 2: Quantas gramas de liga Au750 posso produzir com 4,2 g de ouro?

$$\frac{1.000}{750} = \frac{x}{4{,}2}$$

$$x = \frac{1.000 \cdot 4{,}2}{750} = 5{,}6 \text{ g}$$

Exemplo 3: Qual a concentração de ouro resultante se eu juntar 6 g Au, 2 g Cu e 1,5 g Ag?

$$\frac{1.000}{x} = \frac{6 + 2 + 1{,}5}{6}$$

$$\frac{1.000}{x} = \frac{9{,}5}{6}$$

$$x = \frac{1.000 \cdot 6}{9{,}5} = 631{,}6‰$$

Exemplo 4: Tenho 5 g de pré-liga para Au750. Quanto ouro será necessário?

$$\frac{1.000}{750} = \frac{x + 5}{x}$$

$$1.000x = 750x + 5 \cdot 750$$

$$x\ (1.000 - 750) = 3 \cdot 750$$

$$250x = 3 \cdot 750$$

$$x = 15\ g$$

Diminuir ou aumentar a concentração

Exemplo 5: Tenho 9,2 g de liga Au750 e devo produzir uma liga Au417. Quanto de pré-liga será necessário e que quantidade de liga Au417 irei obter?

a) O primeiro passo é determinar quanto de ouro em gramas contém a liga Au750:

$$\frac{1.000}{750} = \frac{9{,}2}{x}$$

$$x = \frac{9{,}2 \cdot 750}{1.000} = 6{,}9\ g\ Au$$

b) O segundo passo é determinar a massa total de uma liga Au417 contendo a massa de ouro calculada:

$$\frac{1.000}{417} = \frac{x}{6{,}9}$$

$$x = \frac{1.000 \cdot 6{,}9}{417} = 16{,}54\ g\ \text{de liga Au417}$$

c) O terceiro passo é determinar a quantidade de elementos de liga extra (pré-liga) necessários para produzir a liga Au417. Temos:

da liga Au750: 9,2 g

a massa total da nova liga Au417 = 16,54 g

massa total da liga Au417= massa total da liga Au750 + quantidade de pré-liga

$16{,}54 = 9{,}2 + x$

$x = 16{,}54 - 9{,}2 = 7{,}34$ g de pré-liga

Exemplo 6: Preciso produzir 13,4 g de liga Au417. Quanto de liga Au750 e de pré-liga serão necessários?

a) O primeiro passo é determinar quanto de ouro e de pré-liga existem em 13,4 g Au417.

$$\frac{1.000}{417} = \frac{13{,}4}{x}$$

$$x = \frac{13{,}4 \cdot 417}{1.000} = 5{,}58 \text{ g Au}$$

massa total = massa de Au + massa de pré-liga

$13{,}4 = 5{,}58 + x$

$x = 7{,}82$ g de pré-liga

b) O segundo passo é determinar qual a massa de Au750 que contém 5,58 g Au.

$$\frac{1.000}{750} = \frac{x}{5{,}58}$$

$$x = \frac{1.000 \cdot 5{,}58}{750} = 7{,}44 \text{ g Au750}$$

c) O terceiro passo é determinar quanto de pré-liga será necessário:
massa total da liga Au417 = massa de liga Au750 + pré-liga

$13{,}4 = 7{,}44 + x$

$x = 13{,}4 - 7{,}44 = 5{,}96$ g pré-liga

Exemplo 7: Tenho 7,7 g de liga Au417. Quanto ouro preciso adicionar para obter uma liga Au750 e quanto de liga Au750 irei obter?

a) O primeiro passo é determinar a massa de ouro presente na liga Au417:

$$\frac{1.000}{417} = \frac{7{,}7}{x}$$

$$x = \frac{7{,}7 \cdot 417}{1.000} = 3{,}2 \text{ g Au}$$

b) O segundo passo é determinar a quantidade de ouro necessária para que 7,7 g de liga Au417 (contendo 3,2 g da Au) sejam suficientes para formar uma liga Au750.

$$\frac{1.000}{417} = \frac{7,7 + x}{3,2 + x}$$

$1.000 \cdot (3,2 + x) = 750 \cdot (7,7 + x)$

$3.200 + 1.000x = 5.775 + 750x$

$1.000x - 750x = 5.775 - 3.200$

$250x = 2.575$

$x = 10,3$ g Au

c) O terceiro passo é determinar a massa total de liga Au750.

massa total = massa de liga Au417 + massa de Au adicionada

$x = 7,7 + 10,3$

$x = 18$ g Au750

Exemplo 8: Tenho 12 g de uma liga Au585 amarelo-laranja com composição química 138Ag - 277Cu e pretendo produzir uma liga Au750 de mesma tonalidade com composição química 36Ag e 214Cu. Quanto de ouro e outros elementos de liga serão necessários?

a) Neste caso, mais de um elemento de liga terão que ser calculados. Começamos determinando qual a massa de cada elemento presente na liga Au585:

$$\frac{1.000}{585} = \frac{12}{x}$$

$x = 7,02$ g Au

$$\frac{1.000}{138} = \frac{12}{x}$$

$x = 1,66$ g Ag

$$\frac{1.000}{277} = \frac{12}{x}$$

$x = 3,32$ g Cu

	Massa total	**Au**	**Ag**	**Cu**
Liga de partida Au585 Ag138Cu277	12	7,02	1,66	3,32

b) Vamos verificar se o procedimento usado no exemplo anterior (apenas adicionar ouro) irá servir. Não podemos admitir que durante o procedimento apareçam números negativos, pois isso significaria ter de retirar uma certa quantidade de elemento de liga do material inicial, o que não é possível, uma vez que a liga já está formada. A melhor forma de ter uma visão geral do que está acontecendo é fazer uma tabela como a mostrada abaixo.

$$\frac{1.000}{750} = \frac{12 + x}{7{,}02 + x}$$

$$7.020 + 1.000x = 9.000 + 750x$$

$$250x = 1.980$$

$$x = 7{,}92 \text{ g Au}$$

Agora precisamos saber qual a massa total e a massa dos outros elementos para obter a composição Au750Ag36 e Cu214.

$$\frac{1.000}{750} = \frac{x}{7{,}92 + 7{,}02}$$

$$x = 19{,}92 \text{ g liga Au750}$$

$$\frac{1.000}{36} = \frac{19{,}92}{x}$$

$$x = 0{,}72 \text{ g Ag}$$

$$\frac{1.000}{214} = \frac{19{,}92}{x}$$

$$x = 4{,}26 \text{ g Cu}$$

	Massa total	Au	Ag	Cu
Liga de partida Au585Ag138 Cu277	12	7,02	1,66	3,32
Diferença	+7,92	+7,92	-0,94	+0,94
Liga desejada Au750Ag36 Cu214	19,92	14,94	0,72	4,26

Na tabela acima, vemos que, adicionando apenas ouro, não chegaremos à composição desejada a menos que se possa retirar prata da liga Au585 existente – o que é impossível! Portanto, precisamos procurar um outro elemento que se mantenha constante.

c) Como é a prata que tem a concentração diminuída quando passamos de uma composição para a outra vamos mantê-la constante.

Sabemos a nossa massa de Ag inicial = 1,66 g Ag. Podemos calcular a massa total de liga Au750 Ag36Cu214 para manter a mesma massa de Ag. Adicionaremos Au e Cu que forem necessários.

$$\frac{1000}{36} = \frac{x}{1,66}$$

x = 46,11 g liga Au750

$$\frac{1000}{750} = \frac{46,11}{x}$$

x = 34,58 g Au

$$\frac{1000}{214} = \frac{46,11}{x}$$

x = 9,86 g Cu

	Massa Total	Au	Ag	Cu
Liga de partida Au585 Ag138 Cu277	12	7,02	1,66	3,32
Diferença	+34,11	+27,56	0	+6,54
Liga desejada Au750 Ag36 Cu214	46,11	34,58	1,66	9,86

Não temos diferenças negativas. Portanto para transformarmos uma liga na outra teremos que fundir: 12g liga Au585 + 27,56 g Au + 6,54 g Cu.

Exemplo 9: Vejamos o caso de mudança de cor, mantendo a Quilatagem constante. Por adição de elementos de liga pode-se mudar a cor do material, e logicamente ouro terá que ser adicionado para que a sua concentração se mantenha igual. Liga de partida 25 g de Au750 verde claro contendo Ag214 e Cu36. Quero produzir liga Au750 vermelho alaranjado contendo Ag83Cu167. Como é o teor de prata que diminui, devemos calcular de modo a manter a massa existente de prata constante.

a) Primeiro vamos calcular as massas de Au, Ag e Cu contidas na liga de partida:

$\frac{1.000}{750} = \frac{25}{x}$	$\frac{1.000}{214} = \frac{25}{x}$	$\frac{1.000}{36} = \frac{25}{x}$
x = 18,5 g Au	x = 5,35 g Ag	x = 0,9 g Cu

b) Depois calculamos quanto de Au e Cu serão necessários para a nova liga mantendo a massa de Ag constante e calculamos as diferenças de massa:

$\frac{1.000}{83} = \frac{x}{5,35}$	$\frac{1.000}{750} = \frac{64,25}{x}$	$\frac{1.000}{167} = \frac{64,45}{x}$
x = 64,45 g liga Au750 (vermelho laranja)	x = 48,34 g Au	x = 10,76 g Cu

	Massa total	Au	Ag	Cu
Liga de partida Au750 Ag214 Cu36	25	18,5	5,35	0,9
Diferença	+39,45	+29,84	0	+9,86
Liga desejada Au750 Ag83 Cu167	64,45	48,34	5,35	10,76

Portanto com 25 g de liga Au750Ag214Cu36 irei produzir 64,45 g de liga Au750Ag83Cu167 adicionando 29,84 g de Au e 9,86 g Cu.

Exercícios para resolver

1) Quantas gramas de ouro preciso adicionar a uma liga Au750 para que ela se torne Au800?

2) Preciso preparar 1.500 g de liga 18Kt. Quanto ouro será necessário?

3) Suponha que você deve fundir braceletes de ouro 14Kt. O peso total das peças é de 5 kg. Quanto de pré-liga e de ouro serão necessários?

4) Preciso preparar uma liga de brasagem contendo 750‰ Au, 60‰Ag, 110‰Cu e 80‰Zn a partir de:

10 g de liga Au 750 contendo 125‰Ag e 125‰Cu.

Latão contendo 600‰Cu e 400‰Zn. Quanto ouro, latão, cobre e prata precisarei para ajustar a composição?

Referências bibliográficas

3.1 A. COTTRELL, *An introduction to metallurgy.* 2. ed. London: The Institue of Materials, 1995, 548p.

3.2 *Diebenes Handbuch des Goldschmiedes.* Band II, 8. ed. Stuttgart: Rühle-Diebener Verlag, 1998, 192p.

3.3 E. BREPOHL. *Theorie und Praxis des Goldschmiedes.* 15. ed. Leipzig: Fachbuchverlag Leipzig, 2003, 596p.

3.4 L. VITIELLO. *Oreficeria moderna, técnica e pratica.* 5. ed. Milão: Hoepli, 1995.

3.5 D. PITON, *Jewellery technology – processes of production, methods, tools and instruments.* Milão: Edizioni Gold Srl. 1999, 407p.

3.6 PRINCE, G.V. RAYNOR, D. S. EVANS. *Phase diagrams of ternary gold alloys*, London: The Institute of Metals, 1990, 505p.

3.7 M. POLIERO, White gold alloys for investment casting, *Gold Technology*, v. 31, p. 10-20, 2001.

3.8 S. HENDERSON, D MANCHANDA, White gold alloys: colour measurement and grading. *Gold Bulletin*, v. 38 (2), p. 55-67, 2005.

3.9 JAE-HYUNG, CHO, H. P. Ha, K.H. On recrystallization and grain growth of cold rolled gold sheet, *Met. Tans A*, v. 36A, p. 3.415-3.425, 2005.

3.10 D. ZITO, Coloured Carat Golds For Investment Casting. *Gold Technology*, v. 31, p. 35-42, 2001.

3.11 Milani, D. Maggian, S. Bortolamei, 14 Carat red gold alloys for investment casting, publicado por *Pro-Gold Srl*, Montecchio Maggiore, Vicenza, Italia, 2002.

3.12 S. GRICE, The effect of silicon content vs quench temperature on low carat casting alloys, *Proc. Santa Fe Symposium on Jewelry Manufacturing Technology*, p. 205-210, 1999.

3.13 V.CALLCUT, Microstructures of copper and copper alloys, www.copper.org

3.14 Y. XIE and Z. QIAO, *J. Phase equilibria*, v.17, p.208-217, 1996.
3.15 R. GERMAN, M.M. GUSOWSKI, D.C. WRIGHT. *Gold Bulletin,* v. 13(3), p. 113-116, 1980.
3.16 METALS HANDBOOK 9th Edition vol. 2. Properties and Selection of Nonferrous Alloys and Pure Metals, ASM International, 1979, 855 p.

4.

Fusão e solidificação

4.1 Fusão

Fundir metais e ligas é prática diária do ourives e da indústria de joalheria; assim, serão apresentados alguns conceitos e técnicas de fusão para esses setores.

O Capítulo 2 mostrou que, mesmo em temperatura ambiente, os átomos que compõem a rede cristalina dos metais não estão imóveis, mas em contínua vibração, e que forças de atração mútua os mantêm unidos. É como se pequenas esferas estivessem unidas umas às outras por molas.

Quando a temperatura sobe de 15 K, o movimento relativo dos átomos dobra de intensidade e a estrutura cristalina se alarga. Com o aumento da distância entre os átomos, a sua força de atração diminui e o material amolece. Além disso, o aquecimento provoca um aumento de volume do metal.

Quando a temperatura de fusão é atingida, o movimento relativo entre os átomos é maior do que a força de coesão e eles se desprendem uns dos outros. A microestrutura não se dissolve instantaneamente, pois passa por um processo gradativo que tem início nos contornos de grão; isso ocorre porque nesta região os átomos têm um número menor de ligações do que no interior dos grãos. Com a aproximação da temperatura de fusão, os átomos começam a sair de seus lugares e a formar lacunas. As lacunas (vazios) migram para os contornos de grão ou, por vezes, alojam-se nos interstícios da rede cristalina, degradando sua ordem. Aos poucos a região do contorno de grão se desintegra e forma-se o líquido

Como o calor chega primeiro à superfície do bloco metálico, é esta região que atinge primeiro a temperatura de fusão, com a fusão iniciando nas regiões de contorno de grão enquanto o interior do metal continua sólido. Em seguida, a fração volumétrica de líquido cresce paulatinamente, os grãos se arredondam para diminuir a área da interface sólido-líquido, e vão se dissolvendo até que todo o material se torna líquido, como mostra esquematicamente a Figura 4.1 da esquerda para a direita.

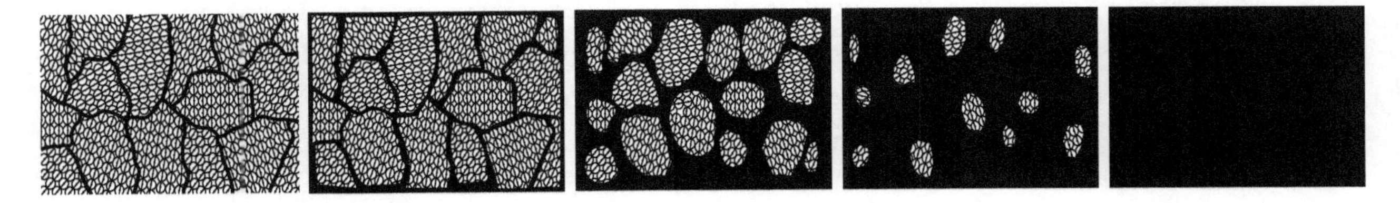

Figura 4.1 Representação esquemática da fusão de um metal monofásico policristalino.

Em ligas com mais de uma fase, como, por exemplo, em composições hipoeutéticas, as regiões de composição eutética são as que primeiro entram em fusão. O processo se inicia pela dissolução das fases intermediárias e a formação do líquido nos contornos de fase. O líquido molha a seguir as regiões de contorno de grão e o processo prossegue com a dissolução dos grãos. A Figura 4.2 mostra a sequência de fusão de uma liga Al-7%Si hipoeutética laminada; em 4.2a, tem-se uma microestrutura bifásica contendo grãos de alumínio α e partículas de silício formadas durante a reação eutética. Quando a temperatura ultrapassa a temperatura eutética, começa a se formar o líquido (fase escura) nas regiões próximas às partículas de silício. O líquido formado penetra entre os grãos de alumínio (ver Figura 4.2b) e, numa temperatura mais alta, ainda abaixo da temperatura *liquidus* (Figura 4.2c) tem-se líquido molhando grãos arredondados de alumínio sólido.

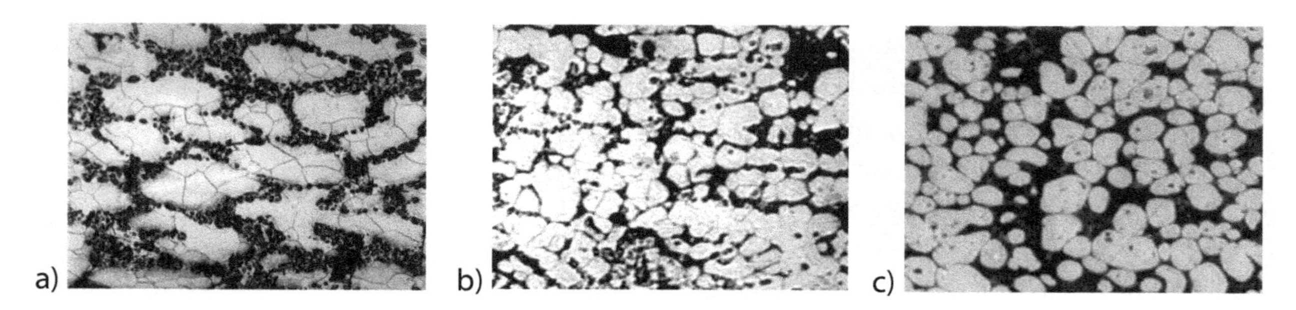

Figura 4.2 Sequência de liquefação de uma liga Al-7% Si hipoeutética laminada: a) microestrutura de partida; b) microestrutura em temperatura eutética; c) microestrutura em temperatura entre a *solidus e a liquidus.*

Externamente, observa-se que no início da fusão o material muda de consistência e atinge uma aparência pastosa. A superfície do bloco metálico se liquefaz e o líquido começa a escorrer no fundo do cadinho. O volume de líquido aumenta até que todo o material adquire o movimento típico de líquidos e se homogeneíza.

Durante este tempo, o calor fornecido é utilizado para aumentar a mobilidade dos átomos e destruir a ordem cristalina. Nos metais puros, a temperatura permanece constante até que todo o metal se torne líquido, como mostram os pontos 1 e 2 da Figura 4.3a. Nas ligas binárias com intervalo de fusão, ocorre uma mudança na velocidade de aquecimento quando a temperatura ultrapassa o ponto *solidus* e entra no campo bifásico sólido + líquido (ver Figura 4.3b, pontos 3-4) e outra mudança de velocidade quando o material atinge a temperatura *líquidus*. Nas ligas eutéticas a fusão ocorre em uma única temperatura, e a curva tempo *versus* temperatura é semelhante à de uma metal puro (Figura 4.3c, pontos 5-6). Nas ligas hipo- ou hipereutéticas, ocorre primeiro a fusão das regiões de microestrutura eutética com um patamar de temperatura (Figura 4.3d, pontos 7-8) e em seguida a fusão da fase hipo- ou hipereutética com um gradiente de temperatura (Figura 4.3d, pontos 8-9). Quando são expressas em gráfico, essas curvas de liquefação percorrem o caminho inverso das de solidificação, apresentadas no Capítulo 3.

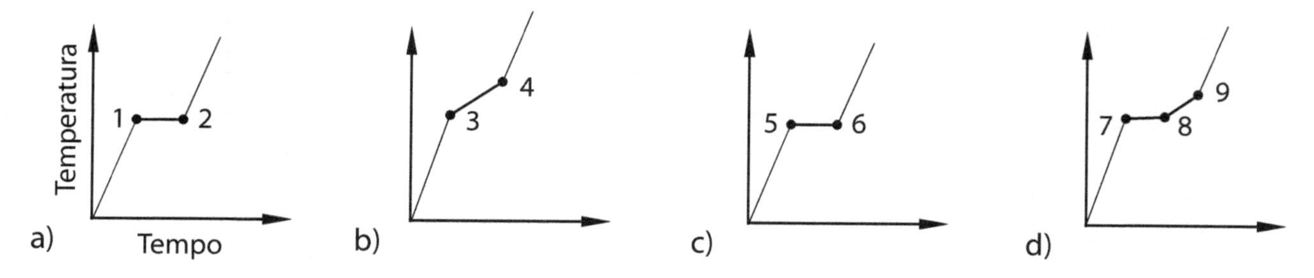

Figura 4.3 Representação esquemática da variação da temperatura com o tempo de aquecimento durante a fusão de: a) metal puro; b) liga bifásica com intervalo de solidificação; c) liga eutética; d) liga hipo- ou hipereutética.

A quantidade de calor necessária para a fusão é diferente para cada metal e depende do seu calor específico e do seu calor latente de fusão, como descrito no Capítulo 2 (ver Tabela 2.2).

4.1.1 Equipamentos para fusão

As fontes de calor mais comuns são:

- Contato direto com a chama de maçarico.
- Aquecimento indireto, através de um cadinho, que por sua vez é aquecido por uma chama de maçarico (forno vulcão).
- Forno de resistência elétrica.
- Forno de indução eletromagnética.

Em todos esses casos, o metal é colocado em um cadinho resistente a altas temperaturas (ponto de fusão acima de 2.000 °C), que pode ser cerâmico (à base de alumina), de grafite ou de carbeto de silício. O metal líquido é então vazado à mão em um molde que irá originar o lingote para laminação de chapas ou barras, ou mesmo peças semiprontas.

Qualquer que seja o método utilizado para fundir metal, é importante limitar a quantidade de gás absorvido pelo seu líquido. Gases dissolvidos tendem a ficar aprisionados quando ocorre a solidificação, gerando poros no metal solidificado. Pode ocorrer também reação do gás com elementos de liga produzindo compostos iônicos, as chamadas inclusões. Por exemplo, o oxigênio e o enxofre formam óxidos e sulfetos que ficam retidos no sólido. As inclusões podem causar porosidade superficial, defeitos no polimento e reduzir a resistência mecânica do metal. Gás nos metais origina-se da absorção do ar atmosférico na superfície do metal líquido, da formação de vapor d'água nas paredes dos cadinhos e também pela agitação do banho.

- Fusão por contato direto com a chama.

Na oficina do ourives, pequenas quantidades de metal são fundidas com chama de maçarico, utilizando gás combustível.

O tipo de gás pode ser o GLP (gás de cozinha), propano, metano ou acetileno, substâncias que contêm carbono e hidrogênio, elementos a serem oxidados pelo ar ou pelo oxigênio. A chama é dirigida diretamente sobre a superfície do metal. O maçarico geralmente contém duas mangueiras, uma de condução do gás e a outra para condução de ar ou oxigênio, e a temperatura máxima alcançada depende da composição da mistura de gases utilizada, como mostra a Figura 4.4.

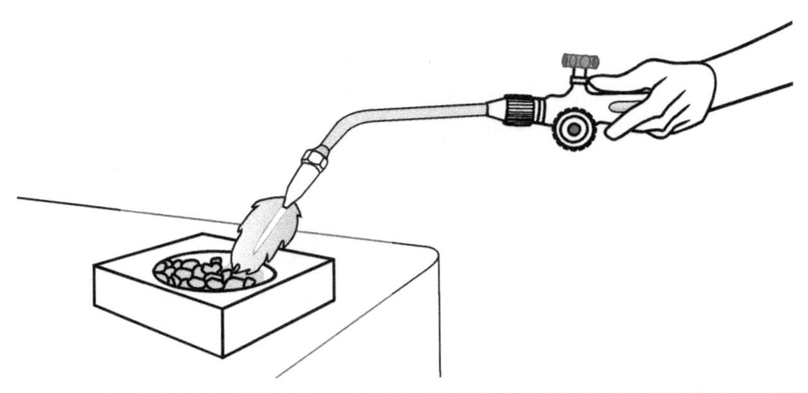

Mistura gasosa	Temperatura (ºC)
Gás de rua ($CH_4 + H_2 + CO$) + ar	1.100
Gás de rua + oxigênio	1.800
Propano (C_3H_8) + oxigênio	2.526
Gás natural ($CH_4 + N + C_2H_6$) + oxigênio	2.538
Acetileno (C_2H_2) + oxigênio	3.087

Figura 4.4 Representação esquemática da fusão com contato direto metal-chama e temperaturas máximas de chama para algumas misturas gasosas.

As misturas mais utilizadas são a de gás de rua com ar ou com oxigênio e a de acetileno com oxigênio. As misturas com gás de rua são utilizadas na fusão de ligas com ponto de fusão abaixo de 1.100 ºC, e a mistura de acetileno/oxigênio, na fusão de ligas de alto ponto de fusão, como ouro branco ao paládio.

A partir de reações químicas entre o oxigênio e o gás de combustão, uma chama se forma, e a condição para isso é que o elemento sendo oxidado seja gasoso. A chama de uma vela, por exemplo, existe porque durante o aquecimento da cera são liberados gases que alimentam a reação de combustão. Como as reações de combustão ocorrem muito rapidamente, produzem altas temperaturas, que são então utilizadas para transferir calor para o metal que se deseja fundir. As reações ocorrem em etapas e, para o caso do acetileno, são as seguintes:

1ª etapa: $C_2H_2 + O_2 = 2\ CO + H_2$

2ª etapa: $2\ CO + H_2 + 3/2\ (O_2 + N_2) = 2\ CO_2 + H_2O + 6\ N_2$

É na primeira etapa que a maior parte do calor é liberada; nela o gás combustível e o oxigênio da mistura gasosa entram em reação, mas, como a combustão não é completa, forma-se uma atmosfera redutora com CO. Na segunda etapa o consumo de carbono se completa pela reação do CO formado na primeira etapa com o ar atmosférico; forma-se CO_2, sobra oxigênio e a atmosfera é oxidante. Na segunda etapa, o calor liberado é menor, pois o aquecimento do nitrogênio contido no ar atmosférico rouba calor da combustão.

Externamente, pode-se ver as etapas de queima, pois a chama apresenta zonas diferentes no seu interior, como mostra a Figura 4.5. A primeira etapa de combustão ocorre no cone e na zona de chama redutora, sendo que no cone (ou dardo) a quantidade de oxigênio disponível para oxidação é alta e, portanto, a fusão de metais sujeitos a oxidação (como latão, ligas de prata) deve ocorrer na região redutora. A segunda etapa de oxidação ocorre na região do penacho da chama.

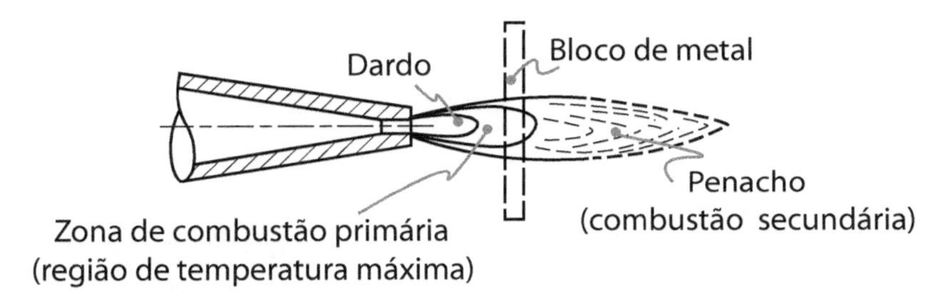

Figura 4.5 Representação esquemática das zonas de reação de uma chama.

Misturar dois gases capazes de produzir reação exotérmica não irá necessariamente gerar chama. Por exemplo, o metano (CH_4) só queima se a proporção de oxigênio estiver entre 8 e 25%. Fora destes limites (mínimo e máximo), não há chama. A Tabela 4.1 mostra os limites de inflamabilidade dos gases de combustão.

Tabela 4.1 Limites de inflamabilidade de gases de combustão.

Gás	Proporção de oxigênio para produção da chama (%)
Hidrogênio (H_2)	10-70
Etano (C_2H_6)	3-12
Acetileno (C_2H_2)	3-65
Butano (C_4H_{10})	2-9
Propano (C_3H_8)	2-10
Gás de rua ($H_2 + CH_4 + CO$)	6-35
Gás Natural ($CH_4 + N_2 + C_2H_6$)	5-13

A regulagem da chama (ou relação de consumo, α) é dada pela composição da mistura de gás combustível e oxigênio:

$$\alpha = \frac{V_{O_2}}{V_{gás}}$$

Para uma mistura acetileno-oxigênio, a chama é neutra se estiver entre 1 e 1,1, redutora se menor do que 1 e oxidante se maior do que 1,1. Visualmente, isso pode ser identificado pela cor da chama, como mostra a Figura 4.6. A chama *neutra* possui penacho longo, com dardo branco, brilhante e arredondado. Ela não apresenta zona redutora. Na chama *redutora* o penacho é esverdeado ou avermelhado, e um véu esbranquiçado circunda o dardo, que é branco, pequeno e brilhante. A fusão na zona de combustão primária redutora evita a oxidação de metais como prata ou cobre. A chama *oxidante* possui penacho azulado ou avermelhado, mais curto e turbulento e com barulho intenso. O calor produzido nesta região da chama é alto, e, portanto, é comumente utilizada para fusão, mas tem o inconveniente de formar óxidos na superfície do metal, o que obriga o fundidor a utilizar coberturas desoxidantes (fluxos).

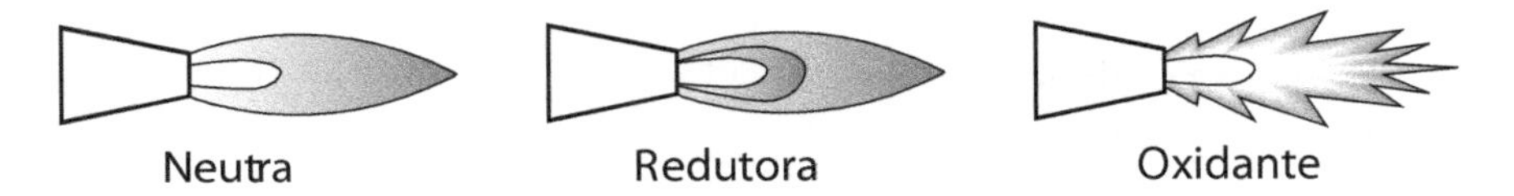

Figura 4.6 Representação esquemática dos tipos de chama produzidos com diferentes razões de mistura gasosa: neutra ($1 < \alpha < 1,1$), redutora ($\alpha \leq 1$) e oxidante ($\alpha \geq 1,1$).

A intensidade de combustão depende da velocidade de combustão, característica de cada mistura gasosa, que irá influenciar o tamanho do dardo, sua temperatura e a velocidade de escoamento da mistura no bico do maçarico. O maçarico tem a função de controlar a vazão da mistura, pois a velocidade do gás no bico deve ser maior do que a velocidade da flama, caso contrário ocorre combustão dentro do bico (reversão da chama). Existem vários desenhos de pistolas para combustão:

- O mais comum é o do bico de Bunsen, utilizado em bancada para pistolas de brasagem com mistura de gás de rua com ar. Este dispositivo (Figura 4.7a) contém orifícios laterais (L) que permitem a entrada de ar; o fluxo de gás combustível (G) pode ser controlado por um válvula (M). Na saída de gás (U), ocorre uma queda de pressão que permite que o ar entre no bico de combustão através dos orifícios L e se misture na região Z, onde ocorrerá a reação de queima. O mesmo bico pode ser adaptado na ponta de uma pistola como a mostrada na Figura 4.4.
- Algumas pistolas para mistura gás de cozinha + ar atmosférico comprimido ou gás de cozinha + oxigênio contêm duas mangueiras. Como os gases entram com maior pressão, a combustão ocorre com maior intensidade. Estes modelos estão esquematizados na Figura 4.7b.
- Para a mistura acetileno + oxigênio existem pistolas especiais, pois a mistura é mais explosiva que as demais. São compostas de dois ductos, como mostra a Figura 4.7c. O acetileno em baixa pressão é sugado para dentro da pistola pela diferença de pressão

causada pelo fluxo de oxigênio que entra na câmera de mistura a aproximadamente 1,5 bar. A ignição é feita deixando a vazão de acetileno e de oxigênio no mínimo antes de acender a chama para prevenir estouros. Para desligar a chama, primeiro se deve fechar a válvula do acetileno e depois a do oxigênio.

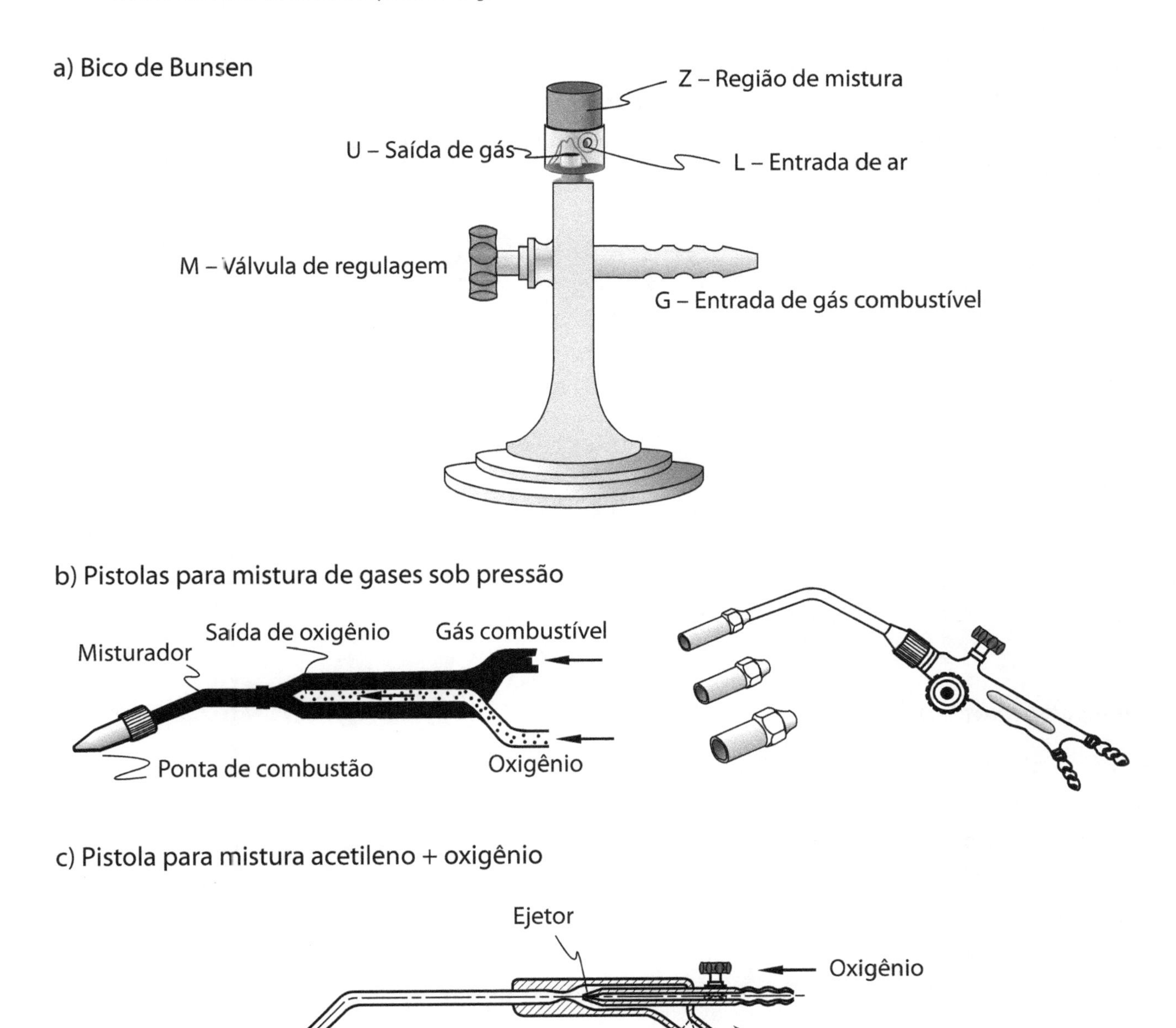

Figura 4.7 Pistolas para combustão de mistura gás + oxigênio: a) bico de Bunsen; b) pistolas para gás sob pressão; c) pistola para mistura acetileno + oxigênio.

Os gases de combustão são normalmente adquiridos em cilindros pressurizados. O oxigênio vem comprimido até 150-200 bar[1], e propano, entre 20 e 25 bar. Já o acetileno é comprimido até 15 bar quando o cilindro contém acetona como meio de controle de explosão e até 1,5 quando o cilindro contém apenas acetileno porque esta é a pressão máxima permitida por questões de segurança. Quando o gás entra na mangueira conectada à pistola, sua pressão deve ser bem menor do que a do cilindro. Para reduzir a pressão do gás na saída do cilindro, é utilizado um regulador de pressão, que consiste de um sistema de regulagem, um manômetro para medir a pressão interna do cilindro, um manômetro para medir a pressão de saída e uma válvula de segurança (ver Figura 4.8).

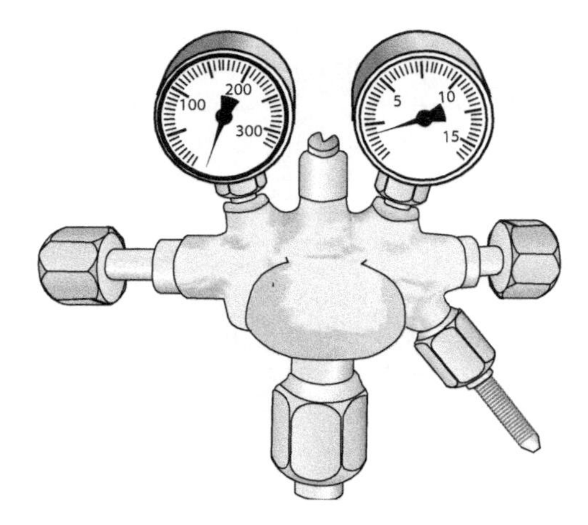

Figura 4.8 Desenho de um controlador de pressão para cilindro de acetileno convencional.

Fusão em forno vulcão

O forno vulcão é uma caixa metálica revestida com tijolos cerâmicos. Ela é dotada de um maçarico, e o ar necessário para a mistura gasosa (20% gás + 80% ar) é insuflado por uma ventoinha, como mostra a Figura 4.9. A chama entra tangencialmente no forno, de modo a circundar o cadinho e distribuir uniformemente o calor. O cadinho é colocado sobre um pedestal cerâmico e, geralmente, contém uma tampa com furo no centro para controle da fusão. A capacidade típica destes fornos é de 50-80 kg e, como o calor passa para o metal através das paredes do cadinho por condução térmica, o método é chamado de aquecimento indireto. Qualquer mistura gasosa pode ser utilizada neste sistema.

---

1. 1 bar = 1 atm = 1×10^5Pa = 1×10^2 kg/mm^2.

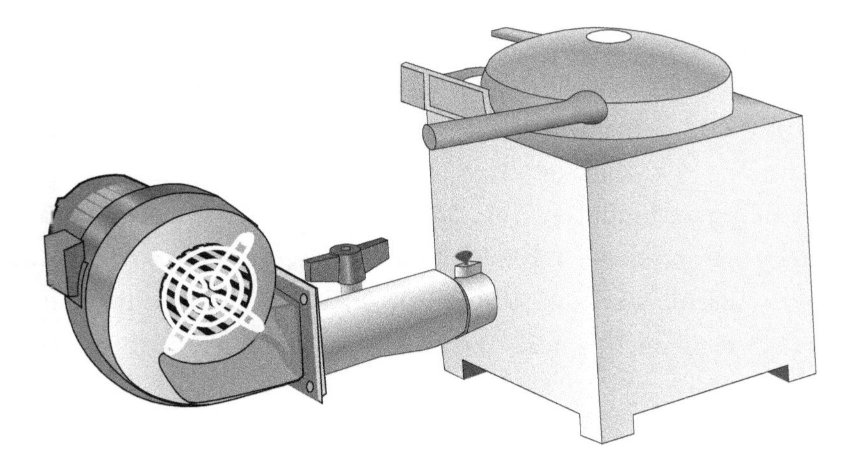

Figura 4.9 Representação de um forno tipo vulcão.

A vantagem com relação ao método de chama direta é que, quando se usa cadinho de grafite, devido à queima lenta do material do cadinho, o banho metálico permanece sempre em atmosfera redutora. A mistura de gás combustível, porém, pode conter enxofre, que contamina o metal líquido gerando oxidação e inclusões após a solidificação.

Forno de resistência elétrica

O calor é gerado pela passagem de corrente elétrica em uma espira de material com alta resistividade, que gera calor por efeito Joule. A quantidade de calor gerado Q, em um tempo t, é proporcional à tensão V aplicada e ao inverso da resistência elétrica do material R, segundo a equação:

$$Q = \frac{kV^2t}{R}$$

onde k é um coeficiente de proporcionalidade.

A resistência é, em geral, feita de fios de ligas cromo-níquel ou platina que atingem temperaturas de até 1.400 °C. O forno elétrico tem várias vantagens:

- Temperatura homogênea.
- Capacidade de controle de temperatura via controle da amperagem do sistema e da quantidade de resistores em ação.
- Menor presença de impurezas no metal fundido.
- Tempos menores de fusão.
- Menos poluição atmosférica no local de trabalho.

A temperatura de vazamento pode ser controlada por termopares, geralmente colocados entre o cadinho e a resistência do forno para evitar desgaste da ponta do termopar. Isso acarreta diminuição do seu tempo de resposta e da temperatura medida; portanto, a temperatura de controle não é a mesma que a do metal dentro do cadinho.

Existem fornos de resistência para fundir de 2 até 50 kg de metal. As potências variam entre 700 e 1.000 W e podem atingir temperaturas de até 1.100 °C. Outras variações do forno de resistência utilizam como elementos aquecedores anéis de silicietos ou tubos de grafite de alta densidade, podendo atingir temperaturas de até 1600 °C. A Figura 4.10 apresenta exemplos de fornos a resistência elétrica.

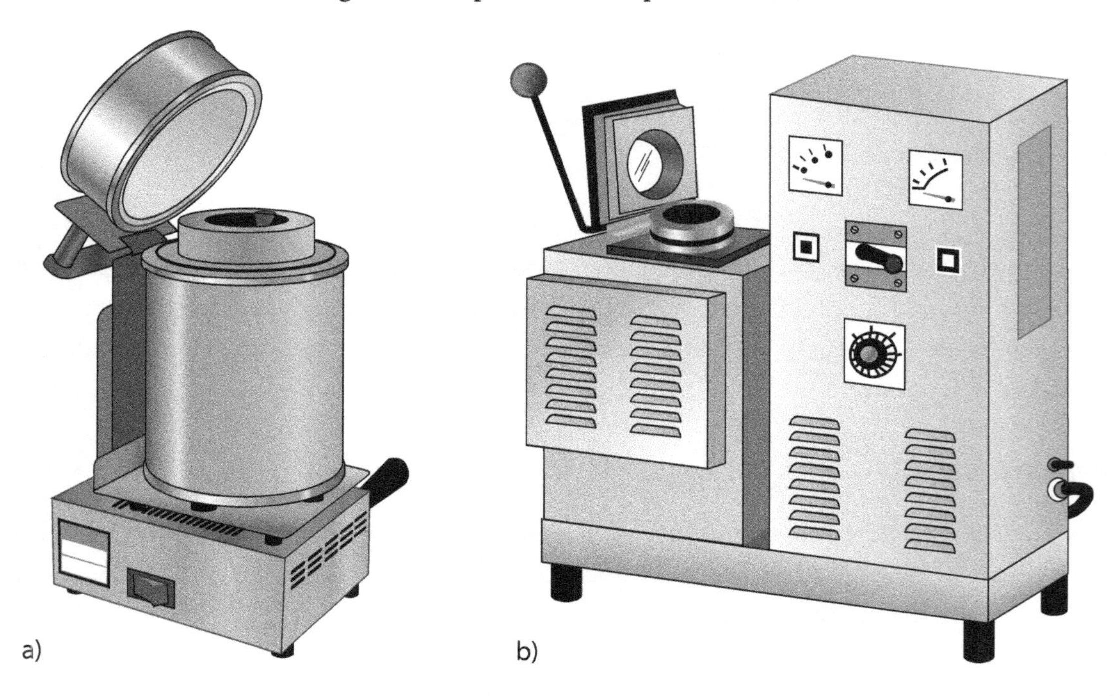

Figura 4.10 Exemplos de fornos de resistência elétrica: a) fornos tipo copo de resistência cromo-níquel para até 2 kg de metal; b) resistência de silicietos para até 20 kg de metal.

Forno de indução eletromagnética

Os fornos de indução eletromagnética são divididos em fornos de baixa a média frequência (3.000 Hz) e fornos de alta frequência (1 MHz). Seu funcionamento é baseado na indução eletromagnética, mas também explora o efeito Joule, sendo que aqui é o próprio metal que funciona como resistor.

O cadinho contendo o metal é inserido numa espira de indução feita de tubo de cobre refrigerado a água, sendo que a refrigeração evita que a espira superaqueça e funda.

No tubo de cobre, através de uma central de controle, é passada corrente alternada de baixa a média voltagem com correntes e frequência de alta intensidade. Esta gera um campo eletromagnético, que por sua vez, induz correntes parasitas (correntes de Fucalult) no metal contido no cadinho. O metal isolado gera um curto-circuito e toda corrente se perde na forma de calor, como mostra a Figura 4.11. Quanto maior a temperatura no material, maior a variação do fluxo de corrente que passa no material, o que aumenta a produção de correntes de Foucault pois estas são proporcionais ao quadrado da frequência. A voltagem da corrente alternada deve ser regulada conforme a resistividade elétrica e massa da liga a ser fundida, assim como o diâmetro do cadinho. Metais de maior resistência elétrica e materiais magnéticos irão fundir mais facilmente do que metais condutores. O controle de temperatura pode ser feito a partir da variação da tensão e da frequência da corrente alternada.

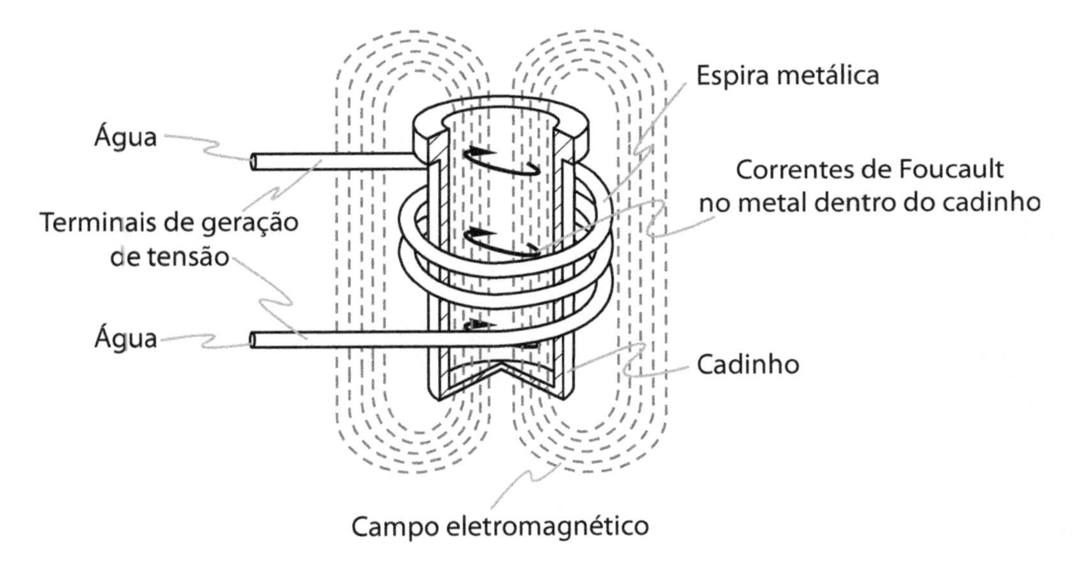

Figura 4.11 Representação esquemática da geração de correntes de Foucault por indução eletromagnética.

Se o metal a ser fundido é bom condutor de eletricidade, como é o caso de ligas de metais nobres (ouro, prata, cobre), a sua fusão será mais difícil. Para resolver este problema, utilizam-se cadinhos de grafite, que também sofrem indução de correntes de Foucault e por isso têm alta resistência à passagem de eletricidade. Deste modo, o metal se aquece de maneira indireta, por condução.

Se, ao contrário, o metal a ser fundido é mau condutor, como no caso de ligas de latão e de cobre-níquel, a sua fusão será mais fácil e o cadinho utilizado pode ser cerâmico (isolante). Cadinhos de grafite não são recomendados nestes casos, pois o carbono tem tendência a se combinar com elementos de liga e formar carbonetos que endurecem e fragilizam a liga.

Além de fundir o metal, a mudança de sentido das correntes de Foucault, em baixa frequência, causa agitação do banho, o que ajuda a homogeneizar a composição química do metal, como mostra a Figura 4.12.

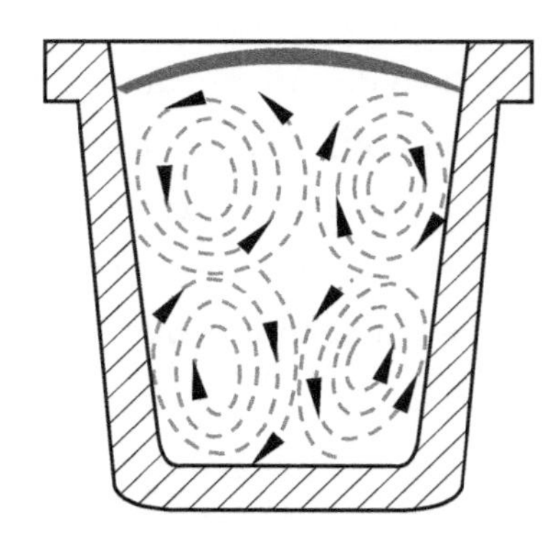

Figura 4.12 Representação esquemática da agitação do banho metálico sujeito a correntes de Foucault.

Para melhor controle da temperatura e diminuição da perda de elementos de liga voláteis, como o zinco, recomenda-se baixar a tensão de corrente após a fusão para evitar superaquecimento.

As técnicas de fusão podem ser aprimoradas, se combinado ao forno de indução houver uma câmera de atmosfera controlada ou vácuo de aproximadamente -1 bar. O objetivo é impedir o acesso de oxigênio e obter um produto menos poroso e com menor número de inclusões.

4.1.2 Cadinhos

Os cadinhos são recipientes onde a fusão ocorre; precisam resistir a temperaturas mais altas do que as previstas para a carga, manter resistência mecânica em alta temperatura e suportar ciclos térmicos seguidos. Uma característica fundamental é a de não reagir com o metal líquido.

É possível utilizar cadinhos de aço para fundir metais como zinco, estanho e chumbo, pois estes metais têm ponto de fusão muito menor. O inconveniente é que a oxidação do ferro pode causar a contaminação do banho com seus óxidos. Para evitar isso, os cadinhos de aço são revestidos com tinta à base de zircônia (ZrO).

Os cadinhos utilizados na fusão de metais para joalheria são feitos geralmente de óxidos (como magnesita calcinada, ou alumina), carbeto de silício, grafite com cerâmica e grafite de alta densidade. A Tabela 4.2 fornece as temperaturas máximas de uso de cadinhos comerciais.

Tabela 4.2 Temperaturas máximas de utilização de cadinhos cerâmicos comerciais.

Material do cadinho	Temperatura máxima de utilização (°C)	Utilização
Sílica-alumina (40% Al_2O_3 + 60% SiO_2)	1.500	Mais baratos, mas de menor durabilidade. São apropriados para a fusão de ligas à base de níquel, latões, prata e ouro.
Alumina (Al_2O_3 > 90%)	1.600-1.700	Devem ser aquecidos muito lentamente, pois possuem baixa resistência a choques térmicos e a sua temperatura máxima de utilização irá depender da porosidade. Têm condutividade térmica baixa quando comparada à de outros materiais cerâmicos puros. Apropriados para ligas de ouro branco ao níquel.
Zircônia (ZrO_2)	1.600-1.650	Extremamente refratária, inerte, com alta estabilidade e resistência à corrosão em temperaturas acima da temperatura de fusão da alumina. Utilizada como revestimento de fornos, tubos de proteção para termopares e cadinhos, e fundição de ligas de platina, paládio e rutênio.
Magnesita (MgO > 95%)	1.800	Muito utilizada na indústria do aço, é adequada para a fusão de ligas de ouro branco ao níquel.
Sílica vítrea (SiO_2)	1.650	Cerâmica de alto desempenho com coeficiente de expansão térmica muito baixo, excelente resistência à corrosão pelo metal líquido.
Carbeto de silício	1.450	Intermetálico preto, de dureza superior à da alumina e de custo relativamente baixo. Os cadinhos de carbeto de silício são em geral uma mistura de carbono-SiC e têm maior resistência mecânica a quente e maior resistência ao choque térmico do que outras cerâmicas. Em atmosferas não redutoras, formam uma película de SiO_2 que protege da oxidação.
Grafite-cerâmica Grafite (atmosfera redutora)	1.510 2.000	Cadinhos de grafite são atacados por fluxos alcalinos, como soda e carbonatos, e também por resíduos de ácido nítrico. Alguns fabricantes recomendam fluxos específicos para determinados cadinhos em função da escória formada durante a fusão. Devem ser utilizados em atmosfera redutora, ou a vácuo. Podem fundir ligas de ouro, prata e latão.

A Figura 4.13 mostra os formatos mais comuns de cadinho. Cadinhos para fusão de pequenas quantidades de metal (Figura 4.13a, b, c) são geralmente utilizados em oficinas de ourives e quase sempre têm formato de base quadrada com 8 a 10 cm de lado e um rebaixo circular no topo onde é colocado o material. O material utilizado para estes cadinhos é geralmente uma mistura sílica-alumina, ou magnesita calcinada. As versões com tampa ou tipo meia-tampa fixa têm maior eficiência térmica pois a área de perda de calor para a atmosfera é reduzida. Para maiores quantidades de material (125 g a 100 kg), são utilizados cadinhos cilíndricos como mostrados nas Figuras 4.13d ,e, f.

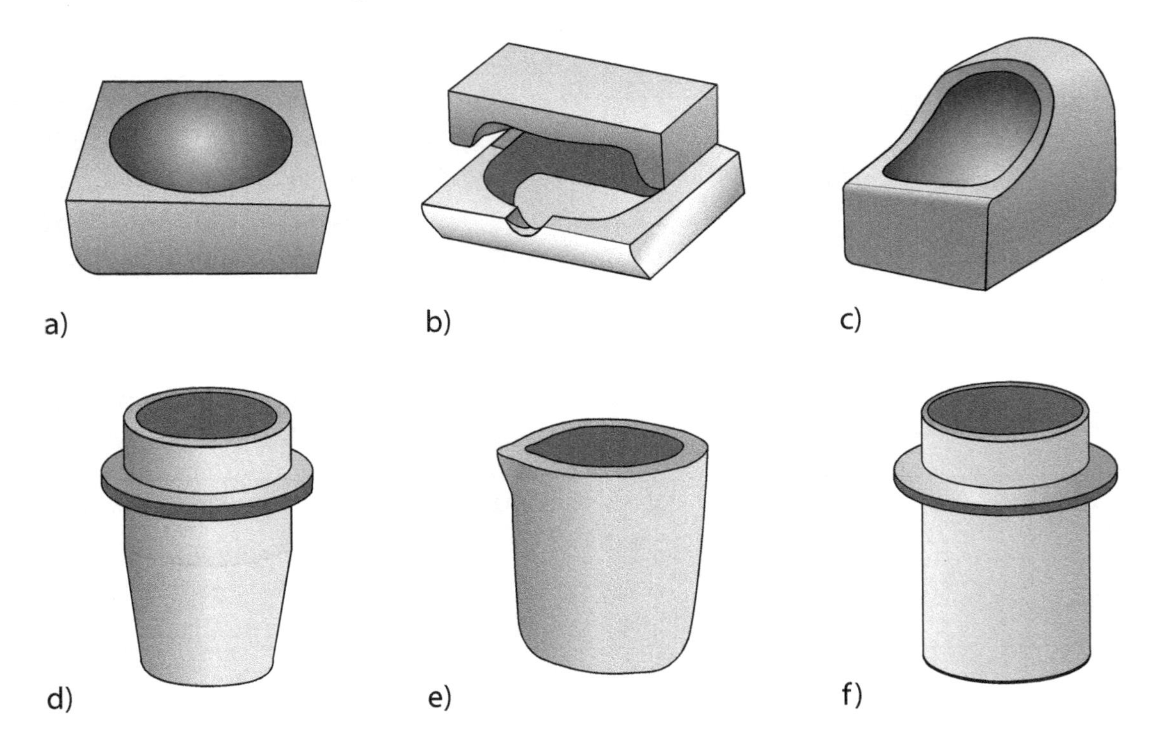

Figura 4.13 Formatos típicos de cadinhos de fusão.

Os cadinhos devem ser mantidos em lugares secos, de preferência próximos ao forno, não devem ser empilhados uns sobre os outros e, quando forem utilizados, o seu aquecimento deve ser lento, pois uma velocidade muito alta pode quebrá-los.

Eles devem ser manuseados com pinças especiais, como as mostradas na Figura 4.14, para evitar que quebrem com facilidade. As pinças de garras circulares possibilitam que o operador pegue um cadinho cilíndrico tipo copo e o incline para o vazamento do metal líquido. Alternativamente, pode ser utilizada uma pinça de bico quadrado e, neste caso, deve-se fixar o cadinho pela borda superior. Cadinhos de base quadrada, para pequenas quantidades de metal líquido, são fixados em um porta-cadinhos com ou sem fixador de tampa, como mostram as Figuras 4.14c, d. Estes porta-cadinhos, em geral, têm uma mola que possibilita prender itens de tamanhos diferentes.

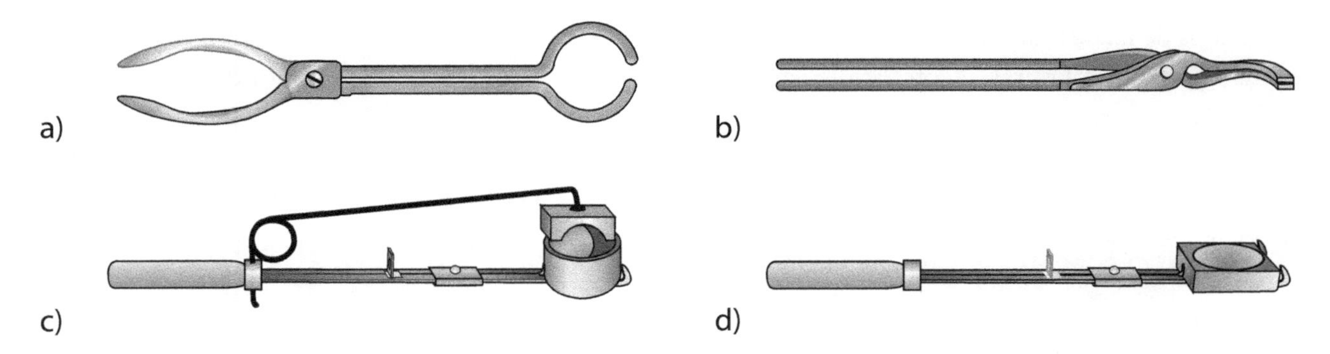

Figura 4.14 Pinças para cadinhos do tipo copo a) e b) e porta-cadinho para cadinhos de base quadrada c) e d).

Os fabricantes de cadinhos fornecem instruções para a sua utilização, por exemplo:

- Cadinhos novos devem ser aquecidos lentamente para retirar a umidade; em seguida, a superfície interna deve ser protegida com o fluxo adequado à liga que será utilizada. Após o aquecimento, devem ser resfriados o mais lentamente possível, ou seja, no forno, prevenindo o surgimento de trincas. O procedimento deve ser repetido sempre que se suspeitar que o cadinho esteja úmido.
- Deve-se evitar que toquem diretamente o fundo do forno, e de preferência devem repousar sobre um suporte de cerâmica ou manta de grafite, para evitar reações com o revestimento do forno.
- A carga de metal sólido não deve encher totalmente o volume, pois o metal irá expandir durante o aquecimento, podendo pressionar as paredes internas e trincá-las. É recomendado fundir uma parte do material e ir acrescentando mais carga aos poucos, nunca excedendo 75% do volume interno. O material adicionado deve estar seco, pois umidade residual na carga poderá causar explosões.
- Quando a fusão for realizada em forno vulcão, a saída da chama deve ser localizada abaixo do cadinho e a chama deve tangenciá-lo, aquecendo-o por todos os lados. A ventoinha deve ser desligada ao mesmo tempo que o suprimento de gás, para que o cadinho não receba um jato de ar frio quando a chama for desligada.
- Quando a fusão for realizada em forno elétrico, deve-se verificar que as resistências não toquem o cadinho; a câmera deve estar bem selada se o cadinho contiver grafite para evitar que este oxide e perca a sua condutividade térmica.
- Recomenda-se que se esvazie o cadinho completamente após a fusão. Metal remanescente pode expandir durante a refusão, quebrando-o. Também se deve utilizar um cadinho para cada liga (ou seja, para cada cor e quilate, para ligas de brasagem e pré-ligas) para evitar contaminação.

4.1.3 Fluxos

Na fusão por processo de chama direta com mistura gás-oxigênio, a quantidade de oxigênio utilizado para alimentar a chama deve ser controlada para que a chama seja redutora. O uso de fluxo para metais nobres puros (ouro, platina) é desnecessário pois eles não oxidam. Ligas, ao contrário, precisam ser protegidas.

Para auxiliar na desoxidação, utilizam-se fluxos redutores e elementos de liga de sacrifício. Os primeiros protegem a superfície do líquido da exposição ao ar (que contém cerca de 20% de oxigênio), enquanto os elementos de liga de sacrifício dissolvem os óxidos formados no metal e se tornam um elemento de liga no metal sólido. Outra opção de proteção é dada pelo uso de fluxos oxidantes, que oxidam elementos de liga indesejáveis, como, por exemplo, chumbo em ligas de ouro e prata.

São ainda utilizadas misturas de fluxos para melhorar a eficiência da proteção e da desoxidação e para baixar o ponto de fusão da camada de escória. Os pontos de fusão de fluxos e de alguns metais e ligas estão na Figura 4.15.

Fluxos redutores

Tetraborato de sódio (bórax) $Na_2B_4O_7$: o bórax é o fluxo mais importante na fusão, além de também auxiliar no processo de brasagem de ligas de ouro e prata. Tem os seguintes efeitos:

- Vitrifica as paredes do cadinho protegendo o metal de inclusões de óxido e de reações com o cadinho.
- Protege o metal líquido do oxigênio do ar.
- Dissolve os óxidos metálicos presentes no banho.

O bórax é um sal, que se hidrata espontaneamente formando partículas cristalinas grandes e transparentes de $Na_2B_4O_7$-$10H_2O$. A 60 °C se desidrata formando $Na_2B_4O_7$-$5H_2O$. O processo de evaporação de água é acompanhado por uma "efervescência" na superfície do cristal, que forma uma espuma esbranquiçada. Chegando a 350-400 °C, quase toda água é evaporada, e a 741 °C o tetraborado de sódio funde e se decompõe em metaborato de sódio e óxido de boro:

$$Na_2B_4O_7 \rightarrow 2NaBO_2 + B_2O_3$$

O óxido de boro, por sua vez, combina-se com óxidos presentes no metal, transformando-os em metaboratos que são incorporados ao fluxo. Um exemplo é dado pela reação:

$$B_2O_3 + CuO \rightarrow Cu(BO_2)_2$$

Carbonato de sódio (soda) Na_2CO_3: o carbonato de sódio também se hidrata espontaneamente com 10 moléculas de água formando cristais claros e transparentes. Quando calcinado, forma um pó branco, e é nesta forma que é normalmente comercializado. O seu ponto de fusão é 860 °C e, em contato com outros óxidos, pode formar e dissolver carbonatos, por exemplo:

$$Na_2CO_3 + CuO \rightarrow CuCO_3 + Na_2O$$

Os óxidos formam uma escória viscosa e o sódio liberado pela reação dá à chama cor amarela.

Carbonato de potássio (K_2CO_3): age igualmente à soda, funde a 870 °C e, quando reage com óxidos do metal formando óxido de potássio, colore a chama de violeta. O carbonato de potássio é muito agressivo, e corrói cadinhos com muita facilidade.

A Figura 4.15 mostra que o bórax ($Na_2B_4O_7$) tem ponto de fusão relativamente alto, mas ainda cerca de 50 °C abaixo do ponto de fusão do eutético Ag-Cu. Na prática isso significa que a liga pode oxidar antes que o bórax forme sua camada vítrea protetora sobre o líquido. Os outros sais utilizados como fluxo (NaCl, K_2CO_3, Na_2CO_3) têm temperatura de fusão ainda mais alta. Na figura fica claro que as misturas de sais diminuem consideravelmente o ponto de fusão do fluxo. Por exemplo, a mistura de soda (Na_2CO_3) com carbonato de potássio (K_2CO_3) na proporção 1:1 reduz a temperatura de fusão para 690 °C, e a mistura de sal de cozinha com soda funde a 620 °C. Também é possível utilizar o bórax em ligas de ponto de fusão mais baixo, através de misturas tais como:

2 partes de Na_2CO_3 + 2 partes de K_2CO_3 + 1 parte de $Na_2B_4O_7$

1 parte de NaCl + 2 partes K_2CO_3 + 1 parte de $Na_2B_4O_7$ (ponto de fusão mais baixo do que a mistura anterior)

São ainda comercializadas várias outras misturas de fluxo, para fins específicos.

Uma atmosfera redutora também pode ser obtida via coberturas como:

- 3 partes de carvão (puro)
- 2 partes de açúcar
- 1 parte de cloreto de amônia

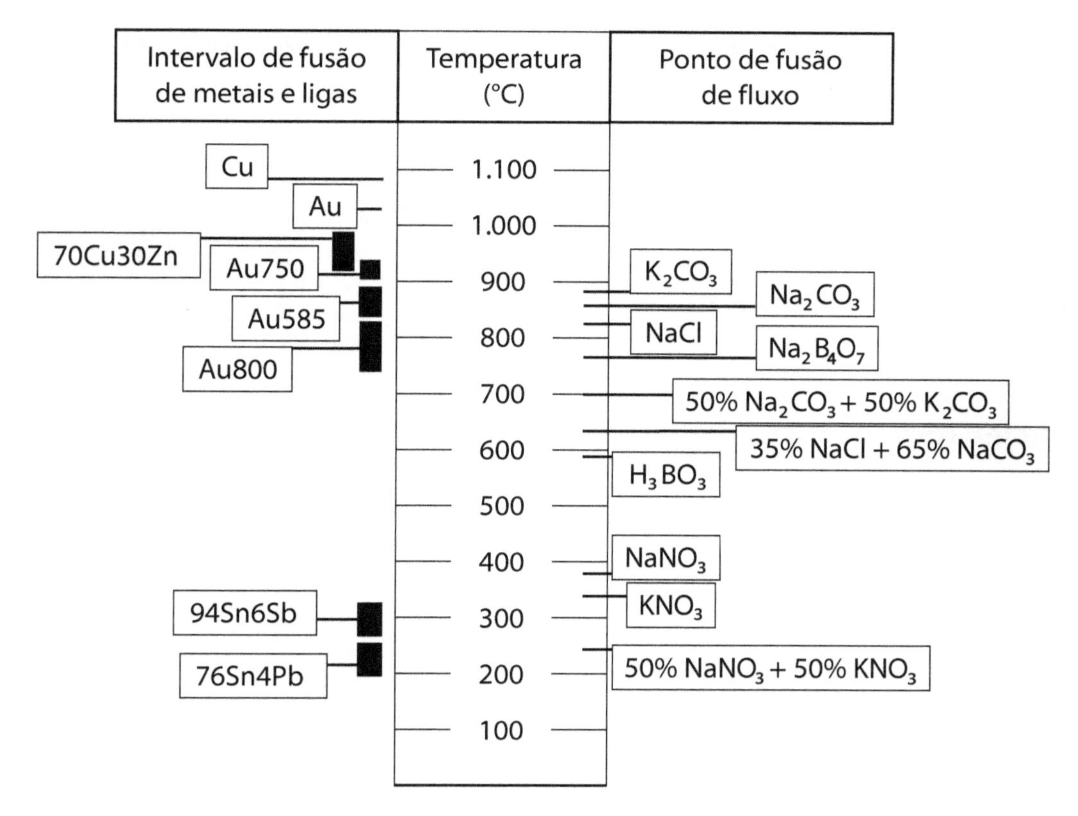

Figura 4.15 Pontos de fusão de alguns fluxos e ligas metálicas.

Fluxos oxidantes

Nitrato de potássio (KNO_3): os cristais de nitrato de potássio são transparentes, não higroscópicos e resistentes ao ar. Este sal funde a 339 °C e é utilizado para limpar o metal, pois oxida elementos como o chumbo:

$$KNO_3 + Pb \rightarrow KNO_2 + PbO$$

Nitrato de sódio ($NaNO_3$): semelhante ao nitrato de potássio, mas tem a desvantagem de ser altamente higroscópico. Funde a 316 °C e também é utilizado para retirar chumbo do metal líquido; forma vapores tóxicos de nitrato.

A mistura de $NaNO_3$ com KNO_3 na proporção de 1:1 funde a 218 °C.

Outros produtos utilizados para proteger ou melhorar as propriedades do metal líquido são:

- *Cloreto de amônia* – quando volatiliza, pode retirar algumas impurezas do metal.
- *Hexacloreto* – encontrado em pastilhas, é utilizado para retirar gases dissolvidos no metal; quando em uso, gera vapores de cloro e precisa ser aplicado em locais com bom sistema de exaustão.
- *Carvão, serragem* – serragem carbonizada, carvão granulado, ou placas de carvão sobre o banho de metal líquido reagem com o oxigênio do ar formando monóxido de carbono (CO). Este contribui para redução de óxidos de outros metais, por exemplo, óxido cuproso (Cu_2O) e óxido de zinco (ZnO):
  $Cu_2O + CO \rightarrow Cu + CO_2$ (reação ocorre neste sentido acima de 100 °C);
  $ZnO + CO \rightarrow Zn + CO_2$ (reação ocorre neste sentido acima de 950 °C).
- *Cianeto de potássio, zinco* – absorvem oxigênio, especialmente em ligas de prata (aplicar somente em locais com exaustão, pois gases de cianeto são letais).
- Si, Ca, B, Li, S – utilizados na recuperação de sucata.

4.1.4 Características de fusão das ligas comerciais

Algumas considerações são essenciais no processo de fusão:

a) Segurança

b) Seleção de elementos de liga

c) Pesagem

d) Sequência de fusão

e) Desoxidação

f) Controle de temperatura

a) Segurança

Os itens de segurança para a fusão de metais de alto ponto de fusão são:

- Óculos para proteção de radiação ultravioleta e infravermelha (óculos de sol não oferecem proteção suficiente); uma viseira é o mais recomendado.
- Luvas de proteção, assim como avental e sapatos de couro resistentes. Respingos de metal quente continuam queimando por um bom tempo após fazer contato com a pele!
- É necessária uma boa ventilação, pois qualquer combustão retira ar do ambiente (1 kg de queima de carvão retira 9.000 litros de ar; 1 litro de metano retira 5.000 litros de ar; 1 litro de gasolina retira 12.000 litros de ar).

b) Seleção dos elementos de liga

- É importante atentar para a pureza dos metais utilizados. Por exemplo, pequenas quantidades de impurezas como chumbo, arsênio e antimônio podem causar fragilidade em ligas de ouro. É preferível iniciar com metais comercialmente puros, como cobre e prata eletrolíticos e zinco puro, ou com pré-ligas de origem conhecida. Se for utilizado o latão como pré-liga, é necessário saber a sua composição, pois existem latões que contêm chumbo, estanho e níquel, como foi descrito no Capítulo 3.
- Utilizar cobre eletrolítico. O cobre utilizado em fios elétricos também é adequado como fonte de matéria-prima, pois contém apenas um baixo teor de oxigênio como impureza.

c) Pesagem precisa

Uma vez escolhida a liga a ser fundida, a pesagem deve ser feita com atenção, pois assim:

- Obtêm-se propriedades previsíveis.
- A qualidade do trabalho se torna consistente.
- Evita-se produzir ligas de quilatagem fraudulenta.
- Evita-se produzir ligas mais caras do que o quilate desejado.

d) Sequência de fusão

Metais nobres devem ser fundidos primeiro, adicionando-se em seguida os elementos menos nobres. Para evitar a perda destes por vaporização e oxidação, é recomendado o uso de pré-ligas, por exemplo, a adição de latão para colocar zinco na liga.

Também convém saber as temperaturas de vaporização dos diferentes metais utilizados, pois elementos com ponto de vaporização mais baixo do que o ponto de fusão da liga podem se perder, empobrecendo a liga final. Isto é muito importante quando se trabalha com ligas contendo zinco, cádmio, arsênio e chumbo.

Quando se fabricam grandes quantidades de metal, nem sempre se obtém total homogeneidade, por mais que se misture cuidadosamente. Por isso, durante o preparo de uma nova liga, é necessária uma segunda fusão. Também se deve frisar que, quanto maiores forem as diferenças entre pontos de fusão e de volatilização dos elementos de liga, maior a dificuldade de se produzir uma liga a partir dos seus elementos puros. Então, a prática recomenda a fabricação prévia de pré-ligas que se aproximem em ponto de fusão.

e) Desoxidação

A desoxidação pode ser promovida pelo uso de fluxos e pela adição de silício em ligas de baixo quilate (8-14 Kt). Ligas acima de 18 Kt são fragilizadas por este elemento, mas, como o ouro não oxida facilmente, o uso de elementos desoxidantes passa a ser menos crítico.

Uma oxidação excessiva causada por fusão muito rápida e consequente superaquecimento excessivo do metal, ou por excesso de carga no cadinho, não será totalmente sanada pelo uso de desoxidantes.

É possível identificar o óxido dissolvido no fluxo (bórax) por sua cor: se for transparente, não absorveu nenhum elemento; cor verde azulado mostra a absorção de óxidos de cobre e cor acinzentada mostra a presença de óxidos de zinco ou cádmio.

f) Controle de temperatura

O controle de temperatura é muito importante. A visão do fundidor pode ser uma importante ajuda, pois as ligas mudam de cor com a temperatura (ver Tabela 4.3), mas nos dias de hoje o uso de termopares de leitura direta é de grande ajuda por serem instrumentos acessíveis e precisos (Tabela 4.4).

Tabela 4.3 Cores do metal em função de sua temperatura.

(°C)	Cor
600	Vermelho escuro
800	Vermelho-cereja
900	Vermelho-cereja claro
1.000	Laranja
1.100	Amarelo
1.200	Amarelo claro
1.350	Branco

Tabela 4.4 Dados operacionais de termopares.

Tipo de termopar	Temperatura máxima (°C)	Precisão (%)	mV/100 °C (aproximado)
Cobre/Constantan: Cu/Cu-45%Ni	500	± 1	5,1
Ferro/Constantan: Fe/Cu-45%Ni	1.100	± 1	5,8
Cromel/Alume : Ni-10%Cr/Ni-5%(Al,Si,Mn)	1.300	± 0,75	4,15
Platina-Ródio: Pt/Pt13%Rh	1.650	± 1 até 1.500°C	1,17
Pt/Pt10%Rh	1.650	± 1 até 1.000°C	1,04

É importante que o metal líquido não esteja muito superaquecido, pois o calor excessivo o expõe à oxidação e absorção de gases. O recomendado para metais preciosos é que a temperatura esteja no máximo 70-100 °C acima da temperatura *liquidus* da liga. Os moldes onde o metal será vazado também precisam estar aquecidos entre 200 e 650 °C, dependendo da temperatura do metal líquido e da quantidade de metal sendo vazado. O superaquecimento da liga na hora do vazamento irá ter influência importante nas propriedades mecânicas das ligas, pois este parâmetro controla a segregação de elementos de liga no molde e o tamanho de grão final do metal solidificado. Quando o metal se aproxima da sua temperatura de vazamento, precisa ser agitado para que a composição fique homogênea. Um bastão de pirex, de sílica vítrea ou de grafite (desde que carbono não seja deletério à liga) pode ser utilizado para este fim. O bastão também pode retirar o fluxo da superfície do metal e verificar que todos os elementos de liga se fundiram.

A seguir, serão apresentadas algumas características da fusão de ligas utilizadas em joalheria:

Prata-Cobre: deve-se impedir que o cobre oxide, por isso o metal é laminado em folhas finas, recoberto com ácido bórico (H_3BO_3)[2] e aquecido até que se forme uma camada vítrea protetora em sua superfície. Pedaços grossos de cobre, em geral, não se homogeneízam totalmente no líquido, gerando heterogeneidade de concentração no lingote. Inicia-se a fusão com prata pura e se adiciona o cobre em pequenas porções, pois este tem capacidade térmica alta, rouba muito calor do líquido para se aquecer e pode elevar muito o ponto de fusão da mistura. Ligas de prata devem receber cobertura redutora para impedir a absorção de oxigênio.

Já foi visto que a prata tem grande capacidade de absorver oxigênio quando no estado líquido, enquanto no estado sólido a solubilidade do oxigênio é ínfima, o que pode gerar um excesso de poros após a solidificação. Além disso, em contato com o oxigênio a prata não oxida, mas o cobre da liga, sim. São dois os tipos de óxido de cobre que podem se formar: o cuproso, Cu_2O, vermelho, que, quando visto sob luz polarizada, torna-se vermelho-sangue brilhante, e o óxido cúprico, CuO, que se forma pela oxidação do Cu_2O quando

2 O ácido bórico é utilizado como fluxo de cobertura para brasagem, ver Capítulo 8.

o contato com oxigênio é prolongado. O Cu_2O pode ser reduzido de volta a cobre pela ação de carbono ou de hidrogênio, enquanto o CuO é estável.

Em alguns casos, quando a prata Ag925 fundida é deixada sem proteção por tempos prolongados, ou é superaquecida, a formação de óxidos de cobre é tão severa que forma um filme de óxido que cobre o metal líquido. Este filme de óxido diminui muito a fluidez da liga e o resultado mais comum é a falta de preenchimento de detalhes do molde durante a fundição. Um sinal típico de oxidação excessiva é a formação de um rabicho avermelhado na superfície próxima aos pontos de preenchimento incompleto, como mostra a Figura 4.16.

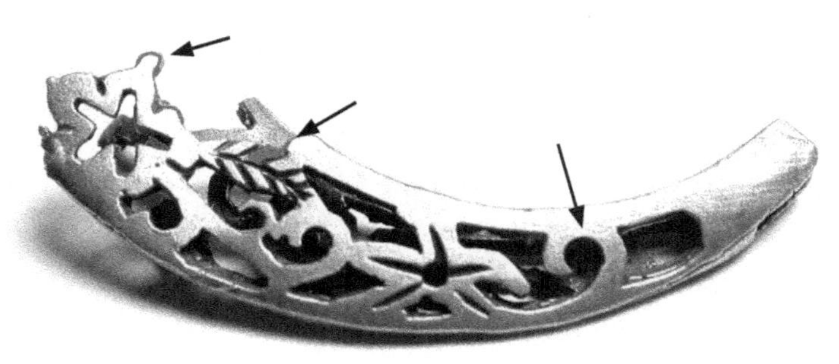

Figura 4.16 Peça de prata Ag925 fundida. Metal excessivamente oxidado com superfície avermelhada e falta de preenchimento do molde com terminais vermelhos.

Há várias maneiras de proteger a liga de prata Ag925 durante a fusão para evitar a oxidação:

- Cobrir a superfície do metal líquido com um gás inerte, como argônio ou nitrogênio.
- Cobrir o metal líquido com uma chama redutora de gás de rua ou propano. A vantagem da chama redutora é o baixo preço do gás e o fato de ela ser visível, o que permite controlar se a superfície está ou não protegida.
- Usar um disco de carvão, um pouco menor do que a abertura do cadinho, mas que cubra totalmente o banho. Assim se evita o contato com o oxigênio, além de se reduzir o óxido de cobre que estiver se formando. O disco deve ser mantido durante o vazamento, pois ele flutua e protege o líquido. É um método que funciona muito bem quando a fusão é feita por vazamento manual no método de fundição assistida por vácuo.
- Fundir em câmara de vácuo.
- Uma atmosfera redutora também pode ser obtida pela cobertura redutora descrita anteriormente (grafite + açúcar + cloreto de amônia), mas pedaços de carvão soltos podem acabar caindo no molde, formando inclusões.

Ouro-Prata-Cobre: inicia-se a fusão dos dois metais nobres, que ligam facilmente; a prata, que tem ponto de fusão mais baixo, vai aos poucos dissolvendo o ouro e, portanto, não é necessário aquecer até o ponto de fusão deste último. Assim que os dois se misturaram se adiciona o cobre (pré-recoberto com ácido bórico, como no caso das ligas de prata). Se a carga for pequena, basta manter o conjunto sob chama de gás levemente redutora. Outra alternativa para grandes quantidades de liga é posicionar os elementos cobre e prata no fundo do cadinho e recobri-los com o ouro, que os irá proteger da oxidação no início da fusão. As ligas de cor vermelha precisam de recobrimento redutor e a chama redutora deve estar sobre o metal durante o vazamento, pois têm maior tendência à oxidação.

Ouro-Prata-Cobre-Zinco: uma alternativa é usar o latão como pré-liga. Neste caso, o ouro e a prata são fundidos antes e o latão é adicionado depois em pequenas porções.

Caso se vá partir de elementos puros, pode-se seguir esta sequência, que, no entanto, não é o procedimento convencional:

- Após recobrir o cadinho com bórax, como descrito anteriormente, adiciona-se o zinco sólido com uma cobertura de fluxo, fundido-o com chama redutora.
- Adiciona-se o cobre, que aos poucos se liga ao zinco. Após cada adição de metal se faz nova cobertura com fluxo. O conjunto se mantém continuamente sob chama redutora e se controla a temperatura para não superar o ponto de volatilização. Se o cobre for ligado previamente ao silício, este ajuda a consumir os óxidos formados pela volatilização do zinco.
- Por fim se adicionam a prata e o ouro.

Embora o vapor do óxido de zinco não seja considerado tóxico, provoca reações que se assemelham a uma gripe e causam mal-estar temporário; portanto, deve-se, evitar inalar os vapores. O zinco funde a 419 °C e volatiliza a 907 °C, bem abaixo do ponto de fusão do ouro e do cobre. Na presença de oxigênio, o vapor de zinco se oxida e este, na forma de vapor, pode ser causa de porosidade em algumas peças fundidas.

Ouro-Prata-Paládio: ligas de ouro branco ao paládio têm alto ponto de fusão e precisam ser fundidas em chama de acetileno-oxigênio oxidante (com cobertura de fluxo redutor – bórax) ou em fornos elétricos a vácuo. O cadinho deve ser cerâmico e a lingoteira, livre de carbono, pois este elemento fragiliza a liga. A utilização de uma parte de sucata da mesma liga auxilia na dissolução dos elementos de mais alto ponto de fusão.

Ouro-Cobre-Níquel: a presença de níquel aumenta muito a reatividade do metal líquido, e o enxofre do gás de combustão gera inclusões de sulfetos que fragilizam a liga. A fusão deve ocorrer em forno elétrico, utilizando cadinhos apropriados (alumina, magnesita) e com atmosfera de gás protetor (argônio ou nitrogênio).

Cobre-Zinco: latões amarelos tendem a perder zinco durante a fusão. Por isso, pequenas quantidades de alumínio lhes são adicionadas (máximo de 0,15 a 0,35%) com o objetivo de diminuir a volatilização do zinco. Após a adição de alumínio a fusão é facilitada e pode ser feita sem necessidade do uso de fluxos. Um pouco de zinco deve ser adicionado pouco antes do vazamento para compensar perdas por evaporação.

Cu-Al: os bronzes de alumínio devem ser fundidos cuidadosamente sob atmosfera oxidante (de maior temperatura), fazendo uso de fluxos redutores à base de fluoretos. Desgaseificantes (pastilhas de hexacloreto ou borbulhamento de argônio) para remoção de oxigênio e de hidrogênio antes do vazamento são necessários para garantir baixa porosidade no material após a solidificação.

Ligas de Sn: as ligas de estanho são em geral fundidas em cadinhos de aço revestido e não necessitam de fluxos.

Ligas de ouro com defeito: são aquelas que não podem ser mais aproveitadas. Nem sempre se pode descobrir ao certo o motivo da falta de plasticidade do material, mas, com exceção de trincas de laminação (causadas por deformação excessiva sem recozimento intermediário), os outros tipos de falhas, em geral, têm a origem em impurezas vindas da fundição. Quando se suspeita que a causa da fragilidade da liga é a presença de óxidos de cobre (Cu_2O) ou de poros causados pela absorção de oxigênio, recorre-se à refusão seguindo estes princípios:

- Usar fluxo redutor para dissolver o óxido de cobre.
- Adicionar 0,5% Cd, consegue-se dissolver grandes quantidades de óxido, pois o cádmio oxida capturando o oxigênio dissolvido no metal. Como seu óxido é volátil, ele não fica retido no metal e o teor residual de cádmio na liga não será prejudicial às suas propriedades mecânicas. O procedimento deve, no entanto, ser feito sob sistema de exaustão e com cautela pelo operador, devido à toxicidade deste elemento.
- Adicionar fósforo, mas de modo muito bem controlado para que ele não se introduza na liga na forma de Ag_2P, Cu_3P ou Ni_3P, que formam eutéticos de baixo ponto de fusão e fragilizam muito o material. A redução do óxido de cobre pelo fósforo é feita pelas reações:

1) $5\ Cu_2O + 2\ P \rightarrow P_2O_5 + 10\ Cu$

2) $Cu_2O + P_2O_5 \rightarrow 2\ CuPO_3$

3) $10\ CuPO_3 + 2\ P \rightarrow 6\ P_2O_5 + 10\ Cu$

O pentóxido de fósforo é gasoso e protege a superfície do banho durante a fusão.

Se a suspeita for de que a fragilização é causada pela presença de elementos de liga como Pb, Sn, Zn, Al, refunde-se com fluxos oxidantes para que estes elementos menos nobres se oxidem; nesta operação se utiliza cadinho cerâmico, carregado pela metade. Quando a carga fundir, acrescenta-se o mesmo peso do metal em nitrato (de potássio ou sódio) até que a mistura pare de ferver. Enquanto o nitrato estiver ativo, a chama do maçarico se colora de verde. Quanto o nitrato for consumido, o metal é vazado em uma lingoteira aberta, a escória é martelada e se retiram os fragmentos de ouro que tenham ficado capturados nela. O metal purificado é limpo em ácido nítrico fervente, lavado e seco. Uma parte pode ser testada martelando-a até espessuras muito reduzidas, e se o material se mostra frágil e possui uma superfície de fratura acinzentada, o procedimento de fusão deve ser repetido. A liga pode ser então refundida para que se equalize a composição adicionando prata e cobre. Essa última fusão deve ser realizada em um novo cadinho, livre de impurezas.

Fusão de restos de bancada: fragmentos inteiros de metal podem ser refundidos normalmente, sob atmosfera redutora. Já o material proveniente de limagem deve pertencer a um único tipo de liga, não conter outros tipos de metais misturados, e não ter grande quantidade de material não metálico. As partículas de ferro devem ser retiradas com um ímã, o pó orgânico queimado, colocando o material sobre uma chapa de aço e aquecendo-a. O pó restante é enrolado em papel de seda e fundido. Se o pó contiver muitas impurezas, procede-se a uma fusão com fluxo oxidante seguida por uma segunda fusão com fluxo redutor.

4.1.5 A fundibilidade

A fundibilidade ou facilidade de preencher a cavidade e os detalhes do molde de uma liga é uma somatória de várias propriedades físicas:

Tensão superficial: dela dependem a velocidade de preenchimento do molde e a capacidade de preencher detalhes. Foi visto que os átomos no interior do metal líquido compensam as forças de atração e repulsão uns dos outros. Quando a superfície do líquido toca uma outra fase (o ar, a superfície de um molde), há uma alteração local do número de ligações entre seus átomos. Por exemplo, na superfície líquido/ar é como se estas ligações fossem inexistentes, o que cria um excesso de energia associada a esta interface, que é denominada *tensão superficial* (σ).

Para que este excesso seja minimizado, o sistema tende espontaneamente a diminuir a superfície externa. Como a menor área de superfície possível é a de uma esfera, um metal que tenha energia de superfície muito alta tenderá a tomar esta forma, como é, por exemplo, o caso do mercúrio, que logo forma esferas líquidas quando exposto ao ar, um fenômeno que se explica pelo equilíbrio de forças vetoriais. A forma da gota metálica sobre um substrato irá depender do balanço de tensões superficiais das interfaces líquido/substrato ($\sigma_{\beta st}$), ar/substrato ($\sigma_{\alpha st}$), ar/líquido ($\sigma_{\alpha\beta}$). Se a tensão superficial ($\sigma_{\beta st}$) for alta, o líquido não irá molhar a superfície do molde; se esta mesma tensão superficial for baixa, ocorrerá molhamento (ver Figura 4.17).

Para a maioria dos metais, a tensão superficial do líquido diminui com o aumento da temperatura. Uma exceção é o cobre, que sofre um aumento da tensão superficial com o aumento da temperatura. A adição de elementos de liga pode mudar muito a tensão superficial do líquido; por exemplo, Sn, Zn e Cd diminuem a tensão superficial do cobre, melhorando a sua fundibilidade.

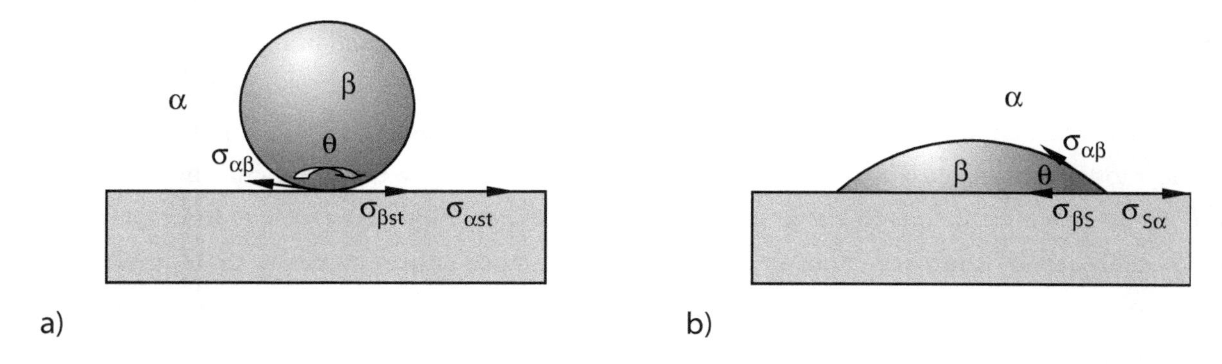

Figura 4.17 Influência da tensão superficial do líquido no molhamento de superfícies: a) líquido com alta tensão superficial; b) líquido com baixa tensão superficial.

Viscosidade: propriedade que influencia muito a capacidade do metal líquido de preencher o molde e de reter gases e escória. A viscosidade de um líquido é função das forças de coesão entre os seus átomos e do atrito interno, que se traduzem na força necessária para colocar duas camadas de átomos de líquido em movimento relativo. A temperatura e a viscosidade têm relação inversa: o aumento da temperatura causa a queda da viscosidade. A Tabela 4.5 mostra a viscosidade de alguns metais puros nas suas respectivas temperaturas de fusão.

Tabela 4.5 Viscosidade de alguns metais puros nas suas temperaturas de fusão.

Metal	Viscosidade (Pa.s)
Cobre	0,35
Zinco	0,34
Chumbo	0,27
Cádmio	0,23
Estanho	0,19

Para que a escória (fluxo) não fique retida no líquido, a sua viscosidade precisa ser muito maior, fazendo que ela não se misture e permaneça no cadinho, enquanto o metal líquido escorre para o molde. Algo assim como água e óleo.

Pressão de vapor: a pressão de vapor de um líquido é a que se estabelece em um recipiente fechado e previamente evacuado quando parte do líquido evapora. A pressão de vapor aumenta exponencialmente com a temperatura. Em um recipiente aberto, a pressão exercida pela atmosfera sobre o líquido é de 1 atm, e, nesta situação, o líquido entra em ebulição, ou seja, passa para o estado gasoso quando a sua temperatura atinge aquela na qual sua pressão de vapor se iguala à pressão externa. Do mesmo modo, se o líquido estiver sob pressão negativa, como, por exemplo, em um forno a vácuo, ele entrará em ebulição quando a temperatura da pressão de vapor igualar a pressão da câmera de vácuo. A Figura 4.18 mostra como evolui a pressão de vapor com o aumento de temperatura para mercúrio, cádmio e zinco. O gráfico mostra que a 1 atm eles começam a volatilizar a 361, 765 e 907 °C respectivamente, e que, com a diminuição da pressão externa, por exemplo, num forno a vácuo, as temperaturas de ebulição diminuem. A Tabela 4.6 fornece o ponto de ebulição de alguns metais de interesse a 1 atm.

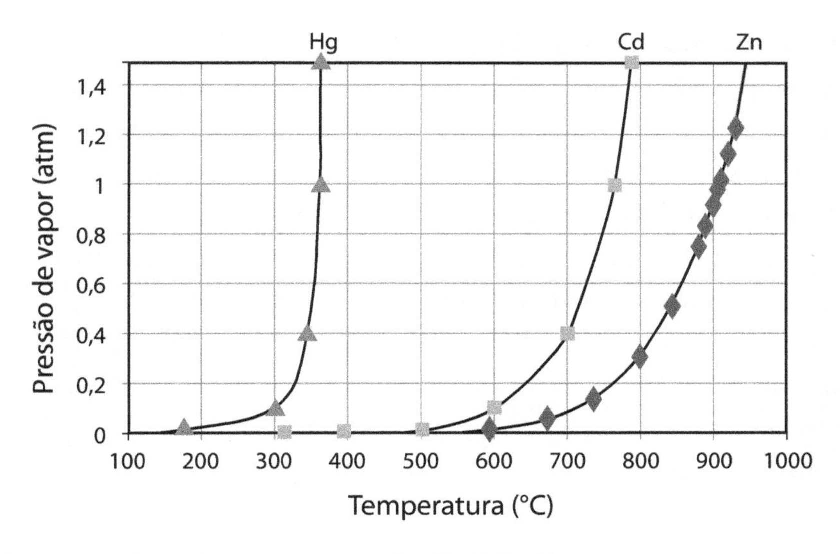

Figura 4.18 Pressão de vapor em função da temperatura para Hg, Cd e Zn líquidos.

Tabela 4.6 Ponto de ebulição de alguns metais puros.

Metal	Ponto de ebulição (atm)
Au	2.600
Pt	4.350
Pd	3.387
Ag	2.170
Cu	2.350
Hg	361
Zn	907
Cd	767
Sn	2.360
Pb	1.750

No entanto, a evaporação pode ocorrer em pequenas quantidades mesmo antes de se atingir a temperatura de ebulição, por uma reação de oxidação com o oxigênio do ar. Um exemplo muito claro disso é a evaporação do mercúrio, que em temperatura ambiente já volatiliza, embora seu ponto de ebulição a 1 atm seja 361 °C. O mesmo acontece com o zinco em ligas de cobre, ouro e prata, que começa a se volatilizar logo acima da temperatura de fusão destas ligas. É por isso que ligas com zinco se empobrecem neste elemento quando permanecem no estado líquido por muito tempo.

Temperatura de vazamento: quando se deseja avaliar a fundibilidade de uma liga, é importante saber se a fonte de calor terá energia térmica suficiente para atingir a temperatura de fusão e de vazamento.

A temperatura de vazamento fica em geral entre 100 e 150 °C acima da temperatura de fusão da liga. Este superaquecimento é necessário para que o líquido tenha tempo de tomar a forma geométrica do molde antes de se solidificar. Claramente, a fonte de calor deve poder alcançar temperaturas acima daquela; por isso é importante conhecer a temperatura de fusão da liga com que se está trabalhando. Uma liga Ag950 funde a 940 °C, precisa de um superaquecimento de 100 °C, logo, deve ser vazada a 1.040 °C. Já para uma liga Ag800, o mesmo superaquecimento requer uma temperatura de vazamento de 920 °C apenas, pois a sua temperatura *liquidus* é de 820 °C. Estas são considerações importantes, pois a chama de gás de cozinha + ar atinge uma temperatura de 1.100 °C. Além disso, é preciso comparar os calores específicos e calores de fusão das ligas com a quantidade de calor gerada pela chama.

4.1.6 O vazamento do metal

No cadinho de fusão, o metal deve estar totalmente líquido e sem restos de material sólido. Ele deve estar superaquecido e o superaquecimento será uma função das características de solidificação da liga e do percurso a ser percorrido até preencher o molde.

Ao atingir a temperatura adequada, a escória (camada superficial de fluxo) é retirada com um bastão e o metal é vazado de maneira a não gerar turbulência. A presença de oxigênio pode ser evitada se for mantido um pedaço de carvão incandescente embaixo do jato de metal e a chama sobre o conjunto for redutora.

Após o vazamento, a solidificação deve ocorrer o mais rapidamente possível.

4.1.7 Lingoteiras

As lingoteiras são recipientes, geralmente feitos de ferro fundido, nos quais o metal líquido é vazado para solidificar. Nelas são obtidas barras e chapas fundidas para posterior trabalho mecânico. A Figura 4.19 mostra os modelos mais comuns de lingoteira: em 4.19a tem-se uma lingoteira para material que será laminado e refundido com o objetivo de homogeneizar a composição da liga. As Figuras 4.19b e 4.19c mostram lingoteiras para chapa ou fio abertas. As Figuras 4.19d e 4.19e mostram lingoteiras fechadas, para chapas e fio respectivamente. Estas permitem o vazamento de maiores quantidades de metal e são mais apropriadas para o trabalho mecânico do que as lingoteiras abertas. São peças verticais, bipartidas, com furos de respiro para saída de ar, e possuem um corte para permitir ajuste flexível da largura da chapa ou pinos guias para ajuste da posição no caso de lingoteiras de fio. Em geral, as duas metades são unidas por um grampo de pressão.

A qualidade superficial do lingote fundido depende do acabamento superficial da lingoteira, e por isso ela deve bem preservada. Antes de vazar o metal líquido, as lingoteiras precisam ser pré-aquecidas entre 100 e 150 °C para retirar qualquer vestígio de umidade, e precisam ser untadas com óleo de alta densidade (óleo lubrificante) ou spray de silicone para evitar que o metal líquido adira ao molde. Para ligas de ouro amarelo e vermelho, é recomendado que se use pó de grafite como lubrificante, disponível em solução aquosa ou em cilindros tipo *aerosol* para permitir a aspersão homogênea. Se o molde estiver frio durante o vazamento, a superfície do metal solidificado ficará enrugada e irregular.

A maneira mais correta de utilizar lingoteiras fechadas é posicioná-las ligeiramente inclinadas para vazar o líquido lentamente no começo, aumentando progressivamente a velocidade de vazamento. Durante esta operação, deve-se manter sobre o conjunto molde + líquido uma chama de maçarico redutora, para que o líquido não perca calor muito rapidamente e não absorva oxigênio.

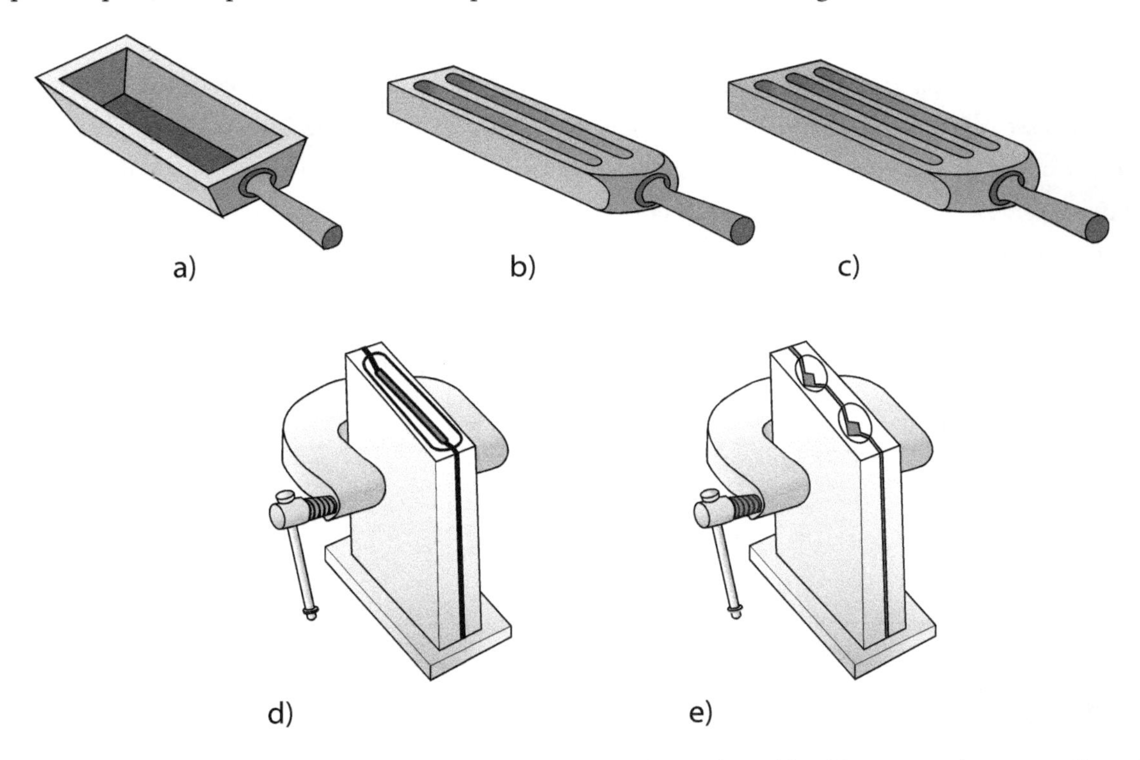

Figura 4.19 Forma de lingoteiras mais comuns: a) para lingotes destinados à refusão; b) e c) lingoteiras abertas para fios e chapas; d) lingoteira fechada para chapas; e) lingoteira fechada para fios.

Quando o líquido já solidificou, costuma-se abrir o molde e resfriar o lingote em jato de água fria para que o fluxo se desprenda mais facilmente do metal e possa ser retirado com pequenas marteladas. Inclusões superficiais de sulfetos podem ser limpas em banho de ácido nítrico ou sulfúrico diluídos.

4.2 A solidificação

Em princípio, o processo de solidificação é o inverso da fusão. Quando o líquido esfria, a mobilidade dos átomos diminui e inicia o processo de solidificação. A solidificação envolve a nucleação de partículas sólidas, e embora se admita que esta transformação inicie na temperatura *liquidus* (T_L) da liga, observa-se na prática que o surgimento de partículas de sólido começa em temperaturas inferiores a T_L. À diferença entre T_L e a temperatura de nucleação (T_N) dá-se o nome de super-resfriamento. O principal motivo para o sistema necessitar de super-resfriamento é o excedente de energia necessário para formar a interface sólido/líquido. Quando um agrupamento atômico arranja-se com coordenação cristalina para formar um embrião de fase sólida, forma-se inevitavelmente uma superfície que o separa do líquido. O embrião só sobrevive a partir de um tamanho crítico, que, para metais, equivale a um volume médio de cerca de 200 átomos por núcleo, e para atingir este tamanho o super-resfriamento é necessário.

A nucleação pode ocorrer no interior do líquido de maneira homogênea, e se considera que os núcleos sejam, neste caso, aproximadamente esféricos, pois esta é a forma de menor área de superfície por volume. Quando a nucleação se torna estável, vários núcleos se formam e crescem e a energia liberada pela transformação de fase líquido → sólido volta a aquecer o conjunto. Com isso, pode-se alcançar temperaturas iguais ou pouco inferiores à *liquidus*, como mostra a Figura 4.20.

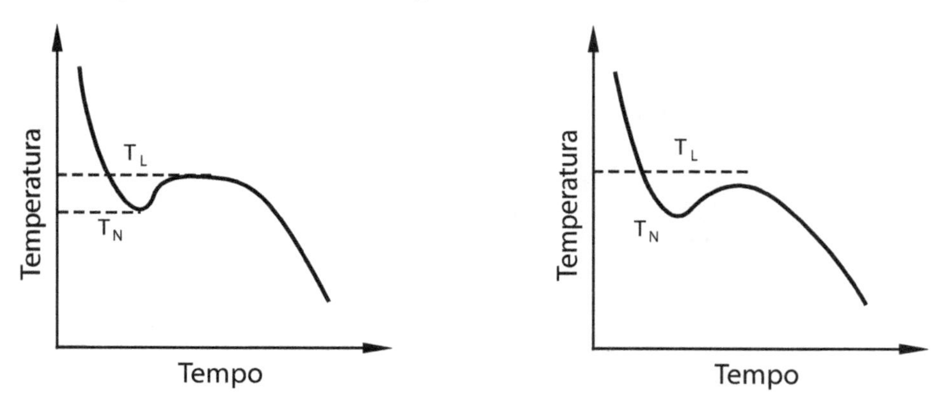

Figura 4.20 Casos típicos de curvas de resfriamento.

O caso de nucleação no seio do líquido é, no entanto, raro. O mais usual é que a formação de um núcleo de tamanho crítico sofra ação catalisadora de superfícies, que diminui a energia de superfície total para a nucleação. O princípio operante é o do balanço de tensões superficiais, como mostra a Figura 4.21. Neste caso, a fase α é o líquido, a fase β é o sólido e St é o substrato (superfície catalisadora). De qualquer modo, os valores de super-resfriamento máximo observados na prática raramente vão além de poucos graus abaixo do ponto de fusão.

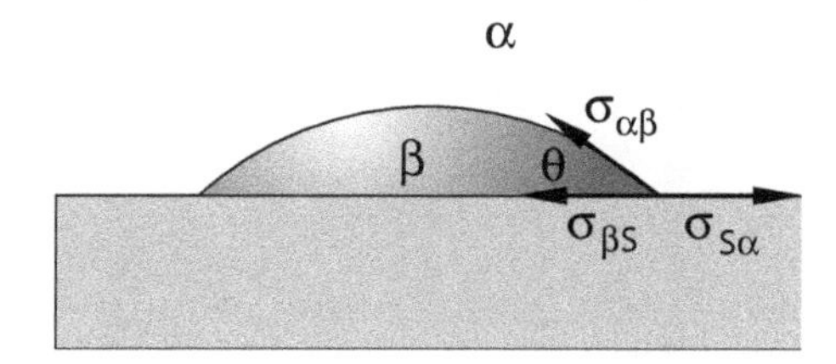

Figura 4.21 Efeito de superfícies catalisadoras na nucleação de partículas sólidas no metal líquido.

Em muitas aplicações práticas, particularmente quando se busca maior nível de resistência mecânica, uma microestrutura de grãos finos é desejável. Isso implica produzir o maior número possível de núcleos por unidade de volume por ocasião da transformação sólido → líquido. As técnicas tradicionais de controle de tamanho de grão são o controle da velocidade de resfriamento e a adição de agentes nucleantes:

- O aumento da velocidade de resfriamento do líquido faz com que o super-resfriamento se acentue, gerando um excesso de energia que possibilita a nucleação de vários pequenos núcleos da fase sólida no interior do líquido. O super-aquecimento do líquido também pode ser um fator de controle para que ocorra nucleação homogênea. Quando o líquido é vazado com pouco super-aquecimento em molde frio, a tendência de formação de grãos equiaxiais aumenta. Quando a nucleação é homogênea, os núcleos crescem igualmente em todas as direções, também formando grãos equiaxiais.
- Para favorecer a nucleação podem ser utilizados *agentes nucleantes*: partículas sólidas em suspensão no líquido e compostos introduzidos com esta função, tais como irídio em ligas de ouro.

A direção de extração de calor também tem muita influência na morfologia dos grãos. Se o calor for retirado sem direção preferencial, o crescimento tende a ser igual para todos os lados. Mas, se o calor é retirado preponderantemente em uma direção, o crescimento dos grãos ocorre alinhado com a direção de extração de calor. A Figura 4.22 mostra a microestrutura de solidificação típica em molde metálico e em molde cerâmico.

No molde metálico (Figura 4.22a), o primeiro metal a entrar em contato com a parede fria do molde se solidifica formando grãos muito finos – a *zona coquilhada* (1). Como a taxa de extração de calor é alta, alguns destes grãos crescem rapidamente se alinhando com a direção de extração de calor formando uma *zona colunar* (2). No caso de solidificação de ligas, essa região é caracterizada por formação de dendritas, como mostrado a seguir. Quando o líquido no centro do lingote se torna super-resfriado pela redução de temperatura via condução através do metal solidificado, ocorrerá nucleação homogênea e o crescimento de grãos equiaxiais vai formar uma *zona equiaxial* (3). Algumas variáveis do processo de solidificação têm influência decisiva sobre o tamanho da zona colunar, que aumenta à medida que maiores temperaturas de vazamento são utilizadas, e, em geral, diminui com o aumento do teor de soluto da liga. O aquecimento prévio do molde antes do vazamento do metal líquido pode provocar um efeito semelhante ao do super-aquecimento, fazendo aumentar o tamanho da zona colunar.

No molde cerâmico (Figura 4.22b), a taxa de extração de calor é lenta, o líquido se resfria mais homogeneamente e atinge condições de produzir nucleação homogênea, gerando uma microestrutura de grãos equiaxiais, que em geral são grosseiros.

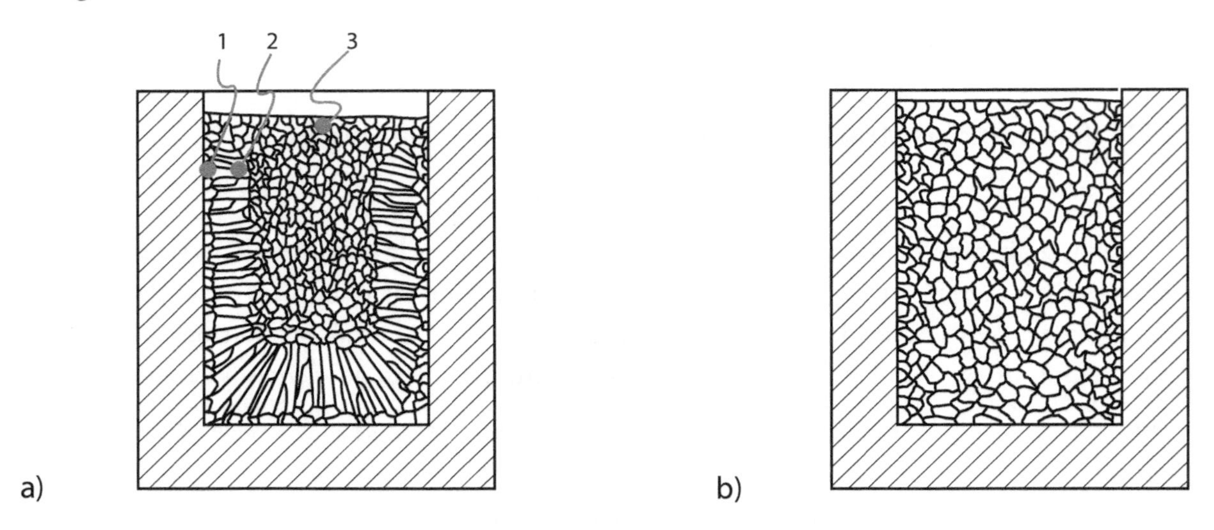

Figura 4.22 a) Solidificação em molde metálico (alto gradiente de extração de calor); b) solidificação em molde cerâmico (baixo gradiente de extração de calor).

Em ligas com intervalo de solidificação, haverá sempre uma diferença de composição química entre a liga e a composição de equilíbrio do sólido e do líquido – ver Figura 4.23a, que, no diagrama de equilíbrio Pb-Sn, mostra uma liga de composição C_0, a qual, após a solidificação se completar, é bifásica. À medida que a temperatura diminui, o sólido formado assume a composição C_S, seguindo a linha *solidus*, e ocorre rejeição de soluto, de forma que o líquido tem composição C_L, seguindo a linha *liquidus*. Durante a solidificação, o líquido longe das partículas de sólido tem composição igual à da liga original (C_0), mas próximo à interface sólido/líquido há uma variação gradual de composição química até que, na interface, a composição do líquido é C_L, como mostra a Figura 4.23b.

Neste intervalo de gradiente de concentração, o líquido, para estar em equilíbrio, deveria assumir temperaturas equivalentes às temperaturas de cada composição, seguindo a linha *liquidus*. Ocorre que, em situações reais, o metal se encontra em um molde que retira calor do sistema e impõe um outro gradiente de temperatura que não o de equilíbrio. Na prática, em muitas situações as temperaturas reais do líquido na frente de solidificação são menores do que as temperaturas de equilíbrio. O resultado é que a interface de crescimento de ligas raramente é plana, mas sim rugosa, porque ocorre solidificação nas regiões em que a temperatura real é menor do que aquela que o líquido deveria ter, como mostra a Figura 4.24. O resultado é a formação de fase sólida com o formato de galhos ramificados, chamados de *dendritas*. Este fenômeno é chamado de *resfriamento constitucional*, porque é causado pela variação de composição química do líquido.

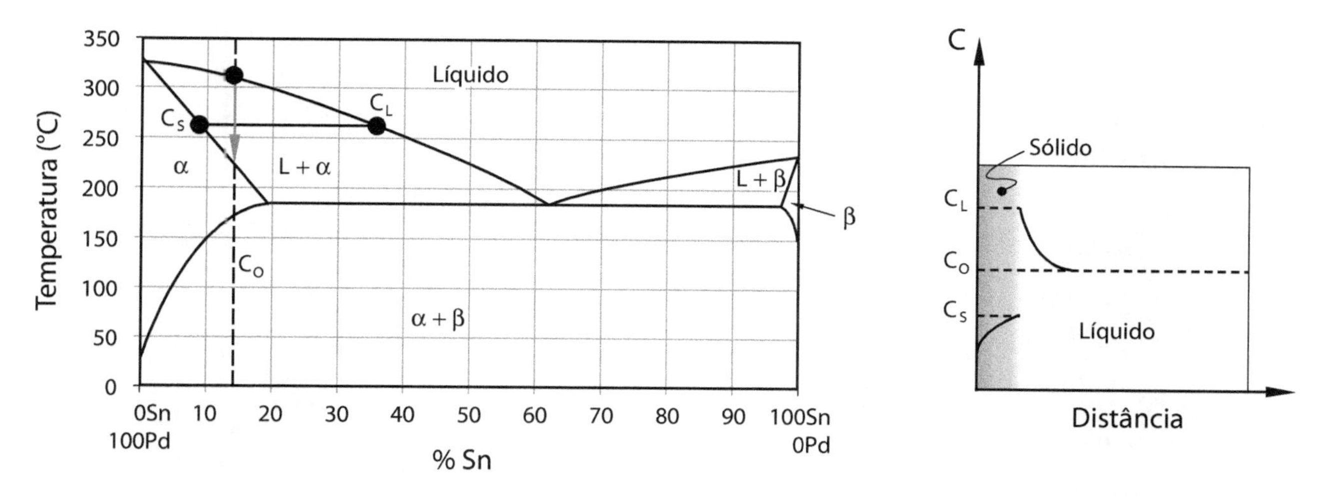

Figura 4.23 a) Digrama Pb-Sn mostrando as mudanças de composição química durante a solidificação de uma liga com composição C_0; b) Variação das concentrações durante a solidificação de uma liga de composição C_0 em função da distância medida a partir da fase sólida.

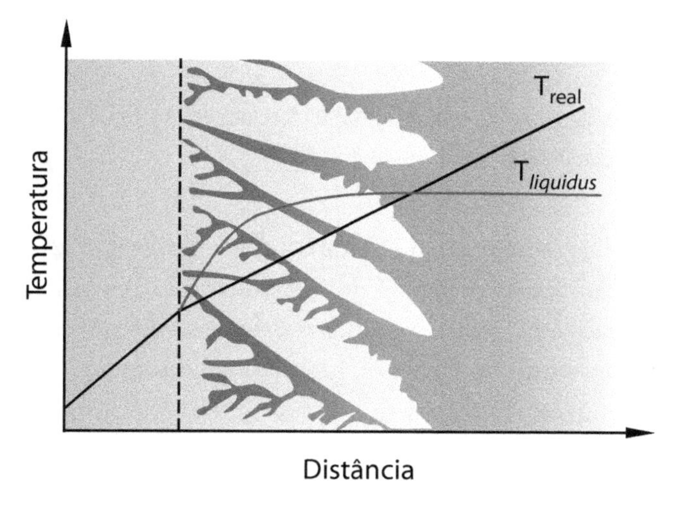

Figura 4.24 Formação de frentes de solidificação rugosas, com o aparecimento de dendritas devido à diferença entre a temperatura de equilíbrio do líquido e o gradiente de temperatura imposto pela extração de calor pelo molde.

Além de a forma de crescimento ser controlada pela redistribuição de elementos de liga na frente de solidificação, ela depende também do tipo de ligação atômica do sólido. Metais tem interface sólido-líquido rugosa ou plana e o crescimento ocorre por adição de átomos em toda a superfície, dependendo do super-resfriamento existente na frente de crescimento, como descrito até aqui. Elementos intermetálicos como Si, Ge, $CuAl_2$, SnSb, têm interfaces sólido-líquido caracterizadas pelo fato de serem superfícies perfeitamente cristalográficas, nas quais o crescimento ocorre por movimento lateral e pela construção de degraus. A Figura 4.25 mostra dois exemplos de interface sólido-líquido: na primeira, uma liga hipoeutética do sistema Ag-Cu com dendritas da fase rica em Ag; na segunda, uma liga hiperperitética do sistema Sn-Sb, mostrando cubóides facetados de β'-SnSb.

a) 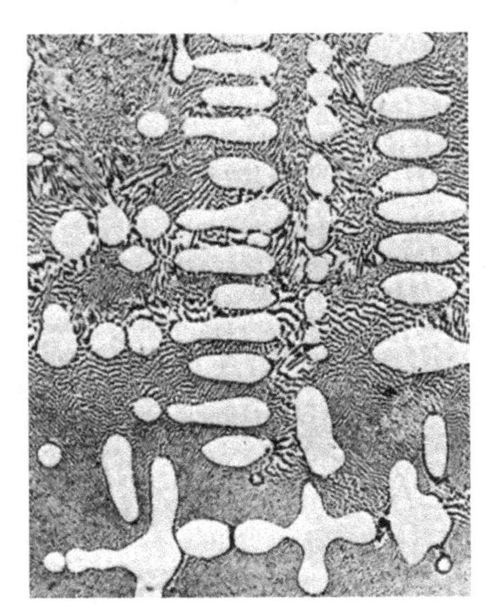

b) 

Figura 4.25 a) Liga hipoeutética do sistema Ag-Cu com dendritas da fase rica em Ag; b) uma liga hiperperitética do sistema Sn-Sb, mostrando cubóides facetados de β'-SnSb.

A característica comum de ligas eutéticas é o fato de ocorrer solidificação concomitante de duas soluções sólidas. Mas, o formato deste eutético irá depender de como estas soluções se solidificam independentemente, de forma facetada ou não facetada, gerando muitas morfologias diferentes. Morfologias lamelares indicam que ocorre distribuição de soluto na frente da interface sólido-líquido e que o crescimento se dá na direção do gradiente de temperatura.

Na grande maioria, as ligas de interesse prático têm solidificação dendrítica. Este tipo de solidificação acarreta normalmente a segregação de elementos de liga, que em peças fundidas acaba causando uma diferença de concentração de curto e longo alcance. A segregação acontece porque, na prática, a solidificação ocorre mais rapidamente do que seria necessário para a difusão e redistribuição do soluto. O resultado é, por exemplo, que a liga de prata Ag925 contém regiões de microestrutura eutética embora, ao se solidificar, devesse ser monofásica.

A segregação de curto alcance é chamada de *microssegregação* e é causada pela expulsão de soluto que fica acumulado entre os braços de dendrita. A microssegregação de uma peça de estrutura dendrítica pode ser reduzida ou até mesmo eliminada por um tratamento térmico denominado homogeneização, que será visto em detalhe no Capítulo 7.

A segregação de longo alcance é denominada macrossegregação e é resultado da expulsão de soluto na frente de solidificação. Como resultado disso, o interior de uma peça fundida pode ser mais rico em soluto do que a parte externa – um caso extremo seria a segregação de cobre em ligas de ouro mudando a cor da peça ao longo de sua espessura. Este defeito ocorre mais facilmente em peças fundidas espessas e em moldes que retiram calor mais lentamente (areia) do que na solidificação em coquilhas. Também é mais frequente em estruturas de solidificação colunar do que em estruturas equiaxiais, daí a importância de adição de agentes nucleantes na fundição de peças espessas.

4.2.1 A contração da peça solidificada

Na prática, a contração dos metais durante a solidificação tem grande importância; pode variar entre 3 e 6% do volume inicial na temperatura *liquidus* (ver Tabela 4.7) e se deve à redução do caminho livre dos átomos quando da solidificação. As consequências da contração são: alteração na forma da peça fundida, formação de vazios no interior das peças e geração de tensões internas. Como a contração não pode ser evitada, sua localização deve ser controlada durante o processo de solidificação.

A alteração na forma da superfície é consequência natural da contração. Enquanto líquido, o metal preenche totalmente o molde, mas, ao se solidificar, o seu volume diminui e o metal deixa de estar em contato com o molde. Quando se deseja fundir peças com pequenos detalhes na superfície, e com cantos vivos, isso se torna problemático. Uma alternativa para total preenchimento de detalhes é a fusão sob força centrífuga, que mantém o metal contra a superfície do molde durante todo o tempo da solidificação, mas nos outros processos de fusão este problema não é totalmente resolvido. Quando a solidificação ocorre apenas sob o peso da gravidade, o que se pode fazer é aumentar a altura da coluna de metal líquido para que este exerça uma certa pressão auxiliar no preenchimento do molde.

Tabela 4.7 Contração volumétrica de metais puros durante a solidificação.

Metal	Contração (%)
Ouro	5,03
Prata	5,0
Cobre	4,25
Chumbo	3,38
Zinco	4,7
Cádmio	4,72
Estanho	2,9

Quando o metal é solidificado em lingoteiras, a extração de calor é uniforme em todas as paredes do molde e a contração volumétrica se concentra na região superior do lingote, formando uma depressão que é denominada *rechupe*. Além do rechupe, é comum o surgimento de vazios (ou *macroporosidades*) no interior da peça, como mostra a Figura 4.26. Para uma lingoteira cuja altura seja muito maior que a largura, a maior parte do calor liberado durante a solidificação é extraída pelas laterais, e esse vazio interno pode se estender significativamente ao longo da altura do lingote. Esta parte deve ser descartada antes de prosseguir com a conformação mecânica do material, o que pode significar a perda de 1/3 do material fundido. Uma solução para o problema é a introdução de uma secção de maior espessura, ou a colocação de uma manta térmica na cabeça do lingote, a chamada *cabeça quente*. Esta faz com que o metal no topo do lingote permaneça líquido por mais tempo, como mostra a Figura 4.26d, e, f, trazendo a região de vazios mais para a extremidade superior.

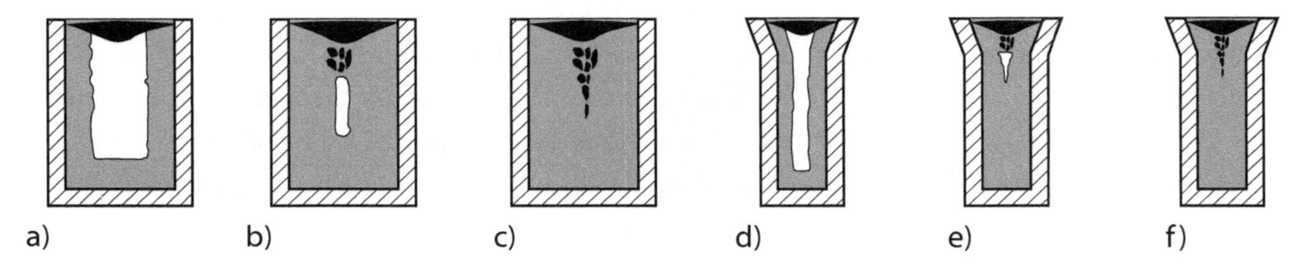

■ – metal solidificado; □ – metal líquido; ■ – vazio. Esquemas a, b, c mostram a solidificação em uma lingoteira convencional; esquemas d, e, f mostram a solidificação em uma lingoteira com cabeça quente.

Figura 4.26 Representação esquemática da solidificação de metais em lingoteiras.

Há algumas alternativas para minimizar a formação de vazios de solidificação:

- Velocidade e temperatura de vazamento respectivamente baixa e alta propiciam que haja suporte contínuo de líquido.
- Uso de cabeça quente, trazendo a última solidificação para a região superior do lingote ou peça.
- Canais de alimentação espessos o suficiente para garantir que se solidifiquem depois da peça e possam garantir aporte de líquido durante a solidificação.
- Garantir que as regiões mais espessas da peça tenham boa alimentação de líquido, pois estas serão as últimas a se solidificar. A Figura 4.27 mostra a solidificação de uma peça com o alimentador localizado na extremidade mais fina (a) e na extremidade mais grossa (b). As linhas t_1 e t_2 mostram a porção de material solidificado em dois tempos diferentes. Quando a alimentação é feita pela parte mais fina, no tempo t_2 o metal já se solidificou totalmente na região, isolando o líquido proveniente do canal de alimentação. O resultado é a formação de uma macroporosidade devido à contração volumétrica. Já no exemplo (b) isso não ocorre.

Na solidificação de ligas com microestrutura dendrítica, pode ocorrer formação de *microporosidades* devido ao aprisionamento de líquido entre os ramos dendríticos, já que a formação destes implica a segregação de soluto e abaixamento do ponto de fusão da porção líquida restante. As microporosidades são favorecidas no caso de ligas que apresentam elevada contração volumétrica na solidificação e zonas pastosas maiores, pois o aumento destas zonas leva a um aumento da ramificação das dendritas. Existem tipos característicos de microporosidades: aquelas que se distribuem de forma dispersa em toda a secção transversal e as que se arranjam na forma de camadas, da ordem de 5 a 10 μm para grãos colunares, e cerca de 25 μm para grãos equiaxiais. Ligas com maior intervalo de solidificação tenderão a formar porosidades em camadas bem dispersas no volume do material, enquanto ligas com menor intervalo de solidificação tenderão a formar porosidades mais localizadas, como mostra a Figura 4.28. Um exemplo observado na prática é a diferença de porosidades nas ligas de Sn-Pb. Uma liga de peltre tipo 32 será naturalmente mais porosa do que uma liga de peltre 76, pois o intervalo de solidificação da primeira é bem maior do que o da segunda, como se pode ver pelo diagrama de equilíbrio Pb-Sn da Figura 4.23.

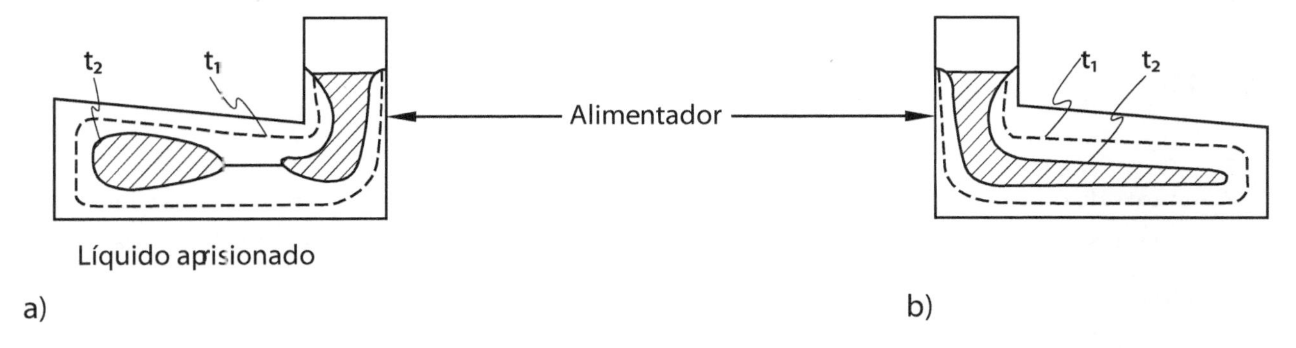

Figura 4.27 Exemplo de alimentação do metal líquido a) inadequada e b) adequada.

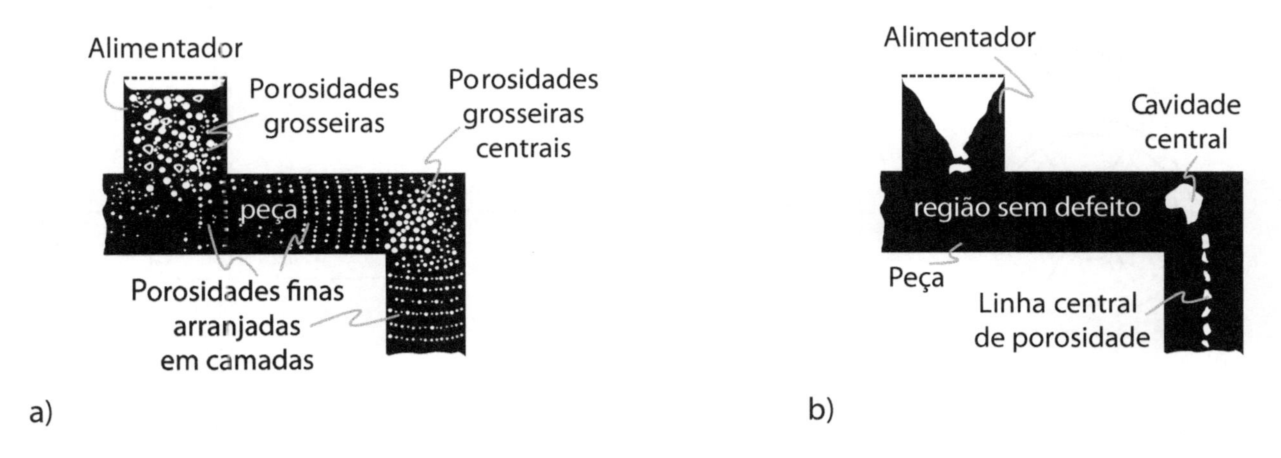

Figura 4.28 Solidificação esquemática de a) liga com grande intervalo de solidificação; b) liga com intervalo de solidificação pequeno.

As *tensões de solidificação* se formam porque sempre há restrições durante a solidificação classificadas de acordo com a sua origem. Por exemplo, as tensões de origem externa são aquelas originadas pelo impedimento da contração natural pela geometria do molde da peça, como mostra a Figura 4.29. São comuns em moldes metálicos e em coquilhas para a fundição de anéis. Nesses casos, a contração do molde metálico durante a fusão é bem menor do que a do metal, que passa do estado líquido para o estado sólido, e no caso da coquilha para anel, o diâmetro interno do molde restringe a contração de solidificação e gera tensões de tração na superfície do anel, causando trincas. No caso do molde em H, a contração volumétrica se dá na direção em que as paredes são mais espessas. As barras laterais ficam restritas pelo molde e as horizontais são tracionadas, gerando trincas.

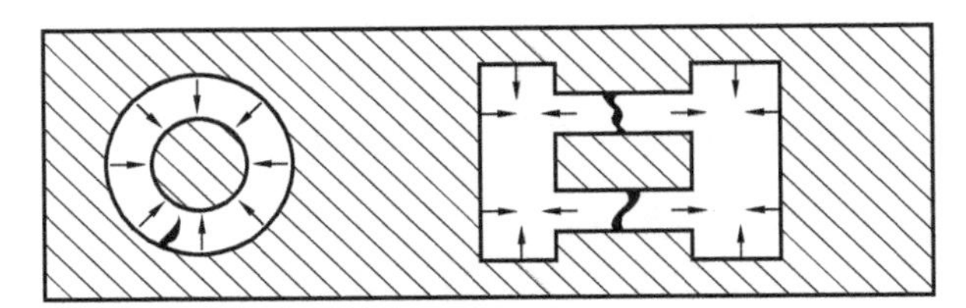

Figura 4.29 Surgimento de tensões de solidificação de origem externa.

As tensões de origem interna são causadas por diferenças de velocidade de resfriamento, devido a diferenças de espessura na peça. Na Figura 4.30, são dados três exemplos de possíveis causas de trincas:

- Na roda da Figura 4.30a, o centro se solidifica por último e a sua contração irá tensionar os raios, que podem trincar se a contração for acentuada.
- Na roda da Figura 4.30b, acontece o contrário: o centro se solidifica primeiro e a roda externa por último. Quando esta se solidifica e contrai, a parte interna impede a contração gerando tensões na superfície externa da roda, que acaba trincando.
- No exemplo da Figura 4.30c, as hastes laterais se solidificam primeiro e, quando o bloco central inicia a contração, surgem tensões na junção, que pode se romper.

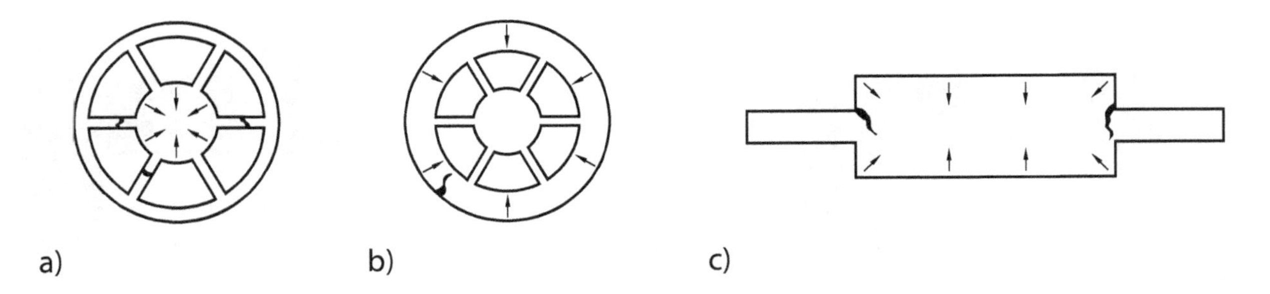

Figura 4.30 Exemplos de trincas causadas por tensões internas devido a diferentes secções transversais da peça. Sentido das contrações de solidificação indicadas pelas setas.

Em peças de grande volume, podem ocorrer trincas superficiais, as chamadas *gotas quentes*. Estas trincas iniciam na parede do molde e caminham para o interior da peça, como mostra a Figura 4.31a. Este tipo de trinca é causado pela formação de irregularidades na espessura da camada solidificada ao longo da superfície do molde, cuja origem deve-se a:

1) Escória ou óxidos na superfície do metal.
2) Irregularidades do molde.
3) Gases que prejudiquem de forma localizada a retirada de calor.

Quando as seções mais espessas da camada solidificada começam a contrair, as seções finas sofrem ruptura e as gotas quentes são formadas. Estas trincas são então preenchidas pelo metal líquido mais rico em soluto, e, com a continuidade do resfriamento, pode haver a formação de novas trincas de contração, como mostra a sequência da Figura 4.31b. Este efeito é mais acentuado quando a solidificação é muito rápida devido à falta de aquecimento do molde, e pode ser evitado com a diminuição da velocidade de resfriamento.

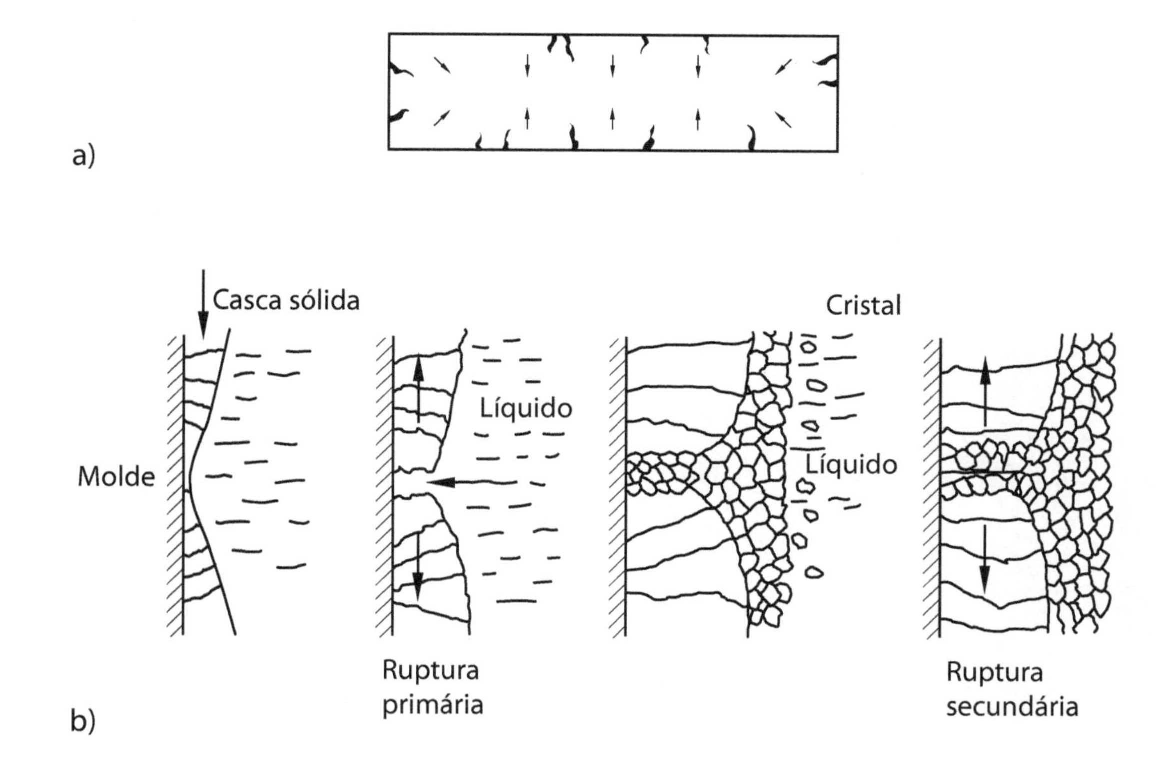

Figura 4.31 Em a) trincas de gota quente; b) sequência de formação de gotas quentes.

Referências bibliográficas

4.1 DIEBENES. *Handbuch des Goldschmiedes.* Band II. 8. ed. Stuttgart: Rühle-Diebener Verlag, 1998.

4.2 E. BREPOHL. *Theorie und Praxis des Goldschmiedes.* 15. ed. Leipzig: Fachbuchverlag Leipzig, 2003, 596p.

4.3 L. VITIELLO. *Oreficeria moderna, técnica e prática.* 5. ed. Milão: Hoepli, 1995.

4.4 D. PITON. *Jewellery technology – processes of production, methods, tools and instruments.* Milão: Edizioni Gold Srl. 1999, 407p.

4.5 A. P. ECCLES. Alloying in the small workshop. 10th. *Santa Fé: Symposium*, 1996.

4.6 A. GARCIA. *Solidificação – fundamentos e aplicações.* Campinas: Editora da Unicamp, 2001, 399p.

4.7 L. DARKEN, R. GURRY. *Physical chemistry of metals.* New York: McGraw-Hill, 1953, 535p.

5.

Tecnologia de fundição

5.1 Perspectiva histórica

A fundição iniciou por volta de 4000-3000 a.C., quando, na denominada era do bronze, o homem aprendeu a usar o cobre e logo depois o estanho e o chumbo na fabricação de objetos e adornos. A peça fundida mais antiga que se conhece é um pequeno sapo de bronze proveniente da antiga Mesopotâmia (hoje Iraque), fabricado pelo processo de cera perdida e que data de 3200 a.C. Na Índia, as primeiras peças fundidas pertenceram à civilização Harappan (Figura 5.1a), da qual se conhecem peças de cobre, ouro, prata e chumbo já em 3000 a.C., e onde foram desenvolvidos os cadinhos para fundição. É deste país que vêm os primeiros textos mencionando técnicas sobre a arte de extração, fusão e fundição de metais, por exemplo, o Arthashastra (500 a.C.). Na mesma época, as técnicas de fundição de metais e ligas eram conhecidas no Irã e na China, onde alcançaram altos níveis de perfeição e de onde se conhecem peças de bronze (2100 a.C.), sinos de alta precisão (1000 a.C.) e as primeiras peças de ferro fundido, que datam de 500 a.C. (Figura 5.1b).

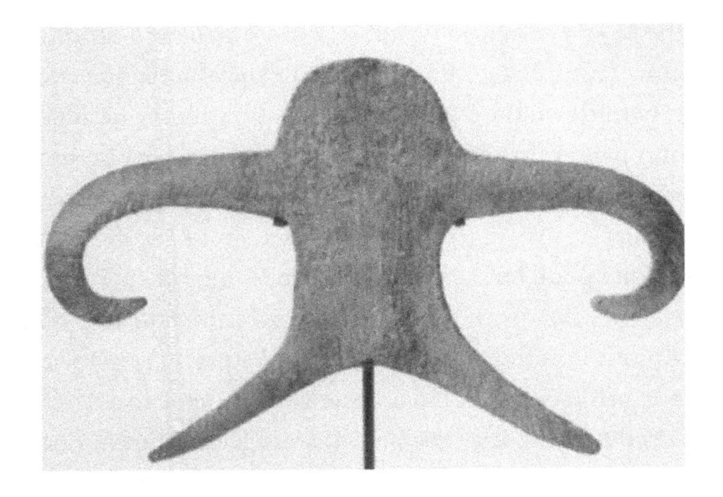

a)

b)

Figura 5.1 a) Objeto de forma antropomórfica, Índia, 1300-1500 a.C.; b) Vaso para vinho em bronze, China, 800 a.C.

Na Europa, a era do bronze iniciou por volta de 2000 a.C., primeiro nas regiões do Mediterrâneo, espalhando-se até 1500 a.C. pelo interior e ilhas Britânicas. Ali, porém, as técnicas de fundição continuaram incipientes, com o uso de moldes de barro cavados em buracos na terra, até por volta de 1500 d.C., quando os portugueses trouxeram de suas viagens às Índias (China, Japão e Índia) as técnicas lá existentes. O método de fundição utilizando moldes de areia compactada, por exemplo, só foi introduzido na França nesta época. Vannoccio Biringuccio, que dirigiu a fundição do Vaticano, produzindo canhões, sinos e estátuas religiosas, é considerado o pai da fundição moderna no Ocidente e escreveu o primeiro livro europeu sobre técnicas de mineração, metalurgia, fundição e conformação mecânica: *De La Pirotechnia* (1540) (Figura 5.2).

Figura 5.2 Molde bipartido para fundição de pequenos sinos com macho central. Gravura do livro *De La Pirotechnia* (1540).

Na América do Sul pré-colombiana, conhecia-se a fundição de cobre, ouro e prata em 50 d.C., mas, à época em que os europeus chegaram ao continente, não havia ainda iniciado a metalurgia do ferro.

O antigo processo de fundição por cera perdida ainda é praticado no sul da Índia, na região Tamil Nadu, onde artesãos fabricam estátuas cerimoniais de bronze. Ele começa pela escultura de um modelo em cera (uma mistura de cera de abelha com resina de árvores e óleo vegetal). Para peças ocas é feito um miolo com areia, carvão, óleo de gergelim, resina de árvore e estrume de vaca, que é recoberto de cera, e então se esculpe o modelo. Após a escultura, que pode levar de 1 a 4 semanas, o modelo é coberto com argila. Esta é seca ao sol por 3 a 4 semanas, é amarrada com fios metálicos para impedir que o molde se quebre durante a expansão e contração do conjunto cerâmica-metal, e depois é aquecida em forno a lenha para que a cera derreta e escoe do molde por orifícios abertos para este fim. Antes de vazar o metal, o conjunto é aquecido até a temperatura do metal líquido, em forno a carvão vegetal. Após a solidificação, o molde é quebrado, são retirados os canais de alimentação e massalotes, e a estátua segue para o processo de acabamento, que pode durar mais 4 a 10 semanas, dependendo do seu tamanho.

Esta técnica continuou tendo aplicação artesanal ao longo do tempo, mas foi ignorada pela indústria até o começo do século XX, quando um dentista norte-americano, W. H. Taggart, em 1907 publicou um artigo no qual descrevia a técnica da cera perdida para a fabricação de próteses dentárias. Ele formulou a composição da cera, desenvolveu um material cerâmico adequado e projetou um sistema de fundição sob vácuo para melhorar o preenchimento dos moldes. A técnica ganhou impulso após a Segunda Guerra Mundial, quando foram desenvolvidos moldes de borracha para a fabricação dos modelos de cera e foi descoberto que a cristobalita sinterizada tem uma contração durante o resfriamento semelhante à do ouro, o que acomoda as tensões de solidificação.

Hoje existe um grande número de processos de fundição que podem ser classificados com base no tipo de material do molde, método de vazamento do metal e na pressão aplicada sobre o molde durante o preenchimento (gravidade, força centrífuga, vácuo, baixa pressão, alta pressão). Os métodos com molde permanente utilizam moldes metálicos, e são adequados para a produção de grande número de peças. Nos métodos com moldes não duráveis (areia, casca cerâmica e fundição de precisão), é necessário fabricar o molde a cada fundição e, em geral, são acopladas várias peças em um mesmo sistema de alimentação. Os moldes não duráveis podem ser feitos utilizando modelos duráveis ou não duráveis. Os primeiros podem ser feitos em madeira, metal ou material polimérico. Nos processos de modelos não permanentes (também chamados de processo de fundição de precisão por cera perdida), cada um só dura uma reprodução. Estes modelos são feitos em cera, poliestireno expandido (isopor) ou outros materiais poliméricos. Os quatro processos mais populares são:

- **Fundição por molde de areia:** neste processo a areia é misturada com aglomerantes e água e compactada ao redor de um modelo de madeira ou metal em duas metades, possibilitando a retirada do modelo e a inserção de machos para a produção de peças com cavidades. O metal fundido é vazado na cavidade resultante da moldagem e, após a solidificação, o molde de areia é quebrado para remoção da peça. Este processo é adequado para grande número de ligas, formatos e tamanhos; pouco utilizado na joalheria, mas muito aplicado na indústria metal-mecânica.
- **Fundição por cera perdida:** a cera é injetada em um molde que pode ser metálico ou de borracha. Várias cópias do mesmo modelo são acopladas em um sistema de alimentação formando uma árvore. A árvore é mergulhada repetidamente em uma lama cerâmica, que, após secagem, é aquecida para que a cera funda e escoe da casca cerâmica. Esta é em seguida calcinada para que haja sinterização da cerâmica, e então o metal líquido é vazado no molde pré-aquecido, após a solidificação o molde é quebrado. Este método é adequado para peças de tamanho pequeno e complexas; é o processo mais utilizado no setor de joalheria, principalmente devido à capacidade de reprodução de detalhes, além de ser muito rápido, permitindo a produção de modelos variados com a velocidade que o mercado consumidor exige.
- **Fundição em molde permanente por gravidade:** o metal é vazado em um molde de ferro fundido ou aço, coberto por uma tinta cerâmica; machos removíveis podem ser feitos de metal ou de areia. Após a solidificação, o molde é aberto e a peça é removida. Este processo é adequado para ligas não ferrosas, de tamanho, complexidade e espessura medianos. Em joalheria é utilizado na produção de lingotes para posterior trabalho mecânico e na produção de alianças.
- **Fundição sob pressão:** o metal líquido é injetado sob pressão em um molde permanente (geralmente de aço com sistema de refrigeração). Após a solidificação, o molde é aberto e a peça é retirada com um sistema de pinos de extração. Este processo é indicado para peças de metais não ferrosos com tamanho de pequeno a médio e complexidade e espessura de parede variáveis. Não é utilizado na indústria de joalheria principalmente devido à pouca flexibilidade na confecção dos moldes.

Processos importantes para a indústria de joalheria, geralmente associados à fundição de precisão, são: **fundição centrífuga**, na qual o metal líquido é vazado em um molde em rotação em que forças inerciais ajudam a empurrar o líquido contra as paredes do molde; **fundição a vácuo**, na qual o metal líquido é forçado a preencher um molde sob a ação de vácuo.

Além destes, a indústria de fundição ainda se utiliza da **fundição com molde de isopor**, processo no qual areia é compactada ao redor de um modelo desse material, e o vazamento do metal líquido queima o modelo enquanto preenche o molde, e da **fundição no estado semi-sólido** (*rheocasting*), em que uma liga aquecida até o intervalo de solidificação, ou seja, no estado pastoso, é comprimida em um molde por processo de injeção.

Neste capítulo será descrito em maior detalhe o processo de fundição por cera perdida, por ser o método mais aplicado na indústria de joalheria, mas também serão dadas algumas noções dos processos de fundição por gravidade (coquilhas ou moldes de areia).

5.2 Noções teóricas da fundição

No final do Capítulo 4, foram apresentadas as características da solidificação dos materiais metálicos. Em consequência das contrações durante a solidificação e devido às características da interface sólido-líquido (formação ou não de dendritas), as peças solidificadas podem apresentar-se com cavidades de diferentes tamanhos, forma e distribuição. Para obtenção de uma peça idealmente sadia (sem poros e de superfície lisa), seria necessário que cada frente de solidificação mantivesse contato contínuo com uma fonte de suprimento de metal líquido, externa à peça, até que todo o metal contido dentro dos limites da peça estivesse sólido. Para garantir isso, o projeto de fundição inclui não só o modelo da peça, mas também um sistema de suprimento de metal líquido, denominado massalote, canais de alimentação e canais de ataque. O massalote é a reserva externa de metal líquido que irá garantir o suprimento de material durante a solidificação, e os canais de alimentação e ataque são os ductos que conduzem o metal líquido ao molde. A Figura 5.3 mostra o esquema de um molde tradicional.

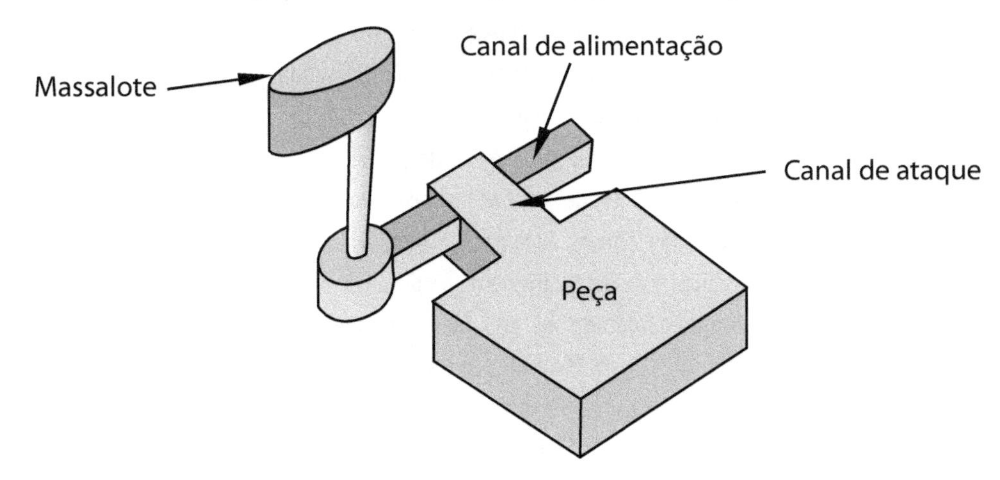

Figura 5.3 Esquema de um molde de fundição tradicional.

O princípio que norteia o projeto de um molde é garantir que a contração volumétrica da solidificação seja compensada diretamente pelo líquido adjacente, e que o líquido seja sempre empurrado para a frente de solidificação por uma pressão exercida por uma coluna de líquido, onde o ponto de maior pressão está localizado no massalote. Duas condições estão implícitas neste mecanismo:

- Deve existir um gradiente de temperatura positivo em direção ao massalote, ou seja, ele terá temperatura mais alta, sendo o último a se solidificar.
- O volume do massalote deve ser suficiente para que ele forneça o líquido necessário para a compensação de todas as contrações.

Além disso, o metal deve ter fluidez suficiente para preencher o molde. A fluidez é a característica de um metal líquido fluir através de canais e preencher todos os detalhes de um determinado molde. Baixa fluidez pode resultar em falha de preenchimento ou não reprodução de detalhes. A fluidez não depende somente de características físicas do material (como viscosidade e tensão superficial), mas também da sua composição química, de fatores de projeto do molde e do processo de fundição. Ela é medida experimentalmente pela capacidade de preenchimento de uma geometria complexa e pode ser dada em cm ou em porcentagem[1].

A Figura 5.4 mostra exemplos de ensaios de fluidez realizados em ligas Au585. O metal foi fundido utilizando diferentes técnicas de fundição. Primeiro sob gravidade, variando a temperatura de vazamento, em seguida sob vácuo, variando a diferença de pressão e, finalmente, sob força centrífuga, variando a velocidade de rotação. O fator de processo mais importante é o superaquecimento na hora do vazamento, e, quanto maior a temperatura, maior a fluidez. Outros fatores são:

- O tempo de solidificação, que pode variar com a distância que o metal tem de percorrer até a entrada no molde da peça e depende do projeto do molde.
- A ação de forças externas, como o uso de força centrífuga e da variação de pressão.

A fluidez é tanto menor quanto maior o intervalo de solidificação da liga, pois a nucleação na frente de crescimento do sólido causada pelo resfriamento constitucional a diminui. A Figura 5.5 mostra a influência da composição química e da temperatura na fluidez de ligas Sn-Pb. Os metais puros e a composição eutética têm maior fluidez do que as ligas com intervalo de solidificação, enquanto o aumento da temperatura de vazamento influencia positivamente esta propriedade.

A tensão superficial pode se tornar um fator importante no caso de canais, ou detalhes de dimensões inferiores ou iguais a 5 mm. A oxidação, que gera películas superficiais de óxido, realça este efeito, como citado no Capítulo 4 quando se tratou da oxidação de ligas de prata.

---

1 Medidas de fluidez são efetuadas em um molde padrão dotado de cavidade em espiral. Mede-se o comprimento (em cm) que o metal consegue percorrer antes da solidificação, ou a fração (em %) do comprimento total da espiral.

Do ponto de vista do molde, o efeito mais marcante no preenchimento da peça é a velocidade com que ele extrai o calor, pois, quanto maior, mais cedo se iniciará a solidificação e se interromperá o fluxo do metal. A presença de umidade nas paredes do molde também aumenta a taxa de extração de calor. Já o aumento da rugosidade superficial diminui a velocidade de preenchimento.

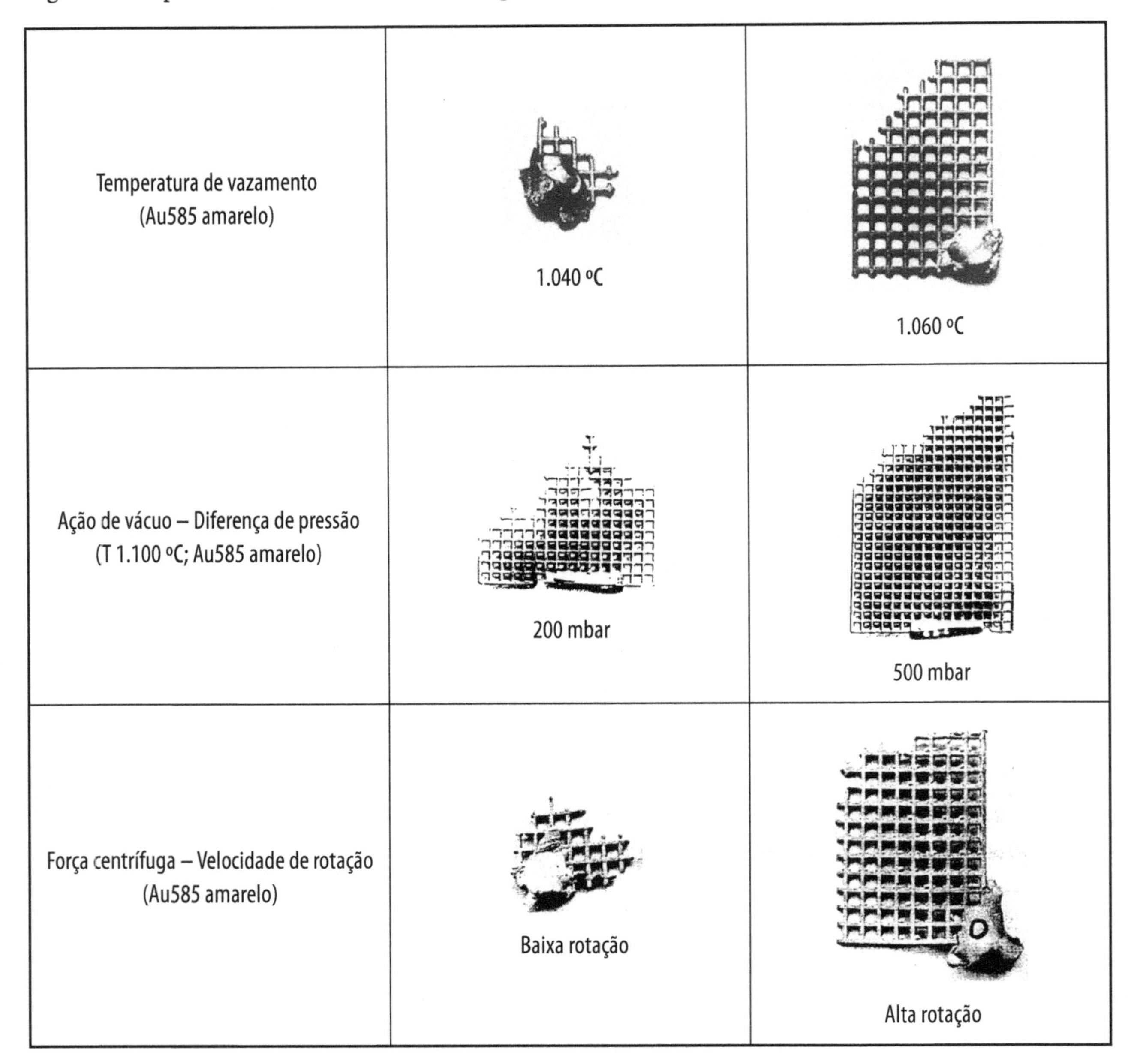

Figura 5.4 Exemplo de medidas de fluidez . Efeito da temperatura de vazamento e da ação de forças externas por ação de vácuo e força centrífuga (liga de ouro amarelo Au585) (Fonte: Referência 5.5).

A baixa permeabilidade do molde ou a falta de saídas de ventilação podem levar a uma aparente diminuição da fluidez, já que o ar preso no canal ou em outras regiões do molde retarda o fluxo de metal.

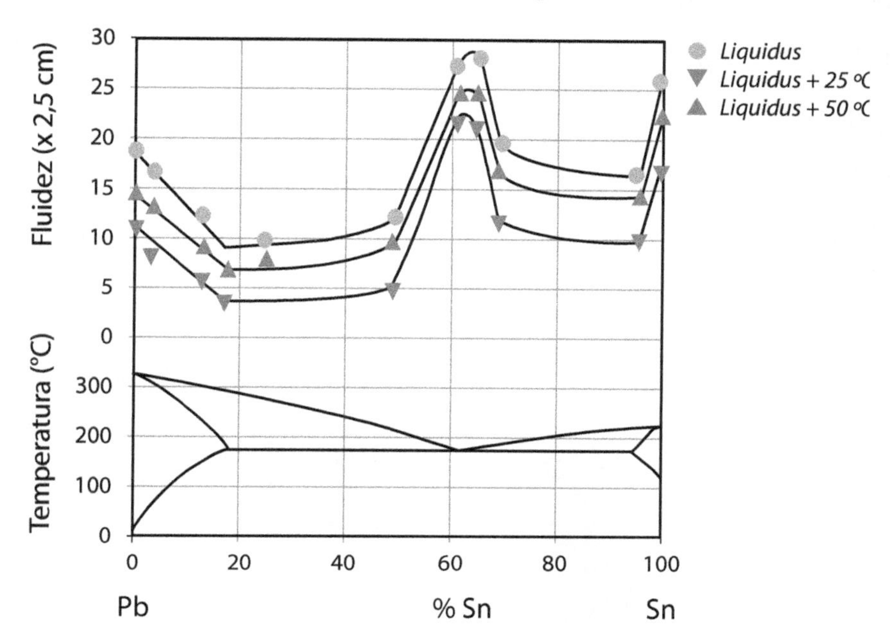

Figura 5.5 Fluidez dada em cm, de ligas de Pb-Sn em função da composição e do superaquecimento (Fonte: Referência 5.4).

Quando metal líquido é vazado no molde, passa a estar sujeito a leis físicas, que, descrevendo a ação da força da gravidade e da hidrodinâmica, explicam a movimentação dos líquidos. Até se iniciar a solidificação, o metal sofre pressão hidrostática causada pelo peso da coluna de metal. Os eventos do preenchimento do molde podem ser descritos como segue (ver Figura 5.6):

1. O metal líquido deixa o cadinho e entra no molde.
2. O líquido escoa pelo molde.
3. O líquido preenche o molde.

Na primeira etapa, o líquido adquire uma velocidade dada por

$$v = \sqrt{2 \cdot g \cdot h_1}$$

e atinge uma energia cinética

$$Ec = \frac{m}{2} v^2 = m \cdot g \cdot h_1$$

onde:

g = aceleração da gravidade (9,81 m/s_2)

h_1 = altura de queda do metal líquido em m

v = velocidade da queda em m/s

m = massa do metal líquido em kg

E_c = energia cinética em Joules

Figura 5.6 Vazamento do metal líquido em um molde.

Na segunda etapa, a velocidade com que o metal entra no molde vai determinar se a movimentação do líquido no seu interior será "turbulenta" ou "laminar". A distinção é feita pelo número de Reynolds

$$N_{RE} = \frac{\rho \cdot v \cdot d}{u}$$

onde:

ρ = densidade do líquido em g/cm^3

v = velocidade do líquido em cm/s

d = diâmetro do canal onde o líquido escoa, em cm

u = viscosidade dinâmica do líquido, em poise

Se o N_{RE} for maior do que 2.300, o fluxo é turbulento, o que significa que, junto às paredes, o líquido escoa laminarmente, e no interior do ducto, ocorre turbulência. Se maior que 20.000, o fluxo é severamente turbulento e não há escoamento laminar junto às paredes, como mostra a Figura 5.7.

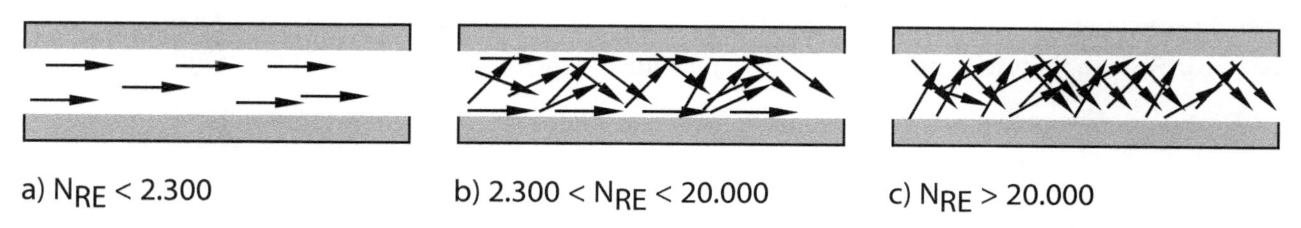

Figura 5.7 Variação do fluxo de um líquido segundo o número de Reynolds: a) laminar; b) turbulento; c) excessivamente turbulento.

O desenho do sistema de alimentação deve evitar turbulência excessiva, que causa oxidação superficial do metal e inclusão de escória e de óxidos superficiais, além de inclusões de partículas de material do molde.

Na terceira etapa, a pressão exercida pela coluna de metal líquido p, que ajuda a preencher o molde, é dada por:

$$p = h_2 \cdot g \cdot \varrho \cdot 10^3$$

onde:

h_2 = altura da coluna de líquido em m

ρ = densidade do líquido em g/cm^3

p = pressão hidrostática em Pa

Vejamos o seguinte exemplo: Durante o vazamento de 100 g de uma liga de ouro com densidade 11,3 g/cm^3 e viscosidade dinâmica 0,04 poise, o metal tem uma queda de 15 cm. Entre o canal de entrada do líquido e a peça há uma altura de 10 cm. O canal de alimentação da peça tem um diâmetro de 0,5 cm.

a) Qual a velocidade do líquido quando ele entra no molde?

b) Qual a pressão hidrostática exercida sobre a peça?

c) Qual o número de Reynolds no canal de alimentação?

Nota-se que a pressão independe de quão largos sejam o canal e o massalote, o que importa é a diferença de altura entre a posição da peça, o nível superior do líquido e o peso do metal. Sob pressão hidrostática, a mesma força age em todas as direções, ou seja, todas as paredes laterais do molde estão sujeitas à mesma pressão. Para uma quantidade pequena de metal esta pressão é desprezível, mas, para grandes quantidades, pode ser muito grande. Durante a fusão de um sino, por exemplo, o molde deve ser enterrado no chão, e a terra ao redor, bem compactada, para que o molde suporte a pressão sem trincar.

Para a maioria das aplicações de joalheria, em que várias peças são alimentadas por um único sistema, a pressão hidrostática gerada pela gravidade não é suficiente para garantir o preenchimento do molde, pois a ação da tensão superficial e a viscosidade do líquido diminuem a velocidade de preenchimento. Com isso, a peça começa a se solidificar antes de ser preenchida totalmente, mas há duas maneiras de prevenir esta ocorrência: aplicação de forças centrífugas ou aumento da diferença de pressão via vácuo.

Resolução do problema:

$$v = \sqrt{2 \cdot g \cdot h_1}$$
$$v = \sqrt{2 \cdot 9{,}81 \cdot 0{,}15}$$
$$v = 1{,}43 \text{ m/s}$$

$$p = h_2 \cdot g \cdot \rho \cdot 10^3$$
$$p = 0{,}1 \cdot 9{,}81 \cdot 11{,}3 \cdot 10^3$$
$$p = 1{,}1 \times 10^4 \text{ Pa} = 0{,}11 \text{ atm}$$

$$N_{RE} = \frac{\rho \cdot v \cdot d}{u}$$

$$N_{RE} = \frac{11{,}3 \cdot 143 \cdot 0{,}5}{0{,}04}$$

$$N_{RE} = 20.198$$

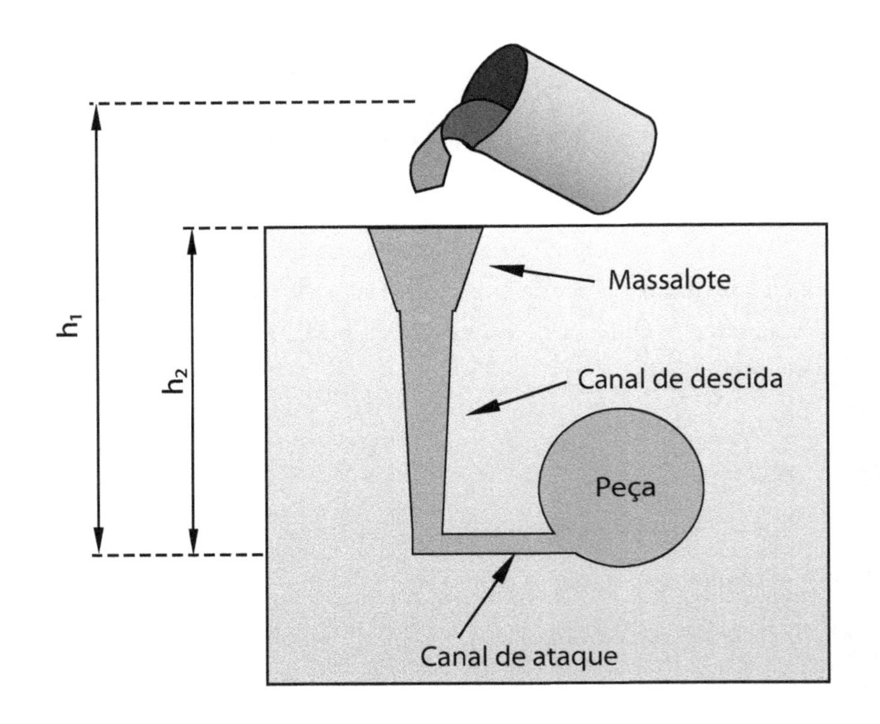

O número de Reynolds calculado no exemplo é maior que 20.000. Na maioria dos casos, quando se tem um sistema de alimentação de canais finos, o fluxo é turbulento. Na prática, ocorre sempre uma diminuição da velocidade do líquido quando ele percorre o sistema da canais devido ao atrito com as paredes e à perda de energia decorrente do movimento do líquido. Quando há mais de um canal alimentando várias peças ao mesmo tempo, as perdas aumentam, alcançando em média 10 a 30%, dependendo do desenho do sistema de alimentação, e com isso o valor de N_{RE} diminui.

Mudanças bruscas de direção do líquido ou de secção causam zonas de turbulência localizadas. Nestes locais, há uma maior tendência para a absorção de gases e interação líquido-parede, o que pode levar à erosão desta. Situações onde ocorre turbulência localizada são mostradas na Figura 5.8; elas coincidem com locais em que a mudança de direção ou secção faz um ângulo de 90º, e podem ser evitadas quando a transição é amena, ou seja, pela introdução de raios de curvatura, variações suaves de secção e a introdução de canais de ataque com um ângulo menor que 90º.

O modelo de montagem de moldes de fundição de joias por cera perdida mais utilizado na Europa e no Brasil é o de uma estrutura que se assemelha a uma árvore, com um canal central de alimentação e peças arranjadas em seu entorno formando uma espiral. As peças mais pesadas localizam-se no fundo do modelo e as mais leves na parte superior, como mostra a Figura 5.9a.

Para o caso de fundição de metais com temperatura de fusão elevada, como platina e paládio, é preferível o modelo em formato de arbusto ilustrado na Figura 5.9b. Neste desenho de molde, todas as peças são alimentadas diretamente pelo massalote, sem canal de descida; este método é muito aplicado pelos fundidores norte-americanos.

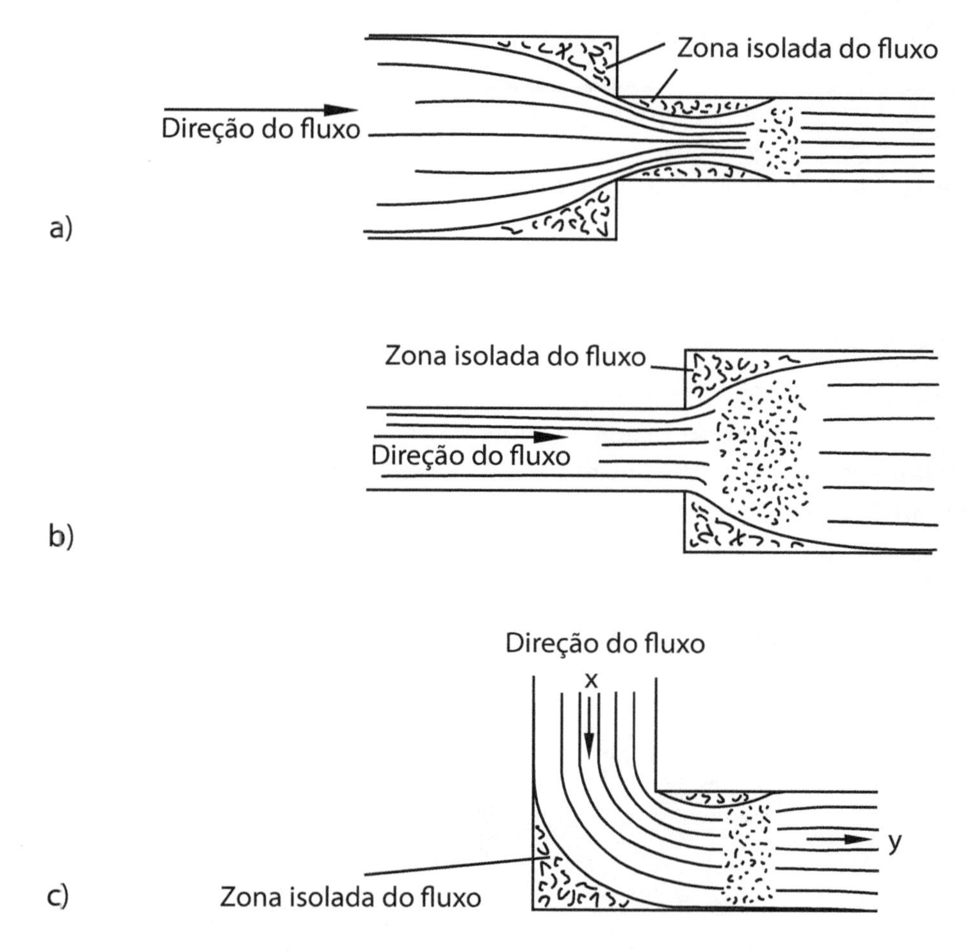

Figura 5.8 Situações em que ocorre turbulência localizada: a) alargamento de secção; b) estreitamento de secção; c) mudança de direção do fluxo com ângulo de 90º.

Na Ásia se dá preferência à montagem em camadas sobrepostas, como mostra a Figura 5.9c.

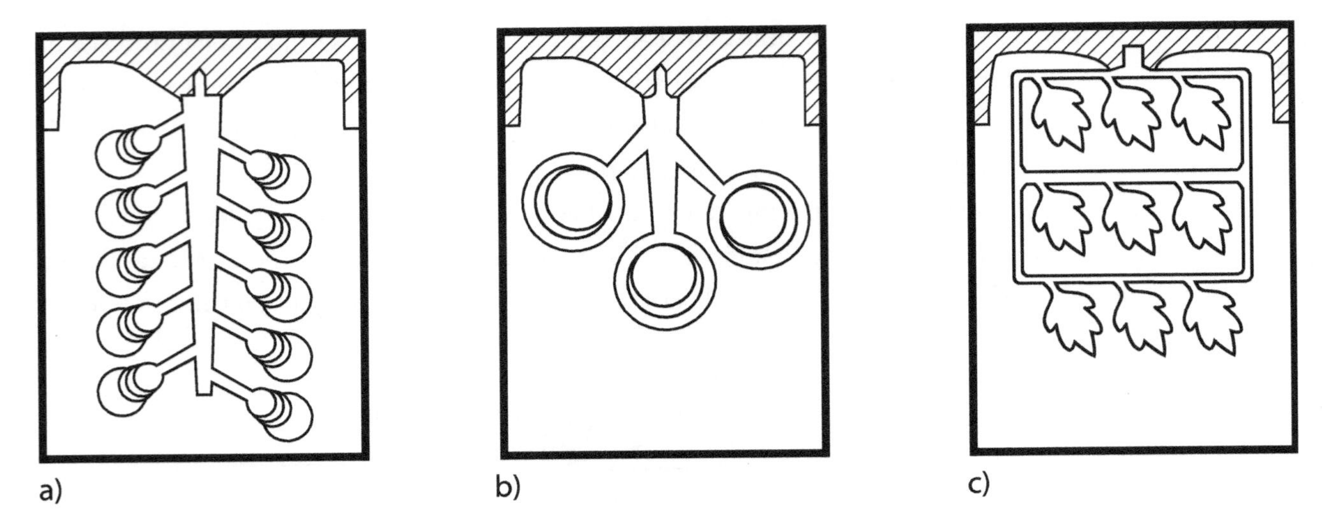

Figura 5.9 Diferentes modos de se montar um molde para vários modelos de peça: a) método de árvore; b) método de arbusto;c) método de sobreposição.

As recomendações padrão para a montagem de um bom sistema de alimentação são:

- O bocal de vazamento e o canal de descida devem ser cônicos para compensar o aumento da velocidade do fluxo durante a descida.
- O diâmetro do canal de descida deve ser suficiente para que este seja a última região a se solidificar.
- Os canais de ataque devem ter uma inclinação próxima a 60º com relação à espiga central.
- As peças devem estar unidas ao canal de ataque por sua parte mais espessa ou de maior massa.
- O canal de ataque não deve ser muito fino para que mantenha o suprimento de líquido enquanto a peça estiver solidificando.
- Se a peça tiver formato irregular, mais de um canal de ataque pode ser utilizado, mantendo como regra geral que o metal entre pelas partes mais espessas indo para as mais finas da peça (ver exemplos na Figura 5.10).

Figura 5.10 Exemplos de posicionamento de canais de ataque em modelos de fundição.

5.3 Fundição em coquilha

Como descrito no Capítulo 4, na maioria das vezes o ourives utiliza coquilhas para a fabricação de produtos semi-acabados, como chapas e fios. Além das formas tradicionais ali descritas, pode-se confeccionar coquilhas para usos específicos, como mostra a Figura 5.11. Assim, em duas chapas de aço planas, usina-se ou forja-se o canal de vazamento e massalote. Utilizando um fio de secção quadrada é feito o contorno do molde. Este fio dobrado é preso entre as placas com o uso de grampos e a coquilha está pronta.

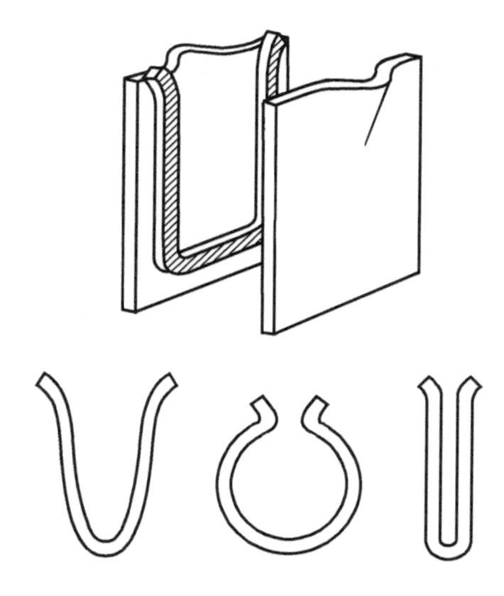

Figura 5.11 Confecção de coquilhas para produtos com formas diferentes.

A observação da aparência do lingote fundido diz muito sobre as propriedades do material. Se o metal tiver sido vazado com superaquecimento elevado, a região de contração volumétrica na ponta superior do lingote será acentuada, como mostra a Figura 5.12.

Figura 5.12 Aparência da parte superior de lingotes de prata em função da temperatura de vazamento Ta > Tb > Tc (Fonte: Referência 5.2).

Se a temperatura de vazamento for muito alta e não ocorrer sinal de contração volumétrica, significa que o metal absorveu gases e o lingote vai apresentar porosidade.

Por outro lado, o vazamento em temperatura muito baixa provoca uma superfície mais rugosa no lingote.

Por fim, a falta de homogeneização do metal líquido irá acarretar locais com diferença de composição química, que, em lingotes de ouro, podem gerar variação de cor.

5.4 Fundição em molde de areia

Em joalheria, a fundição em molde de areia foi abandonada em favor da fundição por cera perdida, mas era muito utilizada no passado.

A areia utilizada neste processo é uma mistura de sílica, argila e água, que recebe o nome de areia verde. A água confere plasticidade à argila, que tem a função de manter unidos os grãos de areia. Quando o vazamento é efetuado com o molde úmido, o processo se chama fundição em areia verde, e se o molde for previamente seco a uma temperatura ligeiramente acima de 100 °C causando a evaporação da água, o processo é denominado fundição em areia seca. A eliminação da água aumenta bastante a rigidez do molde permitindo que este suporte pressões hidrostáticas maiores, e por isso é necessária na fundição de peças grandes. Entre 90 e 95% da mistura água-areia-argila pode ser reciclada. A mistura deve ter os seguintes requisitos:

- Precisa se amoldar bem à superfície do modelo; moldes de areia podem preencher filigranas, quando feitos de maneira adequada.
- Deve ser capaz de acomodar um pouco de deformação para que o modelo possa ser retirado.
- Deve ter resistência mecânica, para manter coesão após a retirada do molde e suportar a pressão hidrostática durante a fundição.
- Deve ser permeável, para que os gases do interior da cavidade possam sair e dar lugar ao metal líquido.
- Deve ter resistência a seco para evitar que o molde se desmanche durante a rápida secagem que ocorre quando o metal líquido entra em contato com a parede do molde.
- Precisa ser refratária para resistir às altas temperaturas do metal líquido.

Todos os parâmetros acima, com exceção do último, são controlados pela proporção entre areia, argila e água.

Processos industriais contam com aglomerantes orgânicos para melhorar as características de moldagem da areia, em geral resinas fenólicas, mas seu uso é pouco recomendado, pois são poluentes e limitam a reciclabilidade da areia.

O molde é preparado em caixas, que consistem de duas molduras de aço ou outro metal que se ajustam perfeitamente uma sobre a outra. As formas podem ter ou não uma abertura já pronta para o canal de vazamento. A montagem do molde inicia pelo preenchimento com areia de uma das metades, até cerca de 2/3 da espessura. O modelo (previamente pulverizado com material desmoldante) é posicionado, a forma é preenchida completamente e a areia é compactada. O modelo deve ser colocado de maneira a poder ser retirado depois da moldagem.

Alternativas para o posicionamento do modelo são:

- Encher a primeira metade de areia e comprimir o modelo sobre a sua superfície, nivelando o excedente com uma régua de metal.
- Posicionar o modelo embaixo da caixa e preencher com areia por cima, compactando no final e regularizando a face traseira com a régua de metal.

A região que entrará em contato com o modelo deve ser preenchida com areia mais fina, para melhor reprodução de detalhes. A areia deve ser bem compactada para dar maior estabilidade mecânica ao molde. Aditivos que garantem melhor acabamento superficial e melhor resistência mecânica a seco são: pó de carvão e melado de cana.

Após o preenchimento da primeira metade, a superfície que contém o modelo é umedecida com um pincel para que fique bem lisa, e pulverizada com pó desmoldante (talco, ou pó de carvão). Em seguida, é colocada a segunda metade da forma e termina-se o preenchimento.

A forma bipartida é aberta com cuidado e são feitos os canais de descida e de ataque com o uso de uma espátula, e ainda os ductos para saída de ar, bem finos e traçados com a ponta de uma agulha. O canal de descida e o massalote devem ser cônicos, e os canais de ataque devem respeitar os princípios de eliminação de turbulência. Os canais para ligas de prata devem ser mais espessos do que para ligas de ouro, pois estas têm intervalo de solidificação maior.

É feita então a retirada do modelo, que deve ser solto com pequenas batidas e sem o uso de pinças ou outros instrumentos que danifiquem a superfície do molde. Verifica-se se não ficaram partículas de areia soltas, pois estas irão gerar inclusões.

Após a retirada do modelo, as duas metades são novamente fechadas. São colocadas placas de madeira ou aço nas duas faces para que o modelo possa ser fechado com o auxílio de um grampo de pressão.

O molde deve permanecer em lugar seco de 2 a12 horas para que o conjunto seque (evaporação do excesso de água).

Ao vazar, ligas de prata devem ser mais superaquecidas do que ligas de ouro, assim como objetos maiores precisam de maior superaquecimento do que objetos menores.

A Figura 5.13 mostra a montagem de caixas de areia. Nos exemplos (a) e (b) são mostradas duas configurações de montagem para mais de um modelo de peça. As caixas já possuem uma abertura para o canal de vazamento, que é posteriormente ampliado durante o corte do sistema de alimentação; o exemplo (a) mostra o sistema de alimentação e de respiro para uma peça oca dividida em duas metades que serão unidas posteriormente por processo de brasagem; o exemplo (b) mostra uma árvore para fundição de anéis.

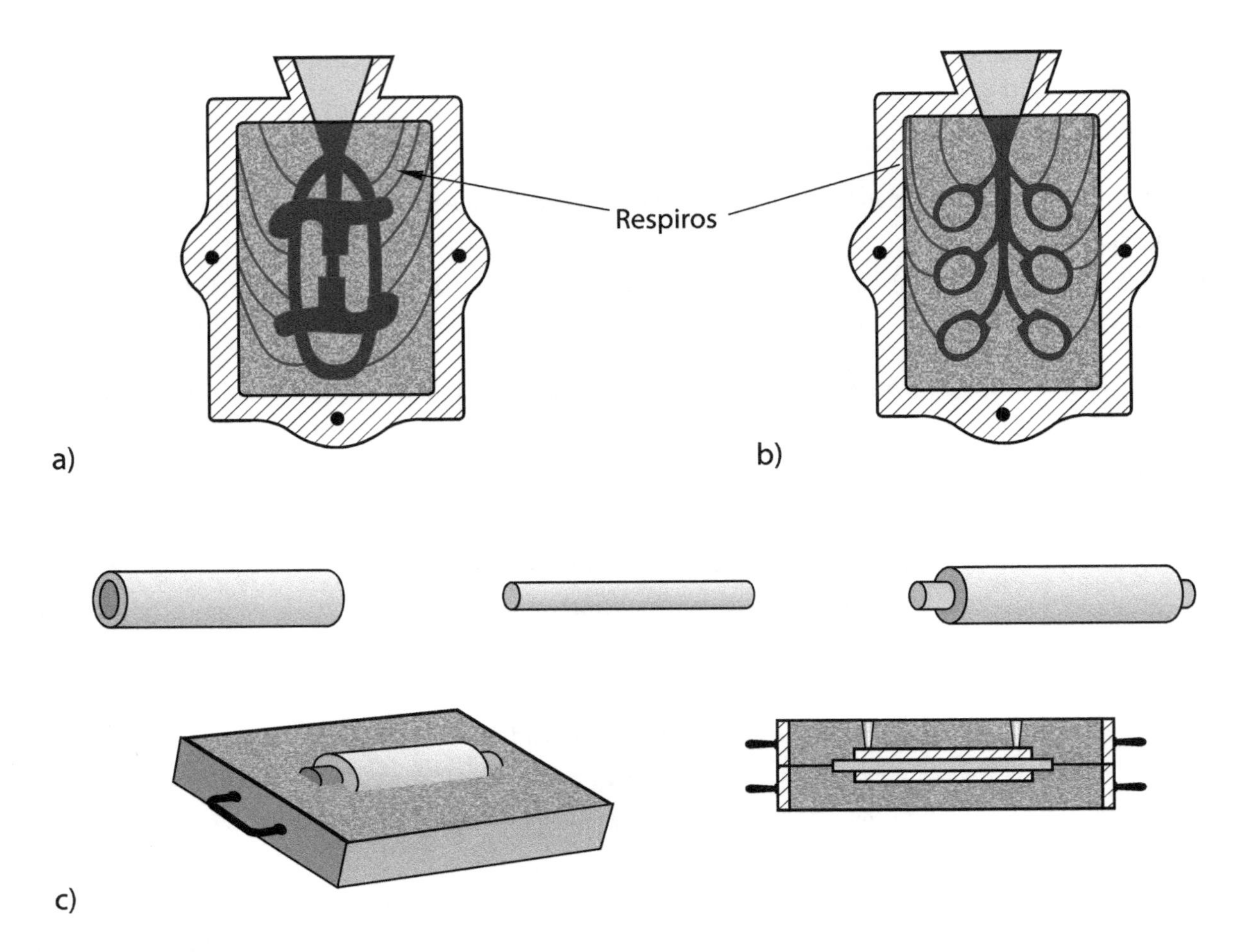

Figura 5.13 Exemplos de montagem de moldes de fundição em caixa de areia: a) modelos para peça oca – as duas metades serão soldadas após a fundição; b) modelo para fundição de anéis; c) modelo para fundição de tubo para fabricação de alianças.

No exemplo da Figura 5.13c, é apresentada a montagem de um tubo para confecção de alianças, no qual se faz uso de um macho. O modelo é constituído de um tubo com os diâmetros interno e externo necessários para a laminação de anéis e de um macho cilíndrico. O macho é fabricado a partir de areia compactada misturada com óleo vegetal sinterizada a cerca de 240 °C por aproximadamente 2-3 horas, o que confere uma resistência mecânica maior, para que ele não se rompa durante o vazamento. O macho deve ser maior em comprimento do que a peça e, após a retirada do tubo, ficará engastado entre as duas metades do molde. No exemplo, um canal de respiro e um de vazamento foram recortados, com o uso de uma espátula, no molde superior.

5.5 Fundição centrífuga

A principal diferença entre a fundição centrífuga e aquela sob ação da gravidade é que, em vez de o líquido fluir para dentro do molde, ele é mantido contra as paredes deste por ação de uma força resultante de sua rotação.

Assim, o molde se movimenta em torno de um eixo central; fisicamente ele é um centro de massa m que gira com uma velocidade angular ω a uma distância r do centro (ver Figura 5.14). Este princípio pode ser aplicado de duas formas:

1) O molde mais a massa de metal líquido são o centro de massa m, como mostra a Figura 5.15a.

2) O molde é uma coquilha cilíndrica e o metal é vazado no seu centro distribuindo-se uniformemente pelas paredes e formando um anel, como mostra a Figura 5.15b.

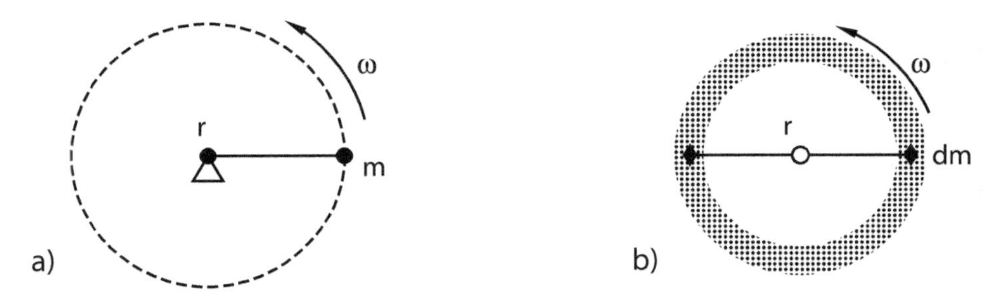

Figura 5.14 Princípio físico do movimento circular: a) rotação de uma massa em torno de um eixo; b) rotação de um corpo de formato tubular em processo de solidificação.

O primeiro exemplo aplica-se a máquinas de fundição centrífuga para moldes cerâmicos, como será visto na descrição do processo de fundição por cera perdida. Já o segundo representa a fundição centrífuga com coquilhas circulares para a fabricação de alianças e a fundição centrífuga de ligas de estanho, caso em que os moldes estão distribuídos em círculo ao redor do canal de vazamento. As grandezas de energia cinética e de aceleração envolvidas nestas aplicações são:

1. No caso da Figura 5.15a, o metal líquido recebe uma energia cinética E_C dada por:

$$E_c = \frac{m}{2} r^2 \omega^2$$

onde:

m = massa do metal líquido em kg

r = distância entre o centro de massa e o ponto de rotação em m

ω = velocidade angular em s^1

E_C = energia cinética em J

A velocidade angular é calculada por:

$$\omega = \frac{\pi n}{30}$$

onde n é o número de rotações por minuto (min^{-1}).

Devido à rotação surge uma aceleração normal a_n (em m/s^2) dada por:

$$a_n = \omega^2 r = r\left(\frac{\pi n}{30}\right)^2$$

Por exemplo, qual a energia cinética e a aceleração quando se realiza a rotação de 100 g de prata em uma máquina de fundição com um raio de 25 cm e com uma velocidade de 300 min^{-1}?

$$Ec = \frac{m}{2} r^2 \left(\frac{\pi n}{30}\right)^2$$

$$E_c = \frac{0,1}{2} \cdot 0,25^2 \left(\frac{3,14 \cdot 3 \cdot 10^2}{30}\right)^2 J$$

$$E_c = 3,8 \text{ J}$$

A massa terá uma aceleração de:

$$a_n = r\left(\frac{\pi n}{30}\right)^2 = 0,25 \,.\, \left(\frac{3,14 \cdot 3 \cdot 10^2}{30}\right)$$

$$a_n = 246,49 \text{ m/s}^2$$

2. No caso da Figura 5.15b, o metal líquido é vazado em uma coquilha em rotação e a aceleração normal e a força serão sentidas por cada gota de metal. Neste caso a aceleração mantém o material uniformemente contra as paredes do molde e a energia cinética é dada por:

$$E_C = \omega^2 \int \frac{r^2}{2} dm$$

Neste caso, porém, o centro de massa recai sobre o centro de rotação e r = 0. Portanto, $E_C = 0$ e a massa em rotação deve ser vista como se estivesse "em repouso".

A velocidade de rotação da fundição em coquilha costuma ser muito alta, por exemplo:

Qual é a aceleração normal em uma fundição centrífuga em coquilha para fabricação de uma aliança que tenha um diâmetro interno de 20 mm, com velocidade de rotação de 3.000 min^{-1}?

$$a_n = r\left(\frac{\pi n}{30}\right)^2 = 0,01 \,.\, \left(\frac{3,14 \cdot 3 \cdot 10^2}{30}\right)^2 \text{m/s}^2$$

$$a_n = 968 \text{ m/s}^2$$

Dos exemplos calculados, pode-se fazer a seguinte comparação:

- Em uma fundição por gravidade, a aceleração é de 9,81 m/s^2, ou seja, igual à aceleração da gravidade.
- Na fundição centrífuga do exemplo 5.15a, $a_n = 246$ m/s^2, ou seja, cerca de 25 vezes maior do que a gravidade.
- Na fundição centrífuga em coquilha (Figura 5.15b), $a_n = 986$ m/s^2, portanto, 100 vezes maior do que a gravidade.

Isto também significa que a velocidade do líquido e a pressão hidrostática serão proporcionalmente maiores. Portanto, a centrifugação possibilita o preenchimento de secções mais finas, mas também aumenta a turbulência no sistema de alimentação.

5.6 Fundição por cera perdida

O êxito da fundição por cera perdida depende de que certas regras sejam respeitadas ao longo do ciclo de produção, esquematizado na Figura 5.15. Em linhas gerais, estas etapas são as mesmas descritas na introdução deste capítulo:

O processo inicia com a produção de um modelo em cera ou metal (etapa 1 da Figura 5.15). É nesta ocasião que entra o trabalho de design do produto. Deve-se levar em conta que o processo envolve a transferência do modelo geométrico para diferentes meios (borracha, cera, revestimento, metal), todos sujeitos a variações de temperatura, o que acarreta grande variação de dimensões devido às contrações volumétricas dos materiais envolvidos. Deve-se tomar a cautela de restringir variações abruptas de secção transversal, evitar protuberâncias que dificultem a saída da cera do molde, e prever a localização ideal para a fixação dos canais de ataque.

A introdução da borracha simplificou muito a produção em massa de modelos de cera. O molde de borracha é produzido a partir de um modelo metálico, não necessariamente de material nobre (ligas de latão são suficientes, mas é comum a utilização de modelos em prata), que é embutido em camadas de borracha. Esta borracha é vulcanizada, o molde é cortado para retirar o modelo metálico, restando uma cavidade (etapa 2 da Figura 5.15), que será preenchida por cera (etapa 3 da Figura 5.15). O mesmo corte servirá para retirada dos modelos de cera, que podem ser reproduzidos inúmeras vezes. Produzidos estes modelos, passa-se à montagem em um bastão de cera cônico formando a árvore (etapa 4 da Figura 5.15). Esta é colocada sobre um suporte, dentro de um cilindro de aço, no qual é vazada a massa de revestimento cerâmico (etapa 5 da Figura 5.15). Após secagem da massa o conjunto é aquecido para remoção da cera (etapa 6 da Figura 5.15). O cilindro contendo a massa refratária é levado a um forno para o ciclo de calcinação. Após esta operação, é vazado o metal líquido e se empregam métodos auxiliares de incremento de pressão hidrostática: força centrífuga ou vácuo (etapa 7 da Figura 5.15). Após a solidificação do metal, a massa refratária é dissolvida em um banho de água, as peças são cortadas do sistema de alimentação e seguem para o processo de acabamento (etapas 8 e 9 da Figura 5.15).

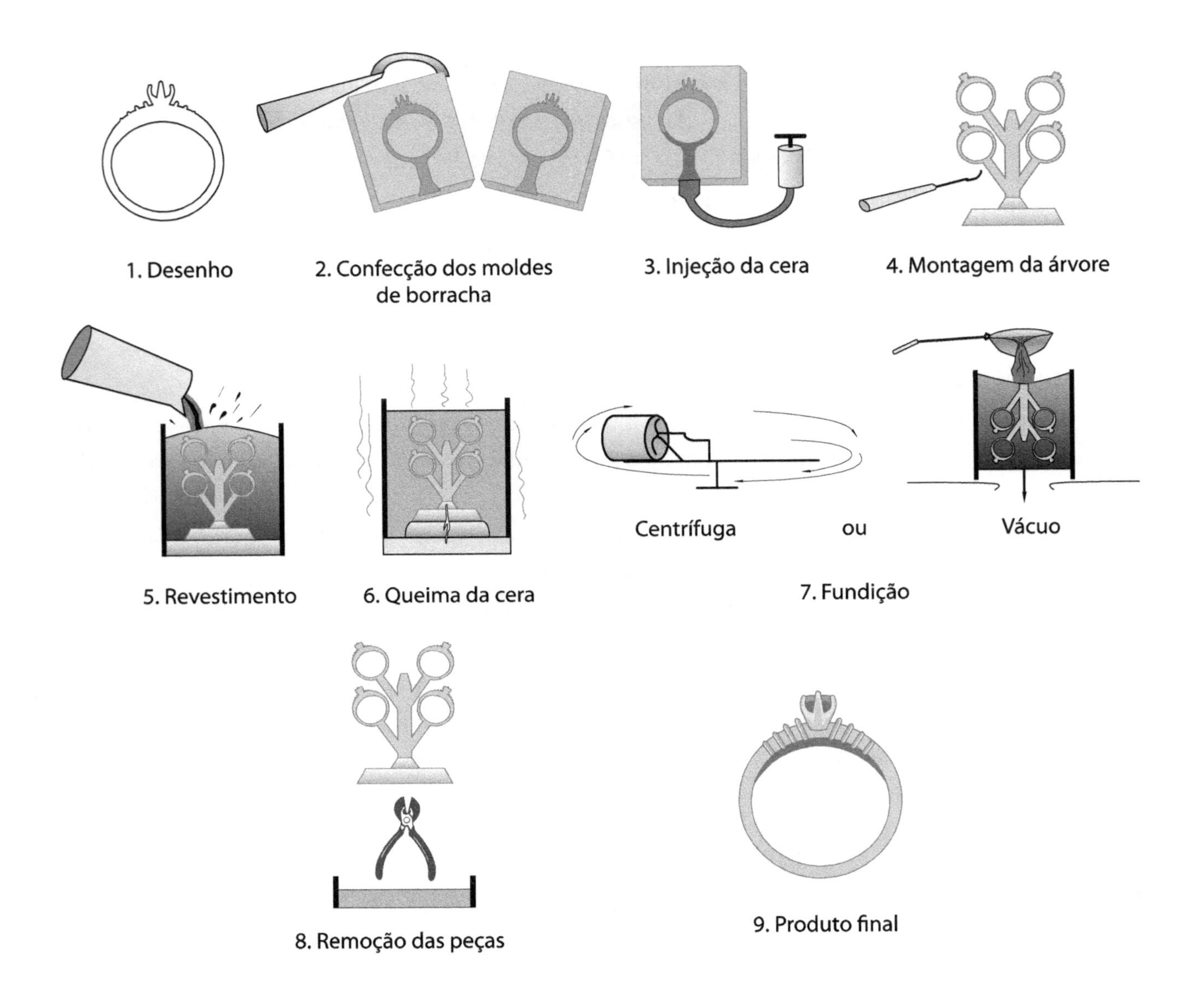

Figura 5.15 Etapas da fundição por cera perdida.

Os materiais indispensáveis para o processo de cera perdida são:

1. Borracha para a confecção de modelos.
2. Cera de injeção.
3. Revestimento refratário.

Os equipamentos necessários são:

1. Moldes para vulcanização da borracha.
2. Injetora de cera.
3. Ferramenta para ajuste de modelos de cera.
4. Um ferro de solda para fixação de modelos.
5. Cilindros de aço para contenção do molde.
6. Equipamento para mistura da massa refratária.
7. Estufa para retirada da cera.
8. Fornos para sinterização do molde.
9. Equipamentos para a fundição assistida: máquina de fundição centrífuga ou máquina de fundição a vácuo.

O procedimento descrito é utilizado na fundição de ligas de ouro, prata e latão. Para a fundição de ligas de estanho são omitidas as etapas 3, 4, 5 e 6 da Figura 5.15, pois o próprio molde de borracha serve de modelo permanente para a fundição. Estas ligas são fundidas industrialmente por força centrífuga.

As seguir serão descritas em mais detalhe as etapas do processo de fundição por cera perdida, mas serão também mencionados os procedimentos para a fundição de ligas de Sn em molde de borracha.

5.6.1 O modelo

O modelo pode ser confeccionado em metal com o trabalho convencional de ourivesaria, em madeira, cera ou plástico por cravação, ou ainda em plástico por método de prototipagem rápida. Os modelos metálicos podem receber eletrodeposição (de cromo ou ródio) para melhorar as suas qualidades de resistência ao desgaste e ao ataque pela borracha (que quase sempre contém enxofre em sua composição). O modelo consiste da peça e dos canais de ataque, e os detalhes a serem observados são:

- O acabamento superficial do modelo deve ser o melhor possível, pois qualquer irregularidade será reproduzida na peça final.
- Evitar secções muito longas de pequeno diâmetro e atentar para o posicionamento das áreas vazadas, pois estas serão regiões mais difíceis de preencher, além de gerar posições onde o modelo de borracha (e, futuramente, o revestimento) é fino e quebradiço. O rompimento do molde irá causar defeito na peça final.
- Peças ocas e vazadas devem ser dimensionadas de modo a poderem ser reproduzidas. A recomendação é a produção de partes a serem soldadas posteriormente, como mostra a Figura 5.16.
- Evitar cantos vivos em junções e detalhes, como mostra a Figura 5.17.

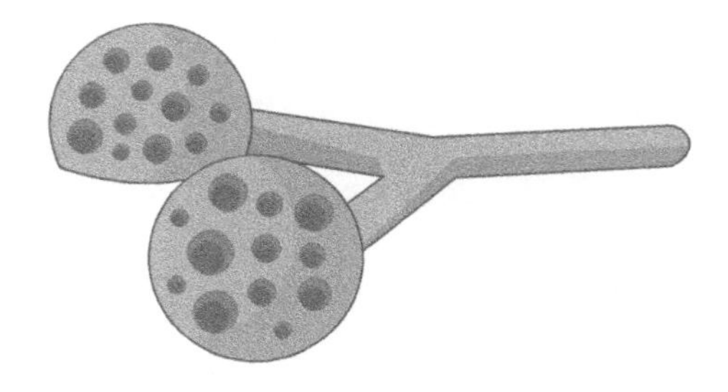

Figura 5.16 Modelo para peça de filigrana oca (Fonte: Referência 5.6).

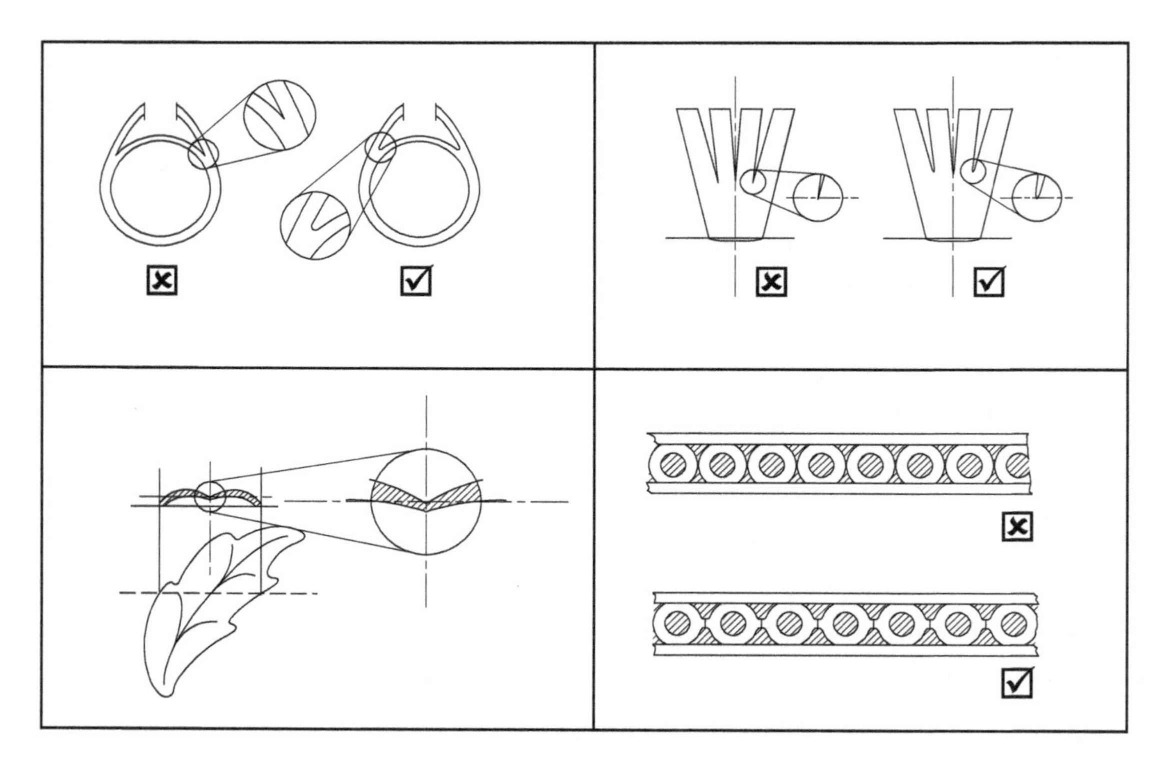

Figura 5.17 Exemplos de detalhes a serem observados na confecção de modelos: ☒ modo incorreto; ☑ modo correto (Fonte: Referência 5.6).

- Os modelos devem ser ligeiramente mais espessos do que a peça a ser produzida. As borrachas tendem a expandir após a vulcanização, fechando a cavidade do molde (ou seja, diminuindo a sua espessura) em cerca de 3 a 8% dependendo do tipo de borracha; já o metal contrai de 1 a 3% após a solidificação. Portanto, o projetista do modelo deve contar um uma diferença de volume que pode variar de 6 a 12% ou mais. Como regra geral, chapas e fios devem ser cerca de 10% mais espessos que o desejado na peça final.

- Os canais de ataque não podem ser subdimensionados, pois levam à falha de preenchimento durante a fundição. Ligas com maior intervalo de solidificação necessitam de canais de ataque mais espessos. Por exemplo: se o fundidor estiver trabalhando com ligas de Sn, as ligas 32 e 88 precisarão de canais mais espessos do que a liga 78. A junção entre canal de ataque e a peça deve ter curvatura suave, como mostra a Figura 5.18.

Figura 5.18 Erros mais comuns na fixação de canais de alimentação: ☒ modo incorreto; ☑ modo correto (Fonte: Referência 5.6).

Dados aproximados para a espessura do canal de ataque, para ligas de ouro e prata, em função do tamanho da peça, são dados na Tabela 5.1.

Tabela 5.1 Dimensões aproximadas do canal de ataque e número de canais necessários em função do peso da peça*.

Peso do modelo (g)	Diâmetro do canal de ataque (mm)	Número de canais de ataque/peça
20 (compacto)	2,5	1-2
20 (fino)	2,5	4-6
10 (compacto)	3	1-2
10 (fino)	2-2,5	3-5
5 (compacto)	2,5	1
5 (fino)	2	2-3
3	3	1

*Ligas de prata precisam de canais de ataque mais espessos, pois têm intervalo de solidificação maior do que as ligas de ouro.

- Os canais de ataque devem ser posicionados na secção mais espessa da peça, como mostra a Figura 5.19. Em modelos de anel feitos por cravação em cera, uma região de secção mais espessa pode ser criada para este fim na parte de trás do anel.

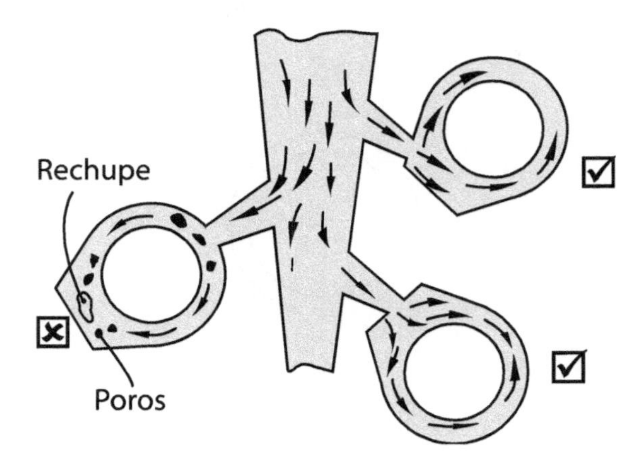

Figura 5.19 Posicionamento de canais de ataque na região mais espessa da peça: ☒ modo incorreto; ☑ modo correto.

O modelo em cera segue diretamente para as etapas de montagem da árvore e recobrimento com revestimento cerâmico.

Uma vez pronto o modelo em metal (Figura 5.20), são soldados um canal de ataque e uma ponta cônica que servirá para encaixar o bico da injetora de cera no molde de borracha. Com este modelo será feito o molde de borracha para a fabricação das cópias em cera.

No caso dos modelos para fundição de ligas de estanho, todo o sistema de alimentação pode ser feito em metal, mas também é comum que os canais de ataque sejam cortados na borracha após a sua vulcanização.

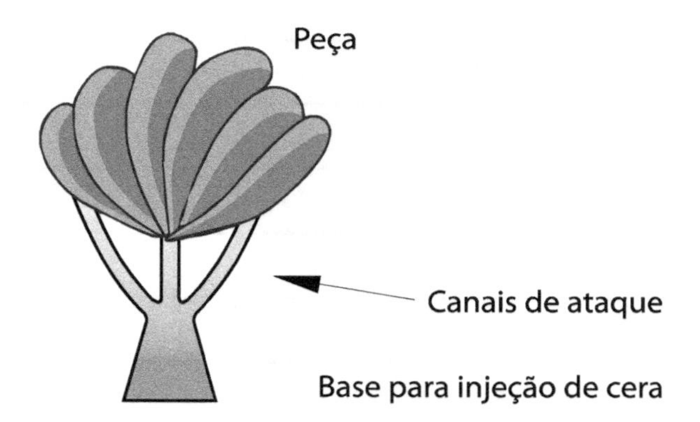

Figura 5.20 Modelo para preparação do molde de borracha.

5.6.2 O molde de borracha

O molde de borracha pode ter dois destinos principais:

1. Servir de molde para fundição de ligas de baixo ponto de fusão (ligas de Sn-Sb ou Sn-Pb).

2. Servir de molde para a reprodução de modelos de cera.

Existem vários tipos de borracha:

- borracha natural (látex)
- borracha de silicone
- borrachas de cura a frio

As principais características da borracha adequada são:

- Grande capacidade de reprodução de detalhes, assim como grande resistência ao rasgamento e ao calor.
- Resistência ao envelhecimento.
- Baixa aderência à cera ou à liga a ser fundida.
- Habilidade de manter suas propriedades de maciez e elasticidade, após a vulcanização, para que a extração do modelo seja fácil.
- Capacidade de reproduzir grande número de cópias.

As borrachas são comercializadas como uma massa crua distribuída em camadas de cerca de 3 a 4 mm com papel ou celofane isolando uma camada da outra. Podem vir em rolos ou placas. Placas circulares são mais utilizadas na fabricação de moldes para fundição de ligas de estanho.

Existem vários tipos de formulação de borracha e os procedimentos de cura devem seguir as instruções do fabricante. Borrachas de cura a quente são utilizadas para moldes metálicos apenas. Já as borrachas de cura a frio podem ser utilizadas com qualquer tipo de modelo.

Borracha natural

A borracha natural é produzida por uma mistura de látex, um polímero natural proveniente da seiva da seringueira (*Hevea brasiliensis*), coagulado e misturado com enxofre e outros componentes químicos e aditivos minerais que lhe conferem maior resistência mecânica. No processo de mistura e laminação das placas de borracha, ocorre um alinhamento das partículas de reforço, o que confere textura à borracha (as propriedades de alongamento e de retração na cura serão diferentes na transversal e na longitudinal da placa), detalhe que deve ser observado durante a montagem do molde de borracha. Sob a ação de pressão e calor, o enxofre se combina com as cadeias moleculares do látex tornando-as mais rígidas, formando a borracha. Este processo é chamado de vulcanização. A proporção entre enxofre e látex pode variar entre 1:10 e 1:1; quanto maior a quantidade de enxofre, mais rígida fica a borracha.

A borracha crua (não vulcanizada) reterá suas propriedades por até 1 ano se guardada longe de luz solar direta e em temperaturas inferiores a 21°C. Vida maior de estocagem poderá ser obtida se armazenada sob refrigeração, a não menos de 0 °C. A vulcanização acidental por exposição ao calor ou longa armazenagem torna a borracha inútil para confecção de moldes. Os fabricantes dão as seguintes recomendações para o armazenamento de borrachas:

- Evitar guardar borracha crua perto de fontes de calor, como máquinas, eletrodomésticos ou luz solar direta. Datar as embalagens no recebimento e girar o estoque, pois a borracha vulcaniza gradativamente durante sua vida útil.
- Não limpar a borracha com pedaços de algodão, ou cotonetes, pois fibras ficarão enterradas no molde.
- Tomar o cuidado de remover fiapos que podem aderir quando remover o tecido plástico que forra a borracha.
- Manipular a borracha tocando-a o mínimo possível para evitar contaminação com oleosidade que poderá separá-la em camadas. Tentar usar ferramentas como pinças, alicates e outras para empacotar os moldes; se for extremamente necessário tocar a borracha, fazê-lo pelas bordas.
- Não empacotar o molde cruzando a textura da borracha; isso pode produzir moldes duros, deformados ou empenados.

A borracha natural utilizada na fabricação de moldes de joalheria vulcaniza entre 160-170 °C e o processo pode demorar de 40 a 90 minutos (cerca de 7 a 15 minutos por camada de borracha adicionada no molde).

Borracha de silicone

As borrachas de silicone são borrachas sintéticas compostas de silicone e cloretos orgânicos. O silicone é um polímero composto de cadeias de silício, oxigênio e hidrogênio. As suas características de estocagem são muito semelhantes às das borrachas naturais.

Os agentes vulcanizadores do silicone são o enxofre e o óxido de zinco. As condições de cura das borrachas de silicone são aproximadamente 180 °C e 2 minutos, para cada milímetro de espessura (esses parâmetros variam com a composição da borracha, portanto devem ser seguidas as especificações do fabricante).

Algumas vezes, as composições de borrachas de silicone são incompatíveis com as das borrachas naturais, por isso os dois tipos não devem ser misturados durante a vulcanização.

As borrachas de silicone têm muitas vantagens sobre as naturais:

- São mais resistentes à temperatura e à oxidação.
- Dispensam o uso de lubrificantes e desmoldantes entre a cera-borracha e molde-borracha, gerando modelos de melhor qualidade superficial.
- Podem ser manuseadas com as mãos e exigem menos cuidados.
- Têm velocidade de envelhecimento menor e mantêm as qualidades, mesmo com o uso de temperaturas mais altas.
- Dão maior reprodução de detalhes.
- São mais fáceis de cortar.

As borrachas de silicone são utilizadas na fabricação de moldes para reprodução em cera e para a fundição de ligas de estanho, chumbo e bismuto.

Borrachas de cura a frio

As borrachas de cura a frio são feitas à base de silicone ou de poliuretano. Sua grande vantagem é não sofrer variação de volume durante a cura e, portanto, oferecerem uma reprodução mais precisa. A contração da cavidade do molde com borrachas vulcanizadas a quente nunca é precisa, sofrendo grandes variações, e por isso as borrachas de cura a frio são mais recomendadas para peças feitas de módulos que deverão ser montados após a fundição. Além disso, elas podem ser utilizadas para reprodução de modelos feitos em cera.

Estas borrachas são encontradas em dois tipos: as líquidas e as viscosas (com consistência de gel). As últimas só podem ser utilizadas na reprodução de modelos mais duros do que a cera.

Às borrachas líquidas é adicionado um agente de cura, e os dois reagentes devem ser bem misturados. É importante que a proporção entre agente de cura e borracha seja muito precisa, pois isso afeta as propriedades de rigidez do produto final. Depois da mistura o líquido é inserido em uma câmera de vácuo para retirada do ar e, em seguida, vazado em um molde metálico onde se encontra fixado o modelo. O processo de cura dura em geral cerca de 24 horas, mas existem borrachas de cura a frio com tempos de cura de 2 horas.

A principal desvantagem deste tipo de molde, além do tempo prolongado de cura, é o fato de ser muito sensível ao calor e se deteriorar mais rapidamente do que os modelos feitos com borracha vulcanizada a quente.

Os procedimentos de montagem dos moldes de borracha para fusão de ligas de estanho e o de reprodução de modelos de cera são muito semelhantes, como mostra a Figura 5.21:

1. A borracha é cortada para que encaixe em um molde metálico, geralmente uma moldura de alumínio.
2. Placas de borracha são inseridas no molde até mais ou menos a metade.
3. O modelo com o sistema de alimentação é colocado no molde, assim como pinos-guia, que servirão para garantir que as duas metades do molde se encaixem perfeitamente uma sobre a outra após a vulcanização.
4. A segunda metade do molde é preenchida com camadas de borracha. A diferença aqui é que, no caso do molde para fundição de ligas de estanho, é aplicado desmoldante em toda a superfície da borracha após a colocação do modelo para que a superfície de partição seja plana.
5. As faces superior e inferior são fechadas com placas metálicas protegidas com folhas de alumínio. Talco é o material normalmente utilizado como desmoldante.
6. O molde é colocado em uma vulcanizadora, que é uma prensa hidráulica com placas quentes. As placas são aquecidas até a temperatura de vulcanização da borracha e ela começa a amolecer. As placas superiores do molde são então comprimidas contra a borracha, fazendo com que esta preencha todas as cavidades do modelo.
7. Após a vulcanização a borracha é retirada da moldura metálica, e cortada ao meio para a retirada do modelo. A borracha para fundição de ligas de estanho, que teve adição de desmoldante na sua linha média, é separada com cuidado para que não haja ruptura do molde. Já a borracha para reprodução de modelos de cera precisa ser cortada com um bisturi, e há várias recomendações a serem seguidas, como mostrado adiante.

a) Moldes para vulcanização

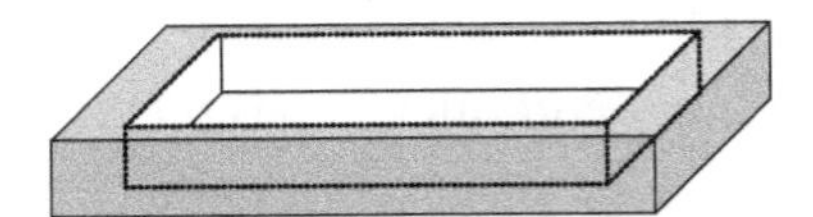

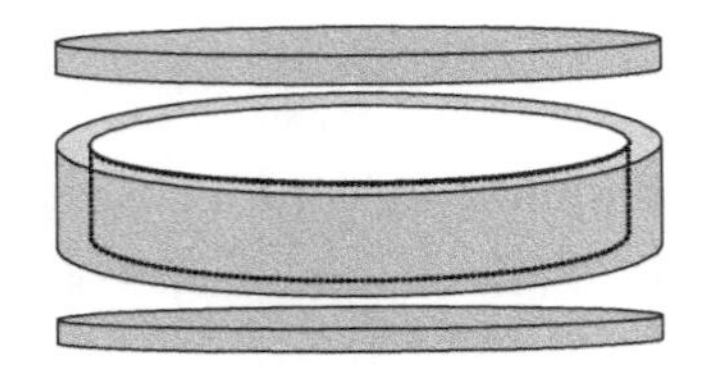

b) Modelos

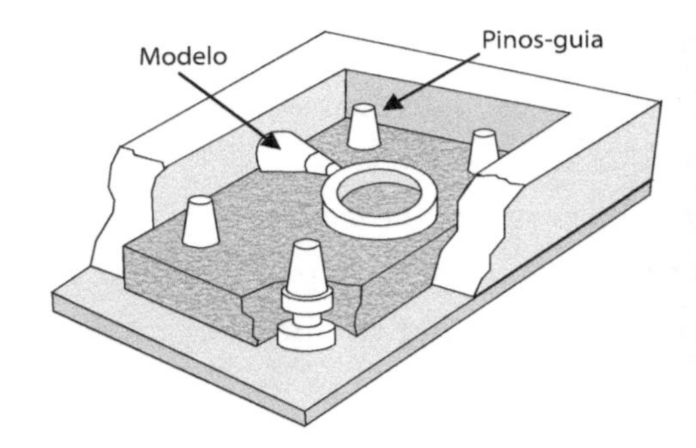

c) Borracha vulcanizada

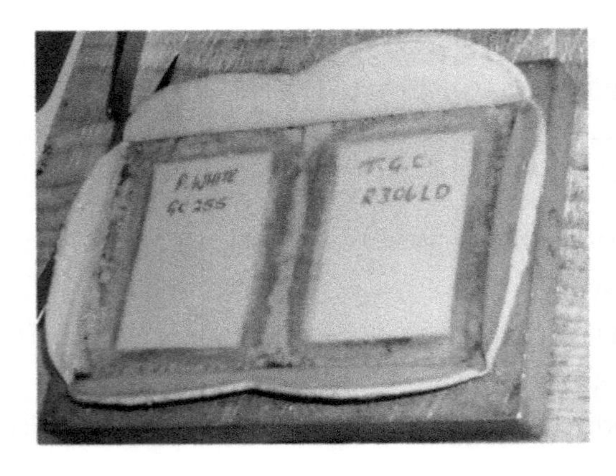

Vulcanizadora

d) Corte da borracha

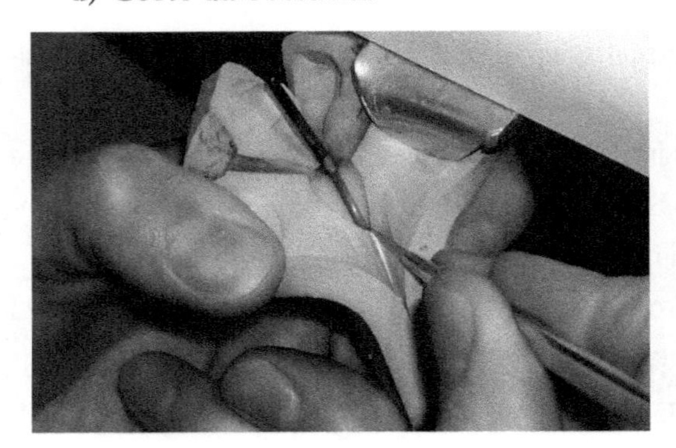

Corte dos canais de alimentação

e) Injeção da cera

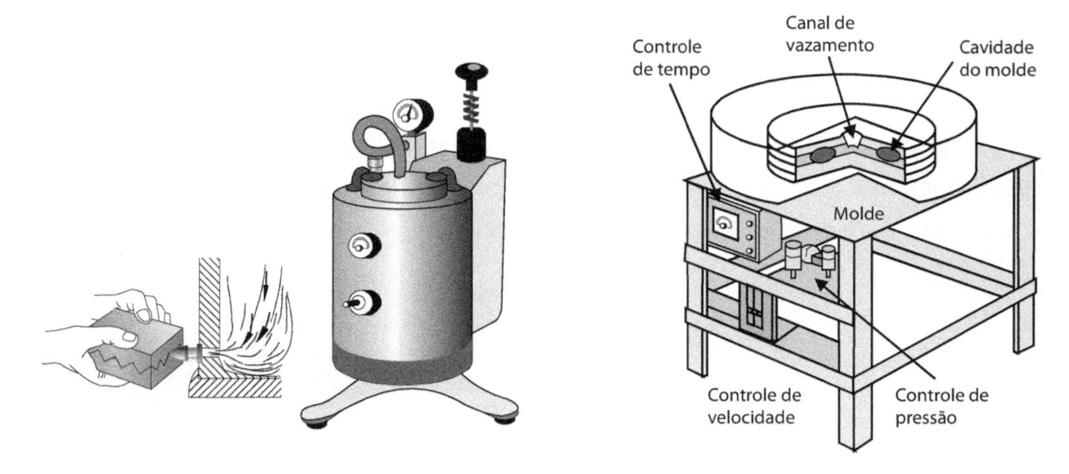

f) Produto final: modelo em cera ou peça metálica

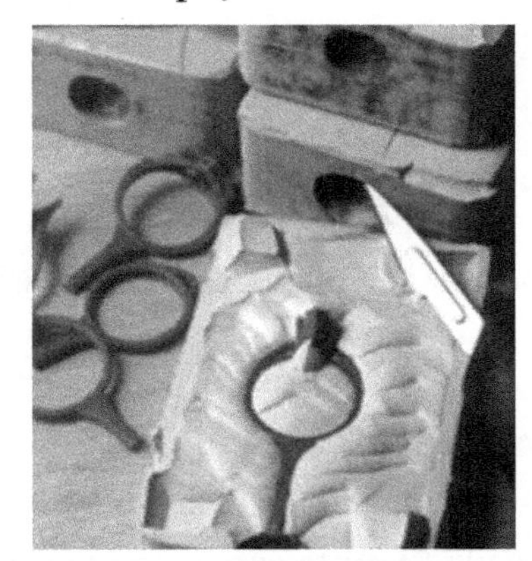

Figura 5.21 Etapas da produção do molde de borracha. À esquerda são apresentadas as figuras da fabricação de moldes para reprodução de peças em cera e à direita, as figuras da fabricação de moldes para a fundição de ligas de baixo ponto de fusão (temperatura inferior a 350 ºC).

O processo de corte da borracha requer muita habilidade, pois deve produzir duas metades que se encaixem perfeitamente e a linha de corte deve seguir os cantos do modelo para que as peças em cera sejam extraídas sem imperfeições. Há técnicas diferentes de cortar a borracha, as principais são:

O corte é feito com um bisturi e inicia junto à base de injeção da cera e segue contornando a linha média do molde. O corte inicial é pouco profundo e pode ser reto ou em zigue-zague (ver Figura 5.22a). Este é geralmente utilizado em modelos que não possuem pinos-guia; outra opção na ausência destes é um sistema de macho e fêmea que é cortado com a ajuda do próprio bisturi, como mostra a Figura 5.22b:

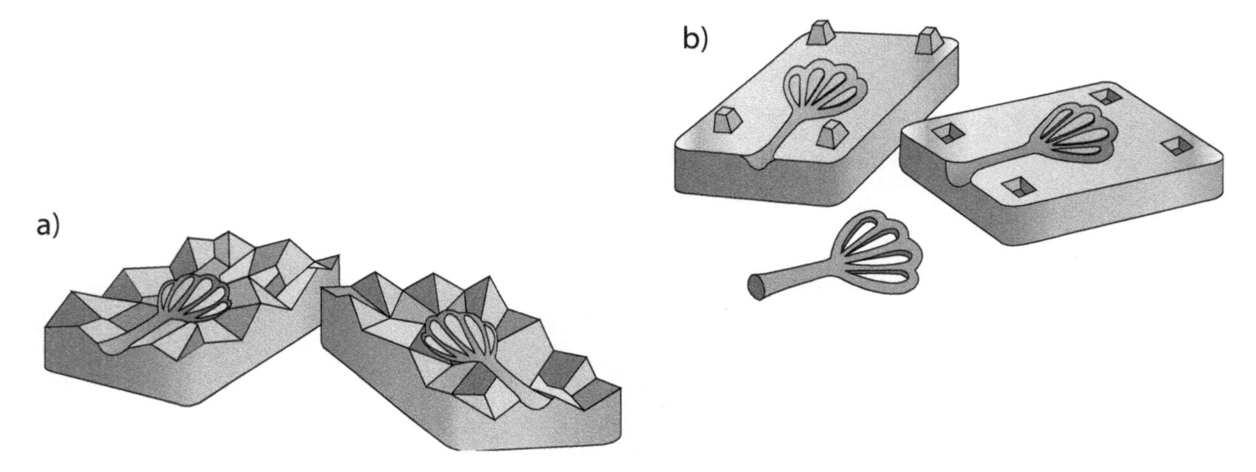

Figura 5.22 Maneiras de cortar o molde de borracha no caso de ausência de pinos-guia.

Uma vez cortado o sistema de alinhamento do molde, começa um segundo corte para liberar o modelo, que, por estar embutido, tem localização indefinida. No início se segue o canal de ataque, e um gancho fixo na bancada auxilia a separar uma metade da outra enquanto se faz o corte (ver Figura 5.21d). O corte da parte interna pode ser reto ou ondulado, e quando o modelo da peça começa a aparecer, escolhe-se uma linha de corte.

A linha de corte deve, de preferência, seguir junto a cantos e nunca no meio de faces lisas. Deve-se ter em mente que o objetivo é conseguir retirar os modelos em cera facilmente e sem que seja necessário torcer a cera, o que causaria distorções na peça final. O corte de modelos de anéis espessos é mais complexo, pois precisa incluir o corte de um macho.

Os defeitos que têm origem no molde de borracha são em geral causados por:

- Linhas de partição mal posicionadas ou espessas.
- Mecanismos de alinhamento mal construídos, que causam distorção quando do fechamento do molde, gerando linhas de partição visíveis, degraus, preenchimento excessivo ou vazios, além de diferenças de espessura de parede.

- Moldes para injetoras com baixa pressão devem incluir canais de ventilação. A falta de saídas de ar pode causar preenchimento incompleto, bolhas na cera, não preenchimento de detalhes, e peças com peso não homogêneo.
- A base para a injeção da cera deve encaixar bem na máquina de injeção e ter superfície lisa para evitar que ar seja succionado para dentro do molde e garantir que a cera não seja impedida de entrar no molde.
- Má vulcanização da borracha. A falta de vulcanização deixa frágil a região dos detalhes, que podem se romper com o uso. A vulcanização excessiva deixa o molde duro e mais sujeito à decomposição, além de causar a quebra de detalhes finos da cera por não ceder durante a retirada das peças.

A vida útil dos moldes depende do número de ciclos de injeção, do seu projeto (o que inclui o tipo de modelo e o corte) e do tipo de desmoldante utilizado para facilitar a extração dos modelos de cera. Um molde gasto apresenta superfície rugosa, inclusão de talco e detalhes quebrados.

5.6.3 A injeção da cera

O processo tem como objetivo a reprodução em massa de modelos em cera. Esta é injetada no estado líquido por uma injetora na cavidade do molde de borracha e, ao solidificar, clona o modelo original. O modelo em cera deve ter superfície com acabamento idêntico ao do modelo original, além de ser isento de poros. A presença de porosidade irá diminuir o peso do modelo de cera e prejudicar o cálculo do material necessário na etapa de fundição do metal. Além disto, bolhas podem colapsar durante o processo de revestimento, danificando o molde cerâmico. O peso de uma série de peças reproduzidas deve ser constante, pois isso se refletirá no peso das peças em metal.

A cera é um polímero composto na sua maior parte de carbono, oxigênio e hidrogênio. Pode ter origem animal (cera de abelha), vegetal (cera de carnaúba, candelia) ou mineral (parafina, lignina) e sua densidade varia entre 0,815 e 0,996 g/cm^3. Após a queima, não deve deixar traços que venham a sujar o molde cerâmico.

A cera utilizada deve ser de boa qualidade; isso quer dizer que, durante seu aquecimento, não deve formar compostos que causem falta de preenchimento, poros e superfícies rugosas nos modelos. Além disso, deve ter resistência mecânica moderada e elasticidade para que aqueles possam ser retirados do molde sem distorções. Deve ter alta fluidez, sua contração na solidificação não deve comprometer a forma original do modelo, e precisa resfriar rapidamente.

Existem dezenas de formulações de cera disponíveis no mercado e cada fabricante faz a escolha que lhe parece mais adequada.

Nos moldes de borracha de látex, é necessário o uso de desmoldantes para garantir que a cera não grude no molde. O uso de talco pode gerar porosidade superficial nas peças, e ele, em geral, é substituído por óleo à base de silicone.

A injetora de cera é um equipamento que consiste em um forno elétrico e um sistema de pressão, que comprime o ar dentro do forno e expele a cera líquida. Os modelos mais simples e antigos têm uma bomba manual e uma válvula que faz com que ar seja succionado para dentro da câmera de fusão e comprima a massa de cera líquida. A cera escapa por um bico que, ao ser pressionado, abre um orifício em contato com o interior da câmera, como mostra a Figura 5.23. Inicialmente, a injetora é aquecida até aproximadamente 70 ºC, a cera sólida é introduzida na câmera, que é fechada, e em seguida aplica-se uma pressão de cerca de 0,5 bar. A pressão exercida pelo molde de borracha contra o bico injetor e o tempo de enchimento devem ser ajustados por tentativa e erro.

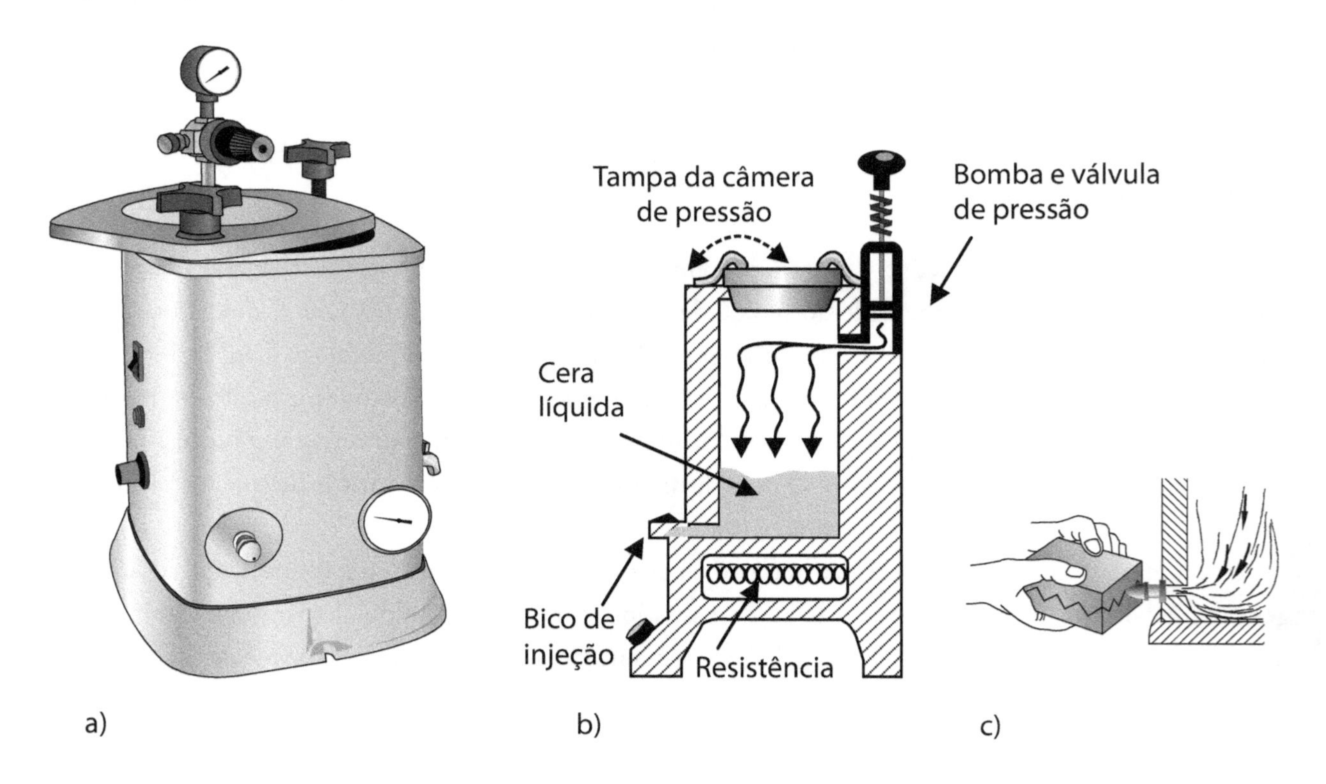

Figura 5.23 Modelo de injetora de cera: a) aparência externa; b) sistema de funcionamento; c) controle manual da injeção.

Outro modelo de injetora, mais sofisticado, é o de injeção com aplicação de vácuo na cavidade do molde. Este equipamento diminui a incidência de problemas envolvidos com o injetor, tais como presença de bolhas de ar, preenchimento incompleto e limitação da espessura de parede a ser preenchida. O equipamento conta com uma bomba de vácuo que esgota o ar do molde antes da injeção da cera. O sistema pode contar ainda com uma central que controla o tempo de injeção, a temperatura da cera e o ciclo de operação. Outro equipamento dispõe de uma prensa pneumática, que fixa o molde de borracha e aplica pressão contra o bico injetor de modo variável ajustado ao tipo de peça a ser injetada. A Figura 5.24 mostra um desenho deste tipo de injetora; são máquinas que trabalham com uma pressão de 10 bar e têm capacidade de 5 kg de cera.

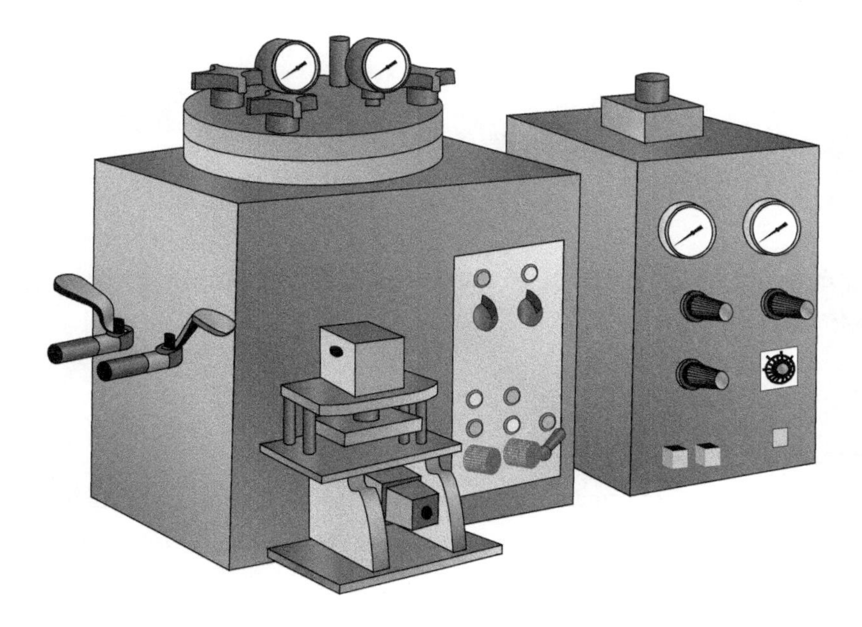

Figura 5.24 Injetora de cera com aplicação de vácuo e controle automático dos parâmetros de injeção.

Os defeitos mais comuns no processo de injeção são:

1. **Bolhas:**

- Bolhas de ar, causadas por falta de saídas de ar no molde de borracha, mau acoplamento entre o bico da injetora e o molde, ou pressão de injeção muito elevada.
- Bolhas de gás, provenientes do aquecimento excessivo da cera, quando a temperatura ultrapassa seu ponto de vapor.
- Bolhas de vapor d'água provenientes de moldes úmidos, ou de vapor presente na câmera de aquecimento da cera, ou originadas por quantidade insuficiente de cera na câmera de injeção.

As bolhas têm secções arredondadas e são vistas quando se coloca o modelo de cera contra a luz; podem ser superficiais, com apenas uma membrana de cera na superfície (ver Figura 5.25). As bolhas superficiais colapsam durante a etapa de revestimento gerando peças com depressões na sua superfície ou buracos.

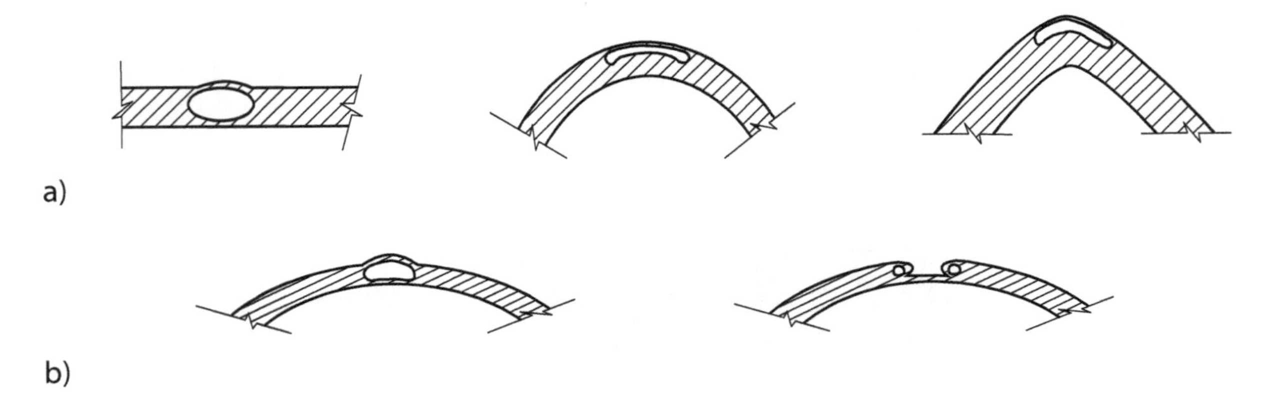

Figura 5.25 Bolhas em modelos de cera: a) aspecto da secção transversal de bolhas superficiais; b) colapso de uma bolha superficial (Fonte: Referência 5.6).

2. Superfície áspera:

A superfície áspera granulada tem origem na presença de contaminantes (partículas sólidas) provenientes de restos de talco desmoldante na borracha, ou de pó presente em cera reciclada. As partículas sólidas presentes na câmera de aquecimento de cera decantam formando uma borra no seu fundo e são eventualmente carregadas pelo fluxo de injeção, indo parar no molde.

3. Peças muito pesadas:

Se a pressão de injeção for muito alta, a borracha cede e expande, gerando modelos de maior espessura e mais pesados. Além disso, pode ocorrer deslocamento das linhas de partição do molde resultando uma linha em relevo no modelo.

A Tabela 5.2 mostra os defeitos originados de mau ajuste dos parâmetros de processo: temperatura, pressão, tempo de injeção, tempo de abertura do molde.

Tabela 5.2 Efeito dos parâmetros de processo na qualidade dos modelos de cera (Fonte: Referência 5.6).

Parâmetro	Causa	Defeitos
Temperatura da cera	Muito quente	• porosidade de contração • superfícies irregulares • adesão à borracha do molde • tempo de operação mais longo • perda de cera no canal de ataque
	Muito fria	• preenchimento incompleto • falta de definição • perda de detalhes • fusão incompleta e juntas frias no modelo
Pressão	Muito alta	• peças mais espessas • abertura da linha de corte
	Muito baixa	• preenchimento incompleto • falta de definição • perda de detalhes • fusão incompleta e juntas frias no modelo
Tempo de injeção	Retirar do bico de injeção muito cedo	• a cera não iniciou a solidificação e escorre do molde, gerando buracos no modelo
Tempo de abertura do molde	Muito curto	• perda de definição • distorção do modelo
Modelo	Muito quente	• porosidade de contração • superfícies irregulares • adesão à borracha do molde • tempo de operação mais longo • perda de cera no canal de ataque
	Muito frio	• falta de preenchimento • falta de definição • juntas frias no modelo

5.6.4 A montagem da árvore

O modo mais comum de montagem dos modelos é a árvore. O equipamento para a montagem da árvore consiste de:

- Bases de borracha vulcanizada (Figura 5.26a), que contêm uma borda e um ressalto central com um furo. Este irá suportar o pino de cera que servirá para moldar o canal de descida, com diâmetros que variam entre 80 e 100 mm.
- Cilindros ou cones de cera (Figura 5.26b), com diâmetros de aproximadamente 12 a 16 mm (medida b) e altura variando entre 80 e 220 mm (medida g).
- Um soldador elétrico para a cera (Figura 5.26c).
- Um suporte de montagem (Figura 5.26d).

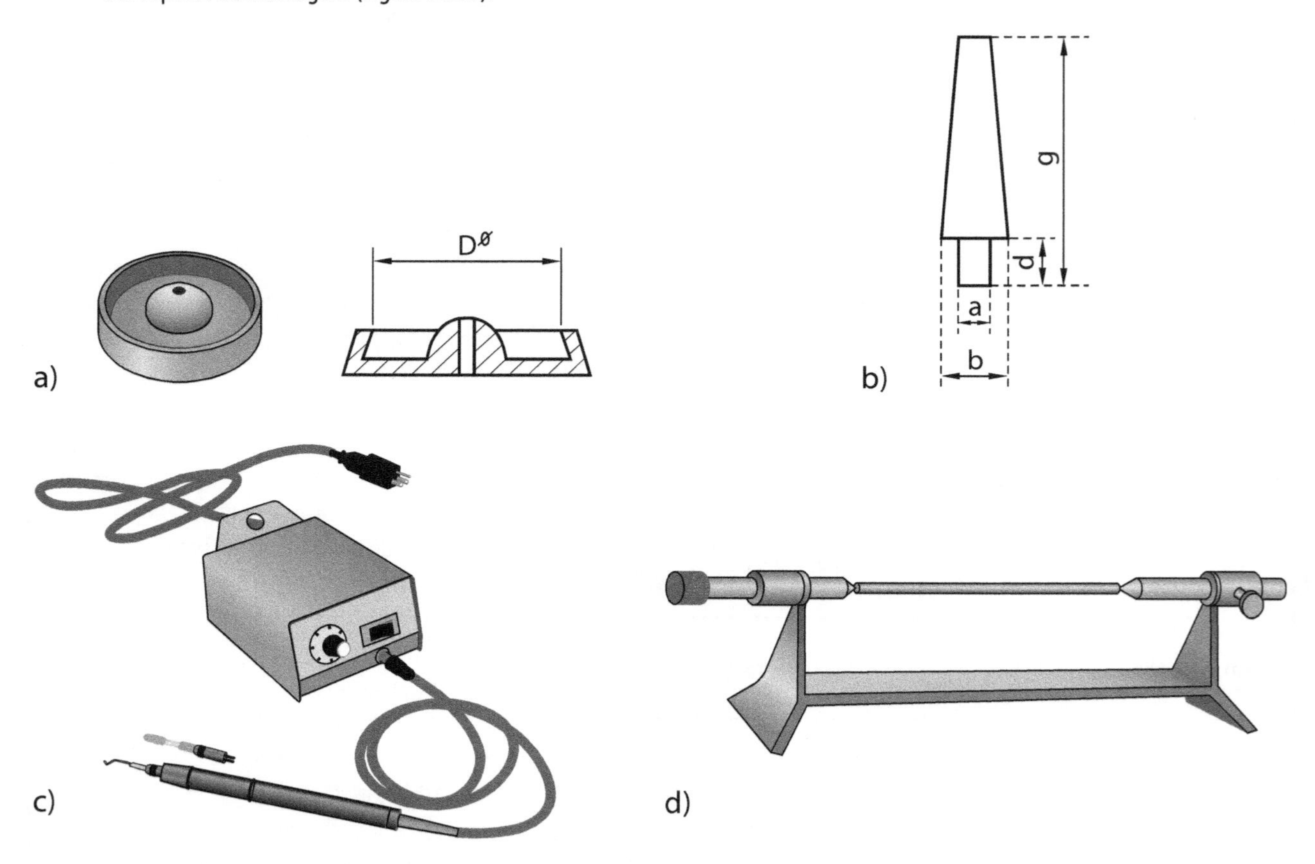

Figura 5.26 Equipamentos para montagem da árvore para fundição por cera perdida: a) base de borracha vulcanizada; b) pino de cera ou espiga; c) soldador elétrico para cera; d) suporte para montagem.

Normalmente, o cilindro ou cone do canal de alimentação é fixado no suporte de montagem ou diretamente na base de borracha, e os modelos são soldados ao canal com um ferro de solda, ou faca aquecida.

Um grande problema na prática da fundição ocorre quando o pino de cera (ou espiga) não é considerado como um reservatório de metal líquido, como descrito anteriormente, mas apenas como um condutor de metal líquido. O perigo é ter espigas muito finas, por razões de economia, o que leva a peças mal alimentadas e com defeitos, microporosidade sendo o mais comum.

A disposição dos modelos de cera na coluna central é extremamente delicada, pois o operador precisa incliná-los com um ângulo de cerca de 60°, e efetuar a solda enquanto a cera está quente, mantendo uma distância constante entre os demais, tanto na horizontal quanto na vertical.

Quando a árvore está montada, os modelos em cera ficam posicionados em espiral para que todos sejam preenchidos pelo metal. O ideal é colocar na mesma árvore peças de tamanhos e desenho semelhantes. Não sendo possível, as mais finas devem ser posicionadas nas regiões de maior pressão hidrostática (longe do cone de vazamento), e as mais grossas, nas regiões de menor pressão (próximo ao cone de vazamento), como mostra a Figura 5.27.

A junta entre o canal de ataque e o canal de alimentação não deve conter depressões, mas deve ter curvatura suave para evitar regiões de turbulência durante o vazamento. O posicionamento dos modelos deve ser tal, que se evite aprisionamento da cera na etapa de retirada desta.

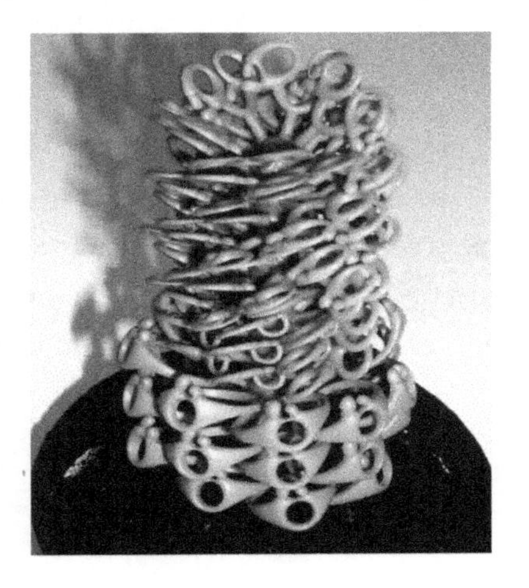

Figura 5.27 Posicionamento dos modelos de cera na árvore de fundição (Fonte: Hoben).

Os modelos precisam manter pelo menos 4-5 mm entre um e outro, para evitar superaquecimento do molde entre as cavidades e a sua quebra. A recomendação é localizar as partes espessas de um modelo junto às partes finas do modelo seguinte, tentando fazer com que a distribuição de calor seja homogênea. A borda da árvore deve estar a 5-10 mm da parede do cilindro metálico, e a distância entre o último modelo e o topo do molde cerâmico deve ser de pelo menos 20 mm para evitar que o revestimento se quebre (ver Figura 5.28a).

Se a árvore se destinar à fundição centrífuga (Figura 5.28b), a disposição dos modelos pode ser invertida na extremidade de maior pressão hidrostática, porque neste processo há elevada velocidade do metal líquido e a inversão diminui a turbulência durante a entrada do líquido no molde.

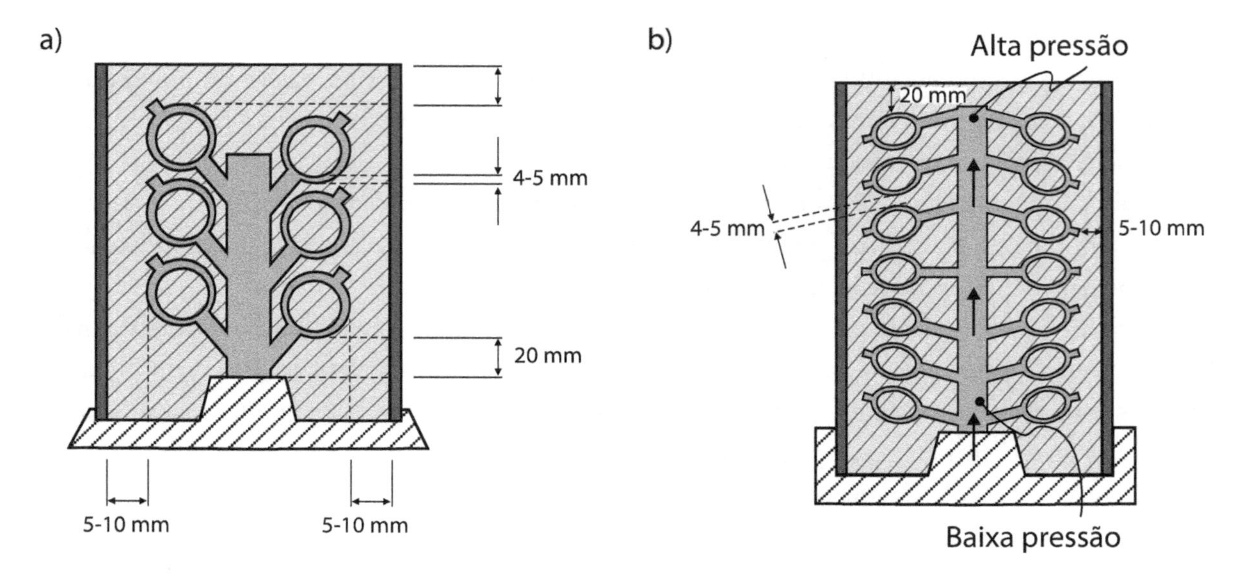

Figura 5.28 Diferentes configurações de árvores de fundição: a) fundição a vácuo; b) fundição centrífuga.

Antes de proceder à pesagem da árvore, ela deve ser lavada e seca, para retirada de partículas de sujeira que possam contaminar o molde cerâmico. Nesta etapa a árvore pode receber um tratamento com um tenso-ativo que irá melhorar o molhamento da cera pelo revestimento.

A pesagem da árvore e da base de borracha é necessária para o cálculo da quantidade de metal para a fundição, cálculo esse baseado na conservação de volume. A cera tem uma densidade de aproximadamente 1 g/cm^3 e, portanto,

$$V_{cera} = V_{metal}$$

$$\frac{m_{cera}}{\underbrace{\rho_{cera}}_{1}} = \frac{m_{metal}}{\rho_{metal}}$$

$$m_{metal} = m_{cera} \cdot \rho_{metal}$$

onde:

V_{cera} = volume da cera

V_{metal} = volume do metal

ρ_{cera} = densidade da cera

ρ_{metal} = densidade do metal

5.6.5 Preparando o molde cerâmico

Após a construção da árvore, o conjunto é fechado em um cilindro metálico, ver exemplo na Figura 5.29. Os cilindros em aço carbono ou aço inoxidável devem ser resistentes ao ciclo térmico de preparação do revestimento; os de aço inoxidável são mais duráveis, embora mais caros. Podem ter parede lisa se o processo de fundição utilizado for a fundição centrífuga, ou perfurada se o processo de fundição for assistido por vácuo, e devem encaixar perfeitamente na base de borracha.

Figura 5.29 Cilindros para contenção da massa refratária.

Durante a colocação do cilindro, deve-se evitar que a árvore toque sua parede. Depois de encaixar o cilindro, as paredes são revestidas com papel para fechar os furos, caso eles sejam perfurados.

O estágio seguinte consiste em despejar a massa cerâmica, que deve ser capaz de reproduzir exatamente a superfície dos modelos e ter resistência mecânica alta o suficiente para suportar a pressão hidrostática do metal líquido. Outros requisitos desta cerâmica são:

- Ser refratária.
- Não mudar sua composição química, como por exemplo sofrer decomposição em produtos que venham a reagir com o metal líquido.
- Ter permeabilidade moderada para permitir a saída de ar e gases enquanto o metal líquido preenche o molde.
- Sua expansão deve compensar a contração do metal durante a solidificação.
- Ter granulometria fina o suficiente para permitir boa reprodutibilidade de detalhes.
- Deve quebrar facilmente após a fundição para facilitar a remoção das peças.
- Ser barata, pois não poderá ser reutilizada.

Esta massa cerâmica é feita essencialmente de:

- *Sílica*: constituída de uma mistura de cristobalita (dióxido de silício SiO_4) e quartzo (SiO_2) em proporções aproximadas de 4:3. O teor total de sílica no revestimento varia de 60 a 80% e proporciona resistência a altas temperaturas. A sílica é responsável pela expansão do refratário durante o resfriamento, que irá compensar a contração do metal.
- *Gesso* (sulfato de cálcio semi-hidratado $CaSO_4 - ½ H_2O$): age como aglomerante, e ao ser misturado com água se dissolve formando uma massa dura e resistente de sulfato de cálcio bihidratado ($CaSO_4 - 2H_{20}$). O gesso, quando seco, forma uma rede de pequenas agulhas em torno das partículas de sílica, o que gera uma microestrutura porosa que dá ao revestimento a permeabilidade necessária para que o ar contido no molde possa ser expulso durante o vazamento. O teor de gesso do revestimento varia entre 20 e 40%.

- *Aditivos*: perfazem cerca de 1% da composição do revestimento e têm inúmeras funções, como a de controle do tempo de secagem e da expansão, além de exercer função redutora (ácido bórico, pó de carvão). Alguns elementos, como cloreto de sódio e sulfeto de potássio, aceleram o tempo de secagem do revestimento, além de fazer com que a mistura seja mais solúvel em água. Outros, como bórax, carboneto de potássio e substâncias coloidais, retardam o tempo de secagem do revestimento.

O revestimento é comercializado na forma de pó, que deve ser misturado com água para formar uma massa viscosa e homogênea. Esta será vazada no frasco formado pelo cilindro e a base de borracha, como ilustra a Figura 5.30.

O pó é higroscópico, por isso deve ser mantido em lugar seco e em recipiente fechado; antes de ser utilizado, deve ser misturado e desaglomerado. Para garantir um produto homogêneo, recomenda-se desaglomerar o material em um tambor rotativo. Após essa operação, o pó é pesado e misturado com água de acordo com as recomendações do fabricante.

Em geral o pó é adicionado à água e não o contrário, para evitar a formação de pelotas. A mistura pode ser feita à mão, com o uso de um misturador manual em um recipiente apropriado ou em máquinas especialmente projetadas para isso (Figura 5.31) que permitem que a mistura seja feita sob vácuo.

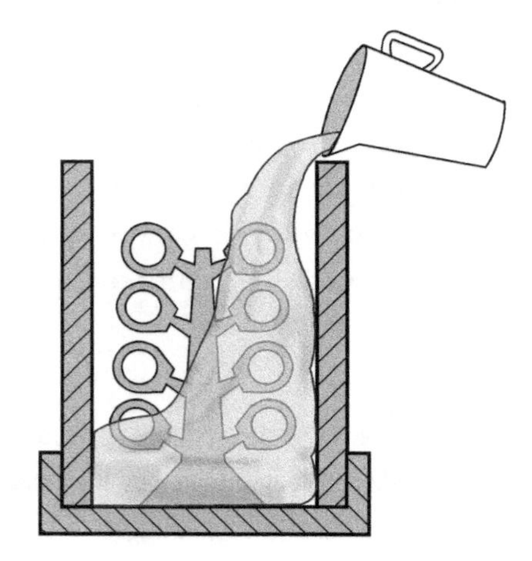

Figura 5.30 Preenchimento do frasco contendo a árvore de fundição com massa cerâmica.

a) 

b) 

Figura 5.31 Alternativas de mistura de água e revestimento: a) manual; b) mecânica (Fonte: Hoben).

Tipicamente, 1 kg de pó é misturado com 360-420 g de água; a proporção exata depende do tipo de revestimento e da complexidade dos modelos. Os mais pesados e espessos requerem massa mais compacta e a mistura recebe menos água (360-370 g); já peças finas requerem massa mais fluida e a mistura recebe mais água (400 g). Esta deve estar entre 20 e 25 °C, e a densidade da mistura pó/água será de aproximadamente 1,55 g/cm³. Com o valor da densidade da mistura e sabendo o volume do cilindro de fundição, é possível calcular a quantidade de pó necessária:

$$V_{cilindro} = V_{cerâmica}$$

$$V_{cilindro} = \frac{m_{cerâmica}}{\rho_{cerâmica}}$$

$$m_{cerâmica} = m_{pó} + m_{água}$$

O tempo de cura do revestimento (reação entre o gesso e a água) é de cerca de 10 min. Isso significa que neste intervalo deve-se efetuar a mistura (3 min), o ar presente na massa cerâmica precisa ser eliminado (câmara de vácuo – 2 min), a massa deve ser vertida nos cilindros (1 min) e o ar presente no cilindro após o vazamento deve ser retirado (câmara de vácuo – 4 a 6 min). O vazamento da massa refratária nos cilindros deve ser feito lentamente e de maneira uniforme, no espaço entre o cilindro e a árvore.

Existem vários equipamentos para esta etapa do processamento, comumente chamados de inclusoras. O mais comum é o que acopla uma campânula e um estágio de vazamento de metal líquido à mesma bomba de vácuo, como mostra a Figura 5.32. Existem outros equipamentos que fazem a mistura e vazam o refratário aplicando vácuo nos dois estágios, tendo capacidade de preencher vários cilindros em uma única operação.

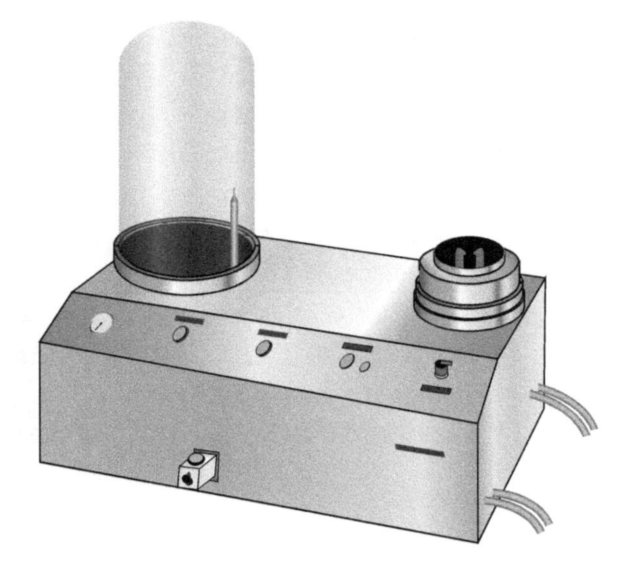

Figura 5.32 Equipamento que combina inclusora e câmera de vazamento de metal líquido em uma mesma bomba de vácuo.

Após a moldagem, os tubos devem permanecer em descanso durante 1 a 2 h, dependendo do seu tamanho, para que o gesso endureça e perca uma parte da água por evaporação. Quando o gesso está suficientemente duro, a base de borracha é retirada. O formato da base de borracha molda a entrada do canal de vazamento do molde cerâmico.

Esta etapa do processamento pode gerar as seguintes falhas: rachaduras e barbatanas, marcas d'água, bolhas e esferas na superfície das peças. As causas destas falhas são detalhadas na Tabela 5.3.

Tabela 5.3 Falhas decorrentes da etapa de inclusão do revestimento (Fonte: fotografias Hoben).

Tipo de defeito	Causa	Solução
Rachaduras no revestimento, que levam à formação de barbatanas	• Proporção incorreta de pó e água (muita água). • O tempo de trabalho do revestimento não está sendo todo usado. • Ciclo muito longo. O revestimento começa a quebrar quando está sob vácuo. • Os tubos foram manuseados antes do término do período de repouso.	• Usar a proporção correta de água, principalmente com máquinas de fundição a vácuo, onde esses problemas são frequentes. • Manter o tempo e a temperatura de trabalho do revestimento recomendados pelo fabricante. • Deixar os tubos em total repouso por no mínimo 1 hora.
Bolhas, esferas completas e incompletas	• Revestimento muito grosso ou pouca água (ou revestimento de baixa qualidade). • Bomba de vácuo insuficiente. • Ciclo de trabalho muito longo. O revestimento começa a endurecer quando ainda está sob vácuo. • Eletricidade estática na cera.	• Usar a proporção correta de água e pó. • Manutenção ou troca da bomba de vácuo. • Lavar a cera. Obs.: A cera deverá está completamente seca para sua utilização.
Marcas d'água	• Proporção incorreta de pó e água (muita água). • O tempo de preparo do revestimento não é o recomendado.	• Usar a quantidade correta de água (especialmente quando se utiliza máquinas a vácuo). • Manter o tempo e a temperatura de trabalho do revestimento recomendados pelo fabricante.

5.6.6 Retirando a cera (deceração)

Uma vez completa a secagem, o revestimento é aquecido para:

- eliminar água
- eliminar a cera

A retirada da água e da cera requer temperaturas de 100-200 °C. Esta etapa é muito importante, pois, acima de 200 °C, o carbono presente na cera começa a reagir com o revestimento formando ácidos e sulfetos com o enxofre do gesso, que poderão reagir com o metal durante a fundição. A presença de oxigênio nesta etapa é importante, pois transforma o carbono da cera em CO e CO_2, facilitando, assim, a sua eliminação.

Essa etapa é realizada em fornos elétricos a resistência ou em estufas com vapor d'água e autoclaves. Os tubos são colocados na estufa com o bocal para baixo, ou inclinados. No equipamentos há uma grade sobre a qual são colocados os cilindros e uma bandeja para o recolhimento da cera, como mostra a Figura 5.33. O aquecimento precisa ser gradual até atingir 150 °C (2 a 4 h) para evitar que ocorra vaporização intensa, que pode prejudicar a estabilidade mecânica do revestimento. O uso de fornos com vapor d'água ajuda a manter o revestimento umedecido durante a operação, o que evita queima do revestimento e infiltração de cera nos seus poros. Esta etapa deve durar entre 1 e 1,5 h.

Os defeitos originados nesta etapa só irão ser percebidos na peça já fundida. Os mais comuns decorrem da falta de controle na temperatura de deceração; e a Tabela 5.4 os relaciona:

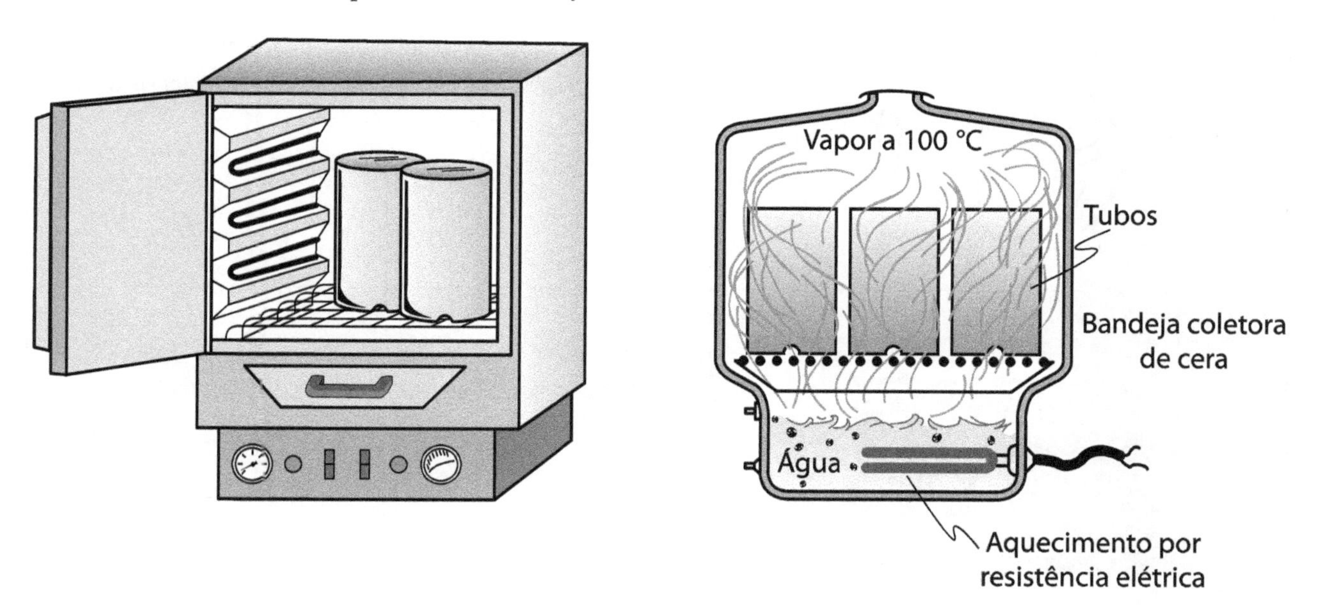

Figura 5.33 Fornos para retirada da cera: a) forno de resistência elétrica; b) forno a vapor d'água.

Tabela 5.4 Defeitos com origem no processo de deceração (Fontes: Referência 5.6 e Hoben).

Tipo de defeito	Origem
Inclusões superficiais com aspecto de ovas de peixe 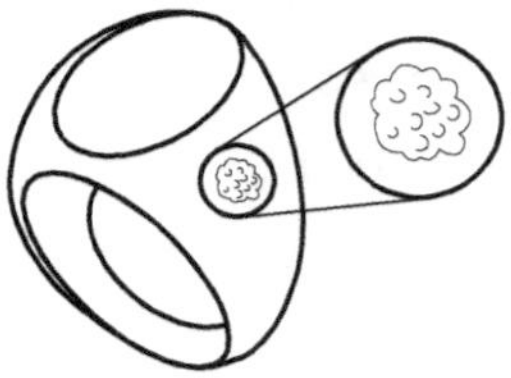	• Quando no processo a vapor em pressão atmosférica, o tubo cerâmico resfria abaixo da temperatura de vaporização da cera e a cera residual se expande durante o reaquecimento destacando parte do revestimento. • O mesmo ocorre se no processo por autoclave a pressão diminui muito rapidamente. • Rachaduras no revestimento também ocorrem se o aquecimento, independentemente do equipamento utilizado, for muito rápido.
Porosidade superficial com aspecto geométrico 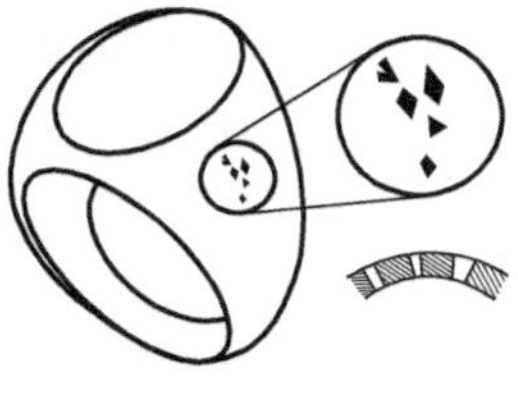	• Evidência de que houve destacamento do revestimento por existência de resíduos de cera. • Podem ser causados por destacamento do revestimento ou por irregularidades no modelo de cera; por exemplo, má ligação entre canal de ataque e espiga central.
Inclusões de carbono 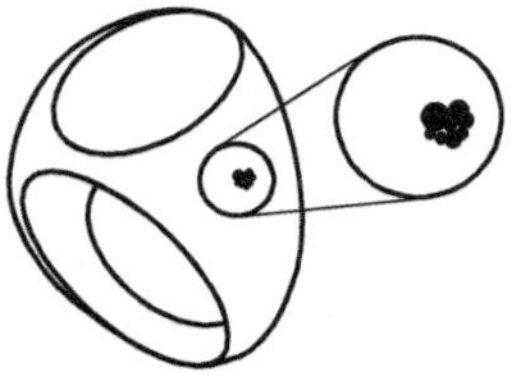	• Caracterizam-se por inclusões negras cercadas de poros. • Se a partícula de carvão tiver caído, a falha resultante tem superfície brilhante. • Causadas por queima incompleta da cera.
Barbatanas 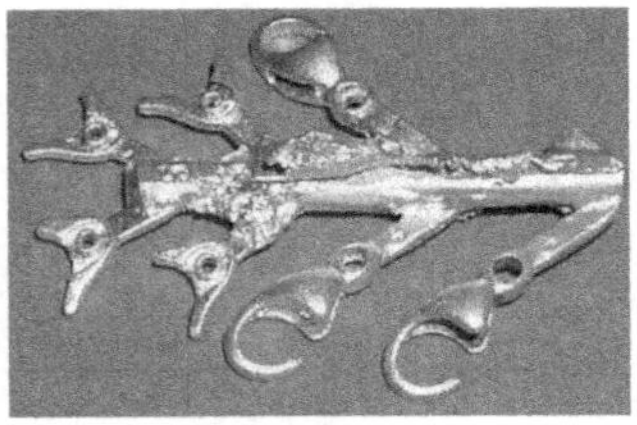	• Causadas por aquecimento muito rápido ou por re-aquecimento de tubos já frios, que acarreta, assim, trincas no revestimento.
Poros	• Derivados da presença de carbono por queima incompleta.

5.6.7 Calcinação do revestimento

Após a retirada da cera, os cilindros são calcinados para retirar a umidade residual e tornar a cerâmica mais resistente à pressão hidrostática do metal líquido. Os fornos utilizados podem ser elétricos ou a gás e devem ser capazes de atingir 1.000 °C (para ligas de prata e ouro). O ciclo de aquecimento requer bom controle de tempo e temperatura, utilizando-se normalmente um controlador eletrônico. O ciclo é longo e por isso é usualmente feito à noite para que a fundição ocorra na manhã seguinte. O forno utilizado deve ter circulação forçada para a melhor retirada dos gases formados na queima, bem como um sistema de exaustão.

Os cilindros devem ser aquecidos a 200 °C passando diretamente do forno de deceração para o forno de calcinação. Como o tempo de espera nesta transição é crítico, existem no mercado fornos que realizam as duas etapas em um único equipamento.

Na fase inicial da calcinação, são eliminados gases de enxofre (SO_2 e SO_3) altamente corrosivos e que atacam as ligas de ouro, levando à formação de sulfetos que se incorporam ao metal e o fragilizam. As reações envolvidas neste processo são:

- Com resto de cera carbonizado a acima de 200 °C:

$$CaSO_4 + 4\ C \rightarrow 4\ CO + CaS$$

$$CaS + 3\ CaSO_4 \rightarrow 4\ CaO + 4\ SO_2$$

- O sulfato de cálcio reage com o silício, acima de 1.000 °C

$$CaSO_4 + SiO_2 \rightarrow CaSiO_3 + SO_3$$

Por este motivo, os cilindros devem ser colocados bem espaçados dentro do forno, sem tocar uns nos outros e longe das paredes internas para que tenham aquecimento homogêneo. O bocal deve estar voltado para cima para facilitar a saída dos gases. Durante o procedimento, a porta do forno não deve ser aberta para evitar que choque térmico trinque o revestimento.

O ciclo térmico depende do tamanho dos cilindros e de características próprias da composição da massa cerâmica. Por isso, devem ser seguidas as instruções do fabricante; um ciclo típico pode ser dividido em 4 estágios (ver Figura 5.34).

1º estágio: o forno é aquecido lentamente até 150 °C. Nesta etapa a cera é retirada, ocorre uma primeira expansão do revestimento e o tempo de permanência nesta temperatura é de 1 ou 1,5 h. Caso se tenha utilizado outro forno para retirar a cera, é esta a temperatura de início do processo de calcinação, e que deve ser elevada gradualmente até pouco abaixo de 200 °C para eliminação dos restos de cera e carbono. O tempo de permanência é de aproximadamente 1 h.

2º estágio: o conjunto é aquecido lentamente até 450 °C e permanece nesta temperatura por 1 h, ainda visando acomodação das tensões causadas pela expansão do revestimento.

3º estágio: é imposta mais uma rampa de aquecimento até cerca de 750 °C. A expansão do revestimento irá ocorrer até 600 °C e esta etapa de aquecimento dura cerca de 4 horas. A 730-750 °C, mais um patamar de temperatura serve para que todo o carbono residual se combine com oxigênio e vapor dágua sendo eliminado na forma de CO_2.

4º estágio: a queima está completa, e o refratário precisa ser resfriado para atingir a temperatura para o vazamento. Esta temperatura é naturalmente menor do que a do metal, e para o seu cálculo pode-se utilizar:

$$T_{\text{cilindro}} = \frac{T_{liquidus}}{2} + 50\ °\text{C}$$

onde $T_{liquidus}$ é a temperatura *liquidus* (temperatura em que se inicia a solidificação) da liga que está sendo vazada e T_{cilindro} é a temperatura ideal do molde refratário. Por exemplo, uma liga de ouro 750 amarelo com $T_{liquidus}$ 895 °C deve ser fundida em um cilindro com temperatura aproximada de 500 °C. Variações em torno desta temperatura devem ser feitas em função do tamanho da árvore e do tipo de modelo a ser fundido.

Se a temperatura do cilindro for muito baixa, o metal começa a solidificar antes de preencher o molde. Se a temperatura for muito alta, o metal absorverá gases e terá superaquecimento maior gerando um volume de contração maior, o que pode levar a regiões de rechupe localizadas na peça. Superaquecimento elevado também resulta em grãos mais grosseiros no material. A Tabela 5.5 sugere algumas temperaturas para o molde, mas o ajuste deve ser feito com a experiência.

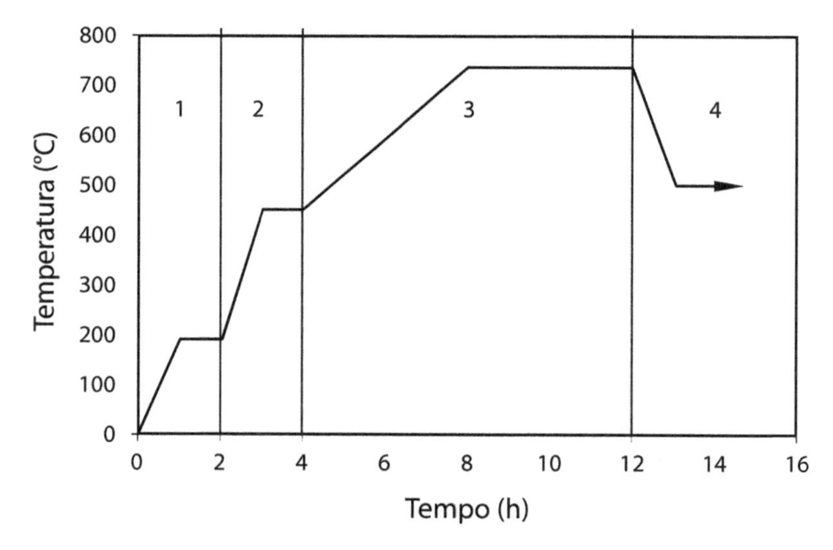

Figura 5.34 Ciclo térmico do processo de calcinação do revestimento.

Tabela 5.5 Temperaturas de molde para fundição de algumas ligas de interesse (Fonte: Referência 5.3).

Liga	Modelos pequenos	Modelos médios	Modelos grandes
Revestimento de cristobalita			
Ouro puro	650	620	550
Au585-750 branco	580 ± 20	550 ± 20	510 ± 20
Au585-750 amarelo	580 ± 20	510 ± 20	450 ± 20
Au373 amarelo	650	620	550
Ag925	480 ± 20	430 ± 20	380 ± 20
Latão	400	350	300
Revestimento de fosfato			
Pt950	950	800	650
Pd950	850	750	650
Au750 branco ao Pd	750	680	610

Durante a fundição, podem ocorrer reações entre o revestimento e o metal líquido, geralmente com o sulfato de cálcio presente no gesso. Estas reações podem ser classificadas em:

- Decomposição térmica do sulfato e oxidação da liga. Os produtos da reação são o dióxido de enxofre (SO_2) e um óxido do metal, como CuO. Ocorre em atmosferas neutras, por exemplo, sob argônio.
- Redução do sulfato em atmosfera redutora de gás ou vácuo, formando sulfeto do metal base pela incorporação de enxofre na liga, que varia de 0,02 a 0,05%.
- A formação de dióxido de enxofre também pode gerar porosidade superficial.

As causas da reação podem ser:

- Presença de elementos de liga como Ni e Zn que aumentam a reatividade do metal líquido, formando sulfetos de zinco e níquel. Por isso é necessário evitar revestimentos de cristobalita + gesso na fundição de ligas de ouro branco ao níquel.
- Transferência de calor do metal para o revestimento; ligas com temperaturas de fundição acima de 1.000 °C favorecem a decomposição do revestimento. As outras ligas devem ser vazadas na menor temperatura possível.
- Tipo de atmosfera. Atmosferas redutoras não devem ser utilizadas na câmera de fundição; o tipo de gás mais apropriado para evitar a redução do sulfato de cálcio é o nitrogênio.
- Tamanho da peça. Ligas de ouro branco não devem ter secções transversais muito grandes, porque ocorre maior transferência de calor para o revestimento quando se aumenta a massa de líquido a solidificar.

5.6.8 A fundição

Após a queima do revestimento, chega a hora da fundição propriamente dita. A quantidade de metal necessária já foi calculada por meio da pesagem da árvore de cera. O método de fusão que vem ganhando mais e mais aplicação é o de fusão por indução eletromagnética, e grande parte dos equipamentos procura realizar a fusão e o vazamento de metal nos cilindros em um único equipamento.

Fundição centrífuga

O princípio de funcionamento da fundição centrífuga já foi explicado no item 5.5. Os equipamentos descritos em seguida (Figura 5.35) seguem o que foi mostrado na Figura 5.15. O equipamento é constituído essencialmente de um eixo central, movido por um motor elétrico, e de uma haste horizontal onde estão fixados um contrapeso em uma extremidade e na outra um cadinho acoplado à espira de indução eletromagnética, mais um suporte para o cilindro que contém o molde cerâmico. O equipamento pode utilizar cadinhos cilíndricos e basculamento do conjunto forno + molde para a posição horizontal antes da operação de vazamento, como mostra a Figura 5.35a, ou prever um cadinho com formato especial, que permita que a primeira operação de inclinação do forno possa ser suprimida (Figura 5.35b). Velocidades típicas de rotação variam entre 500 e 1.200 rpm, e a aceleração experimentada pelo líquido é 10 a 100 vezes a da gravidade. A rotação prossegue até que todo o metal solidifique.

O preenchimento do molde e a solidificação do metal ocorrem em um tempo muito curto, de 1 a 1,5 segundos. Nestas condições, o fluxo de metal líquido é muito turbulento e há grande propensão à ocorrência de quebra de refratário e absorção de gases durante o preenchimento. Para minimizar a absorção de gases, muitos sistemas de centrífuga contam também com uma câmara de vácuo, que tem a função de retirar o ar do molde, minimizando a oxidação e a porosidade.

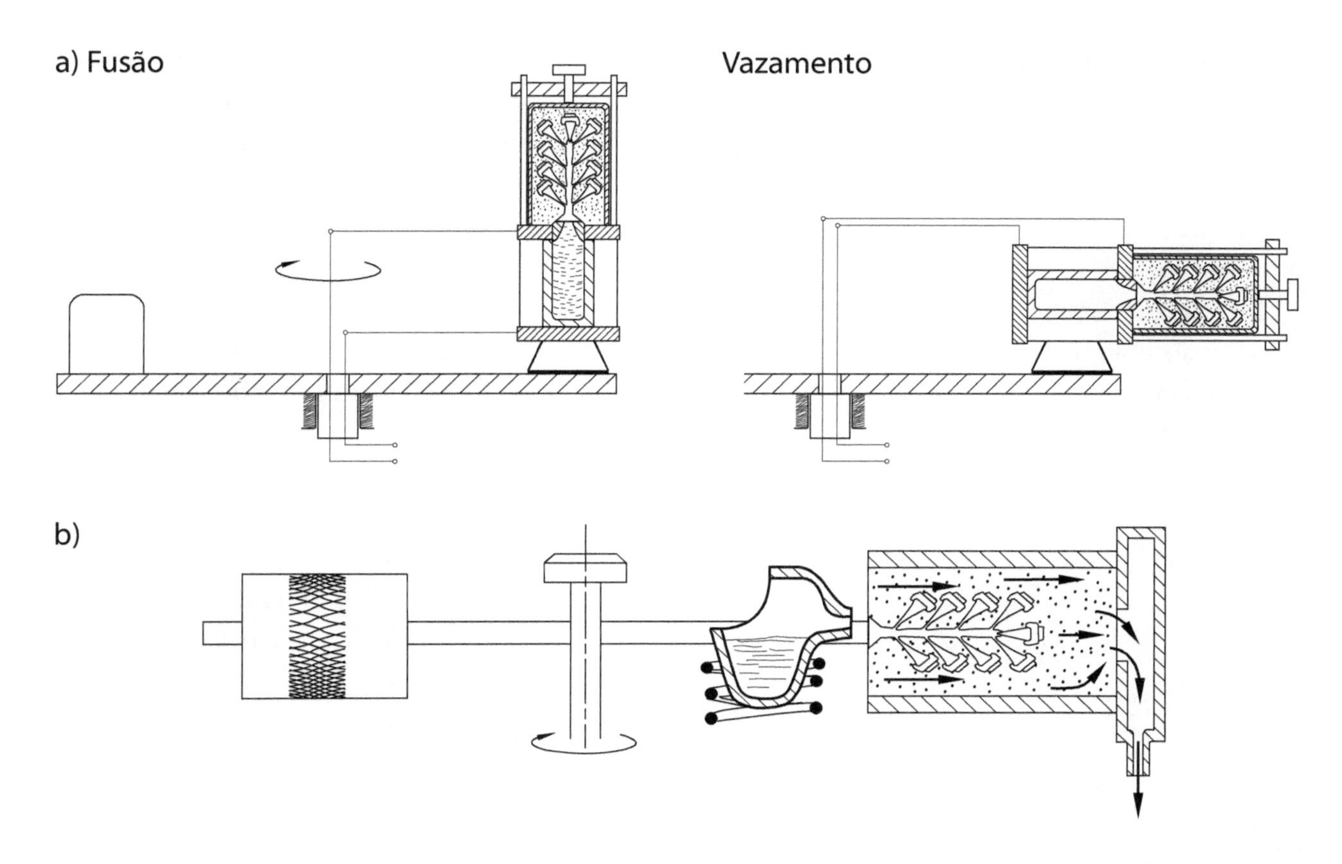

Figura 5.35 Exemplos de concepção de máquinas de fundição centrífuga: a) com movimentação do cadinho no ato da fundição; b) com desenho de cadinho apropriado para dar vazão ao líquido sem que seja necessário inclinar o cadinho.

Fundição a vácuo

O sistema de fundição a vácuo mais simples é o mostrado na Figura 5.36a. Consiste basicamente de um recipiente metálico com um orifício superior onde é posicionado o cilindro do molde cerâmico. O cilindro deve ajustar-se perfeitamente neste orifício e diferentes anéis podem ser inseridos para ajustar diferentes tamanhos de molde. O recipiente também possui uma saída de ar à qual é acoplada uma bomba de vácuo. O vácuo é feito durante o procedimento de vazamento do metal, e isso faz com que haja um aumento da pressão hidrostática dentro do molde e se aumente a eficiência de preenchimento.

Os equipamentos de fundição a vácuo mais recentes têm uma segunda câmera, onde se encontra o forno de indução, acoplada à câmera de vácuo (ver Figura 36b). Neste sistema o cadinho tem um furo na parte inferior, mantido fechado durante a fusão por um bastão cilíndrico, acionado por um pistão, e que pode conter um termopar para a medição da temperatura do líquido. O furo se conecta com a câmera de fundição, que trabalha sob vácuo e onde é fixado o cilindro do molde cerâmico.

Primeiro é feito o carregamento do forno, com o bastão selando o furo do cadinho, e é feita a fusão; depois o cilindro é colocado na câmera de fundição e ajustado ao orifício de vazamento. Em seguida, vácuo é aplicado na câmera de fundição e o orifício do fundo do cadinho é aberto dando início ao preenchimento do molde. Na câmera de fusão, pode ser aplicada uma pressão positiva para aumentar a diferença de pressão entre a superfície do líquido e o interior do molde, aumentando a pressão hidrostática.

Este tipo de vazamento pelo fundo do cadinho é vantajoso, pois o metal que entra no molde é limpo e as eventuais impurezas ficarão incrustadas no sistema de alimentação e não nas peças. A câmera de fusão pode trabalhar em vácuo ou em atmosfera de gás inerte, garantindo fusão limpa e com pouca absorção de gases pelo metal líquido.

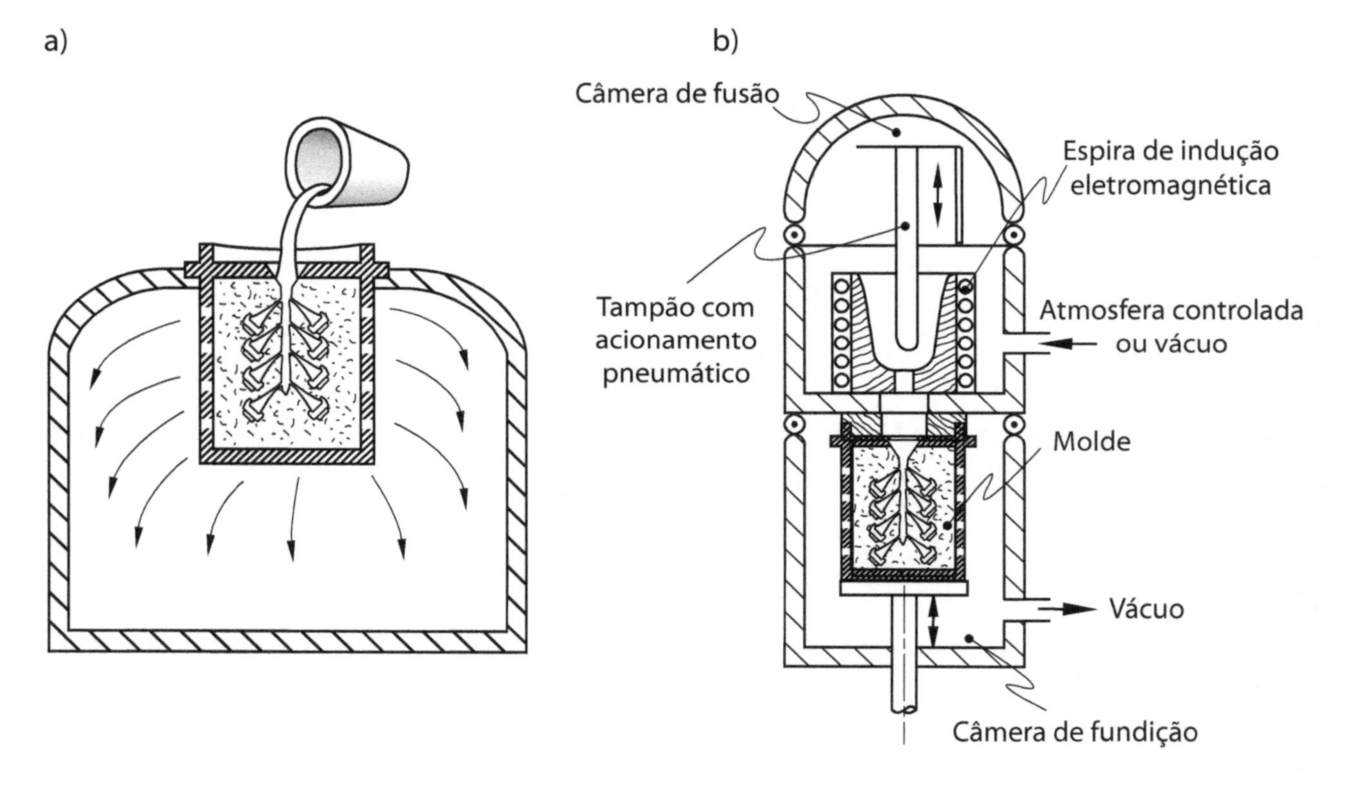

Figura 5.36 Equipamentos de fundição a vácuo: a) câmera de vácuo simples; b) câmera de vácuo acoplada ao forno de indução com câmera de atmosfera controlada.

A Tabela 5.6 compara os dois métodos de fundição. A centrífuga propicia o preenchimento de formas mais complexas e tem maior velocidade de operação, mas promove um fluxo muito turbulento, com alta probabilidade de oxidação, e não é adequada para fundição de grandes volumes de material.

Tabela 5.6 Comparação entre fundição centrífuga e a vácuo.

	Centrífuga	A vácuo
Controle da temperatura do metal	• • •	• • •
Automação	• •	• • • • •
Fluxo do metal (número de Reynolds)	• •	• • • •
Controle da oxidação	•	• • • • •
Preenchimento completo das formas	• • • • •	• • • •
Capacidade para tubos largos	•	• • • • •
Reprodução de detalhes	• • • •	• •
Produtividade	• • • •	• •
Fundição de platina	• • • • •	• •

(• deficiente • • regular • • • bom • • • • muito bom • • • • • excelente).

5.6.9 Extração do revestimento e limpeza

Depois da fundição, o revestimento deve ser retirado para liberar as peças fundidas. Árvores que contêm somente metal podem ser limpas ainda quentes, 5 minutos após o término da fundição, mas quando há pedras incrustadas a limpeza só é feita após os cilindros atingirem a temperatura ambiente. Esta operação é feita mergulhando o cilindro em água, o que dissolve o gesso e desintegra o molde. O resíduo sólido é recolhido em um tanque de decantação. Se parte do revestimento ficar retida nas peças metálicas, a árvore pode ser lavada com um jato de água sob pressão (até 50 bar) em uma câmera apropriada. Caso isso não seja suficiente, o material pode ser submerso em uma solução de 10% de ácido sulfúrico a 70 °C, ou ainda passar por um banho de ultra-som, com uma frequência de vibração de cerca de 35 kHz.

Uma solução econômica e não tóxica para retirar restos de refratário e parte da oxidação superficial de ligas de prata e ouro é:

150 g/l sulfato de amônia

25 ml/l glicerol

1 l água

Dependendo do método de fundição, as peças obtidas podem estar superficialmente oxidadas. Neste caso, após a limpeza do revestimento se faz um banho ácido de limpeza, em geral realizado em recipientes de vidro pirex por cerca de 10 min:

- Para ligas de prata: 1 parte de ácido sulfúrico para 8 partes de água.
- Para ligas de ouro: 1 parte de ácido clorídrico em 10 partes de água.

Finalmente, as árvores podem ser imersas em solução alcalina de carbonato de cálcio e água, lavadas em água corrente e secas.

As peças são cortadas dos seus canais de alimentação com o uso de um alicate, ou de uma tesoura pneumática, se o espaço entre os canais permitir, e seguem para a etapa de acabamento.

5.6.10 Defeitos de fundição

As Tabelas 5.7 e 5.8 mostram as porcentagens de ocorrência de defeitos durante a fabricação de peças de joalheria. A grande maioria dos casos de falha (cerca de 79%) vem do processo de fundição e está associada à presença de poros e cavidades devido à falta de preenchimento ou a rechupes de contração.

Tabela 5.7 Distribuição das falhas de produção segundo o tipo de método de fabricação.

Processo	Proporção %
Fundição	79
Conformação mecânica	17
Outros	4

Tabela 5.8 Tipos de defeito mais frequentes em peças de joalheria. (Fonte: Referência 5.6).

Tipos de defeitos	Proporção %
Porosidades, cavidades	47
Trincas e fraturas	33
Corrosão e oxidação	20
Trincas de recozimento	10

Até aqui foram apresentadas algumas imperfeições que podem ocorrer nas etapas de preparação para a fundição propriamente dita. Com algumas exceções, todos os defeitos citados anteriormente se somam cumulativamente e não dependem do tipo de equipamento utilizado na fundição.

Já na etapa de fundição, cada variável (fusão, vazamento e resfriamento do molde) interage com as demais gerando uma variedade enorme de resultados possíveis. Considere o número de variáveis:

1. Composição da liga.
2. Traços de elementos de liga ou impurezas.
3. Uso de antioxidantes e refinadores de grão.
4. Intervalo de solidificação da liga.
5. Proporção de metal novo e metal reciclado.
6. Limpeza dos metais utilizados.
7. Atmosfera da fusão (hidrogênio, nitrogênio, ar etc.).
8. Umidade relativa do ar.
9. Geometria do cadinho.
10. Composição do cadinho.
11. Fonte de aquecimento (gás, resistência, indução).
12. Atmosfera da câmera de fundição.
13. Pressão do gás na atmosfera controlada.
14. Idade do cadinho.
15. Altura de queda do metal líquido (pressão hidrostática).
16. Temperatura do molde cerâmico.
17. Tamanho e tipo de molde contido no cilindro.
18. Temperaturas reais de vazamento e do cilindro.
19. Distribuição de temperatura no cilindro no ato do vazamento.
20. Intervalo de tempo entre: fusão e aceleração angular no processo centrífugo, fusão e vazamento no processo a vácuo.
21. Tamanho do bocal de vazamento.
22. Velocidade de rotação da centrífuga.
23. Distância entre o cadinho e o molde na centrífuga.
24. Vácuo aplicado durante a fundição.
25. Porosidade do revestimento.
26. Resistência mecânica do revestimento.

27. Tensão superficial do revestimento.
28. Tempo que o cilindro é deixado descansando após a fundição.
29. Método de têmpera após a fundição.
30. Composição do fluxo.
31. Características de contração do metal durante a solidificação.
32. Características de contração do revestimento.
33. Tensão superficial do líquido durante o preenchimento do molde.
34. Condutividade térmica do revestimento.
35. Calor específico da liga.
36. Interação termoquímica entre metal líquido e revestimento.
37. Disposição dos modelos dentro do molde.

Embora todas essas variáveis possam ser controladas pelo fundidor com seleção apropriada de materiais, boa prática de fusão e fundição e suficiente instrumentação, há sempre a possibilidade de ocorrência de falhas. As causas serão apresentadas aqui de maneira resumida. Os defeitos mais comuns são:

- Inclusões.

A análise química de inclusões geralmente revela: sulfetos, carbono, fragmentos do revestimento, óxidos, boretos e outros (como pedaços de limalha de ferro). Uma grande fonte de inclusões é a falta de organização e controle da limpeza na oficina: cadinhos e cilindros sujos e falta de controle do metal utilizado.

- Inclusões superficiais de fluxo durante o vazamento.
- Cavidades superficiais esféricas.

Aprisionamento de gases em grande quantidade durante o vazamento, ou reação de produtos gasosos durante o preenchimento do molde.

- Trincas de origem mecânica ou térmica.

Geralmente, ocorrem em regiões de concentração de tensões. Apresentam caminho irregular e cantos arredondados e podem ser causadas por resfriamento abrupto do cilindro devido à imersão prematura em água.

- Trincas a quente.

Aparecem sempre no mesmo local para um determinado modelo e, como descrito no Capítulo 4, são causadas pela contração do metal agindo em regiões não completamente solidificadas. Algumas ligas são mais suscetíveis a trincas a quente, mas temperatura de vazamento muito alta também influi no aparecimento do defeito.

- Juntas frias.

Aparecem como uma linha no metal onde ocorreu solidificação e posterior contato com o metal líquido. As causas são metal ou molde muito frios.

- Rechupe.

Ocorre por uma combinação de fatores e tem origem no projeto inadequado dos canais de alimentação.

- Poros.

Porosidade é um termo genérico para pequenas cavidades internas, ou que afloram à superfície e ficam mais aparentes com o polimento. Pode ser causada pela contração do metal durante a solidificação ou pela presença de gases aprisionados. Existem quatro tipos de porosidade:

a) *Microporosidade gasosa:* tem origem na evolução de gás durante a solidificação; localiza-se nas secções mais espessas, é muito fina e de formato esférico.
b) *Microporosidade de contração:* poros de formato irregular, localizados entre as dendritas, e grãos mais grosseiros e em regiões mais espessas da peça. Sua origem foi explicada no Capítulo 4.
c) *Macroporosidade gasosa:* geralmente localizada nas regiões que se solidificaram por último; são cavidades grandes e circulares com paredes brilhantes. Estão associadas à presença de gases e vapores como dióxido de enxofre, monóxido de carbono, ar, hidrogênio, oxigênio, zinco gasoso ou vapor de zinco, ou uma combinação destes.
d) *Macroporosidade de contração:* tem as mesmas causas da microporosidade de contração, mas volume maior. São cavidades arredondadas ou irregulares e podem estar associadas a um colapso da superfície externa da peça. São evidenciadas pelo polimento.

- Poros originados de inclusões.

Ocorrem quando um fragmento de grafite, proveniente, por exemplo, do cadinho de fusão, fica aprisionado no metal líquido. Há reação com o oxigênio dissolvido na liga formando monóxido de carbono e gerando poros na solidificação.

- Fragilidade.

O termo é utilizado para descrever a incapacidade de o material se deformar sob tensão. Do ponto de vista do ourives, isso significa garras quebrando durante a cravação ou hastes fraturando durante um ajuste de forma. As causas são muitas e podem estar associadas ao tipo de liga utilizada. Uma vez excluída a natureza da liga, a causa deve ser procurada na temperatura inadequada de vazamento, resfriamento inadequado, impurezas, reutilização de metal sem adição de metal novo e, para ligas com alta porcentagem de zinco, na oxidação preferencial deste elemento durante a fusão, o vazamento e a solidificação.

Referências bibliográficas

5.1 E. BREPOHL. *Theorie und praxis des goldschmiedes.* 15. ed. Leipzig: Fachbuchverlag Leipzig, 2003, 596p.

5.2 L. VITIELLO. *Oreficeria moderna, técnica e prática.*5. ed. Milão: Hoepli, 1995.

5.3 D. PITON. *Jewellery technology – processes of production, methods, tools and instruments.* Milão: Edizioni Gold Srl., 1999, 407p.

5.4 C. L. MARIOTTO, E. ALBERTIN, R. FUOCO. *Sistemas de enchimento e alimentação de peças fundidas.* São Paulo: Associação Brasileira de Metais, 1987, 134p.

5.5 D. OTT. Metallurgical and chemical considerations in jewellery casting. *The Santa Fe Symposium on Jewellery Manufacturing Technology,* 1987, p. 223-244.

5.6 L. DIAMOND. Casting defects form model to finished product. *The Santa Fe Symposium on Jewellery Manufacturing Technology,* 1987, p. 149-201.

5.7 J. C. MCCLOSKEY. The application of commercial investment casting principles to jewellery casting. *The Santa Fe Symposium on Jewellery Manufacturing Technology*, 1987, p. 203-221.

6.

Conformação mecânica

A capacidade de se deformar plasticamente é de extrema importância para o uso dos metais. Esta propriedade faz com que eles possam assumir a forma desejada por meio de trabalho mecânico, de maneira mais econômica do que por outros métodos.

A maioria dos processos de conformação mecânica (forjamento, laminação, extrusão, trefilação) utiliza forças de compressão ou dobramento, que, em comparação com a deformação por tração, têm a vantagem de evitar que a estricção antecipe a fratura.

Além de modificar a forma, esses processos alteram as microestruturas formadas durante a solidificação e, em geral, fazem com que o material adquira melhores propriedades mecânicas pelas seguintes razões:

- Diminuição do tamanho de grão.
- Fechamento de poros de contração.
- Aumento do comprimento dos contornos de grão, por unidade de volume, diminuindo o efeito deletério de impurezas na resistência mecânica.

Por essas razões, as peças obtidas por conformação mecânica são em geral mais resistentes do que as fundidas. Por exemplo, garras para cravação de gemas produzidas por fundição em cera perdida podem quebrar com maior frequência do que aquelas produzidas a partir de fios laminados e trefilados.

Neste capítulo serão apresentadas as técnicas convencionais de conformação mecânica utilizadas em joalheria, enfocando o comportamento do material, mas primeiro será explicado o que ocorre com a microestrutura do metal durante a deformação.

6.1 A microestrutura da deformação

Recapitulando alguns dos conceitos introduzidos no Capítulo 2 e acrescentando outros, obtém-se o seguinte conjunto de informações:

- Os metais são constituídos de cristais e a deformação se dá ao longo dos planos mais densos destes. Os metais formados por cristais cúbicos (ou seja, praticamente todos os de interesse em joalheria) têm muitos planos onde o escorregamento pode acontecer e por isso são facilmente deformáveis.
- Todo cristal sofre deformação elástica (reversível) antes de sofrer deformação plástica (irreversível).

- Após a deformação plástica, a elástica é restituída (efeito mola).
- A chave para a facilidade de deformação dos metais é a presença de defeitos cristalinos, e dentre estes, as discordâncias ocupam o lugar principal na explicação da sua ductilidade. As discordâncias podem ser observadas em microscopia eletrônica de transmissão (MET) e têm aparência de linhas, como mostra a Figura 6.1.

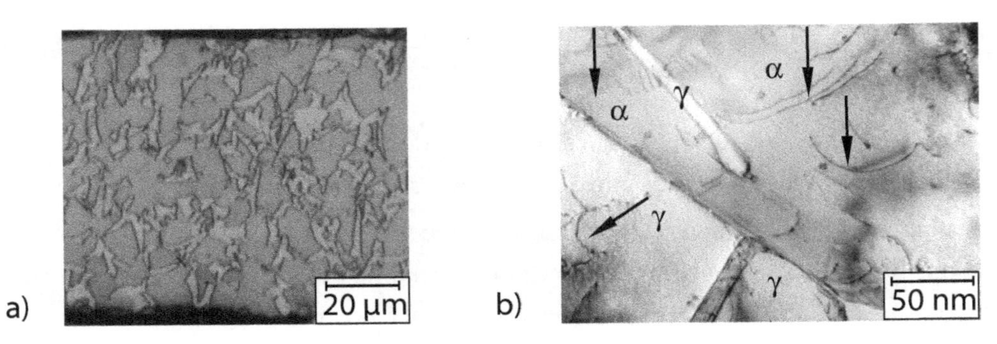

Figura 6.1 Microestrutura de um aço inoxidável bifásico contendo fases α e γ: a) microscopia ótica do material fundido; b) microscopia eletrônica da transmissão do material fundido revelando discordâncias (setas) nos grãos de α e de γ.

- Em monocristais, as discordâncias se movem por troca de lugar entre os átomos. Em um monocristal há sempre uma direção preferencial de deformação, como mostra a Figura 6.2. A mudança de forma só é possível se a força aplicada for maior em uma direção do que nas demais, como ocorre no ensaio de tração. Quanto maior o número de planos onde o escorregamento ocorre, maior a mudança de forma do cristal. Em um ensaio de tração de um monocristal, podem ser observados pequenos degraus que evidenciam o escorregamento entre os planos cristalinos; após o escorregamento, no entanto, a ordem cristalina permanece inalterada. Um cristal de ouro após a laminação continua com uma estrutura cúbica de face centrada, pois cada átomo irá repousar numa posição equivalente à que se encontrava antes do escorregamento.

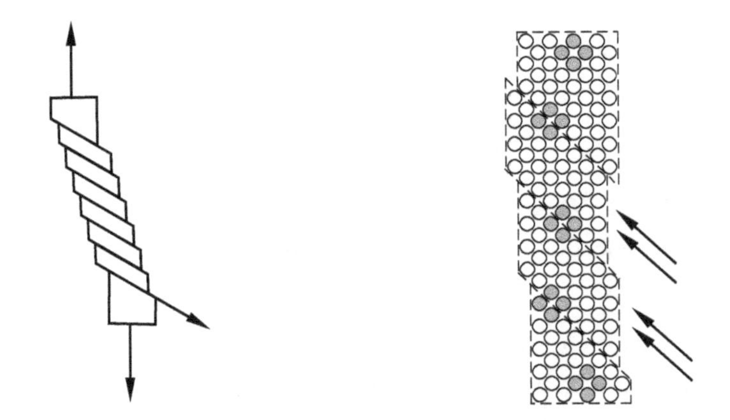

Figura 6.2 Escorregamento entre planos cristalinos durante a tração de um monocristal.

- A movimentação das discordâncias explica a plasticidade em monocristais, mas na prática os materiais com aplicação tecnológica são quase sempre policristalinos, e essa enorme quantidade de monocristais (os grãos), orientados aleatoriamente, confere ao conjunto propriedades mecânicas isotrópicas (iguais em todas as direções).

Quando um policristal sofre deformação, os primeiros cristais a sofrer escorregamento são aqueles orientados favoravelmente com respeito à força máxima de deformação. Como os cristais estão ligados uns aos outros pelos contornos de grão, os grãos vizinhos ao grão deformado começam a se deformar elasticamente, distorcendo o reticulado até que estejam em posição para que haja escorregamento. A estrutura se distorce e, como resultado:

- Os grãos mudam de forma.
- As orientações dos grãos mudam tendendo a uma orientação preferencial (textura), e o material deixa de ter propriedades mecânicas isotrópicas.
- A quantidade de área dos contornos de grão por unidade de volume aumenta.
- A quantidade de defeitos puntiformes e de discordâncias, por unidade de volume, aumenta de várias ordens de grandeza.

Se na microestrutura inicial do material estiverem presentes fases frágeis, oriundas do processo de solidificação, estas irão dificultar a deformação dos grãos metálicos, aumentando a resistência, podendo fragilizar de tal modo o material que se torne impossível deformá-lo.

Fases frágeis, como sulfetos e óxidos, podem ser incorporadas durante o processo de fundição, mas algumas ligas são inerentemente frágeis no estado como fundido. Ligas projetadas para fundição podem conter fases intermetálicas resultantes da adição de elementos de liga como Si, Ga, Co e outros. Em ligas de ouro vermelho e ouro branco ao níquel de 18 Kt, mesmo sem adição de outros elementos de liga, ocorre fragilidade pela presença de fases ordenadas que se formam no estado sólido durante resfriamento lento. Estas ligas precisam sofrer tratamentos térmicos de homogeneização ou solubilização (ver Capítulo 7) antes de sofrerem deformação mecânica.

A Figura 6.3a, b, c mostra a evolução da microestrutura de uma liga de alumínio 8106 (Al-Si-Fe-Mn) fundida e após laminação com redução de espessura de 70 e 90%, mostrando como os grãos se alongam na direção de laminação. A Figura 6.3d mostra uma liga de Al-4%Cu deformada a frio 66% quando observada em microscopia eletrônica de transmissão. A imagem do cristal é pouco definida e escura, devido ao acúmulo de discordâncias no interior dos grãos.

A energia utilizada no processo de conformação a frio[1] é na maior parte perdida na forma de calor, e sabe-se que em deformações severas e rápidas o material aquece, chegando a causar diferenças de 50 a 100 °C. Uma parte desta energia (10 a 20%), no entanto, é acumulada no material na forma de

1 Assim definida quando ocorre em temperaturas abaixo de $T_f/2$, onde T_f é a temperatura de fusão, em graus Kelvin.

defeitos cristalinos (principalmente discordâncias), como mostra a Figura 6.3d. A quantidade armazenada depende do processo de deformação, da natureza do metal/composição da liga, velocidade de deformação, tamanho de grão e temperatura de deformação. A saturação de discordâncias torna o material mais duro, pois elas passam a ter dificuldade para se movimentar. Como consequência, o limite de escoamento aumenta e a capacidade de deformação plástica (alongamento) diminui. Estes eventos são observados em todos os materiais metálicos, e as Figuras 6.4b e 6.5 mostram comportamentos do latão 70Cu30Zn e de ligas de prata Ag925 e Ag720, que são comuns a todos os processos de conformação mecânica. A saturação de defeitos cristalinos, que pode levar à ruptura do material, inicia uma vez ultrapassado o limite de resistência.

Latões na forma de chapa e fio são comercializados no estado deformado e classificados segundo seu grau de encruamento – no jargão metalúrgico, têmperas de laminação ou trefilação – 1/8 duro, 1/4 duro, 1/2 duro, duro, extraduro, mola e extramola (ver Tabela 6.1).

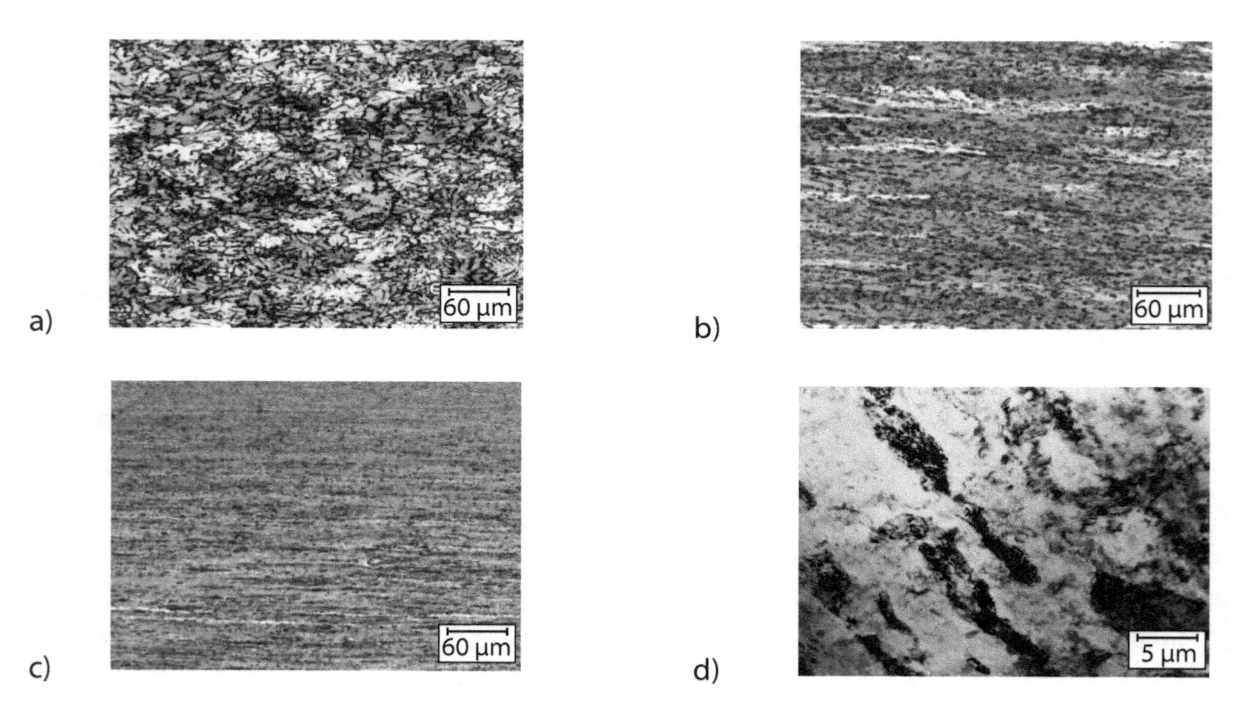

Figura 6.3 Liga de alumínio 8106; superfície anodizada observada por microscopia ótica (MO) com luz polarizada (Fotos cedidas por Ricardo do Carmo Fernandes): a) liga 8106 fundida; b) liga 8106 laminada 70%; c) liga 8106 laminada 90%; d) liga Al-4%Cu deformada a frio, observada em microscopia eletrônica de transmissão (MET): acúmulo de discordâncias dá aspecto "turvo" ao cristal. (Foto dos autores)

Tabela 6.1 Têmpera de ligas de latão alfa (70/30) em função do grau de redução durante a conformação mecânica (laminação e trefilação).

Grau de têmpera	Redução de área na laminação ou redução do diâmetro na trefilação (%)	Dureza HB aproximada	LR (MPa)	A (%)
¼ Duro (¼D)	10,9	110	350	42
½ Duro (½ D)	20,7	135	400	24
¾ Duro (¾ D)	29,4	145	460	14
Duro (D)	37,1	150	500	10
Extraduro (ED)	50,1	170	580	4
Mola	60,5	200	600	4
Extramola	68,6	220	620	2

LR = limite de resistência; A = alongamento.

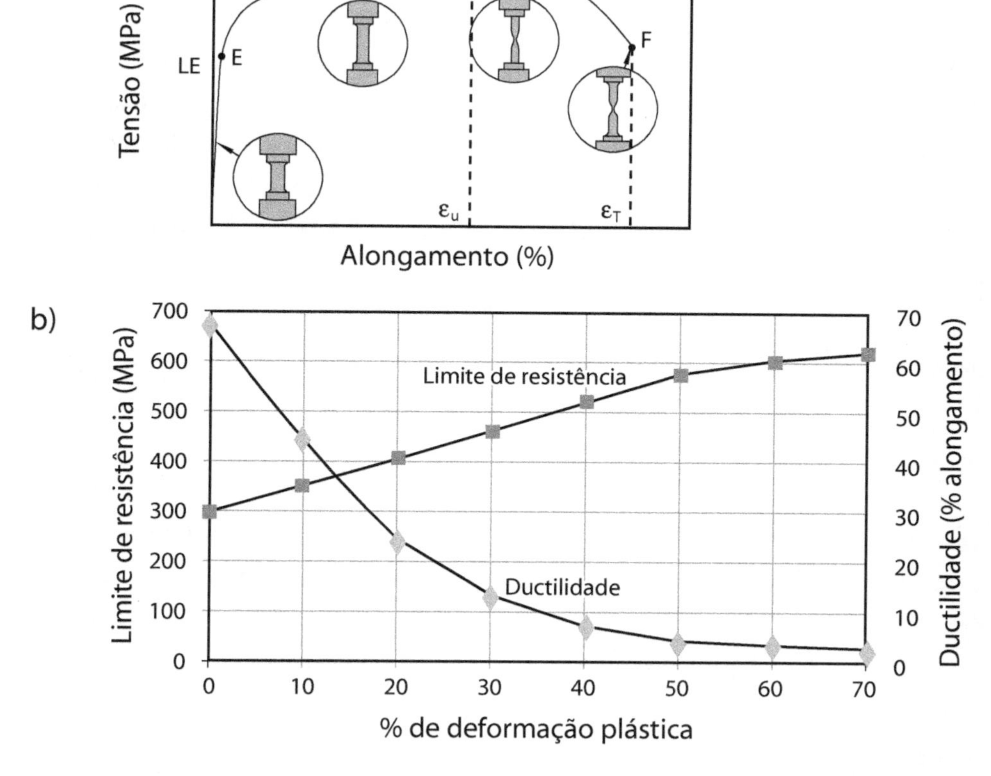

Figura 6.4 Em a) curva de tensão x deformação obtida em um ensaio de tração; b) evolução do limite de resistência e da ductilidade de uma liga de latão 70-30 em função da porcentagem de deformação plástica.

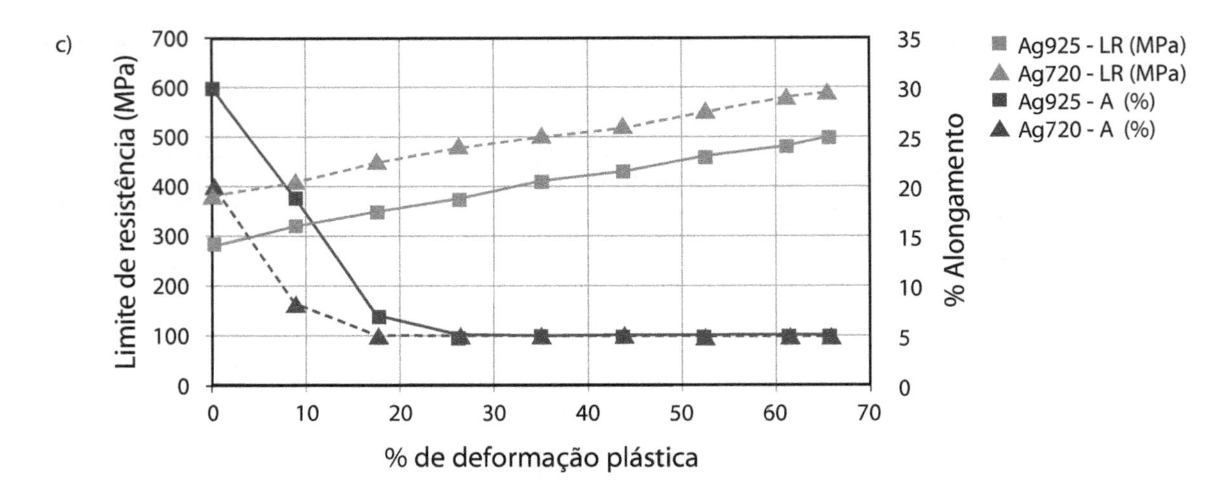

Figura 6.5 c) Evolução do limite de resistência e da ductilidade de ligas de prata Ag925 e Ag720.

Normalmente, a deformação não é homogênea em todas as direções, portanto, as propriedades mecânicas do produto também não. No projeto pode-se tomar vantagem desta anisotropia orientando a maior resistência do material na direção em que o componente irá sofrer maior solicitação.

Como a deformação muda a forma e as propriedades do metal, as dimensões iniciais da peça a ser conformada devem ser escolhidas com cuidado. As forças aplicadas nos rolos de laminação, nas fieiras de trefilação e nos moldes de extrusão devem ser suficientes para deformar o metal em temperatura baixa o bastante para se atingir um nível aceitável de limites de escoamento e de resistência. A deformação plástica obtida é medida pela mudança de área da secção do material deformado:

$$\% \text{ deformação} = \frac{A_i - A_f}{A_i}$$

onde A_i é a área inicial e A_f é a área final.

Por exemplo, se desejarmos ter uma chapa de latão de cartucho com espessura final de 1 mm, limite de resistência de pelo menos 500 MPa e escoamento de pelo menos 5%, com qual espessura de chapa devemos iniciar a laminação?

Utilizando a Figura 6.4b, depreende-se que, para obter uma resistência de 500 MPa, a deformação deve ser de pelo menos 36% e que, para que o alongamento seja de 5%, a deformação deve ser de no máximo 43%; portanto, uma deformação de aproximadamente 40% irá resultar nas propriedades desejadas. Utilizando a equação acima:

$$\% \text{ deformação} = \frac{A_i - A_f}{A_i}$$

$$\frac{A_i - 1}{A_i} = 0{,}40$$

$$A_i = 1{,}67 \text{ mm}$$

Como se pode obter uma chapa de espessura de 1,7mm não deformada? A sua fundição seria inviável e a deformação de lingotes mais espessos acarretaria uma deformação muito alta, endurecendo demasiadamente a chapa e tornando-a quebradiça. Felizmente os metais têm a capacidade de rearranjar seus átomos por *difusão*. A difusão é um mecanismo termicamente ativado, ou seja, com o aumento da temperatura ela tende a ocorrer espontaneamente. Ao processo de "retorno" da microestrutura de metais deformados a um aspecto semelhante (mas não igual) ao de antes da deformação por meio do aquecimento do material dá-se o nome de *recristalização*, que normalmente ocorre em temperatura acima da ambiente, e o tratamento térmico que a produz denomina-se *recozimento*. O tratamento de recozimento é repetido diversas vezes durante o processo de conformação mecânica, e é ele que permite, por exemplo, que se deforme um lingote por várias vezes até que se alcancem chapas com as espessuras habituais de trabalho em joalheria (0,7 a 0,5 mm).

6.2 A recristalização

O processo de recristalização envolve o aparecimento de novos grãos na estrutura deformada. Estes grãos vão crescendo e "varrendo" a microestrutura, rearranjando os átomos de forma a eliminar as discordâncias formadas na deformação plástica. O resultado é uma nova microestrutura formada de grãos menores do que os da microestrutura anterior à deformação, com formato de poliedros, e que em um corte metalográfico tem a aparência de polígonos aproximadamente hexagonais (ver esquema da Figura 6.6). Esses grãos são livres de deformação.

Outra característica da microestrutura de algumas ligas metálicas recozidas e com estrutura cúbica de face centrada – dentre elas as ligas de ouro, prata e latão – é a presença de maclas de recozimento, muito evidentes na Figura 6.6d. Elas são caracterizadas por faixas com contornos paralelos inseridas dentro do limite dos contornos de um grão. As maclas são contornos de grão especiais, e são reveladas durante o ataque metalográfico; formam-se durante o crescimento dos grãos recristalizados e são pouco frequentes em estruturas não deformadas.

A recristalização tem grande influência nas propriedades mecânicas dos metais; por exemplo, a Figura 6.7 mostra a evolução das propriedades mecânicas em função do tempo de permanência na temperatura de recristalização. Da figura, nota-se que este processo não ocorre instantaneamente e é precedido por um "tempo de incubação" (no qual ocorre um ligeiro decréscimo de dureza) caracterizado por um decréscimo do número de discordâncias e aparecimento dos "núcleos" que irão gerar os primeiros grãos recristalizados.

Este primeiro estágio é chamado de *recuperação* e é nele que ocorre o alívio das tensões internas causadas pelo processo de deformação plástica. Na recuperação, algumas propriedades do material não deformado são parcialmente restituídas, mas sem a formação de novos cristais.

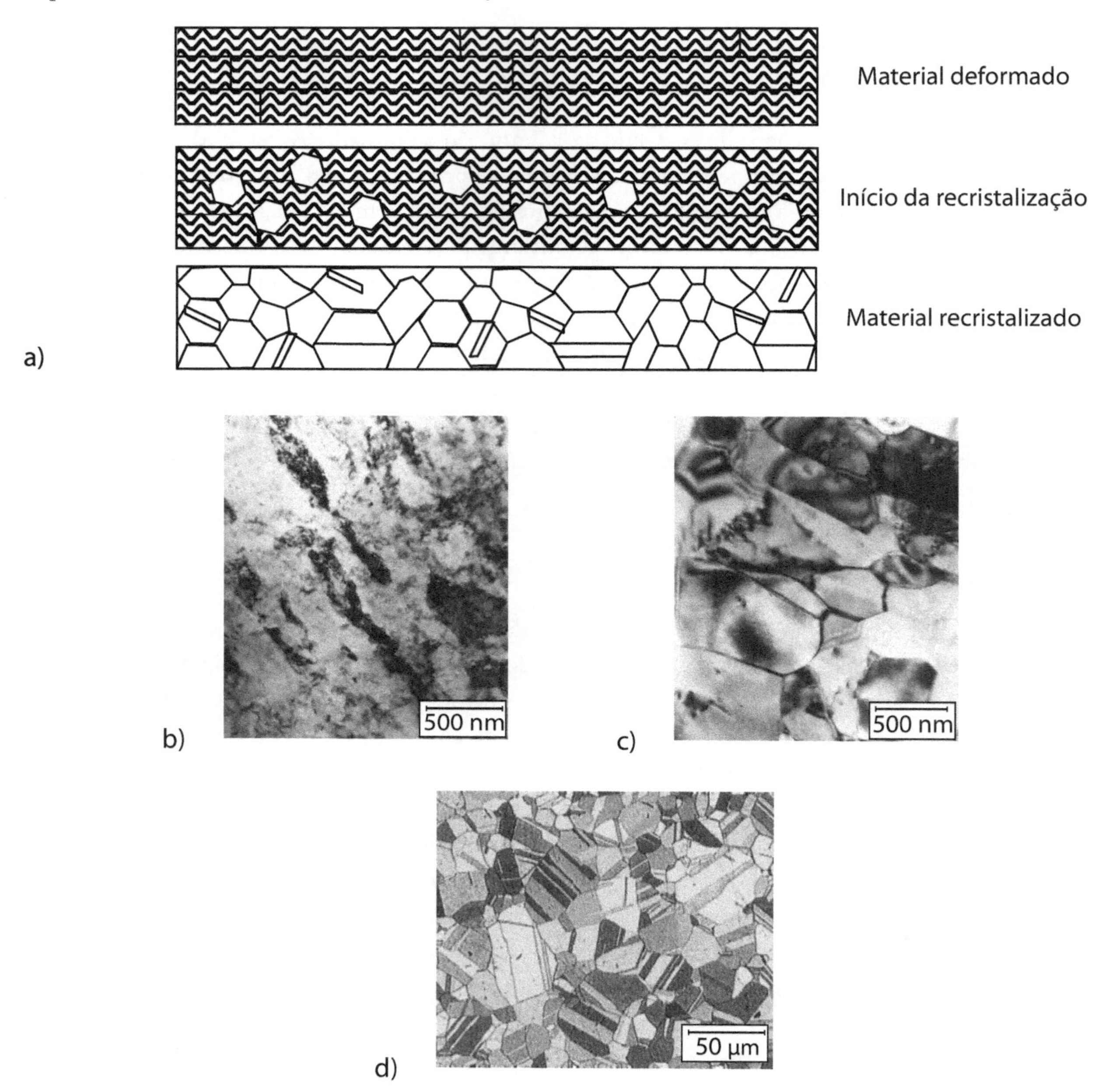

Figura 6.6 a) Representação esquemática do processo de recristalização; b) liga Al-4%Cu deformada a frio (MET); c) liga Al-4%Cu deformada a frio e recristalizada (MET); d) liga de latão 70/30 deformada a frio e recristalizada (MO).

O início da recristalização propriamente dita, com o surgimento e o crescimento de novos grãos, é marcado por acentuada diminuição da dureza e do limite de resistência, e por aumento da ductilidade e do alongamento do metal. É no fim do processo de recristalização, quando toda a microestrutura deformada foi eliminada e substituída por grãos recristalizados e pequenos, que se tem o melhor compromisso entre ductilidade e resistência mecânica. Para as ligas de joalheria, esta microestrutura também é desejável por apresentar a melhor condição de acabamento superficial, além de diminuir o efeito da fragilização por contaminação de chumbo ou fósforo, pois uma maior área de contornos de grão dilui a distribuição destas impurezas.

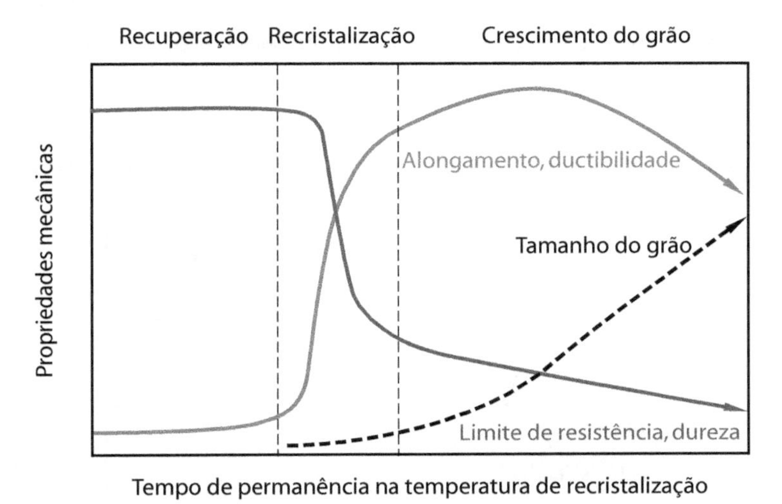

Figura 6.7 Influência sobre as propriedades mecânicas de ligas metálicas do tempo de permanência na temperatura de recristalização.

A dependência da tensão de escoamento ao tamanho de grão é descrita pela equação de Hall-Petch, que prediz que a tensão de escoamento é inversamente proporcional à raiz quadrada do tamanho de grão médio ($\sigma max \propto r^{1/2}$). Esse comportamento pode ser entendido considerando que o contorno de grão atua como barreira ao movimento das discordâncias.

Uma vez completada a recristalização, inicia a etapa de crescimento de grão. A partir daí, diminui a resistência mecânica sem aumento significativo da ductilidade, além de aparecer um defeito de acabamento superficial denominado de "casca de laranja". A causa deste defeito é a presença de grãos grosseiros na microestrutura do metal. Estes causam rugosidade superficial, que impossibilita o uso da chapa em operações de estampagem e embutimento destinadas à produção de peças cujas aplicações exigem excelente acabamento superficial, como é o caso das peças de joalheria. Por exemplo, uma chapa de metal com tamanho de grão de 50 μm apresentará o efeito "casca de laranja"; já o mesmo tipo de chapa com tamanho de grão da ordem de 25 μm não o apresenta, necessitando de menor trabalho de acabamento superficial para atingir a qualidade superficial desejada.

O recozimento, portanto, é um tratamento térmico que permite o controle das propriedades mecânicas de metais deformados por definir o tamanho de grão final da microestrutura metálica.

A ocorrência da recristalização depende de alguns fatores:

- *Grau de deformação*: é necessária uma deformação mínima, homogeneamente distribuída no material e que, para a maioria das ligas de joalheria, é de 30%. Em processos como estampagem e dobramento, a deformação será obrigatoriamente heterogênea e algumas partes da peça não atingem a magnitude necessária. Por outro lado, se a deformação for excessiva, sua distribuição é também heterogênea e a recristalização passa a ocorrer nas regiões mais deformadas gerando uma microestrutura de grãos recristalizados com tamanho desigual. A quantidade de deformação ideal necessária varia de liga para liga e a Tabela 6.2 mostra as porcentagens de redução a frio recomendadas para iniciar o tratamento de recristalização em ligas de ouro, prata e latão 70-30:

Tabela 6.2 Porcentagens de deformação recomendadas para o tratamento de recozimento (Fonte: Referência 6.6).

Liga	% de redução
Ag925	70
Ag835	60
Au750Ag170Cu80	65
Au750Ag125Cu125	60
Au750Ag50Pd200	55
Au585Ag382,5Cu32,5	85
Au585Ag280Cu135	55
Au585Ag110Cu183Zn71,5Ni50	60
Au585Ag187,5Cu227,5	60
Au585Ag900Cu325	55
Au585Cu415	75
Au585Ag300Pd115	75
Latão70Cu30Zn	35-70

- *Temperatura e tempo de tratamento de recristalização*: nos metais puros, a temperatura de início da recristalização é aproximadamente 1/3 T_f, mas em ligas aumenta consideravelmente, chegando a 0,5-0,6 T_f. Abaixo de 0,5 T_f o processo de recuperação é favorecido e não ocorre recristalização; é nestas temperaturas menores que são realizados os tratamentos de alívio de tensões.

Tipicamente, para determinada taxa de deformação, quando se mede a variação de dureza em função do tempo, observa-se um comportamento como o da Figura 6.8, que mostra os valore de dureza Vickers de uma liga Au750Ag160Cu90 deformada 70% e recozida em diferentes temperaturas. Em temperaturas abaixo de 450 °C a recristalização não ocorre, a redução de dureza não é significativa (pois o fenômeno de recuperação predomina), e não há formação de novos grãos. Acima de 475 °C há recristalização, marcada por acentuada redução de dureza. Entre 600 e 650 °C a dureza vai a um mínimo após 5 min de tratamento. Observa-se também que temperaturas acima de 650 °C não são recomendadas, por provocar crescimento de grão. Além disso, a temperatura de recristalização sofre grande influência da taxa de deformação; quanto maior esta, menor a temperatura necessária.

Na prática, se o recozimento for executado em um forno, recomenda-se ajustar a temperatura para que o tempo de tratamento seja de 30 min. Se feito por maçarico, temperaturas mais altas devem ser alcançadas porque o tempo de tratamento é necessariamente muito curto. Neste caso, o julgamento da temperatura é feito pela cor do metal, e é importante que isso seja feito em local pouco iluminado para que a avaliação não sofra interferência de fontes da luz externa. Além disso, deve-se evitar a oxidação excessiva do material; o fenômeno da oxidação será tratado com detalhe no Capítulo 7.

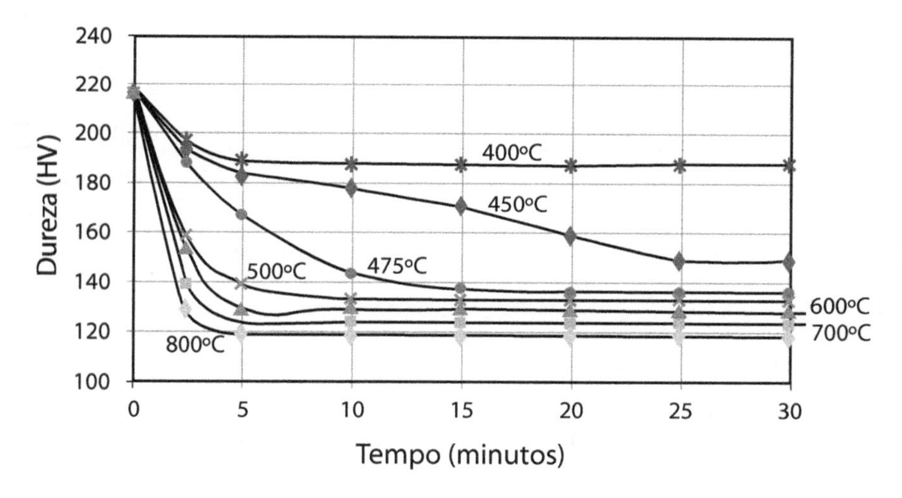

Figura 6.8 Variação da dureza durante o tratamento de recozimento de uma liga Au750Ag160Cu90 previamente deformada com redução de área de 70%. Temperaturas de recozimento variando de 400 a 800 °C (Fonte: Referência 6.8).

A Tabela 6.3 resume as temperaturas típicas de recristalização de algumas ligas de ouro, prata e latão deformadas nos níveis de deformação indicados, assim como a cor do metal quando o aquecimento é feito por maçarico.

O tempo e a temperatura de tratamento são importantes no controle do tamanho de grão e a Figura 6.9 mostra o efeito destas duas variáveis após o recozimento de uma liga de latão alfa e da liga Au750Ag160Cu90 deformada de 70%. Como o objetivo final é a obtenção de grãos da ordem de 30 μm para evitar o efeito casca de laranja, isto limita o último tratamento de recristalização a temperaturas mais baixas ou tempos curtos. Na Figura 6.9a, b, estas condições foram delimitadas pela linha pontilhada.

No caso de latões, o recozimento é normalizado segundo o tamanho de grão final definido em mícrons: 100, 70, 50, 35, 25 e 15. "Têmperas" de trabalho a quente (deformado a quente) incluem as condições após laminação a quente e após extrusão.

Tabela 6.3 Temperaturas típicas de recozimento para algumas ligas de joalheria (Fonte: Referência 6.3).

Material	Temperatura de recozimento (°C)	Cor
Au puro	200	–
Ag puro	200	–
Au750	540-600	Vermelho vivo
Au585 e 417	650	Vermelho escuro
Au branco ao Pd	650-700	Vermelho-cereja
Au branco ao Ni	700-750	Vermelho-cereja
Ag925	540-650	Vermelho escuro
Pt	800	Vermelho claro
Latão 70Cu30Zn	425-760	Vermelho vivo

Recomenda-se ainda que ligas de Au-Ag-Cu destinadas a deformação após o recozimento sejam resfriadas em água ou álcool (ver Capítulo 7), pois irão endurecer se resfriadas lentamente. Já as ligas de ouro branco ao níquel têm grande tendência a trincar se resfriadas rapidamente, e devem ser resfriadas ao ar sobre uma placa de aço, ou lentamente até 550 °C, antes do resfriamento rápido. Isso confere uma taxa de resfriamento lenta o suficiente para evitar o surgimento de tensões residuais e que haja endurecimento e mudança de cor devido à decomposição de fase que ocorre abaixo de 550 °C.

O aquecimento de ligas de ouro branco ao níquel também é crítico; elas precisam, em geral, passar por um tratamento de alívio de tensões antes do recozimento, geralmente a 300 °C, antes de chegar à temperatura de recristalização, que é cerca de 750 °C. Caso contrário irão sofrer trincas; comportamento semelhante é observado em ligas de alpaca (Cu-Ni-Zn).

Ligas de estanho, por fundirem em baixas temperaturas, recristalizam muito próximo à temperatura ambiente e, portanto, não apresentam endurecimento por deformação plástica, não necessitam de recozimento e podem ser deformadas até a espessura final sem tratamentos intermediários.

A adição de elementos de liga modifica as características de recristalização; portanto, as características de tratamento específicas de cada material devem ser fornecidas pelo fabricante das ligas.

- *Temperatura de deformação:* os processos de deformação, recuperação e recristalização podem se sobrepor se a temperatura de deformação for superior à de recristalização do material. Quando isso acontece, grandes deformações podem ser obtidas com o emprego de menores forças durante o processamento e sem encruamento significativo no metal ou liga. Processos que utilizam deformação acima destas temperaturas são comumente chamados de processos de deformação a quente. A maioria dos produtos metálicos de uso industrial (tubos, chapas, fios, arames) passa por alguma etapa de conformação a quente nos estágios iniciais da produção em larga escala. Por exemplo, ligas de latão 70/30 são trabalhadas entre 732-816 ºC.

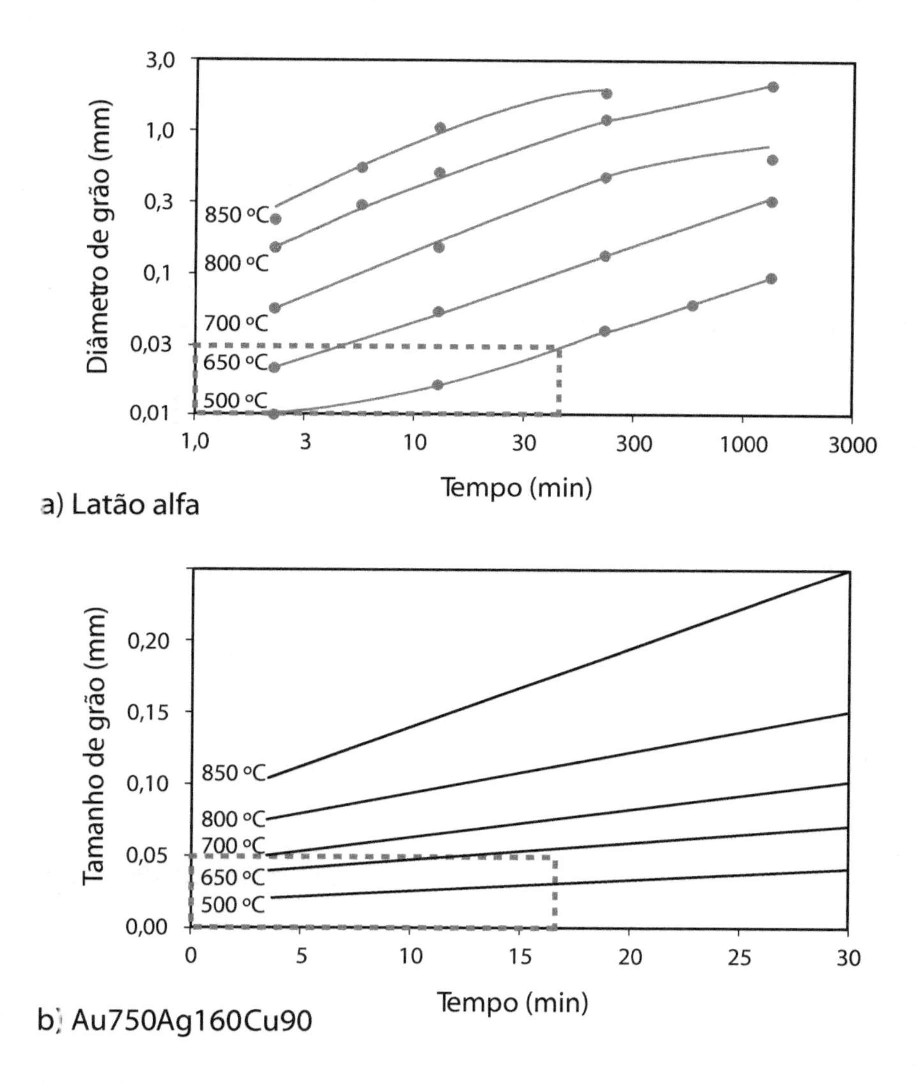

Figura 6.9 Efeito do tempo e da temperatura no tratamento da recristalização. a) no tamanho de grão de uma liga de latão alfa; e b) da liga Au750Ag160Cu90 deformada 70% (Fontes: Referências 6.8 e 6.17).

Na produção de joias de ouro e prata, no entanto, estes processos não são comuns, e os que trabalham com chapas de latão, em geral, compram material pré-laminado.

Materiais que tipicamente sofrem deformação a quente na temperatura ambiente são as ligas de Sn-Sb e Sn-Pb. Além disso, estas ligas apresentam fluência nesta temperatura. Fluência é a deformação lenta do material sob carga constante; o fenômeno ocorre pela ativação térmica da difusão de vacâncias e da autodifusão dos átomos do reticulado cristalino, ou seja, a movimentação de discordâncias e contornos de grão passa a ocorrer com tensões cada vez mais baixas, até mesmo sob o próprio peso do material. Por exemplo, placas de chumbo, se utilizadas em telhados inclinados, podem após alguns anos ficar mais espessas na base do que no alto. Um dos mecanismos de fluência é o escorregamento de contornos de grão, logo, materiais com grãos mais finos são menos resistentes à fluência do que materiais de grãos grosseiros, justamente por terem maior área de contorno.

Como a deformação de ligas de estanho é acompanhada por recristalização, refino de grão e fluência, o resultado da deformação plástica destas ligas é que, em vez de endurecer, elas amolecem com o aumento da deformação mecânica, como mostra a Figura 6.10.

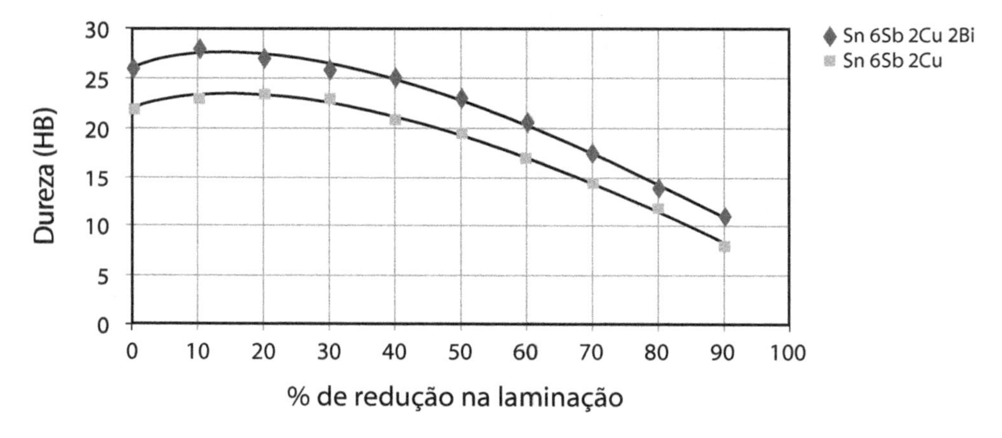

Figura 6.10 Amolecimento de ligas de peltre (Sn-Sb-Cu) quando submetidas à laminação.

Embora sofram amolecimento na deformação em temperatura ambiente, estas ligas recuperam parcialmente a dureza quando tratadas entre 150-200 °C por cerca de 1 h. Este tratamento de recuperação deve ser feito após a deformação mecânica e entre os passes de laminação cruzada. Esta é realizada como preparação do material para estampagem e produz menor anisotropia de orientação cristalográfica dos grãos, garantindo deformação mais uniforme em todas as direções da chapa.

Durante os processos de conformação mecânica, parte da deformação que ocorre é elástica. A recuperação elástica do material nem sempre é acomodada totalmente e, como resultado, a peça deformada possui tensões residuais internas. Se estas tensões forem de tração e concentradas na superfície, o material pode desenvolver trincas de corrosão sob tensão e distorções imprevisíveis durante operações de corte, usinagem, brasagem e soldagem. Ligas de latão com teor de zinco maior que 15% desenvolvem corrosão sob tensão e fragilização em atmosferas contendo amônia. Bronzes ao alumínio e ao silício também estão sujeitos à corrosão sob tensão, assim como as ligas de ouro de baixo quilate (14, 10 e 9 Kt) contendo altas concentrações de cobre e zinco.

A corrosão sob tensão é provocada por uma combinação de tensão residual e meios corrosivos, como meios de decapagem e fluidos de limpeza domésticos.

O tratamento de alívio de tensões é geralmente feito entre as operações de estampagem e ao final da confecção de joias de ouro – principalmente prendedores com mola, braceletes, peças estampadas. Este tratamento diminui parte da tensão residual via mecanismo de recuperação e realiza-se em temperaturas abaixo da temperatura de recristalização. As temperaturas típicas de tratamentos de alívio de tensões estão na Tabela 6.4

Tabela 6.4 Tratamento de alívio de tensões para ligas de ouro e latão (Fontes: Referências 6.7 e 6.17).

Liga	Temperatura (°C)
Ligas de ouro baixo quilate (Kt < 14)	250 °C – 30 minutos
Latão 70/30	260 °C – 320

Em alguns casos, o tratamento de alívio de tensões também deve ser realizado após a brasagem ou solda. Para ligas de latão, esses tratamentos são feitos em temperaturas de 50 a 110 °C acima do que as da Tabela 6.4.

O problema de ligas de ouro é que a precipitação (ver Capítulo 7) ocorre na mesma faixa de temperatura do tratamento de alívio de tensões; por isso, tempo e temperatura devem ser bem controlados. O alívio de tensões realiza-se em um forno ou estufa e sempre que forem efetuados reparos ou operações de redimensionamento de anéis.

6.3 Processos de conformação mecânica

6.3.1 Forjamento

O primeiro método de conformação mecânica aplicado pelo homem foi o forjamento, que é a aplicação de uma força normal à superfície do metal aquecido fazendo com que ele escoe lateralmente. Inicialmente utilizando martelo do ferreiro e bigorna (Figura 6.11), este processo evoluiu gradualmente. Na oficina do ourives, no entanto, ainda hoje são utilizadas técnicas de forjamento manual para obtenção de peças individuais e na preparação de lingotes antes da laminação.

Os equipamentos universalmente utilizados no forjamento industrial são o martelo e a prensa. Nos martelos, a energia necessária para executar uma operação é fornecida por uma massa que cai livremente ou é impulsionada de uma certa altura.

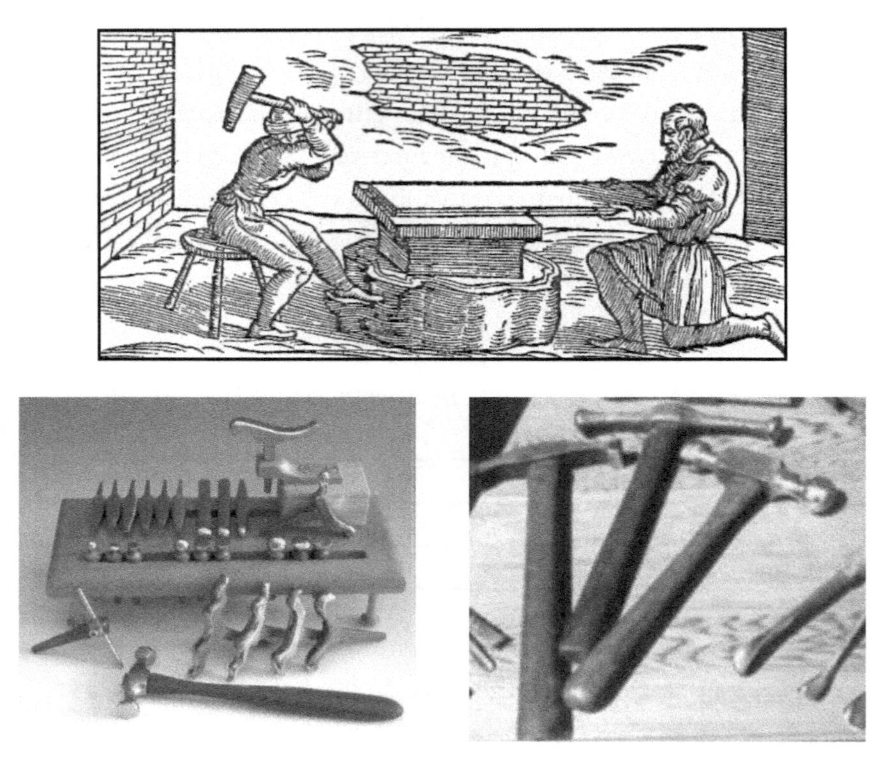

Figura 6.11 Preparação de folhas duplas de ouro e prata por forjamento manual (Fonte: Referência 6.13). Bigornas e martelos para forjamento manual (Fontes: www.fretzgoldsmiths.com; www.wroughtartworks.com.au).

O modelo mais antigo, hoje em desuso, é o martelo de queda livre mostrado na Figura 6.12a, o qual é acoplado a um peso, o conjunto sendo suspenso por uma corda. A força aplicada sobre a bigorna é proporcional à energia potencial do peso. Este martelo tem aplicações bastante limitadas, pois a energia cinética da queda e a capacidade de deformação são pequenas, a precisão é pequena (embora possa ser aprimorada um pouco com a colocação de um guia para o martelo), e é um método lento.

O balancin (Figura 6.12b) é uma variação do martelo de queda livre e encontra muita aplicação na indústria de joalheria. Duas massas são colocadas simetricamente em uma haste que está ligada a uma barra vertical com rosca. Quando colocadas em movimento, por ação manual, elas transmitem o seu movimento e energia cinética à barra vertical; esta energia é utilizada na conformação mecânica. Duas são as configurações mais comuns: com o peso distribuído em uma roda maciça e sustentação em duas colunas, ou com dois pesos simétricos e uma única coluna de suporte. O balancin é muito eficiente e pode ser aplicado em operações de corte, estampagem profunda, estampagem, dobramento e cunhagem.

Um modelo de martelo ainda em uso é o martelo de pêndulo, também chamado prensa de pedal, ou de alavanca, Figura 6.12c. A força disponível para a deformação não é alta, mas suficiente para operações de corte, estampagem e dobramento de pequenas peças. O operador aplica uma força no pedal, que é multiplicada por meio de uma alavanca e transmitida ao martelo.

Na indústria de aço são utilizados martelos impulsionados por ar comprimido, como mostra a Figura 6.12d. Estes equipamentos trabalham com massas entre 200 e 3.500 kg, caindo de alturas de cerca de 1 m. Com este tipo de máquina são forjadas peças de até 50 kg, mas há necessidade de bigornas de grande massa para sustentar o impacto da deformação.

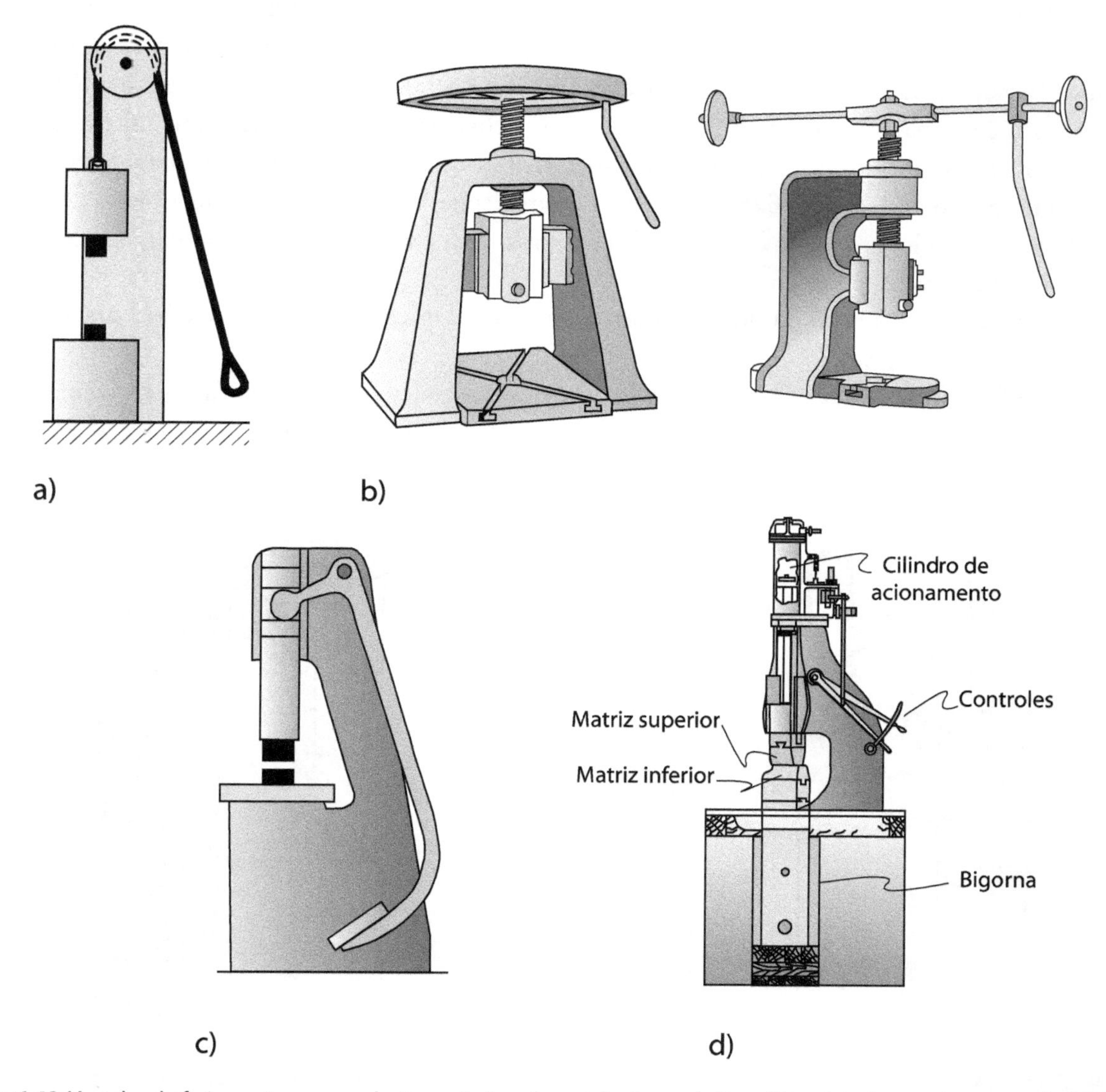

Figura 6.12 Martelos de forjamento para produções seriadas: a) martelo de queda livre; b) os dois tipos mais comuns de balancin; c) martelo de pêndulo ou prensa de pedal; (d) martelo de ar comprimido.

As prensas utilizadas no forjamento podem ter acionamento mecânico ou hidráulico. Estas máquinas também são adaptadas para outros tipos de trabalho como estampagem, corte, dobramento e embutimento profundo.

As prensas mecânicas são acionadas por excêntricos e têm capacidade máxima de aplicação da carga de 100 a 8.000 t, e as utilizadas em joalheria, 10-20 t (Figura 6.13a). O curso é usualmente limitado a 60 mm. A prensa excêntrica trabalha muito rápido (140-150 bpm), pois o movimento do martelo é controlado pela rotação de um eixo excêntrico que impulsiona o pistão ao qual se fixa o martelo superior. Quando o eixo está na posição de altura mínima, a máquina oferece um pico de força muito alto, que pode danificar o material, e por isso a batida deve ocorrer em intervalos bem definidos de posição do pistão (entre 30º e 90º com relação ao eixo vertical). Este equipamento é adequado para operações em série e tem grande produtividade.

As prensas hidráulicas (Figura 6.13b) são acionadas por pistões hidráulicos e podem ter grande curso. São fabricadas com capacidade de aplicação de carga de 300 a 50.000 t, e as utilizadas em joalheria têm de 50 a 100 t; são consideravelmente mais caras do que as prensas mecânicas. O acionamento é feito por um motor hidráulico que comprime um fluido, geralmente óleo, que transmite a pressão responsável pela movimentação do pistão ao qual está fixado o martelo (matriz superior). Esta prensa é mais lenta do que a excêntrica; logo, não é adequada para operações de corte, mas tem a vantagem de contar com a pressão nominal em qualquer altura de ferramenta.

O forjamento de aço e latão é tradicionalmente realizado a quente, mas ligas de ouro, prata e estanho podem ser deformadas a frio.

No forjamento industrial são utilizadas peças (usualmente de aço-ferramenta) para dar forma ao metal, denominadas *matrizes*. A operação de forjamento é classificada em forjamento em matriz aberta e em matriz fechada.

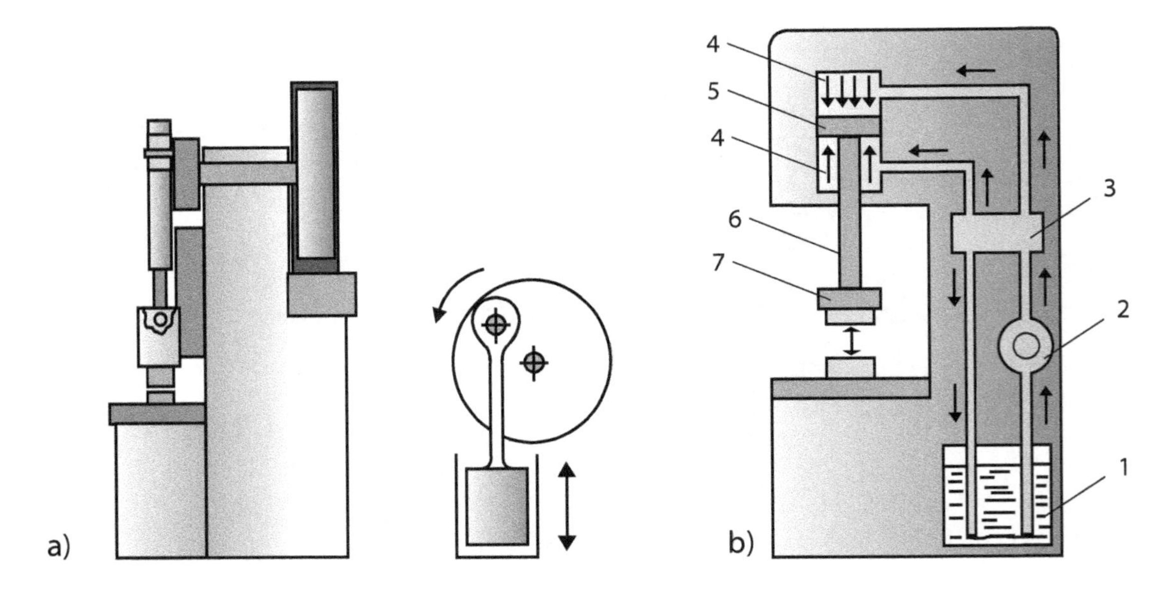

Figura 6.13 Prensas: a) prensa mecânica com eixo excêntrico; b) prensa hidráulica: 1) tanque de óleo, 2) motor hidráulico, 3) elemento de controle, 4) câmera de pressão, 5) pistão hidráulico, 6) barra de pressão, 7) martelo.

O primeiro não oferece restrição ao movimento lateral do metal e tem geometria bastante simples, assemelhando-se mais à operação do martelo manual, como mostra a Figura 6.14. Este processo é utilizado normalmente para pequenos lotes de peças e peças grandes, o que raramente é o caso em joalheria.

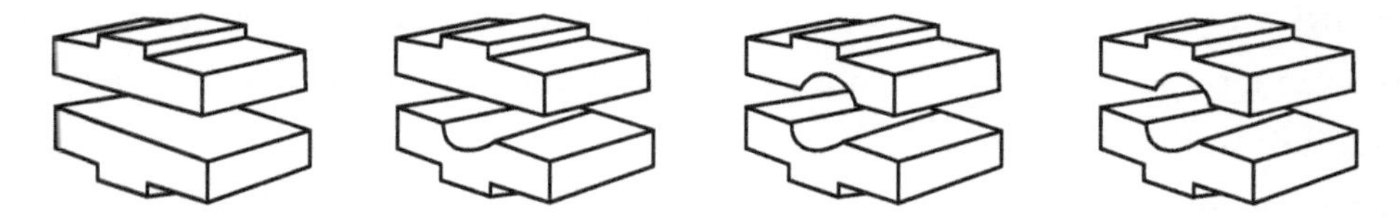

Figura 6.14 Exemplos de matrizes para forjamento aberto.

No forjamento em matriz fechada (Figura 6.15), o metal adota a forma esculpida previamente nas duas matrizes, havendo forte restrição ao livre espalhamento do material. Um problema a ser considerado no processo de forjamento em matrizes fechadas é a formação de rebarba, constituída pelo excesso de material que penetra entre as matrizes durante a operação, como mostra a Figura 6.15a.

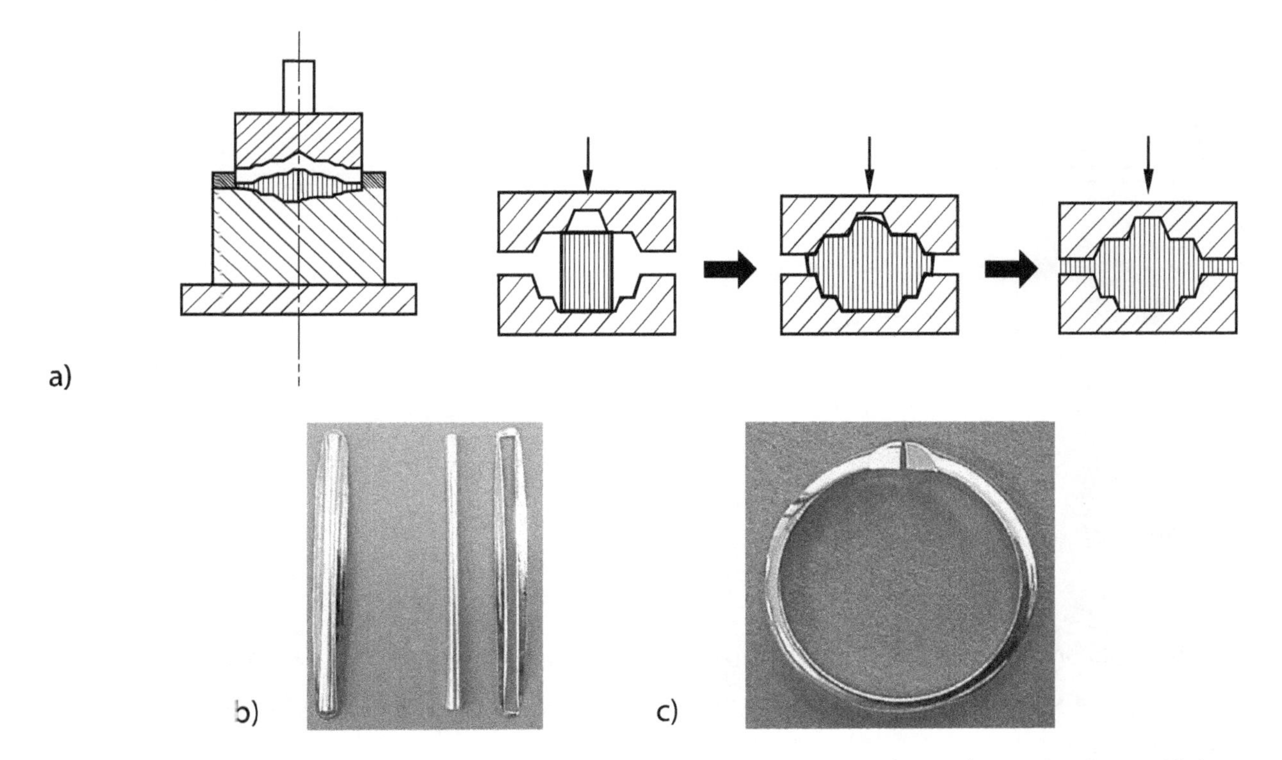

Figura 6.15 Operação de forjamento em matriz fechada mostrando em: a) escoamento do metal preenchendo a cavidade entre duas matrizes e formando a rebarba. Em (b-c), exemplo de forjamento de anel para solitário: b) barra forjada antes e após retirada da rebarba; c) anel após dobramento, pronto para receber garras de fixação para a gema (Fonte: Referência 6.15).

Um exemplo de aplicação de forjamento em matriz fechada é a cunhagem de medalhas, moedas e estampos de tipografia. Nas duas primeiras, a matriz superior e eventualmente também a inferior são entalhadas com o relevo em negativo da imagem que se deseja obter. Para evitar a formação de rebarbas, alguns moldes contêm um anel, que, colocado ao redor do material impede o seu escoamento lateral. Este tipo de deformação deve ser lento o suficiente para que o material, possa escoar, e para isso são empregadas prensas hidráulicas.

O forjamento em matrizes fechadas com geometrias mais complexas não é feito de uma só vez: usinam-se diversas cavidades em matrizes, a peça vai sendo sucessivamente forjada nessas cavidades e gradualmente alcança sua forma final. A Figura 6.16 mostra um exemplo de forjamento de um anel.

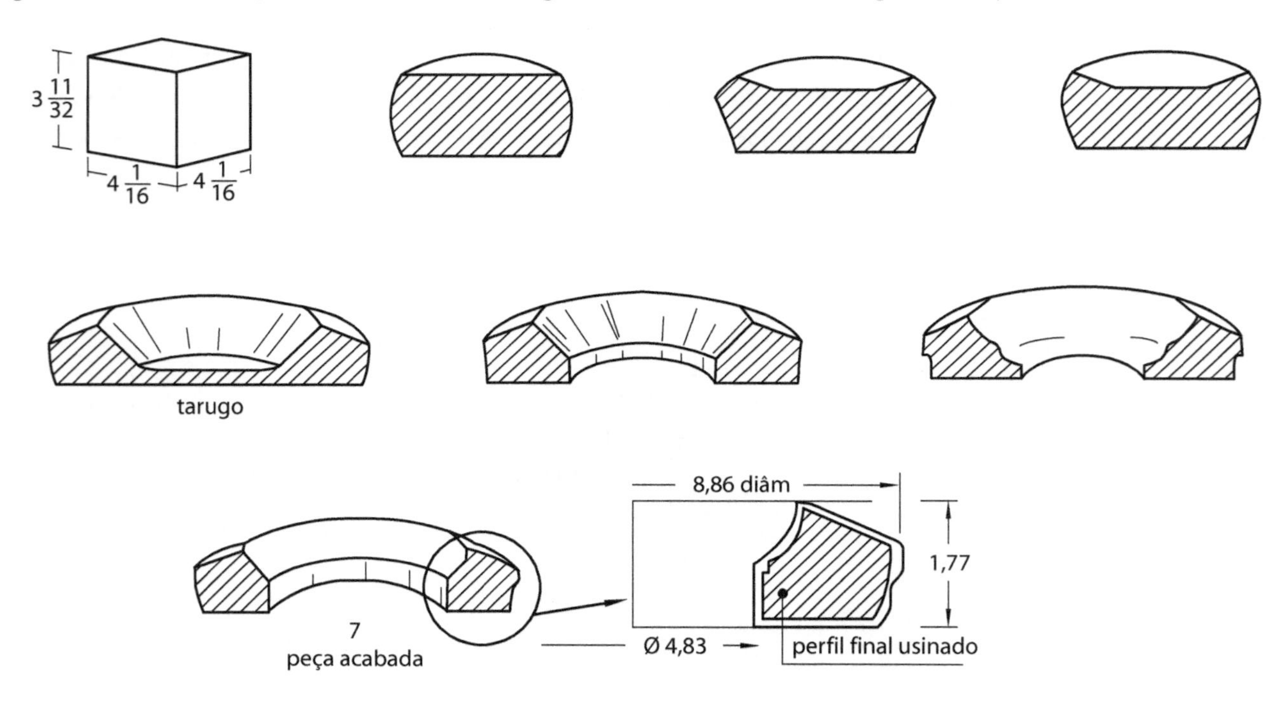

Figura 6.16 Sequência de forjamento de um anel.

A fabricação de matrizes fechadas para forjamento é muito especializada e cara, e o acabamento final das peças deve ser feito por usinagem. Por isso, o forjamento industrial só é viável para a produção de um grande número de peças pouco sujeitas a variações da moda.

O forjamento utiliza deformação por compressão, que, em comparação com a deformação por tração, tem a vantagem de evitar estricção e retardar a fratura. Antes de entender o que se passa nos processos de conformação mecânica é necessário, portanto, entender como se comporta o metal em uma situação de compressão. Nesta situação, o material é submetido a forças de compressão na direção normal, enquanto na direção perpendicular à deformação aparece uma força de tração que resulta do movimento relativo entre o material e a ferramenta. Além disso, entre o metal e a ferramenta existe atrito, o que gera uma força tangencial contrária ao escoamento do material. A força de atrito faz com que o material não escoe uniformemente para os lados, mas sofra um "embarrigamento", como mostra a Figura 6.17. Esta situação corresponde ao que acontece nos processos de forjamento, rechupe e cinzelagem.

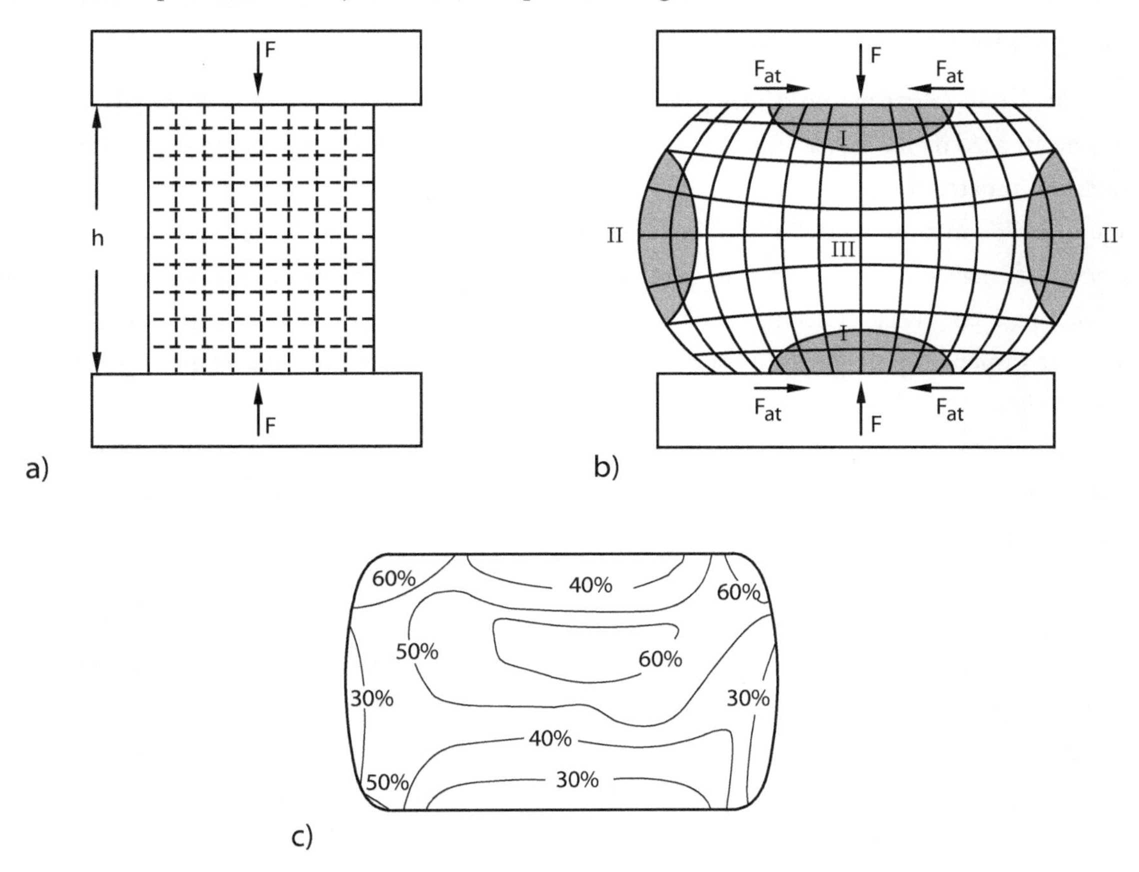

Figura 6.17 Compressão simples entre placas paralelas: a) situação inicial de um tarugo de altura h sendo comprimido pela força F; b) zonas de deformação quando entre o metal e a ferramenta atua uma força de atrito F_{at}: zonas I e II de pouca deformação e zona III de deformação máxima; c) distribuição da deformação em um corpo de prova real – linhas de isodeformação, que são análogas a curvas de nível.

A magnitude do atrito depende muito do tipo de metal, da rugosidade superficial da ferramenta e do metal, da existência de lubrificação ou de oxidação superficial. Existindo atrito, a distribuição de forças no interior do material não é homogênea e pode ser dividida em zonas; em algumas quase não ocorre deformação, e em outras, a deformação é máxima. A Figura 6.17b representa as linhas de alongamento de um cubo que sofre força de compressão F. Observa-se que:

- Na região I o contato entre a ferramenta e o material gera um atrito que impede que o material na interface se movimente, gerando uma região abaixo da ferramenta na qual não ocorre deformação acentuada.
- Na região II a força aplicada se encontra a 90º do movimento de expansão e, portanto, não pode agir sobre a sua estrutura.
- É na região III, portanto, que se concentra a deformação.

Nas regiões I e II a deformação ocorre pela pressão interna exercida durante a deformação da região III. No ponto de atuação da força F, a microestrutura não se altera e é a partir da linha FF que passa a ocorrer o alongamento do material.

A Figura 6.17c mostrou a distribuição da deformação real em um tarugo comprimido entre placas paralelas. As zonas de maior e menor deformação são dadas pelas linhas que mostram regiões de mesma porcentagem de deformação, que se concentra no interior do material e nas superfícies livres próximas à ferramenta. O "embarrigamento" pode ser minimizado se a deformação ocorrer em várias etapas discretas e com o aumento da lubrificação da ferramenta.

A formação da zona I afeta grandemente a força necessária para que ocorra a deformação do material, pois dificulta o processo. O volume desta zona depende não só da força de atrito atuante, mas também da geometria do corpo metálico e da área de contato.

A Figura 6.18 mostra o efeito da relação altura-largura de cilindros de cobre na pressão necessária para atingir diferentes graus de deformação (ensaios de compressão entre placas paralelas) e a Figura 6.18a mostra o efeito da altura. Ao contrário do que se imagina, quanto menor a altura, maior a força necessária para que a deformação ocorra, porque, sendo a região I de tamanho constante para todos os corpos de prova, à medida que a altura diminui as regiões de baixa deformação se aproximam chegando a se tocar como no caso do corpo de prova D. Como nestas regiões o movimento é limitado pela força de atrito, a força necessária para a deformação aumenta exponencialmente. A Figura 6.18b mostra o efeito da variação da área de contato mantendo altura constante; a diminuição da área transversal do cilindro faz com que a área de contato diminua e com ela também o volume da região I. Como consequência, o corpo de prova E requer menos esforço para deformar do que o corpo de prova A.

Por outro lado, se o bloco de metal for muito espesso e/ou a força de forjamento diminui, a região de deformação não atinge o centro do material. Por exemplo, sob a ação de um martelo se formam duas meias-esferas em torno da região comprimida: uma por ação do atrito e outra de deformação. O centro do material, no entanto, permanece inalterado.

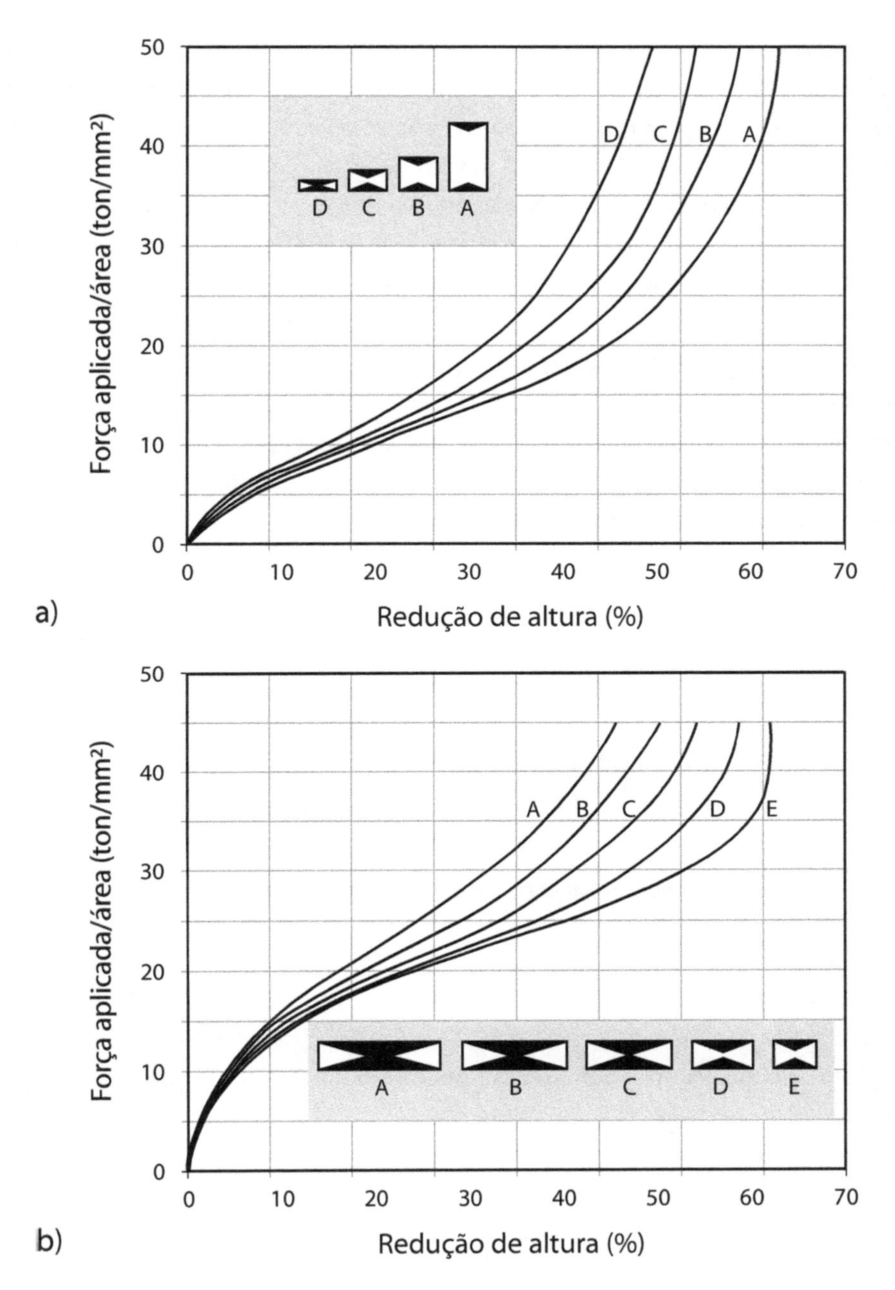

Figura 6.18 Efeito da variação da geometria do corpo de prova na pressão (t/mm²) necessária para que ocorra deformação em um ensaio de compressão entre placas paralelas: a) variação da espessura; b) variação da área de contato.

A forma da ferramenta durante o forjamento afeta o modo de deformação do material; assim, em forjamento a martelo, pode-se escolher entre quatro tipos de superfície de deformação (Figura 6.19):

- *Martelo de superfície plana:* age de forma perpendicular sobre uma grande superfície do metal. A pressão exercida é relativamente pequena, o efeito do atrito sob a área de contato é maior e a deformação se concentra nas regiões abaixo do martelo de forma mais ou menos homogênea. Este tipo de martelo não provoca grandes deformações, mas é muito útil quando se deseja aplainar uma superfície ondulada. Para não deixar marcas sobre o material, as bordas da ferramenta devem ser ligeiramente abauladas.
- *Martelo de superfície abaulada:* a superfície abaulada cria uma força de cisalhamento lateral que propicia maior deformação das regiões em torno do impacto, e, em comparação com o martelo de superfície plana, causa deformação com profundidade e penetração maiores. Quanto mais abaulada for a superfície, maior a deformação localizada.
- *Martelo de superfície esférica*: é o que tem a menor área de deformação possível, portanto, a pressão vertical é alta. Além disso, forma-se uma tensão de cisalhamento lateral que atua em toda a região lateral do impacto. Este martelo é mais apropriado quando se deseja deformar o centro de blocos espessos com deformação distribuída de forma concêntrica.
- *Martelo em forma de cunha*: por ter uma superfície pequena, gera uma grande pressão localizada quase que unicamente na direção vertical à superfície, e o martelo penetra bastante no metal. Além disso, a cunha exerce uma tensão de cisalhamento lateral, que faz com que ocorra deformação lateral em uma direção preferencial.

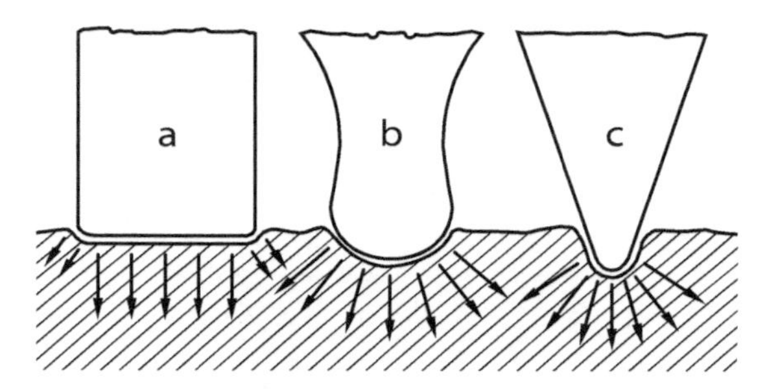

Figura 6.19 Modo de deformação de martelos: a) superfície plana; b) superfície esférica; c) em cunha.

Suponha agora que a ferramenta seja longa e estreita como mostra a Figura 6.20. Neste caso, o metal tem liberdade para escoar apenas na direção x, pois na z ele é limitado pela força de atrito. Esta situação é chamada de deformação plana, por ocorrer em apenas uma direção, e é muito importante no processo de laminação, que se aproxima geometricamente desta situação.

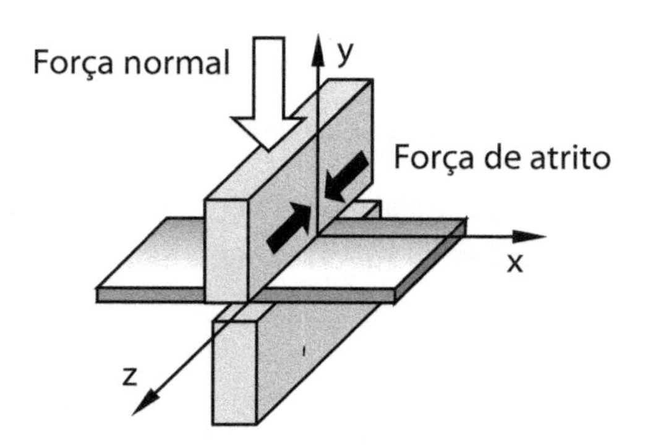

Figura 6.20 Representação de um estado de deformação plana.

6.3.2 Laminação

A laminação é um aprimoramento do processo de forjamento plano mostrado na Figura 6.19 e é mais econômica do que este; também é mais rápida e requer menos energia para o mesmo grau de deformação. Da Figura 6.21 observa-se que o metal é comprimido entre dois cilindros em rotação, que giram em direções opostas. A espessura do metal diminui enquanto seu comprimento aumenta e a sua largura permanece aproximadamente a mesma. O que faz com que a chapa se movimente entre os cilindros é o atrito formado entre sua superfície e a dos cilindros.

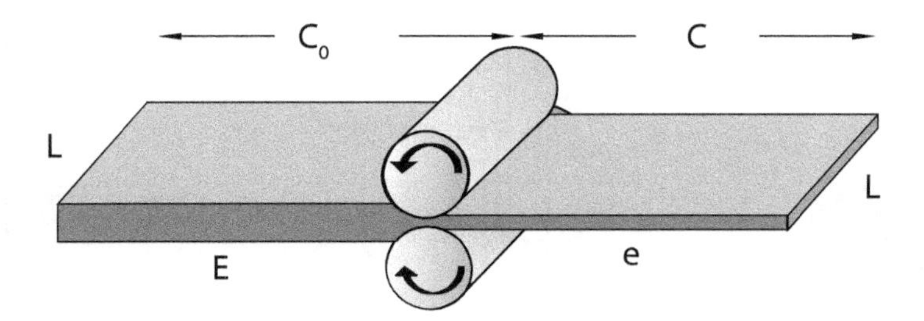

Figura 6.21 Representação esquemática do processo de laminação. L = largura; E = espessura inicial; e = espessura final; C_0 = comprimento inicial; C = comprimento final.

Como o volume de material permanece constante, uma pequena redução na espessura corresponde a um aumento considerável no comprimento:

$$Volume_{inicial} = Volume_{final}$$

$$E \cdot C_0 \cdot L = e \cdot C \cdot L$$

$$C = \frac{E \cdot C_0}{e}$$

Lembrando que a relação entre as espessuras inicial e final (E/e) é sempre maior do que 1, o resultado é que o comprimento final (C) é sempre maior do que o comprimento inicial (C_0).

Nas pequenas oficinas de joalheria ainda se utilizam laminadores manuais, mas é cada vez mais comum o uso de equipamentos acionados por motores elétricos. Há vários tipos de laminadores disponíveis no mercado e eles variam no comprimento e no diâmetro dos cilindros, na potência do motor, na velocidade de laminação e no acabamento superficial dos rolos. O laminador mostrado na Figura 6.22a é dividido em duas partes: uma para chapas planas, com cilindros de superfície plana, e a outra para perfis, contendo fendas com profundidades variáveis (Figura 6.22b). Em um laminador de perfis é possível obeter fios de secção quadrada, cilíndrica, ou meia-cana, até uma espessura de 0,45 mm. Nas configurações das Figuras 6.22a e b, o cilindro inferior é fixo e o superior pode ser movimentado verticalmente, ajustando a espessura. O movimento é feito por meio de um sistema de engrenagens localizado no topo da caixa dos cilindros, o que garante o paralelismo do sistema. Sistemas mais modernos possuem lubrificação automática das partes rolantes do equipamento.

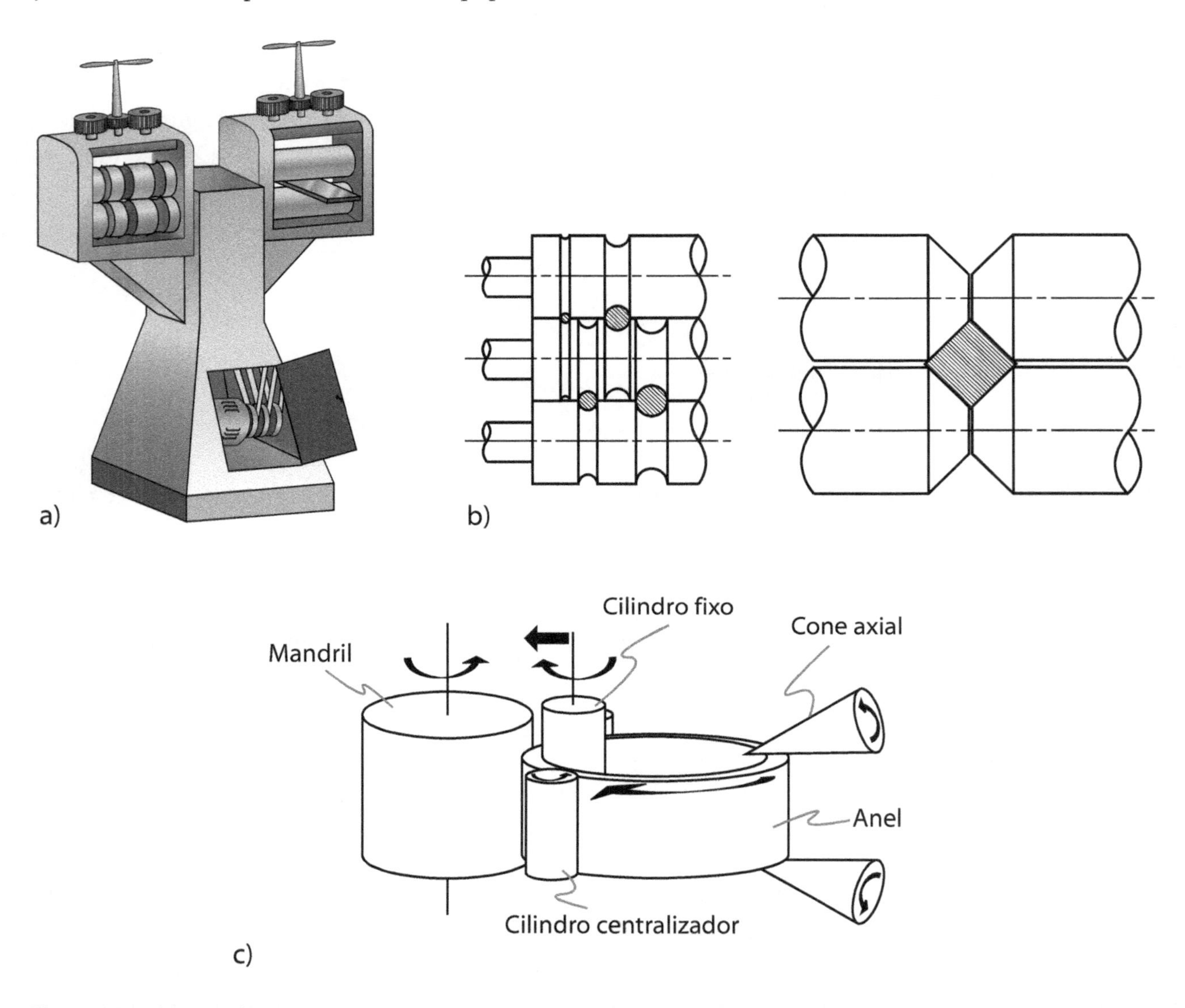

Figura 6.22 a) Laminador movido a motor elétrico com duas caixas de cilindros de laminação para chapas e perfis; b) esquema de possíveis configurações para laminação de perfis de secção cilíndrica, meia-cana e quadrada; c) laminação de anéis.

A configuração mostrada na Figura 6.22c permite a laminação de anéis e pode ser utilizada na fabricação de alianças em série, e para isso o equipamento tem o eixo de laminação na vertical. A matéria-prima, já em forma de anel, pode vir de uma fundição centrífuga ou de processos de estampagem ou forjamento; e o anel é colocado entre dois cilindros: o fixo (ou cilindro rei) e o mandril. O primeiro gira o anel bruto na direção periférica e o mandril comprime sua superfície externa diminuindo a espessura e aumentando a largura e o diâmetro. Dois cilindros centralizadores calandram o material para que continue cilíndrico, e os cones axiais controlam a expansão lateral durante a deformação.

A principal diferença entre o processo de laminação e o de compressão mostrado na Figura 6.20 é que o metal é alongado plasticamente na direção de laminação e, enquanto passa pelos cilindros, sofre uma aceleração. Na Figura 6.23 está representada a região de contato entre os cilindros de um laminador e a chapa; a deformação ocorre na região do ângulo α (denominado ângulo de ataque) e pode ser dividida em duas partes, β e γ. Na região β o metal é empurrado para trás e por isso a velocidade da chapa antes de entrar em contato com o cilindro é menor do que a de rotação deste. Na região γ, por outro lado, o metal é empurrado para frente. Portanto, existe uma diferença de velocidades: a chapa se movimenta com velocidade menor do que o cilindro na entrada do laminador e com uma velocidade maior após sair dele. Com isso é gerada uma força de atrito, que é máxima no ponto em que as velocidades do cilindro e da chapa se igualam (plano FF). O resultado é a formação de uma zona de baixa deformação, semelhante à da compressão entre placas paralelas mas um pouco distorcida para o lado.

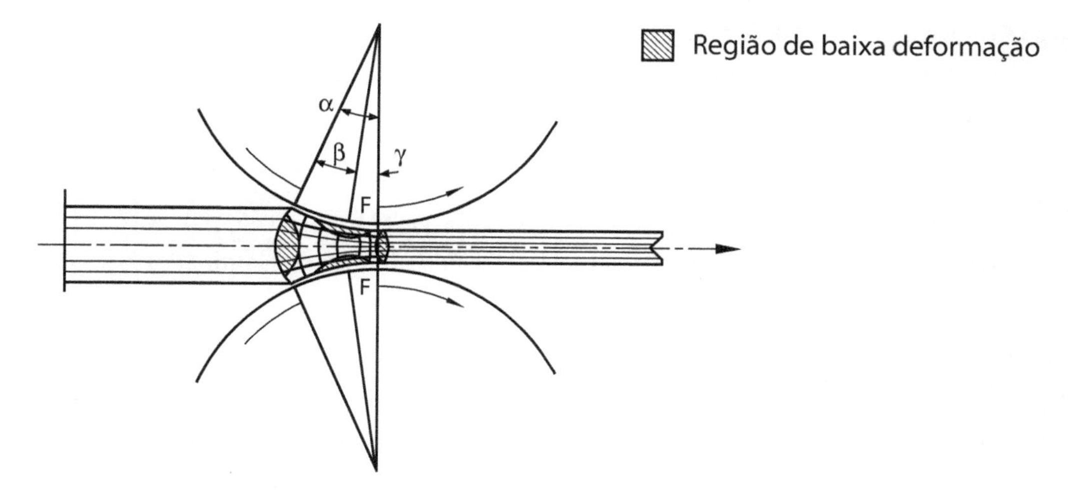

Figura 6.23 Representação esquemática das regiões de baixa deformação devido ao atrito entre cilindro e chapa no processo de laminação.

O coeficiente de atrito (μ) nos processos de laminação depende do tipo de metal, do acabamento superficial das superfícies do cilindro e da chapa, da velocidade de laminação e do uso de lubrificantes, mas geralmente varia entre 0,05 nas condições de superfície lisa e uso de lubrificantes e 0,5 com superfície rugosa não lubrificada.

Na laminação são aplicáveis as mesmas considerações mostradas na Figura 6.17, com as seguintes consequências:

- A força de atrito é necessária para que o material seja agarrado pelos cilindros; sem ela o material não pode ser deformado.
- É o atrito que determina a magnitude do ângulo de ataque α. A condição limite para que a placa entre nos rolos de laminação sem ajuda é $\mu = \tan \alpha$, logo, α varia entre 3 e 26°. Portanto, para um mesmo diâmetro de cilindro, aumentando o coeficiente de atrito, aumenta a capacidade de deformação do processo.
- Para um mesmo coeficiente de atrito, aumentando o diâmetro dos cilindros, aumenta a espessura inicial da chapa que pode ser laminada, pois aumenta o arco de contato: $\mu \approx \tan \alpha \approx \sqrt{\Delta e/R}$, onde Δe é a variação de espessura e R é o raio do cilindro.
- Quando o atrito aumenta (cilindros de laminação com superfície rugosa, material não lubrificado, ou maior arco de contato), a força necessária para a laminação aumenta. Devido a isso, a aproximação entre os rolos de laminação entre um passe e outro deve ser diminuída.
- O aumento da lubrificação (diminuição do atrito) faz com que a deformação seja mais homogênea (diminui a zona I) e o acabamento superficial, melhor.
- Quanto menor a espessura da chapa, maior a força necessária para laminá-la. Uma alternativa para a laminação de folhas finas é a redução do diâmetro do cilindro de laminação, pois com isso a área de contacto durante a deformação também diminui. A redução excessiva de diâmetro dos cilindros, no entanto, causa uma diminuição na precisão da espessura final, pois cilindros mais finos tendem a fletir elasticamente.

Durante a laminação de material no estado como fundido (lingote), a deformação homogênea é muito importante, pois "quebra" a estrutura de solidificação. Por isso, os passes iniciais devem ser mais profundos, até que toda a estrutura de fundição seja deformada. Isto em geral requer um laminador com cilindros de maior diâmetro, potência maior e com acabamento superficial menos apurado; este equipamento denomina-se laminador de desbaste.

Na prática industrial de produção de aço, alumínio, cobre e latão, a laminação de desbaste é feita a quente, ou seja, acima da temperatura de recristalização. Após esta primeira etapa a liga segue para uma linha de laminação a frio, com cilindros lubrificados e de melhor acabamento superficial. É nesta etapa que se faz o controle do acabamento, espessura e propriedades mecânicas finais do produto.

Na oficina de ourivesaria, em geral há apenas um laminador de acabamento. Nestas condições, e considerando a espessura usual dos lingotes fundidos, a pressão exercida pelos cilindros não é distribuída homogeneamente em toda a secção do metal, e as áreas externas sofrem uma deformação maior do que o centro. Se o lingote for muito espesso, pode ocorrer de o centro não ser atingido pela deformação. Na laminação de chapas grossas, o resultado é evidente a olho nu, quando a parte externa do metal se projeta para fora no sentido de laminação como mostra a Figura 6.24.

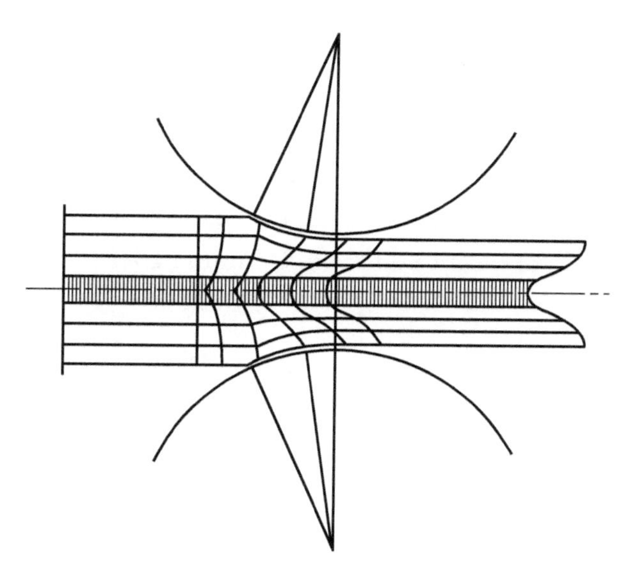

Figura 6.24 Deformação de chapas grossas com região central não deformada.

Uma estimativa para saber se o cilindro tem diâmetro suficiente para deformação homogênea até o centro da chapa é dada pela relação entre o comprimento do arco de contato L e a largura inicial da chapa E (ver Figura 6.25). O comprimento L pode ser estimado pela equação:

$$L = \sqrt{\frac{D}{2} \cdot \Delta e}$$

Quando L/E < 0,6, a deformação no centro da placa é menor do que na superfície e o produto da laminação mostra projeções das superfícies externas tanto na frente de laminação quanto nos lados da chapa, (ver Figura 6.25b). Quando L/E ≥ 0,65, o centro da chapa é deformado e o perfil lateral da chapa tem o formato da Figura 6.25c.

A recomendação, para a pequena oficina do ourives, é a de efetuar um forjamento a frio do lingote fundido antes de começar a laminação. O forjamento inicial só é efetivo se for alcançado um alto grau de encruamento; para isso, necessita-se de um martelo pesado e de uma base metálica plana e estável (tass), como mostra a sequência da Figura 6.26.

O procedimento mais comum em lingotes planos é o de utilizar um martelo com ponta fina em cunha arredondada e deformar toda a superfície da chapa em um sentido, depois virar a chapa e deformá-la a 90º do sentido anterior. Em seguida se alisam as duas superfícies com um martelo de superfície quadrada levemente abaulada (ver Figura 6.26c).

Os lingotes para produção de fios também são forjados com o mesmo tipo de martelo, começando pelas faces com o lado mais fino posicionado a 90º da direção mais longa do lingote. Os quatro lados são trabalhados procurando-se manter a seção quadrada. O material pode ser recozido levemente após o trabalho nas duas primeiras faces. Finalizando as faces, utiliza-se o lado de maior aresta do martelo primeiro forjando os cantos (um segundo recozimento pode ser necessário neste estágio) e depois forjando as faces como mostra a Figura 6.26d. O forjamento dos cantos diminui a tendência de formação de trincas durante a laminação.

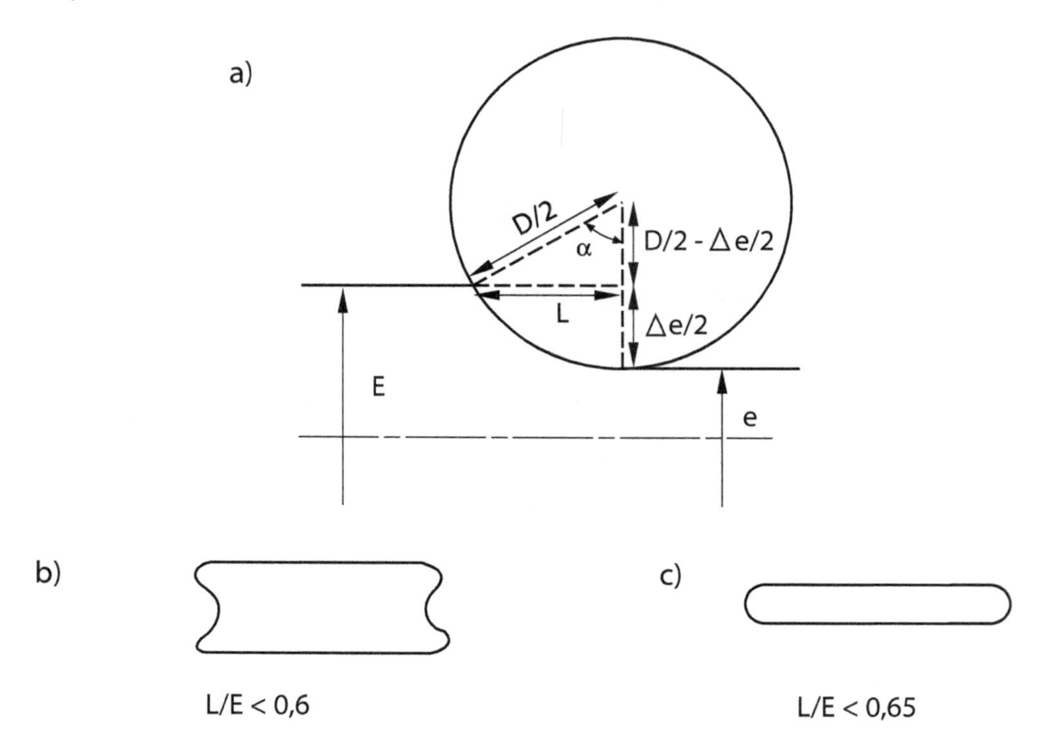

Figura 6.25 Esquematização da relação empírica entre o arco de contato L e a espessura inicial E para determinar se o centro da chapa sofre ou não deformação plástica.

Se o lingote de fio for cilíndrico, ele deve ser forjado de maneira a formar uma secção quadrada com cantos arredondados.

Só depois de o metal ter sido forjado e recozido algumas vezes é que se obtém um material com grãos finos, ideal para o trabalho de laminação e trefilação.

Após a deformação inicial e o recozimento, o material segue para a o *laminador de acabamento*. Neste equipamento a rugosidade dos cilindros é bem menor e a lubrificação é mais crítica; a redução entre passes também é menor e, para se obter a espessura desejada, são necessários vários recozimentos intermediários.

O material deve encruar antes de ser recozido, seguindo a porcentagem de redução indicada para cada tipo de liga, conforme descrito na Tabela 6.2. A porcentagem de redução não deve ser avaliada por intuição, mas sim com o paquímetro.

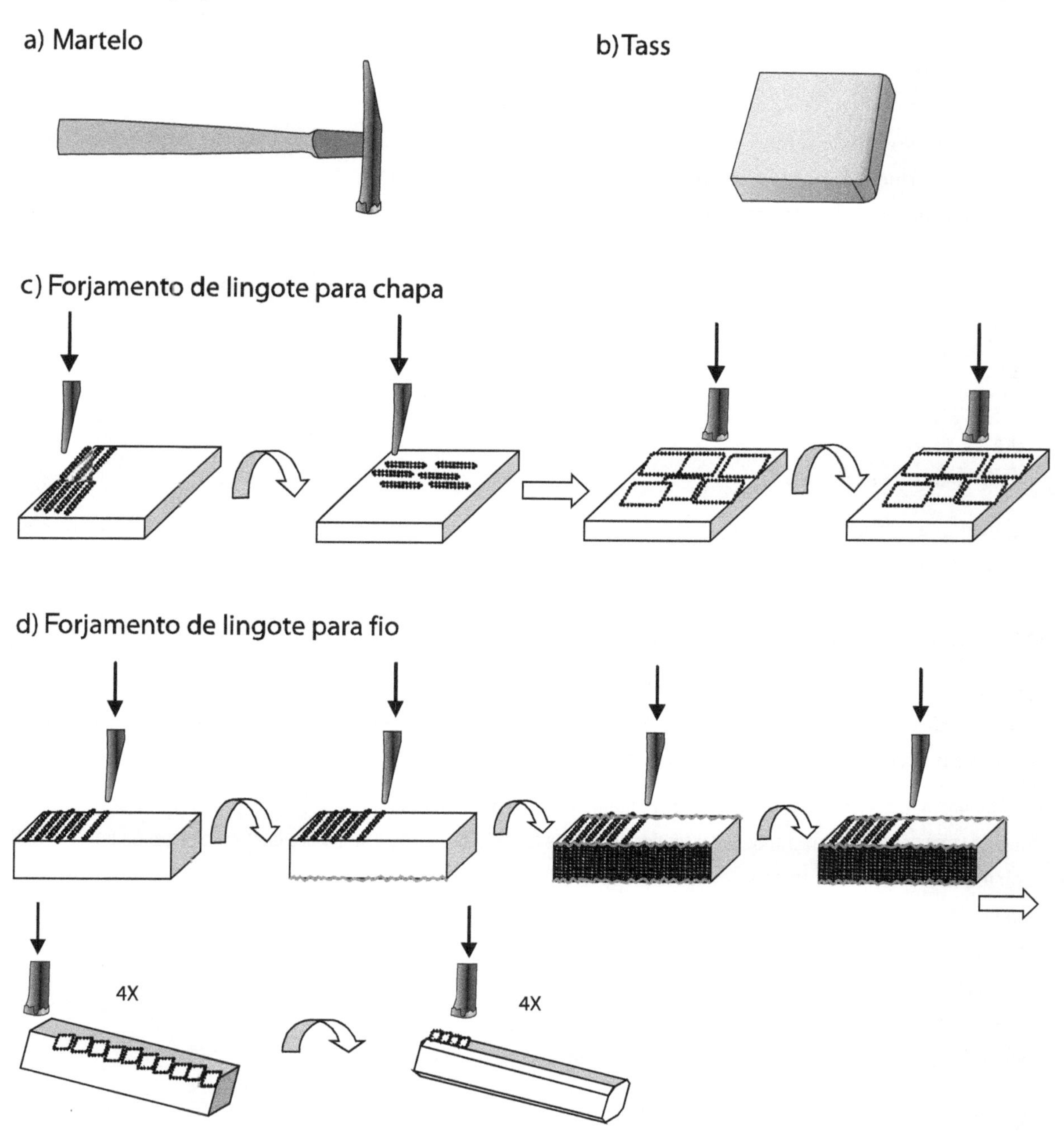

Figura 6.26 Forjamento de lingotes para "quebrar" a estrutura de solidificação antes do trabalho de laminação: a) martelo de duas pontas com final arredondado; b) base metálica (tass); c) sequência de forjamento para chapas; d) sequência de forjamento para fios.

Exemplo1: Uma chapa de prata Ag925 deve ser laminada após uma redução de 70%. Partindo de um tarugo de 50 mm de espessura, com que espessura ele deve ser recozido?

$$\frac{50}{x} = 1,7$$

$$x = 24,9 \text{ mm}$$

Exemplo2: Um arame de secção circular for reduzido de 15 para 13 mm. Qual a taxa de redução?
Neste caso, a redução é proporcional à razão dos quadrados dos diâmetro.
A área do círculo é dada por $2\pi R^2$, onde R = raio do arame e D = 2 R, o diâmetro.

$$\frac{2\pi(D/2)^2_{inicial}}{2\pi(D/2)^2_{final}} = x$$

$$\frac{D^2_{inicial}}{D^2_{final}} = x$$

$$\frac{15^2}{13^2} = x = 1,33$$

taxa de redução = 33%

É evidente que o lingote deve ser isento de trincas, poros, juntas frias, inclusões de óxidos, pois, quando laminado, esses defeitos iniciais só irão deteriorar a qualidade do produto.

Recomendações para o uso do laminador

Os cilindros projetados para a laminação de ligas dúcteis como ouro e prata são geralmente feitos de aço-ferramenta tratado termicamente para ter dureza superficial elevada. Mesmo assim eles se desgastam e perdem o paralelismo. Para minimizar o desgaste e proteger a superfície dos cilindros de riscos e de oxidação, recomenda-se:

- Não laminar materiais frágeis e duros como aço e metais com oxidação superficial.
- Antes de laminar, retirar os restos de bórax vindos do lingote fundido, ou de cobertura protetora para o recozimento.
- Secar muito bem o material antes de inseri-lo no laminador.
- Sempre procurar fazer com que o carregamento dos cilindros seja o mais homogêneo possível, não se limitando ao centro.
- Quando o laminador não está em uso, a superfície dos cilindros deve ser protegida com um pouco de lubrificante.
- Evitar tocar os cilindros, pois o suor e a oleosidade do nosso corpo podem causar corrosão.
- Não aplicar carga excessiva aos cilindros.
- Sempre que terminar de usar o laminador, aliviar a pressão entre os cilindros.

Se for necessário desgastar os cilindros para que voltem a ficar paralelos, eles podem ser lixados com lixa fina (nunca lixa grossa) da seguinte forma: cobrir uma placa de madeira que tenha a mesma largura dos cilindros com papel de lixa, e passar o conjunto pelos cilindros. A placa de madeira evita que os papéis de lixa escorreguem. Durante a rotação dos cilindros, todo o arco é lixado até que as partes protuberantes desgastem e a superfície de contato volte a ser plana.

A falta de paralelismo entre os cilindros causa os seguintes defeitos:

- Os cilindros podem desgastar mais no centro do que nas bordas ou fletir quando efetuarem uma taxa de redução muito elevada. Neste caso, as bordas da chapa deformam-se mais do que o centro. Como resultado, o material fica com as bordas onduladas ou, se a chapa for fina, podem aparecer estrias ou trincas no centro da chapa, como mostra a Figura 6.27.

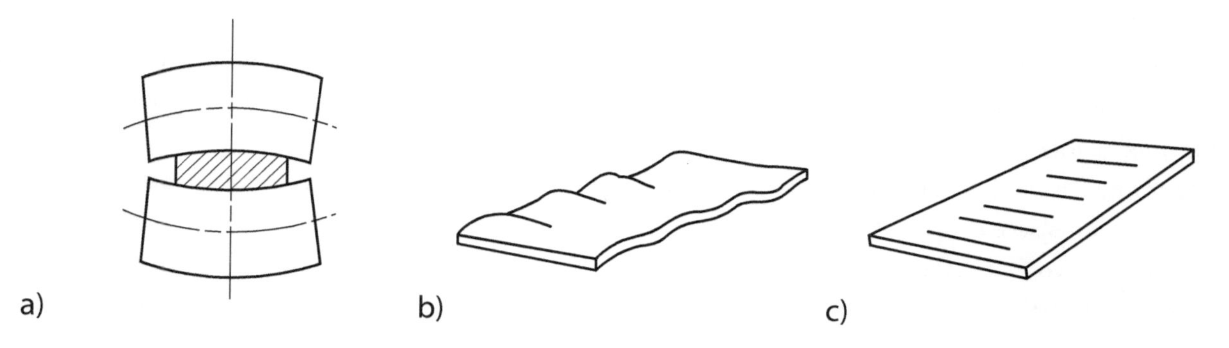

Figura 6.27 Defeitos causados por abaulamento central nos cilindros: a, b) bordas onduladas; c) estrias ou trincas centrais (folhas finas).

Para corrigir o defeito, deve-se forjar a área menos deformada, recozer o material e relaminar. Antes, porém, os cilindros devem ser aplainados.

- Se um lado estiver mais baixo que o outro por desregulagem do sistema de engrenagens ou por desgaste, um lado deforma mais que o outro e o material sai do laminador curvando para o lado da menor deformação (ver Figura 6.28).

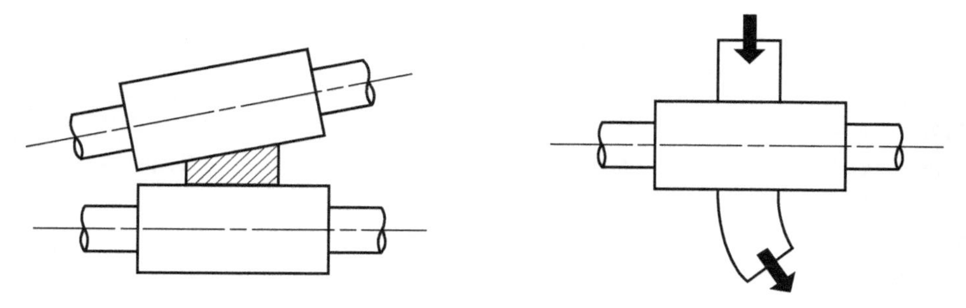

Figura 6.28 Deformação irregular da chapa quando os cilindros não estão paralelos.

Para corrigir o defeito, deve-se forjar o lado mais espesso e, antes de continuar a laminação, o paralelismo entre os cilindros dever ser restabelecido.

Recomendações para o manuseio do material

Antes da laminação, deve-se observar se o material não contém inclusões na superfície, e se os cilindros estão limpos, pois qualquer sujeira irá deixar uma impressão no metal que só sairá depois de muito lixamento.

Laminação de chapas

Primeiro os cilindros devem ser afastados até a espessura inicial da chapa. Quando o atrito começar a agir e a tracionar a chapa, a distância entre os cilindros pode ser diminuída gradativamente, a cada passe. O sentido de laminação deve ser mantido, sempre iniciando pelo mesmo lado da chapa, só pode ser mudado após o recozimento.

Se for necessário fabricar uma chapa quadrada (laminação cruzada), o material deve ser alongado primeiro em uma direção e depois de chegar ao comprimento desejado é que se lamina a 90º dessa direção.

Sempre que o material estiver encruado (ver Tabela 6.2) e antes de mudar a direção de laminação, deve-se recozer o material. Falhas podem ocorrer por falta de recozimento, recozimento excessivo ou presença de impurezas no material. A Tabela 6.5 mostra os defeitos mais comuns causados por falha do material.

Tabela 6.5 Falhas na laminação da chapa devido a falhas no material.

Tipo de falha	Causa	Solução
Borda ondulada	• Foi mudada a direção de laminação sem recozimento	• Recozer e aplainar a chapa com o martelo
Trincas nas laterais da chapa	• Material contém impurezas • Grão muito grande por recozimento excessivo • Material deformado acima do limite de resistência, e $L/E > 0,65$	• Refundir o material com impurezas • Retirar as rebarbas com a serra, recozer e relaminar
Trincas na superfície em forma de mosaico; o material se despedaça	• Limite de resistência ultrapassado • Grãos grosseiros • A causa mais frequente é a presença de impurezas no material	• Refundir o material ou enviá-lo para a recuperação
Trinca tipo rabo de peixe	• Material excessivamente deformado (com $L/E < 0,60$) e/ou com impurezas alinhadas no centro da chapa	• Refundir o material ou enviá-lo para a recuperação

Laminação de fios

Durante a laminação de fios, além das forças de atrito que trazem o material para o espaço entre os cilindros, estão presentes forças tangenciais que tendem a espalhar o material para fora da fenda. Para evitar isto, recomenda-se girar de 90º o material em torno de seu eixo, entre os passes. Isso também ocorre se o passe for "apertado demais". Tão logo apareçam aletas laterais, é necessário removê-las com uma lima, caso contrário serão esmagadas formando escamas finas. A laminação deve seguir a sequência das fendas, só saindo de uma fenda para a menor quando os cilindros se tocarem e não for possível continuar a redução.

Para evitar que o fio saia ondulado, deve-se procurar exercer uma certa tensão na saída dele.

6.3.3 Trefilação

A trefilação é um processo empregado desde o século XII, e o procedimento também foi descrito por Biringuccio no livro *De La Pirotechnia* (1540), ver Figura 6.29. O método é utilizado ainda hoje na oficina do ourives, sem modificações significativas, para a fabricação de fios e tubos, na maioria das vezes de secção redonda, mas também podem ser obtidas secções quadrada, triangular e meia-cana.

Figura 6.29 Banca de trefilação, desenhada por Biringuccio (1540).

A trefilação consiste na passagem de um fio através de um orifício cônico (inclinado de um ângulo α) fazendo com que o diâmetro do fio diminua de um diâmetro d_0 para um diâmetro d_1, como mostra a Figura 6.30. Assim como na laminação, o metal é alongado em uma única direção, tem a área transversal diminuída e toma a forma do furo. A diferença, aqui, é que é aplicada uma tensão de tração (P_{dr}) para que o fio passe pela ferramenta e a força de atrito resultante trabalha contra o movimento. Apesar de o fio estar submetido à tração, as forças predominantes dentro da ferramenta, onde ocorre a deformação do metal, são de compressão.

A ferramenta leva o nome de fieira, é feita de um material duro para resistir ao desgaste por deslizamento, e o orifício é lubrificado para diminuir o coeficiente de atrito e evitar o superaquecimento da ferramenta.

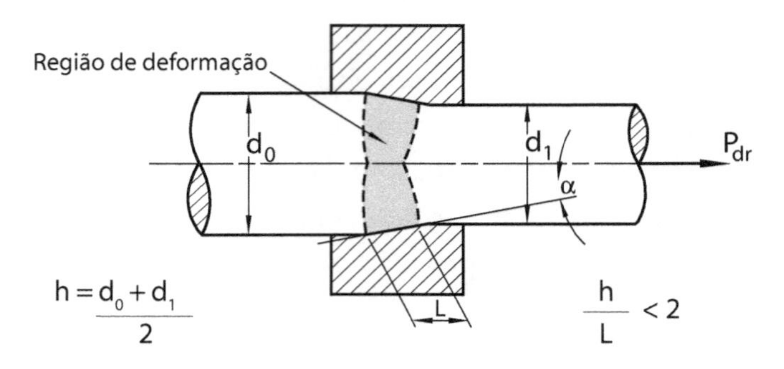

Figura 6.30 Representação esquemática do processo de trefilação.

Quando o material passa pelo cone de deformação, a superfície sofre ação do atrito e se deforma para se adequar ao formato do orifício. Com isso, a superfície sofre uma deformação mais acentuada e sai da ferramenta com um atraso em relação ao centro do material, como mostra a Figura 6.31. Quanto maior o ângulo α, maior a diferença de deformação entre o centro e a superfície. O resultado é que, para um só passe de trefilação, a tensão de escoamento do material trefilado é superior à tensão de escoamento de um material com a mesma quantidade de deformação homogênea. Ou seja, o seu encruamento é maior.

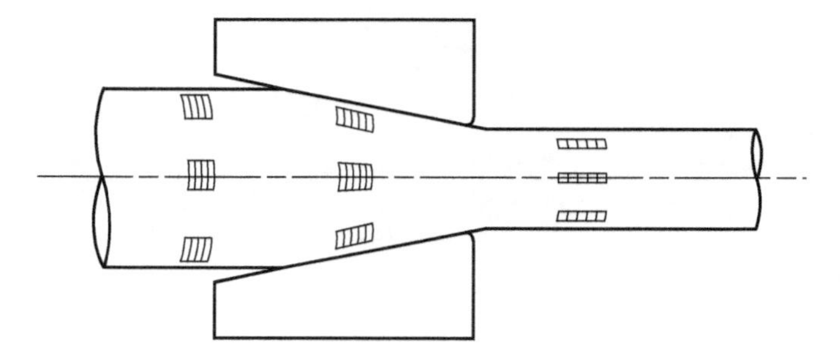

Figura 6.31 Representação esquemática da deformação de um fio metálico enquanto passa por uma fieira.

A tensão de tração P_{dr} deve ser menor do que o limite de resistência do material, para evitar que haja estricção e ruptura. A redução de área ideal a cada passe pela ferramenta é, em geral, limitada a 20-30%. Para manter esta condição, o ângulo α geralmente tem valores entre 4 e 12° e o comprimento L da região de deformação assume valores entre 0,5 d_1 e 1 d_1. Quanto maior o ângulo α, maior a redução de área, assim como a força necessária à deformação. O ângulo e o material com que é feita a zona de deformação são projetados de acordo com o tipo de metal a ser deformado. Por isso, fieiras para trefilar aço têm ângulos de redução menores do que fieiras para metais não ferrosos. Ligas de ouro e prata e latão podem ser trefiladas em fieiras de aço-ferramenta, já aços são necessariamente trefilados em fieiras de widia (carbeto de tungstênio) ou de diamante.

Uma fieira padrão contém várias secções cônicas, como mostra a Figura 6.32:

1. *cone de entrada*: facilita a entrada do fio e do lubrificante;
2. *cone de deformação*: onde ocorre a conformação mecânica;
3. *região cilíndrica*: facilita a fabricação e a manutenção da ferramenta (reusinagem);
4. *cone de saída*: permite que o material expanda levemente na saída. Ele também minimiza a possibilidade de abrasão caso a máquina de trefilação pare abruptamente ou esteja desalinhada.

Fieiras de carbeto de tungstênio ou de diamante são embutidas em uma caixa de aço que tem a função de proteger a ferramenta.

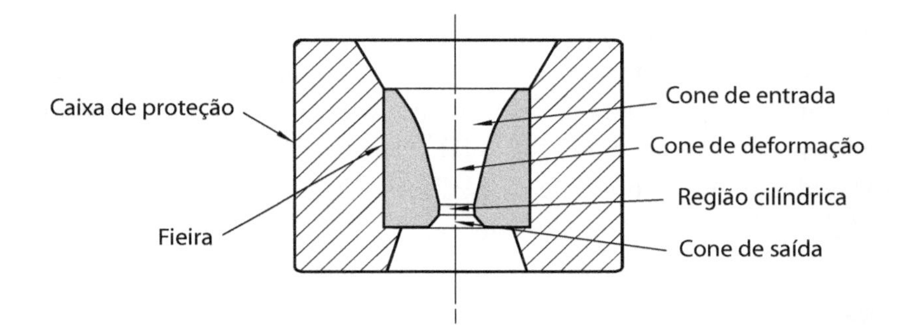

Figura 6.32 Representação esquemática de uma fieira.

A fieira é a ferramenta mais importante no processo de trefilação. O ourives utiliza com frequência uma placa de aço com vários furos cônicos para redução gradual da espessura, como mostra a Figura 6.33a. Esta placa é fabricada de aço de alta dureza, tratado termicamente, e os furos recebem polimento para terem baixa rugosidade, e, apesar de simples, deve ser tratada como um instrumento de precisão. A qualidade do produto depende da qualidade e do estado de sua conservação.

Fieiras de aço não devem ser guardadas em caixas junto com outras ferramentas nem ser utilizadas como substrato para operações de forjamento ou para endireitar chapas. Em intervalos regulares, precisam ser limpas para retirada de restos de cera. Esta operação deve ser feita com lavagem em benzina ou gasolina em uma cuba de ultra-som, nunca por aquecimento da placa.

Uma inspeção em microscópio ótico ou lupa deve ser feita regularmente para verificar se o orifício contém fissuras ou imperfeições. Fraturas na ferramenta são frequentes, principalmente em fieiras com cantos e quando fieiras projetadas para materiais moles (por exemplo, ouro) forem utilizadas na conformação de materiais mais duros (por exemplo, latão).

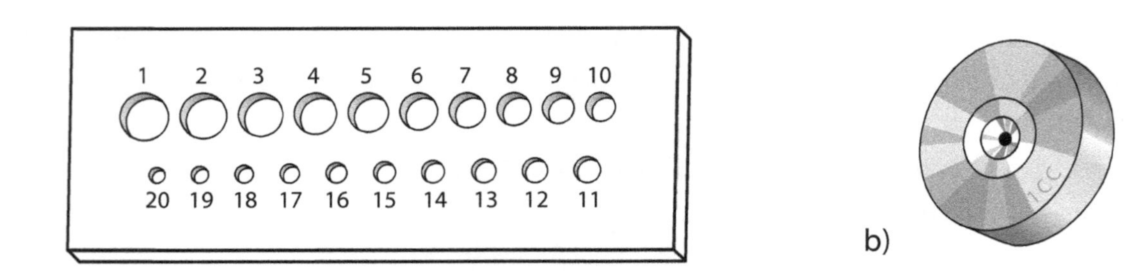

Figura 6.33 a) Placa de aço com fieiras de área decrescente; b) fieira de material duro.

Quando se produz fios em larga escala, como na fabricação de correntes, onde são empregadas altas velocidades e o aquecimento localizado é elevado, são utilizadas fieiras de carbeto de tungstênio ou de diamante (Figura 33b); fieiras de material duro são perfuradas com raio laser.

As fieiras de diamante possuem alta dureza e resistência ao desgaste, alta condutividade térmica e baixo coeficiente de atrito. Mas as propriedades do cristal de diamante não são isotrópicas, e fieiras de monocristais tendem a ovalar com o tempo. Por isso, fieiras fabricadas com policristais de diamante ou carbeto de tungstênio sinterizados são mais duráveis do que as fabricadas com monocristais.

O uso de lubrificantes é muito importante na trefilação. Os aconselhados para a oficina do ourives são cera de abelha ou sabão de sódio, sólido ou em solução.

Procedimento para trefilação de fios

Geralmente se parte de material laminado e recozido. Deve-se laminar na forma e dimensão mais próximas às do tamanho final desejado, já que o procedimento de laminação é muito mais fácil do que o de trefilação. Se o perfil da fieira for retangular ou triangular, o fio deve ser previamente laminado no laminador de chapas para que as dimensões fiquem próximas à dimensão do furo. Se a secção laminada for quadrada e o fio, redondo, a dimensão de partida deve ser um pouco maior para que se possa deformar até atingir a forma desejada.

A barra laminada deve estar limpa e livre de inclusões superficiais. Uma ponta com 2 a 5 cm é feita com uma lima ou, se a barra for espessa, por forjamento. O material é então levemente aquecido e recoberto com cera, que irá lubrificar a fieira. Na oficina do ourives o procedimento é geralmente feito com morsa e alicate (Figura 6.34), ou em uma bancada de trefilação (Figura 6.35).

A placa de fieiras é presa em uma morsa entre duas placas protetoras de metal mole (alumínio ou cobre). Experimenta-se em que furo o material passa sem resistência e se inicia a trefilação pela fieira seguinte, onde só a parte afinada passa. A ponta afinada é presa por um alicate especial. Este alicate é robusto, tem garras com perfil que impedem que o fio escorregue e permite que seja seguro com as duas mãos. Com ele se puxa o fio de maneira regular e, se possível, de modo contínuo.

Sempre se passa de um furo para o próximo vizinho, sem pular etapas, pois deformação excessiva pode danificar o material, além de gerar um produto não homogêneo. Após atingido o limite de deformação dado na Tabela 6.2, o material precisa ser recozido.

O fio pode ser enrolado se necessário e colocado em um forno com a temperatura indicada na Tabela 6.3, onde o aquecimento é mais homogêneo do que sob a chama do maçarico.

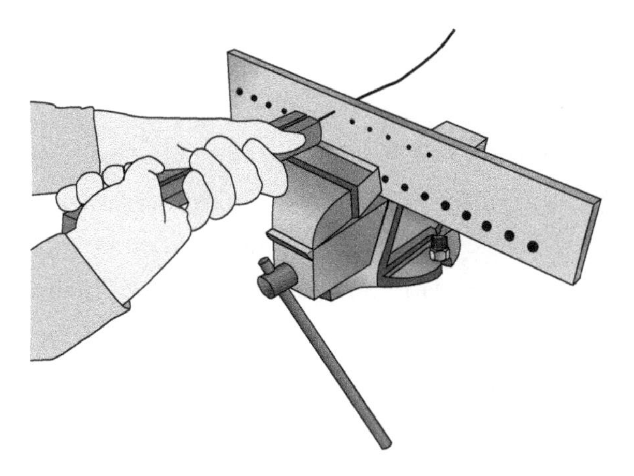

Figura 6.34 Trefilação manual.

Quando não se dispõe de perfil meia-cana, pode-se partir de dois fios de secção retangular ou quadrada. Os fios são sobrepostos e soldados na ponta, em um comprimento de aproximadamente 20 mm. Esta será a extremidade por onde se puxa o fio. O conjunto é trefilado em perfil redondo e no final se obtêm dois fios de secção meia-cana.

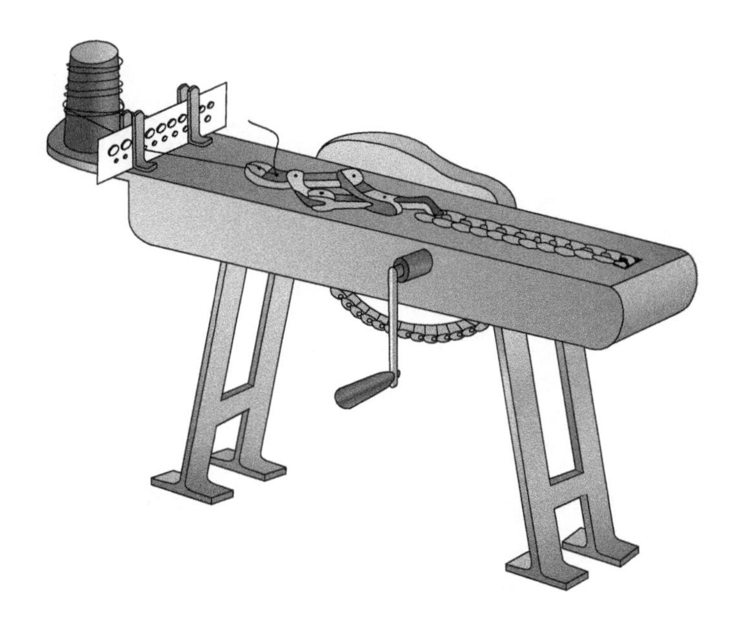

Figura 6.35 Bancada de trefilação.

Não se consegue puxar fios com mais de 2 mm sem o auxílio de uma bancada de trefilação. As bancadas de trefilação atuais podem ser semelhantes à descrita por Biringuccio: o alicate que prende a ponta do fio é fixo em cinta de couro ou arame, que é enrolado em um eixo com uma manivela. Outra alternativa substitui a cinta por uma corrente circular movida com uma roda dentada; desta forma, a força de tração é transmitida indiretamente ao alicate.

Na indústria de correntes, a produção de fios é muito intensa e são utilizadas máquinas de trefilação automáticas, que permitem passes múltiplos (5 a 20 ou mais), como mostra a Figura 6.36. O material é alimentado por uma bobina de onde o fio é desenrolado, passa por uma caixa de lubrificante onde está inserido o sistema de fieiras e é enrolado em uma segunda bobina na saída. Um sistema de grade coleta todas as partículas de material que se desprendem no processo, tornando possível a recuperação do metal. A modernização das máquinas permitiu um aumento da velocidade e são puxados fios a 60 m/min. A velocidade e o número de passes devem ser compatíveis com o nível de encruamento do material.

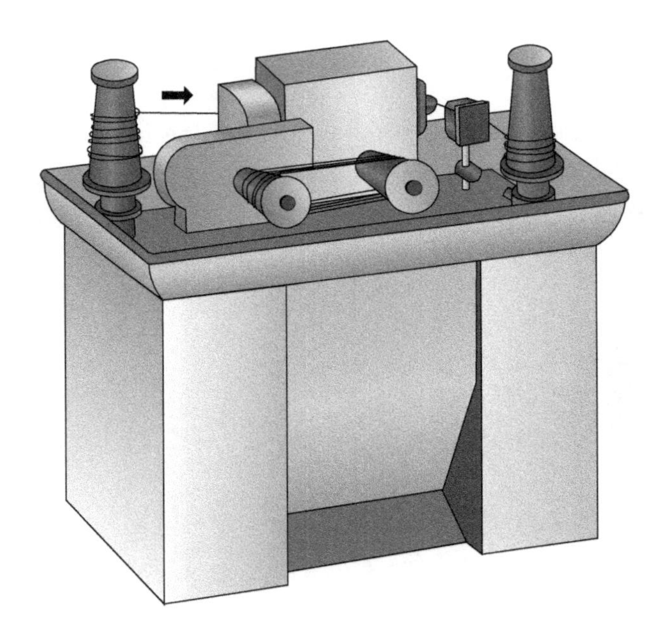

Figura 6.36 Máquina de trefilação automática.

A velocidade de trefilação depende da ductilidade e da resistência mecânica do material. Como a velocidade também é função de secção transversal, ela é mais lenta no início do processo e mais rápida no final, variando entre 10 m/min e 30 m/min.

Os defeitos encontrados na trefilação são similares aos da laminação:

- Formação de aletas laterais, que devem ser removidas imediatamente para evitar a formação de escamas.
- Formação de trincas centrais (boca de jacaré) devido à presença de impurezas no lingote.
- Podem ocorrer ainda fissuras internas difíceis de detectar quando a redução é muito alta, ou seja, quando $\frac{d_0 + d_1}{2L} > 2$, e a velocidade é elevada.
- Nesse último caso, o material sofre estricção na saída da fieira gerando fios com entalhes e eventualmente rompendo-os. Este é um defeito frequente quando se tenta pular etapas no processo de conformação.

Trefilação de tubos (charneiras)

A palavra charneira vem do francês e significa dobradiça. Em português é utilizada no jargão de joalheria para designar tubos. A preparação de charneiras começa com uma chapa retangular, que primeiro é dobrada em forma circular e depois trefilada até que os lados da chapa se encontrem. Em engenharia este tipo de tubo também recebe o nome de tubo com costura.

Durante o processo de dobramento da chapa, a superfície externa é tracionada e a interna, comprimida. Isso explica por que a chapa deve ter largura L entre os diâmetros interno e externo do tubo dobrado:

$$L = (D - e)\pi$$

onde D é o diâmetro externo do tubo (mm) e *e* a espessura da chapa (mm).

Inicia-se cortando (ou serrando) uma tira de chapa um pouco mais larga do que o calculado para o diâmetro do tubo. Esta tira é regularizada e as laterais são limadas com uma pequena inclinação para que as faces se juntem perfeitamente. Para obter uma extremidade para puxar, a ponta da chapa pode ser cortada em ponta, como mostra a Figura 6.37. No entanto, é melhor soldar um pequeno pedaço de fio com o diâmetro interno do tubo na ponta da tira. Este fio irá formar a ponta para a trefilação, com a vantagem de manter o fio mais redondo e não ser necessário amassar a ponta do tubo durante o processo.

A tira é então martelada em um dado de sulcos meio-cilíndricos até formar um pouco mais do que um meio-cilindro. Em seguida é puxada em fieira até que as faces laterais da chapa se encontrem. É melhor não usar cera nesta primeira etapa para que o intervalo entre as chapas permaneça limpo. Em seguida, as duas faces podem ser brasadas ("soldadas") e, para que as faces não se separem muito, é melhor amarrar o tubo com arame de aço carbono.

Depois da brasagem o tubo vai para o banho de ácido, e o excesso de metal pode ser limado. Finalmente, o tubo é trefilado por mais algumas fieiras até ficar com a superfície externa bem lisa e o diâmetro desejado.

O mesmo procedimento é realizado na trefilação de tubos para fabricação de correntes ocas, ou para tubos de secção quadrada (ou outra forma) com cantos. A variação, neste caso, é que a chapa de metal nobre é enrolada em volta de um fio metálico (cobre, latão vermelho, alumínio ou ferro) que será conformado juntamente com ela, formando uma alma metálica que será retirada no final do processo de conformação (Figura 6.37b). O fio interno deve ficar para fora da chapa nas duas pontas cerca de 20 mm, e uma delas é unida por brasagem à tira metálica. A ponta brasada é utilizada para puxar o fio. Após feita a conformação mecânica, se o tubo for reto, a parte da ponta soldada é serrada, a outra ponta passa por uma fieira e o tubo é preso na morsa. Quando se puxa a alma, o tubo externo é separado.

No caso de fabricação de correntes ocas, ou de peças dobradas, o dobramento do tubo é feito com a alma no lugar. O lado da costura, mais frágil, deve ser voltado para dentro, onde estará sujeito à compressão e não à tração. Como a costura não é unida por brasagem, a charneira é enrolada com um fio de náilon que irá dar sustentação mecânica, impedindo a chapa de "descolar" da alma na hora do dobramento. A retirada da alma é feita por dissolução em soluções de ácido durante um ou dois dias, após o dobramento dos elos e da soldagem das suas pontas.

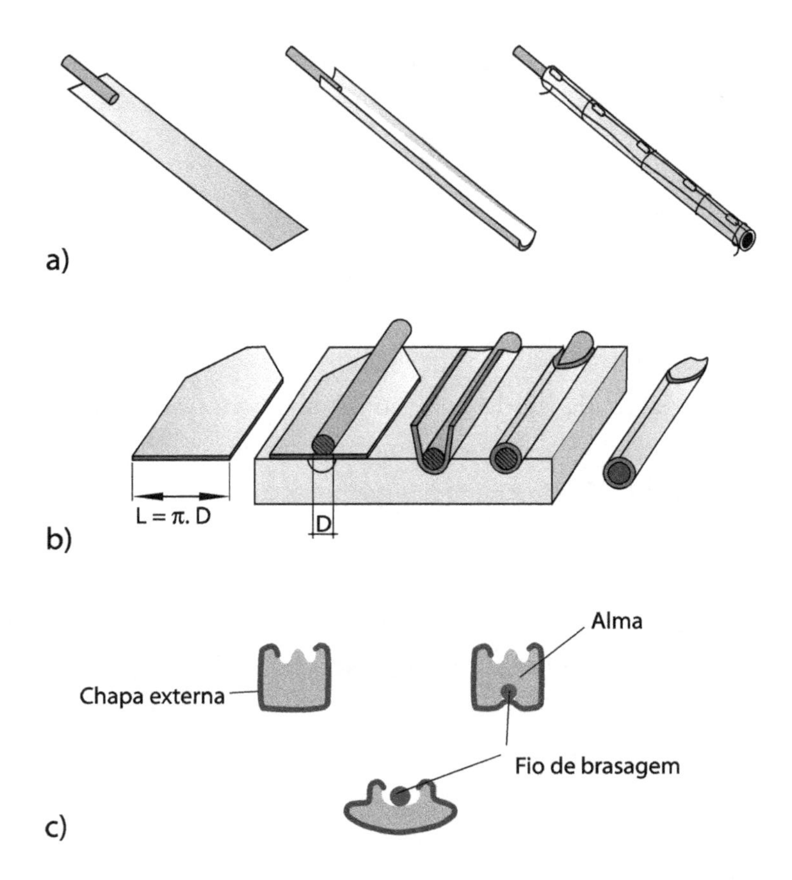

Figura 6.37 Formas de se produzir charneiras: a) com extremidade de fio soldado para formar a ponta; b) com chapa com chanfro na ponta e alma; c) formato de secções de alma para processos de trefilação industrial.

Nos processos industriais, para facilitar a operação de dobramento da chapa, a alma pode ser conformada de modo a ter ranhuras que irão facilitar a adesão com a chapa externa e também possibilitar que seja inserido um fio de liga de brasagem juntamente com o conjunto (ver a Figura 6.37c).

Ligas de alumínio são o material de alma mais fácil de trabalhar, mas encontram uso muito limitado porque seu ponto de fusão gira em torno de 660 °C; a deformação deve ser feita sem recozer a chapa externa e a dissolução, feita antes da soldagem do tubo. A dissolução do alumínio é feita em solução de soda cáustica (NaOH).

O cobre e o latão vermelho (Tombac) têm temperatura de trabalho mais elevada e características de deformação próximas ao ouro, não oferecendo problemas para o recozimento e a soldagem do tubo. Além disto, aderem por difusão ao tubo evitando o enrugamento da chapa superficial durante o processo de deformação. Estas almas tendem a ser utilizadas com ligas de ouro superior ou igual a 18 kt (Au750) porque o ácido utilizado para dissolução é o nítrico, que também ataca o cobre e a prata das ligas menos resistentes à corrosão.

O aço pode ser utilizado como alma para todas as ligas, mas não adere ao tubo e tem propriedades mecânicas bem diferentes das ligas de ouro e prata. Por isso o trabalho de conformação e o recozimento exigem cuidados maiores do que com almas de cobre ou latão vermelho. A alma de aço é dissolvida em solução de ácido clorídrico.

6.3.4 Corte, estampagem, dobramento

Operações de prensagem para realização de corte e conformação mecânica foram desenvolvidas por volta de 1890 quando se iniciou a produção em escala de bicicletas e peças de reposição. Estas operações são o corte, a prensagem (também denominada estampagem) e o dobramento; são com frequência empregadas na produção de peças em série, como pingentes, tarraxas, brincos ocos etc. Eliminam etapas de trabalho mecânico como o corte por serra, a cinzelagem e o repuxo, e são efetuadas em prensas excêntricas ou hidráulicas e com ferramentas fabricadas em aço-ferramenta tratado termicamente – com ou sem recobrimento de material duro (carbeto de tungstênio). As ferramentas podem ser projetadas de maneira a possibilitar a combinação de operações, como, por exemplo, deformação e corte ao mesmo tempo.

A lubrificação é essencial nestes procedimentos, pois não só minimiza o desgaste das ferramentas, como também diminui o atrito, e, com isto, a força necessária para que o metal seja deformado ou cortado.

Corte

O corte é a separação de um material sem obtenção de limalha. Para chapas metálicas, pode ser feito, como mostra a Figura 6.38, por tesoura, por um estampo em cunha – muito comum na oficina de ourivesaria para cortes de chapa com formato circular – ou por estampo paralelo. Esse último (Figura 6.38c) é feito por duas ferramentas em que os cantos cortantes são paralelos e deslizam um no outro. Um furo logo abaixo da ferramenta permite não só a movimentação desta, mas também a saída da chapa cortada. É este o método utilizado para produção industrial em série, e tem as seguintes características:

- Alta produtividade.
- Grande precisão.
- Produção de vários cortes iguais.
- Poupa muito trabalho manual.

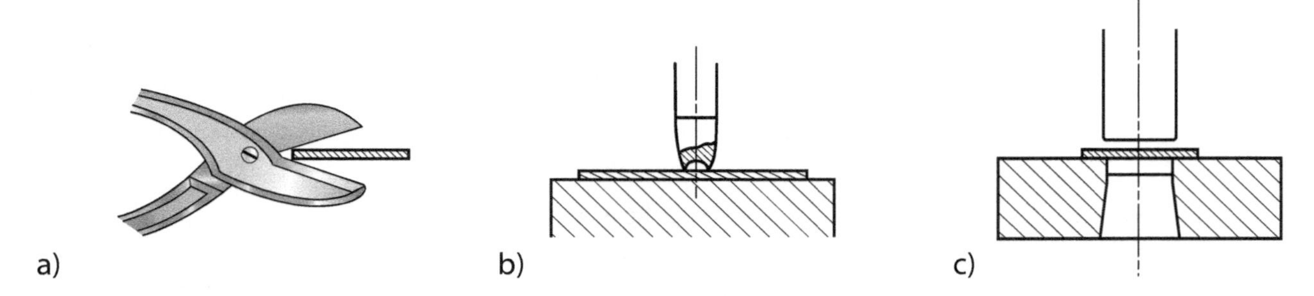

Figura 6.38 Tipos de operação de corte: a) tesoura; b) estampo em cunha; c) estampo paralelo.

A operação de uma ferramenta de corte de estampo paralelo é feita em um martelo de pêndulo, balancin ou em prensas. A ferramenta superior é presa na barra de pressão e a inferior é fixa onde estaria a bigorna na operação de forjamento.

A produção dos dispositivos de corte, feitos em aço-ferramenta, é muito cara e só se amortiza na produção de muitas peças. O tamanho e a quantidade de peças a serem produzidas determinam os tipos de ferramental e de prensa a serem utilizados. Para uma pequena produção, a precisão da ferramenta não precisa ser absoluta, a fixação é feita por sistema de grampos e a prensa utilizada pode ser um martelo de pêndulo (prensa de pedal) ou balancin. Quanto maior a quantidade de peças a serem produzidas, maior o investimento em sistemas adicionais que garantam o paralelismo entre as ferramentas, alimentação automática da chapa e tipo de prensa (excêntrica ou hidráulica).

A ferramenta superior pode ter curso livre, sem dispositivo de guia, e ser acionada diretamente pela barra de pressão (Figura 6.39a). Neste caso ela é empregada para cortes simples e não tem muita precisão. Para aumentar a precisão do corte, pode ser colocada uma placa sobre a chapa a ser cortada com uma furação por onde passa a ferramenta. Esta placa em geral encobre o curso da ferramenta, de modo que serve de guia (Figura 6.39b). Um outro dispositivo para garantir a precisão do corte é a construção de um sistema de colunas por onde desliza um cabeçote que contém a ferramenta (Figura 6.39c). Para o corte de cantos de chapa, o guia pode ser localizado na parte lateral inferior da ferramenta, servindo também de limitador para a largura do corte (Figura 6.39d).

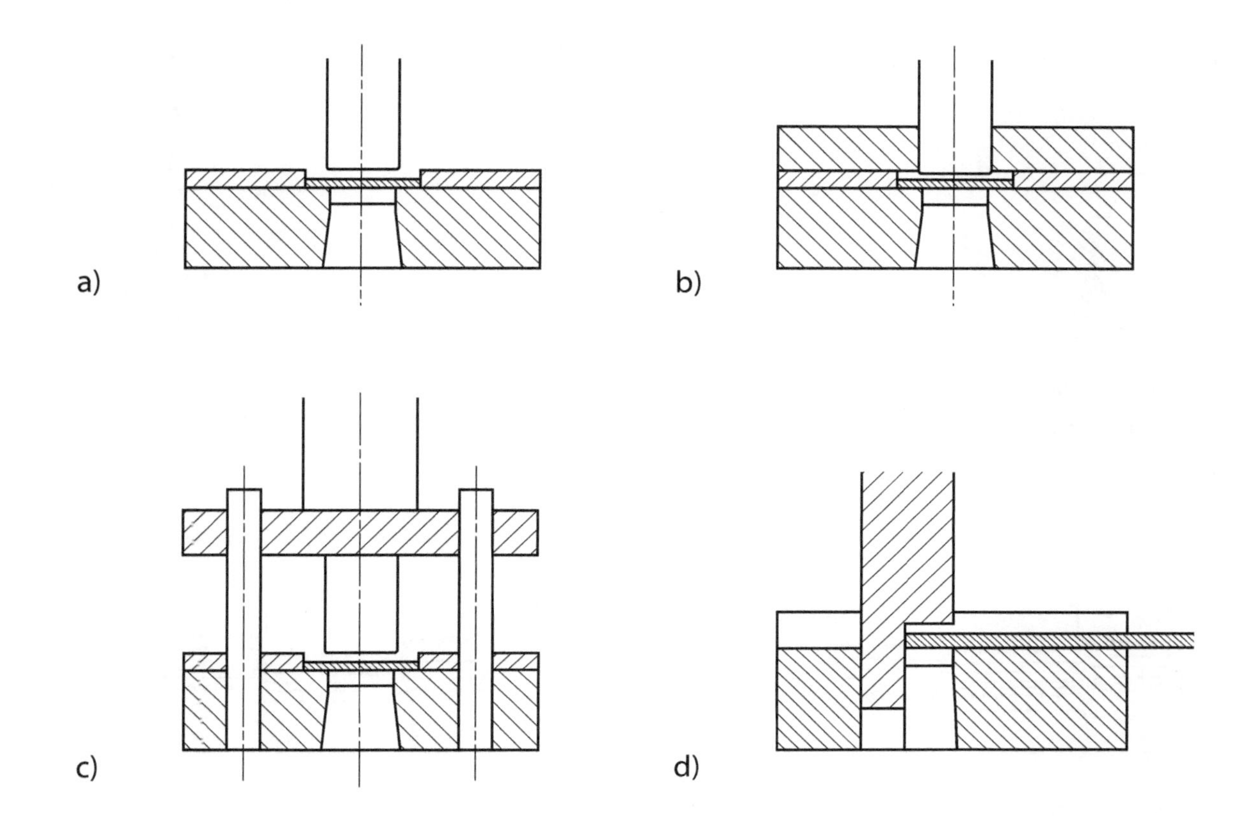

Figura 6.39 Tipos de guia para a ferramenta de corte: a) livre; b) com placa guia; c) com sistema de colunas; d) com guia lateral inferior.

O corte tanto pode ser total, separando efetivamente o material em duas partes, ou parcial. A parte útil (peça) pode ser o miolo[2] do corte ou a sua parte externa[3] (vazado), como mostra a Figura 6.40.

Para que ocorra o corte entre a ferramenta superior e a inferior deve haver uma folga que impede que as duas partes se toquem durante a operação. O corte se inicia quando a ferramenta superior toca a chapa, na qual se têm os seguintes eventos (Figura 6.41):

1. **Deformação elástica (Figura 6.41a):** a chapa é primeiro estirada.
2. **Deformação plástica (Figura 6.41b):** o material é tracionado e comprimido entre as duas ferramenta, gerando tensões de cisalhamento.
3. **Ruptura do material (Figuras 6.41c e 6.41d):** o processo de cisalhamento gera trincas, que se propagam e finalmente causam a ruptura do material. Observando a lateral do material cortado , têm-se duas regiões bem distintas: uma de propagação de trinca e outra de fratura. A proporção ideal para o corte de peças de joalheria é de que metade da espessura seja ocupada pela fratura.

2 Em inglês, *blank*.

3 Em inglês, *punching*.

4. Contração: o metal contrai devido à recuperação da deformação elástica das regiões adjacentes ao corte.

Figura 6.40 Peças obtidas por corte em estampagem: a) miolo do corte (*blank*); b) parte externa ao corte ou vazado (*punching*); c) exemplos de ferramentas de corte (Fonte: Referência 6.14).

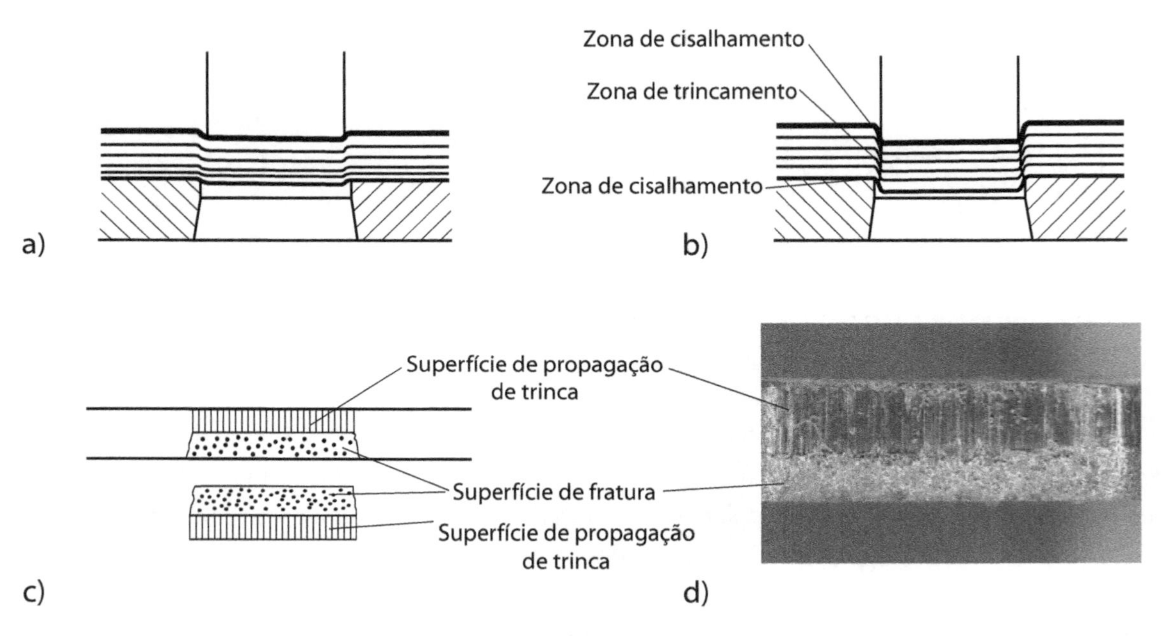

Figura 6.41 Processo de corte: formação de linhas de cisalhamento e ruptura. Fotografia em lupa mostrando as duas zonas ao longo da superfície de corte (Fonte: Referência 6.14).

A força necessária depende do comprimento do corte da espessura da chapa e do limite de cisalhamento do material, que em geral assume o valor de 0,8 LR. Com uma boa aproximação, a força de corte (F_{corte}) é calculada por:

$$F_{corte} = c \cdot h \cdot LR$$

onde c é o comprimento da linha de corte, h é a espessura da chapa e LR é o limite de resistência do material.

A dureza do material é muito importante nessa operação. Ao contrário do que se imagina, um material encruado, apesar de necessitar uma força maior para o corte, apresenta corte mais preciso e menos deformado nas bordas do que um recozido. Isto porque o material recozido tende a se deformar e distorcer durante a ação da faca de corte, além de frequentemente apresentar rebarbas e aderir mais ao punção.

Quem trabalha com corte e estampagem de latão adquire chapas pré-tratadas com diferentes graus de deformação, chamados de têmpera. A classificação da têmpera de chapas e fios de latão encontra-se na Tabela 6.1. Com os outros materiais se dá o mesmo: uma dureza boa para ouro 14 kt, por exemplo, é 250 HV (ou seja, deformado aproximadamente 60%). A dureza ideal para o corte, porém, varia de acordo com o tipo de ferramenta de corte e composição da chapa.

Quanto maior o espaço entre as ferramentas, maior a proporção de fratura no corte. Materiais dúcteis requerem espaçamentos (tolerância) menores e as ferramentas devem ser projetadas para o tipo de chapa a ser cortada. O custo do ferramental aumenta com o grau de precisão do corte (diminuição da tolerância). Com o desgaste da ferramenta, este intervalo aumenta e começam a aparecer rebarbas nos cantos da peça, fazendo necessário um aumento do grau de encurvamento do material.

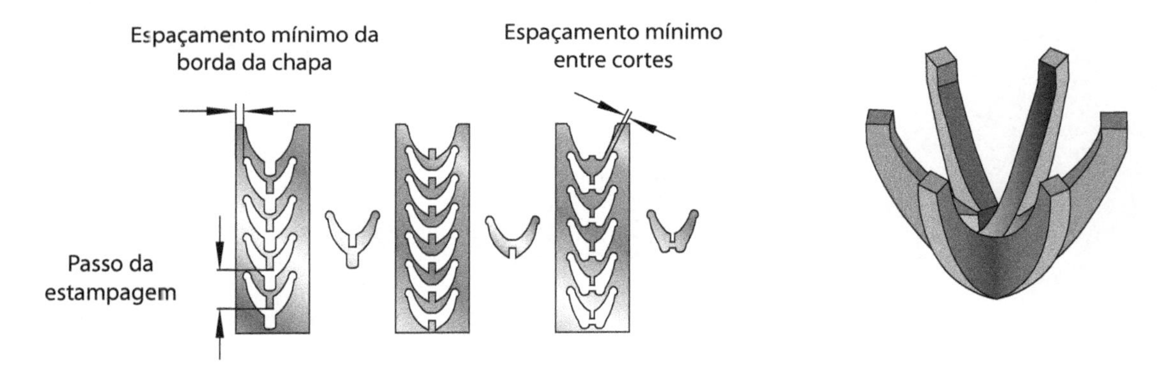

a) Estampagem de garras para fixação de gema em anel solitário

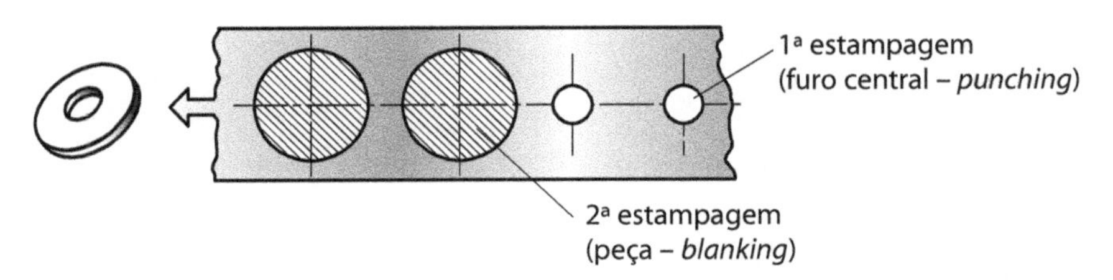

b) Estampagem de arruela para fabricação de alianças

Figura 6.42 Exemplos de cortes em tiras de chapa: a) estampagem de garras para a coroa de um solitário (Fonte: Referência 6.3); b) sequência de furação para uma arruela destinada à fabricação de alianças.

Durante o projeto das ferramentas de corte, devem ser considerados os seguintes fatores:

- As bordas do corte devem estar a uma distância da borda da chapa de pelo menos 2 vezes a sua espessura.
- Cantos vivos no desenho de corte devem ser evitados o quanto possível.
- Evitar conectar partes muito finas com partes muito longas.
- Todo o contorno da ferramenta deve ter chanfros de corte.
- A distância mínima entre dois cortes deve ser superior ou igual à espessura da chapa.
- O corte deve estar de preferência centralizado na tira de chapa.
- Proporcionar um arranjo espacial que possibilite o menor volume de sucata possível.
- No caso de peças com furos internos, como arruelas para fabricação de alianças, o furo central deve ser feito antes do corte mais externo, como mostra a Figura 6.42.

Deformação sob pressão (prensagem, embutimento, estampagem)

O processo de prensagem é uma operação de conformação que visa dar volume às chapas, substituindo a cinzelagem e mantendo constante a espessura do material (Figura 6.43). É uma operação muito próxima do forjamento em matriz fechada.

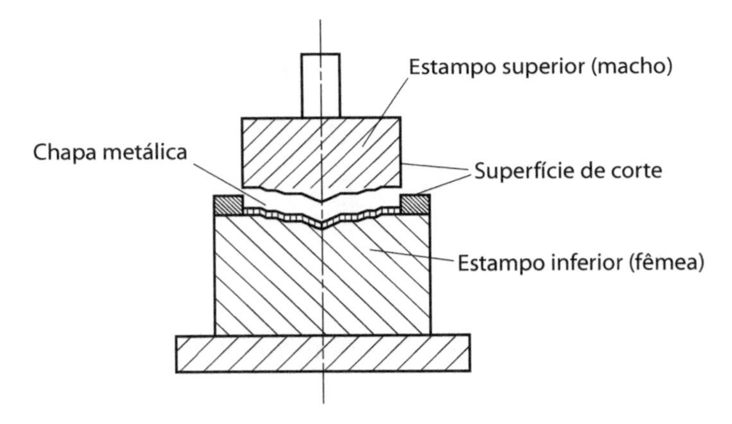

Figura 6.43 Ferramenta de prensagem.

O estampo inferior (fêmea) forma o negativo do relevo que se deseja obter e tem as dimensões que se deseja obter no objeto final. O estampo superior (macho) prensa a chapa contra o estampo inferior e, portanto, tem dimensão menor para compensar a espessura da chapa. As bordas da ferramenta, em geral, atuam como estampo, recortando a peça deformada. Como o encaixe precisa ser bem preciso, este tipo de ferramenta deve ser operado com uma placa guia ou fixado em um sistema de colunas.

Se o perfil é profundo, a chapa será recortada previamente com um perfil um pouco maior do que o necessário para preencher a cavidade antes da prensagem.

Muitas vezes a prensagem está associada a um equipamento de operações sucessivas combinando pré-estampagem, prensagem e estampagem final.

A qualidade do prensado depende muito da ferramenta, do encaixe entre as matrizes e do seu acabamento superficial, assim como do paralelismo entre as ferramentas, que deve garantir que o material seja comprimido de maneira uniforme.

A chapa deve estar recozida para que o metal escoe e a aparência do produto final (casca de laranja ou não) irá depender do tamanho de grão.

Dobramento

Após cortar a chapa no formato desejado ou produzir um fio, o material pode ser submetido a operações de dobramento. O dobramento pode ser:

- *Manual*: com o auxílio de alicates, ferramentas para dar contorno (mesa de pinos, barras, tribulés) e martelo, com ou sem o uso de "cama" de chumbo, embutidor e dado de embutimento (Figura 6.44).

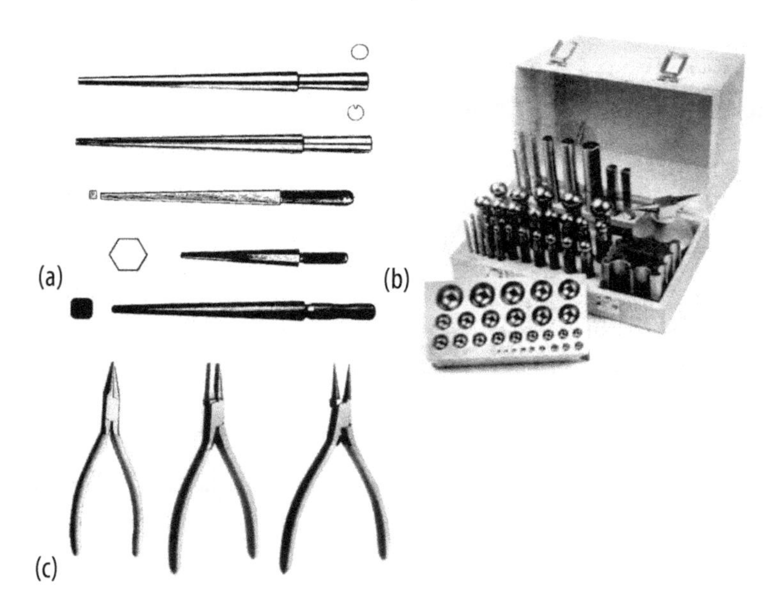

Figura 6.44 Ferramentas para dobramento manual de fios e chapas: a) tribulés; b) conjunto de embutimento; c) alicates.

- *Simples* em formato de V ou U (Figura 6.45a). A chapa é apoiada em duas arestas opostas enquanto um punção com um destes formatos pressiona o material de encontro a um molde com o mesmo perfil.
- *De enrolamento ou rebordeamento*: quando uma das pontas da chapa é enrolada produzindo um rebordo (Figura 6.44b).
- *Calandragem*: uma chapa ou fio recebe dobramento circular através da ação de três ou quatro cilindros em rotação (Figura 6.44c); os cilindros tem distância ajustável de modo a conseguir diferentes raios de curvatura.

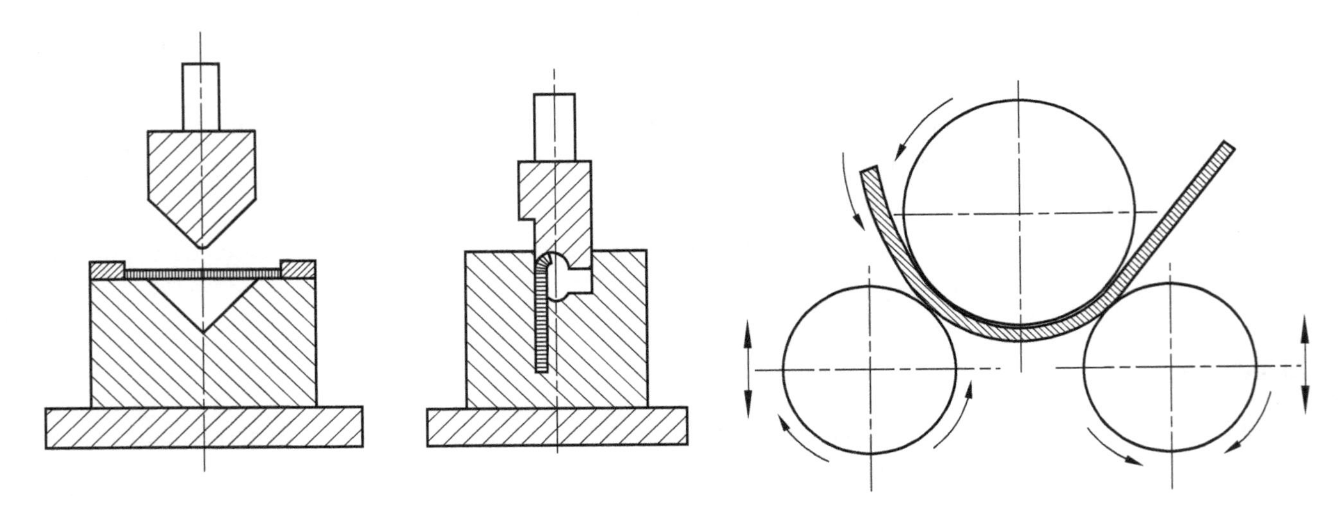

Figura 6.45 Técnicas de dobramento com máquinas industriais: a) simples; b) enrolamento; c) calandragem.

O dobramento simples (Figura 6.46) é caracterizado pela abertura entre os dois apoios (A), o ângulo de dobramento (θ) e o raio interno do dobramento (r).

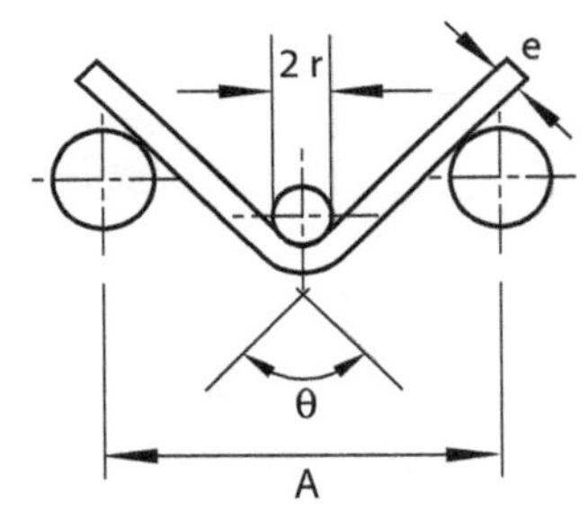

Figura 6.46 Grandezas significativas durante o processo de dobramento: ângulo de dobramento θ, raio de curvatura na dobra interna r, espessura da chapa e, distância entre os apoios A.

Durante o dobramento de uma chapa, por exemplo, o material é deformado plasticamente no ponto de contato entre a ferramenta e a chapa. A força mínima necessária para efetuar um dobramento simples é dada por:

$$F = \frac{L \cdot e^2}{3A} \cdot \sigma_E$$

onde L é a largura total da chapa , *e* é a espessura, A é a distância entre os apoios e σ_E, a tensão de escoamento do material.

A deformação do ponto de contato, no entanto, não é uniforme como mostra a Figura 6.47. Na parte interna o material é comprimido e na parte externa o material é tracionado. Em algum ponto no meio da espessura não ocorre deformação, pois as forças de tração e de compressão se anulam. Esta linha interna é chamada de linha neutra.

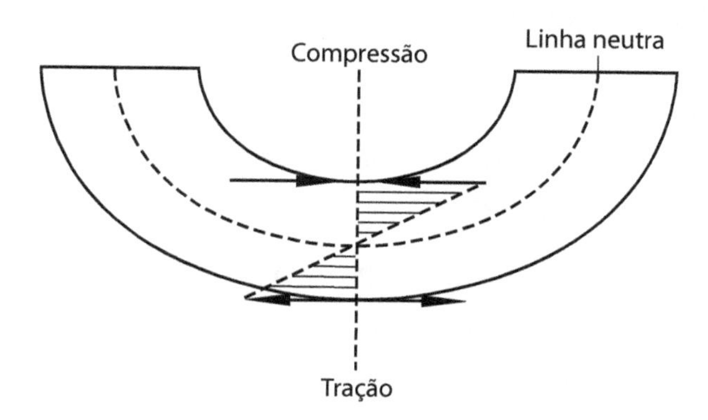

Figura 6.47 Distribuição de tensões de tração e compressão durante o dobramento.

Esta configuração provoca uma zona de deformação plástica na zona de curvatura interna, e na curvatura externa, enquanto próximo à linha neutra o material sofre somente deformação elástica. Quando a força de dobramento deixar de atuar, irá ocorrer recuperação elástica nas três zonas de deformação. As zonas deformadas têm recuperação de forma ditada pelo módulo de elasticidade do material (ver ensaio de tração, descrito no Capítulo 2), enquanto a zona interna tende a recuperar a sua forma original, mas é retida parcialmente pelas duas zonas deformadas. O resultado é que o material não assume a forma dada pela ferramenta, mas para um ângulo θ assume um ângulo real de dobramento $\theta' > \theta$. Isto determina-se efeito mola.

Quanto mais acentuado o dobramento (menor θ), mais a linha neutra se desloca em direção à superfície interna. Os grãos sofrem deformação, e se a tensão de ruptura do material for ultrapassada, surgem trincas na face externa da chapa.

Muitas variáveis influenciam no efeito mola do dobramento. Um material com limite de escoamento elevado terá uma recuperação do formato original mais acentuada do que um material com limite de escoamento menor. Por outro lado, um material com módulo elástico muito alto recupera menos do que o que exibe E menor. Outra variável importante é a relação entre a espessura da chapa e o raio de curvatura interna do dobramento. Um dobramento mais acentuado concentra mais tensão, em outras palavras, deforma mais o material e diminui o efeito mola. Portanto, uma relação raio-espessura menor diminui a recuperação elástica.

As consequências práticas disto são:

- Para minimizar os esforços de dobramento, devem-se utilizar ligas que tenham baixo limite de escoamento para trabalho de dobramento de chapa e fio. Por exemplo, as ligas de 14 Kt (Au585) têm limite de escoamento alto e são mais difíceis de conformar no tribulé.
- Quando a peça tem grãos grosseiros, maior a tendência de trincas no dobramento, pois um material de grãos maiores tem menor limite de resistência.
- Um material que não recristalizou homogeneamente, por exemplo, por má distribuição de calor no aquecimento com o maçarico, irá ter comportamento heterogêneo. As zonas recristalizadas irão dobrar mais facilmente do que as não recristalizadas e estas irão quebrar mais facilmente do que as primeiras.

Há essencialmente três tipos de dobramento simples (Figura 6.48):

- *Dobramento parcial, também chamado de dobramento ao ar:* a ferramenta superior não chega a tocar a ferramenta inferior, e é possível escolher muitos ângulos de dobramento. A abertura A deve ser entre 12 e 15 vezes a espessura da chapa e o ângulo de trabalho pode variar entre 30 e 180º.
- *Dobramento total:* neste caso as ferramentas superior e inferior se tocam, como na prensagem, e há maior precisão no ângulo de dobramento. Dependendo do projeto da ferramenta, do módulo de elasticidade do material e de seu estado de encruamento, pode ocorrer recuperação elástica.
- *Cunhagem:* na cunhagem a ferramenta superior possui um punção de raio muito inferior ao raio de dobramento na sua ponta. Esta punção penetra no material aumentando a deformação na face interna. Esta deformação adicional elimina o efeito de recuperação elástica, mas requer maior força para obter a deformação.

A Tabela 6.6 dá as dimensões padrão de ferramentas para dobramento em função da espessura de chapa.

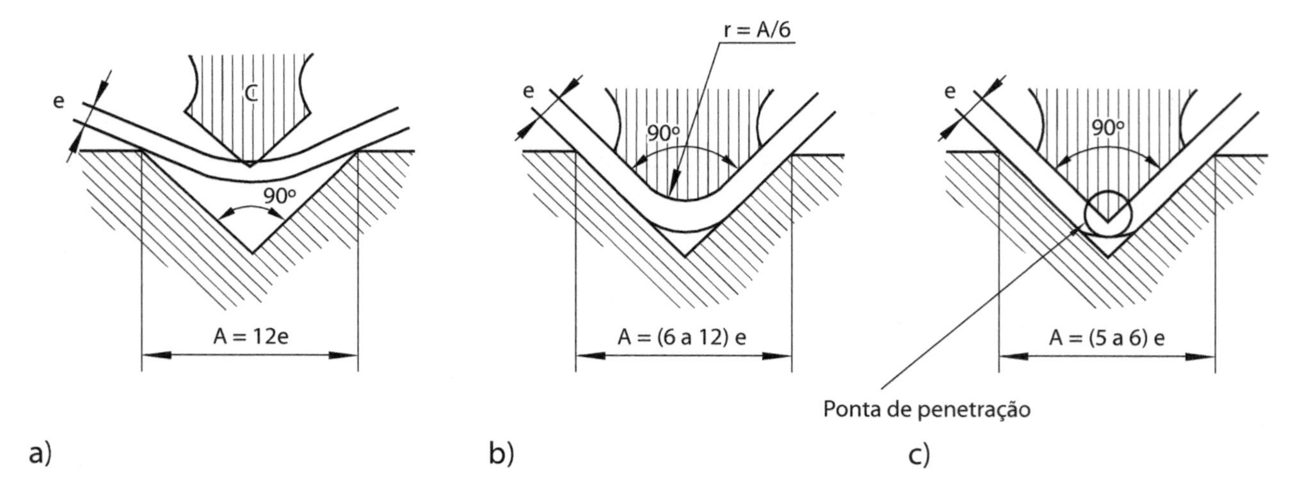

Figura 6.48 Tipos de dobramento simples: a) dobramento parcial; b) dobramento total; c) cunhagem.

Tabela 6.6 Parâmetros geométricos dos três tipos de dobramento.

Tipo de dobramento	Abertura A	r	Dispersão do ângulo de dobramento	Precisão do ângulo de dobramento	Características
Dobramento parcial	12e-15e	2e-2,5e	± 45′	Forma uma superfície com grande raio de curvatura	Pode ser selecionada uma maior variação de ângulos para a mesma ferramenta
Dobramento total	6e-12e	1e-2e	± 30′	Boa	Boa precisão no ângulo de dobramento com pequena pressão da ferramenta
Cunhagem	5e	0,5e-0,8e	± 15′	Boa	Precisão muito boa. É necessária uma pressão 5-8 vezes maior do que aquela para o dobramento total
e = espessura da chapa; r = raio interno do dobramento					

(Fonte: http://www.amada.com).

Substitutos para matrizes metálicas – o uso de borracha e de resinas poliméricas

O método tradicional de conformação plástica utilizando matrizes de aço é muito caro e requer precisão elevada na fabricação da ferramenta. Quando se trabalha com ligas de latão e estanho, o lote mínimo deve ser de 15.000 a 20.000 peças. Uma alternativa para reduzir custos na produção de peças com design de menor permanência é a substituição de uma das ferramentas por uma cama de borracha de poliuretano ou por moldes de resina.

A borracha de poliuretano possui alta resistência à abrasão, à fratura por compressão e em tração, assim como resistência química a óleos e ácidos. Ela pode ser utilizada para substituir a ferramenta superior em operações de corte ou prensagem, como mostra a Figura 6.49, ou a ferramenta inferior em operações de dobramento, ver a Figura 6.50.

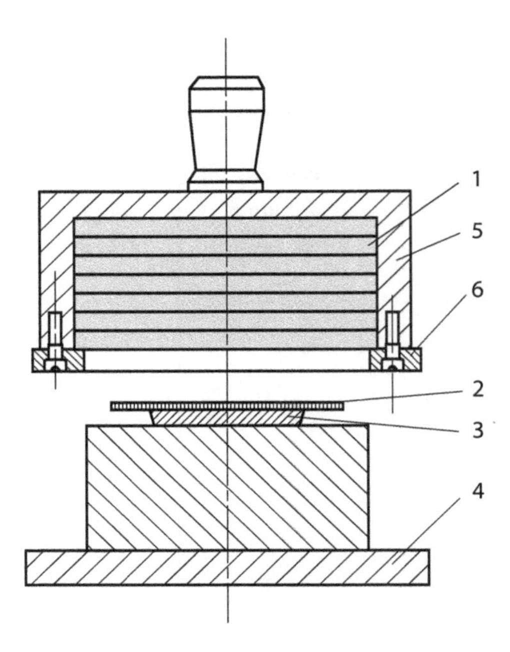

Figura 6.49 Utilização de borracha para operações de corte ou prensagem. 1 – Camadas de borracha; 2 – chapa; 3 – molde de corte ou de prensagem; 4 – suporte da ferramenta inferior; 5 – caixa de aço para contenção das borrachas; 6 – parafusos de fixação das borrachas.

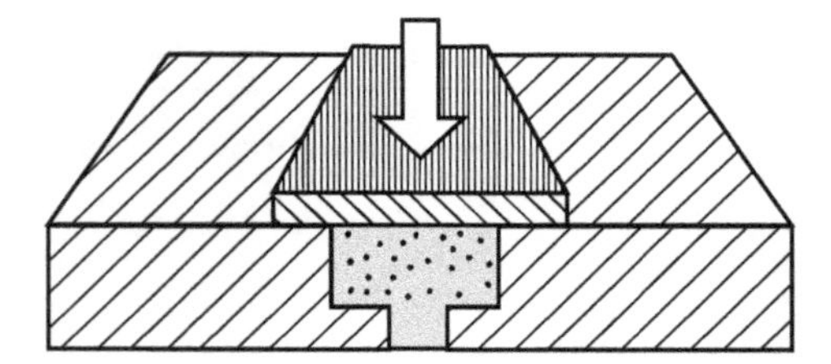

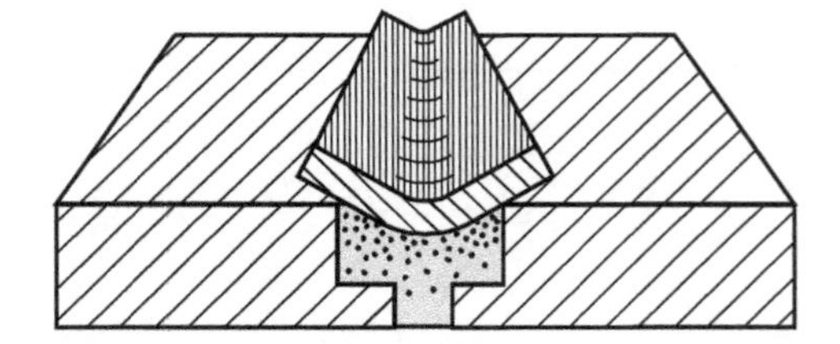

Figura 6.50 Utilização de borracha para operações de dobramento.

Nas operações de corte e prensagem (também chamadas de moldagem), a chapa é colocada sobre a ferramenta inferior, em aço e com o desenho desejado. A ferramenta superior é constituída por várias placas de borracha, fixadas em uma caixa de aço. Durante a aproximação das ferramentas, a borracha comprime a chapa sobre a ferramenta e corta ou deforma o material. A ferramenta inferior na operação de corte deve ser cerca de 5 vezes mais espessa do que a chapa. Em moldes de prensagem é conveniente inclinar o molde inferior de 7 a 10º para que o material possa escoar em um movimento gradativo, o que diminui as chances de trincamento da chapa.

No dobramento a borracha é colocada na ferramenta inferior e a ferramenta superior é de aço. A borracha cede durante a deformação e, após retirada a força, se regenera devido a sua altíssima resiliência, funcionando como ejetor da peça dobrada.

Os moldes em resina são utilizados para a reprodução por prensagem de formatos leves, com cantos chanfrados, e são apropriadas para a produção de pequenas quantidades de peças. São produzidos da seguinte forma (Figura 6,51): coloca-se o modelo (A) a ser reproduzido em uma caixa metálica com fundo removível (C), que é preenchida com resina de dois componentes de cura a frio. Para aumentar a resistência mecânica do molde, podem ser utilizados compósitos do tipo resina + fibra de vidro ou resina + pó metálico. Após a cura o modelo é retirado e se obtém a ferramenta fêmea. Com esta pode-se utilizar a cavidade para moldar a ferramenta macho (B).

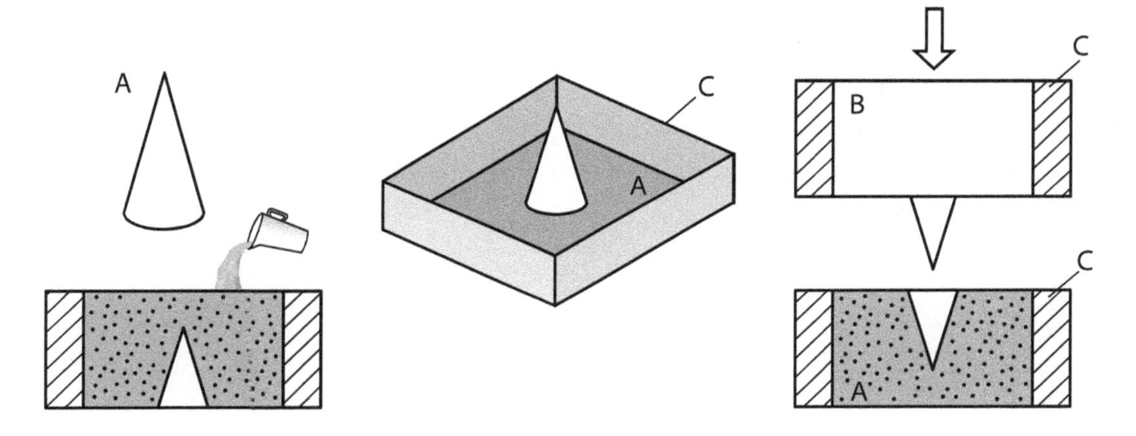

Figura 6.51 Fabricação de moldes de prensagem com resina de cura a frio.

O molde de resina também pode incluir uma operação de corte quando sobre a fêmea é fixada uma lâmina de corte metálica

Referências bibliográficas

6.1 E. BREPOHL. *Theorie und Praxis des Goldschmiedes.* 15. ed. Leipzig: Fachbuchverlag Leipzig, 2003, 596p.

6.2 L. VITIELLO. *Oreficeria moderna, técnica e prática.* 5. ed. Milão: Hoepli, 1995.

6.3 D. PITON. *Jewellery technology – processes of production, methods, tools and instruments.* Milão: Edizioni Gold Srl., 1999, 407p.

6.4 A. COTTRELL. *An introduction to metallurgy.* 2. ed. London: The Institute of Materials, 1995.

6.5 A. F. PADILHA. F. SCICILIANO JR. *Encruamento, recristalização, crescimento de grão e textura.* 3. ed. São Paulo: ABM – Associação Brasileira de Metalurgia e Materiais, 2005, 232p.

6.6 A. LANGFORD. Cold work and annealing of karat gold jewelry alloys. *The Santa Fe Symposium on Jewelry Technology,* 1990, p. 349-371.
6.7 M. GRIMWADE. Heat treatment of precious metals and their alloys. *The Santa Fe Symposium on Jewelry Technology,* 1991, p. 241-275.
6.8 C. P. SUSZ. Recrystallization in 18 carat gold alloys. *Aurum*, v. 2, p.11-14, 1980.
6.9 G. E. DIETER. *Metalurgia mecânica.* Rio de Janeiro: Guanabara Koogan, 1981, 530p.
6.10 E. C. LARKE. *The rolling of strip and plate.* London: Chapman and Hall, 1957, 404p.
6.11 P. R. CETLIN, H. HELMAN. *Fundamentos da conformação mecânica dos metais.* São Paulo: Artliber, 2005.
6.12 E. S. HEDGES. *Tin and its alloys.* London: Willian Clowes and Sons, 1960, 424p.
6.13 V. BIRINGUCCIO. *De La Pirotechnia*, 1540.
6.14 F. KLOTZ. Production of gold findings by stamping. *Gold Technology*, v. 32, p. 13-16, 2000.
6.15 F. KLOTZ. Cold forging of karat gold findings. *Gold Technology*, v. 35, p.11-17, 2002.
6.16 P. RAW. Hollow carat gold jewellery from strip and tube. *Gold Technology*, v. 35, p. 3-10 2002.
6.17 ASM HANDBOOK Vol. 2: *Properties ans selection of nonferrous alloys and pure metals.* ASM International, 1979, 855p.

7.

Tratamentos térmicos

7.1 Introdução

Tratamento térmico é definido como uma operação ou conjunto de operações realizadas no estado sólido e que compreendem aquecimento, permanência em temperaturas definidas e resfriamento. Durante os tratamentos térmicos de ligas ocorre redistribuição de soluto e a microestrutura do material é alterada. Como as propriedades das ligas dependem da microestrutura, as propriedades mecânicas (resistência, dureza, ductilidade, tenacidade) e resistência à corrosão são alteradas, às vezes de maneira considerável.

Neste capítulo serão apresentadas algumas das alterações microestruturais e de propriedades que são afetadas pelos tratamentos térmicos, e mostrada sua relevância para a manufatura de joias.

As mudanças de propriedades se fazem pelo controle dos chamados mecanismos de endurecimento. Estes são: dispersão de átomos de soluto em solução sólida, dispersão de partículas de fase intermediária, de deformação plástica e redução do tamanho de grão. Os princípios atuantes nestes mecanismos são controlados pela tendência do material de buscar diminuir a sua energia interna e já foram delineados nos Capítulos 3, 4 e 6. Os objetivos mais frequentes dos tratamentos térmicos são:

- Homogeneizar a distribuição de solutos em peças fundidas (homogeneização, normalização).
- Promover transformações de fase. Estes são os tratamentos de solubilização e precipitação. Em aços são utilizadas também as denominações: têmpera, austêmpera e revenimento.
- Controlar o grau de encruamento e o tamanho de grão (recuperação, recristalização, crescimento de grão).

O tratamento de recristalização foi visto com detalhe no Capítulo 6 e por isto serão apresentados aqui apenas os tratamentos de homogeneização, solubilização e endurecimento por precipitação.

A Figura 7.1 mostra esquematicamente o que ocorre com as propriedades mecânicas dos metais após tratamentos térmicos. Partindo de uma condição inicial do metal fundido:

- O tratamento de homogeneização irá dissolver partículas, redistribuir solutos segregados durante a solidificação e propiciar o crescimento de grão, tornando o material mais dúctil mas com menor resistência mecânica, e, portanto, mais maleável e adequado à conformação mecânica.
- O tratamento de recristalização (visto em detalhe no Capítulo 6) é o único tratamento que consegue conciliar aumento de resistência mecânica com aumento de tenacidade, daí a sua importância na manufatura de bens metálicos.

- O tratamento de solubilização coloca elementos de liga em solução sólida, e objetiva dissolver partículas de segundas fases formadas durante a solidificação. É um tratamento intermediário, feito antes da precipitação.
- O tratamento de precipitação de fases também aumenta a resistência mecânica, mais do que a deformação a frio, mas com queda da ductilidade.

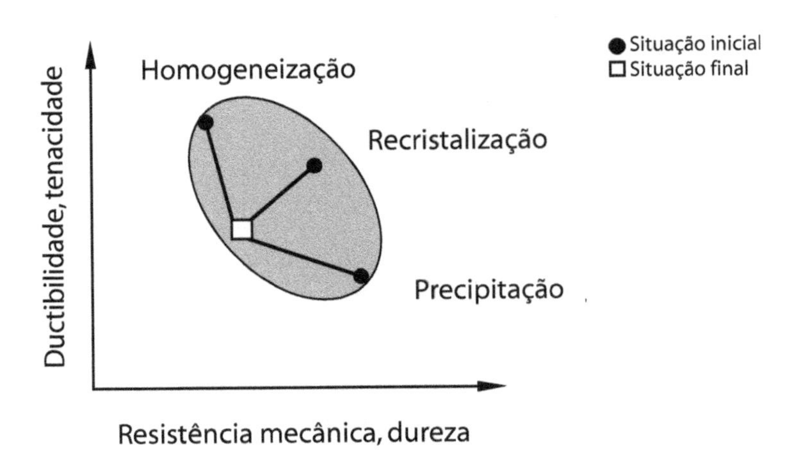

Figura 7.1 Influência dos tratamentos térmicos nas propriedades mecânicas dos metais.

Todos estes processos, com exceção das reações que ocorrem por movimento cooperativo de grupo de átomos (como a formação de martensita em aços, obtida pelo tratamento térmico denominado têmpera), são termicamente ativados, o que significa que ocorrem por difusão e necessitam de tempo e temperatura para sua realização.

A fração transformada (y) em uma reação isotérmica (temperatura constante) varia exponencialmente com o tempo transcorrido, t, conforme uma expressão denominada equação de Avrami:

$$y = 1 - \exp(-kt^n)$$

onde k e n são constantes independentes do tempo, porém características do tipo de transformação.

Colocando em um gráfico a fração transformada y *versus* o logaritmo do tempo, obtém-se uma curva em forma de S como a ilustrada na Figura 7.2. Esta curva pode ser dividida em duas partes: na primeira, a transformação passa por um período de incubação, que é o tempo necessário para que os átomos difundam formando as primeiras regiões de material transformado; na segunda parte, os núcleos formados crescem até atingir a saturação da transformação.

Uma das técnicas mais utilizadas para acompanhar de forma indireta a evolução de tratamentos térmicos é realizar medidas de dureza. A dureza, como vimos na Figura 7.1, é bastante afetada pelas mudanças microestruturais envolvidas nos tratamentos térmicos; a esse respeito, a Figura 7.3 mostra a evolução dessa propriedade durante precipitação e recristalização de duas ligas de ouro. Nota-se que as duas reações têm comportamento ditado pela equação de Avrami.

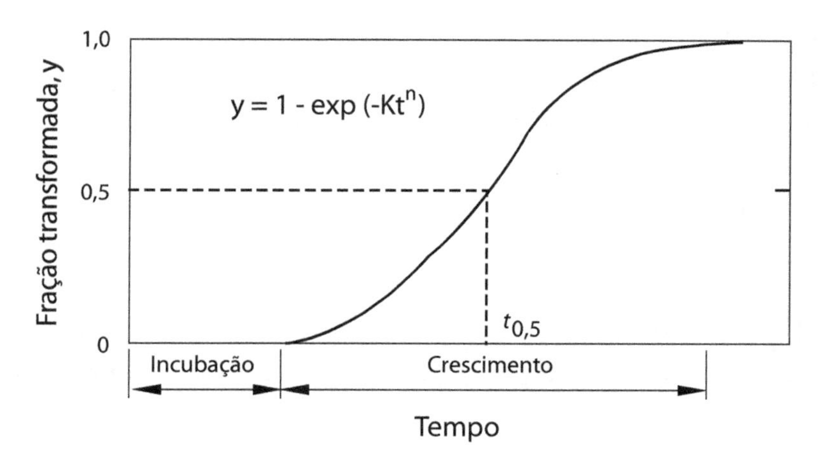

Figura 7.2 Gráfico mostrando a equação de Avrami.

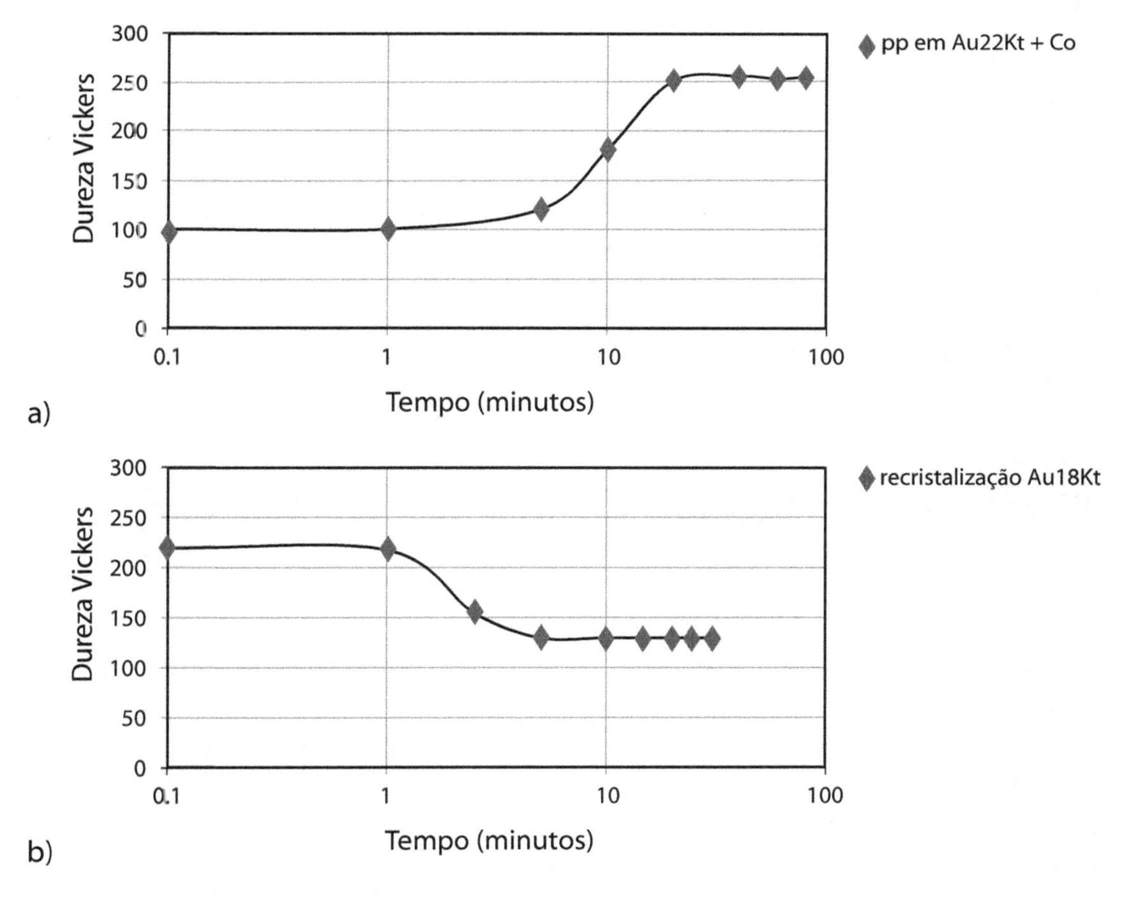

Figura 7.3 Evolução da dureza Vickers: a) com a precipitação de partículas de cobalto em uma liga Au917; e b) de recristalização de uma liga Au750.

Temperatura e tempo são as variáveis de controle dos tratamentos térmicos, e a escolha da primeira se faz com o auxílio dos diagramas de fase. Por meio destes podemos identificar as composições e temperaturas em que ocorrem transformações de fase, e avaliar as temperaturas de recristalização a partir das temperaturas de fusão.

Esta metodologia está esquematizada na Figura 7.4. Pela leitura do diagrama de fases observa-se, por exemplo, que a liga C_1 pode sofrer homogeneização, mas não precipitação, pois sua composição está sempre dentro de um campo monofásico. Já a liga C_2 sofre uma transformação de fase quando passa do campo α para o campo $\alpha + \beta$; e, em certas condições, pode passar por um tratamento de precipitação. Este inicia com a solubilização, que é a elevação da temperatura para que a liga entre no campo α e dissolva as partículas de β que se formaram durante a solidificação. Após um resfriamento rápido é feito um segundo tratamento, dentro do campo $\alpha + \beta$ para que se formem partículas β pequenas e bem distribuídas em toda a microestrutura – este é o *tratamento de precipitação* ou *envelhecimento*.

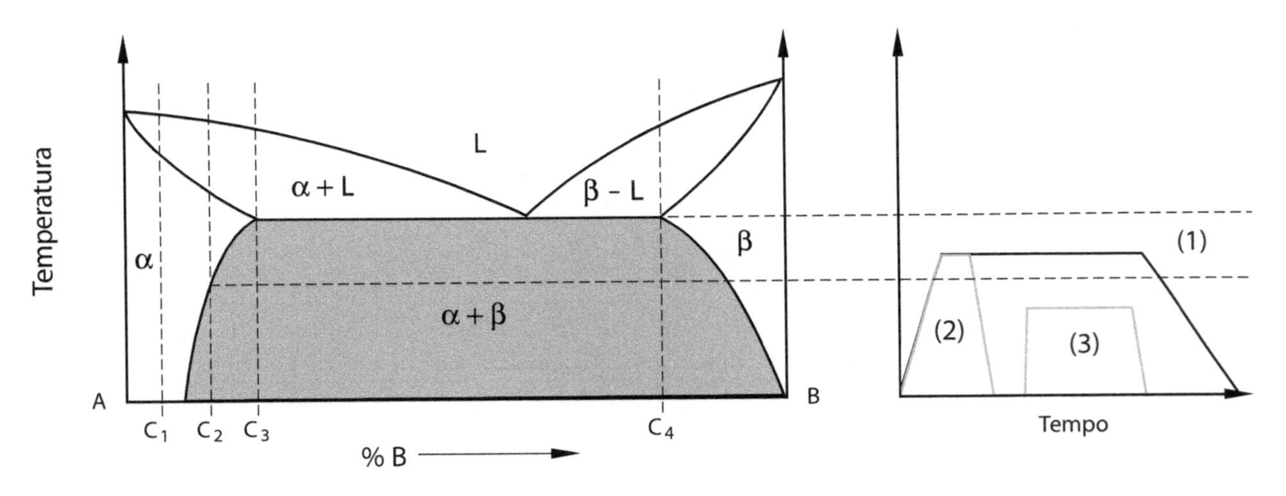

Figura 7.4 Diagrama de equilíbrio com duas soluções sólidas terminais, (α, β), e região de mistura de fases ($\alpha + \beta$). Tratamentos térmicos de homogeneização (1), solubilização (2) e precipitação (3).

Nenhuma composição entre C_3 e C_4 responde ao tratamento de precipitação, pois não apresenta passagem de campo monofásico para um bifásico.

Para uma dada temperatura, o tempo de tratamento térmico é, na maioria das vezes, algum ponto entre o início de transformação e a sua saturação. Cada temperatura terá um tempo de transformação diferente, pois com o aumento da temperatura aumenta a mobilidade dos átomos e a transformação se acelera, como já visto no tratamento de recristalização (recozimento). No entanto, as propriedades obtidas nos tratamentos de temperaturas mais altas podem não ser as melhores. Por exemplo, vimos que temperaturas altas de recristalização levam ao tamanho de grão grosseiro. É preciso, portanto, determinar o ponto ótimo. Para a maioria das transformações de fase isotérmicas, a velocidade de reação, V, segue a equação de Arrhenius e varia exponencialmente com a temperatura, T:

$$V = Ae^{-\frac{Q}{RT}}$$

onde R é a constante universal dos gases, T é temperatura absoluta (em K), A é uma constante que independe da temperatura e Q é a energia de ativação da reação. A energia de ativação é uma barreira de energia que existe entre dois estados de energia: o inicial e o final. A determinação de Q é feita medindo as velocidades de transformação em diferentes temperaturas. Isso é feito indiretamente observando a variação com o tempo de propriedades afetadas pela transformação, como dureza ou condutividade elétrica. A energia de ativação é determinada graficando ln t (onde t é o tempo) *versus* 1/T e determinando a inclinação da reta resultante.

Comum, e de grande utilidade prática, é a representação da transformação em gráficos que mostram temperatura e tempo de transformação, como será visto no item de tratamentos térmicos de precipitação.

7.2 Tratamentos de homogeneização e solubilização

O termo homogeneização é normalmente utilizado para designar o tratamento de ligas monofásicas, enquanto os tratamentos que objetivam a dissolução de segundas fases são mais conhecidos por solubilização. Esses tratamentos consistem na manutenção de uma liga em altas temperaturas, mas dentro do limite do estado sólido, em um campo monofásico para eliminar ou diminuir por difusão a segregação química ou para dissolver precipitados grosseiros também formados durante a solidificação. O princípio da microssegregação já foi apresentado no Capítulo 4, quando foi tratada a solidificação das ligas metálicas. A homogeneização é geralmente feita antes do processo de conformação mecânica e é necessária em ligas de Al, em ligas Cu-Ni, e industrialmente antes da laminação de ligas de latão, mas não costuma ser feita em ligas de joalheria convencionais (prata e ouro). Já a solubilização é realizada em todas as ligas em que se deseja fazer um endurecimento por precipitação. O aumento do uso de outros elementos de liga para melhoria de propriedades em ligas de ouro e prata faz com que solubilização e precipitação tenham que ser utilizadas com frequência.

Alguns exemplos:

Liga Ag925

Como já visto no Capítulo 4, a presença de microssegregação em ligas de prata contendo 75‰ Cu sempre ocorre, e a da formação da fase β grosseira depende muito da velocidade de resfriamento, como mostra a Figura 7.5. Em um resfriamento rápido, haverá mais microssegregação do que em um resfriamento lento, e haverá formação mais acentuada de partículas grosseiras de fase β durante a solidificação.

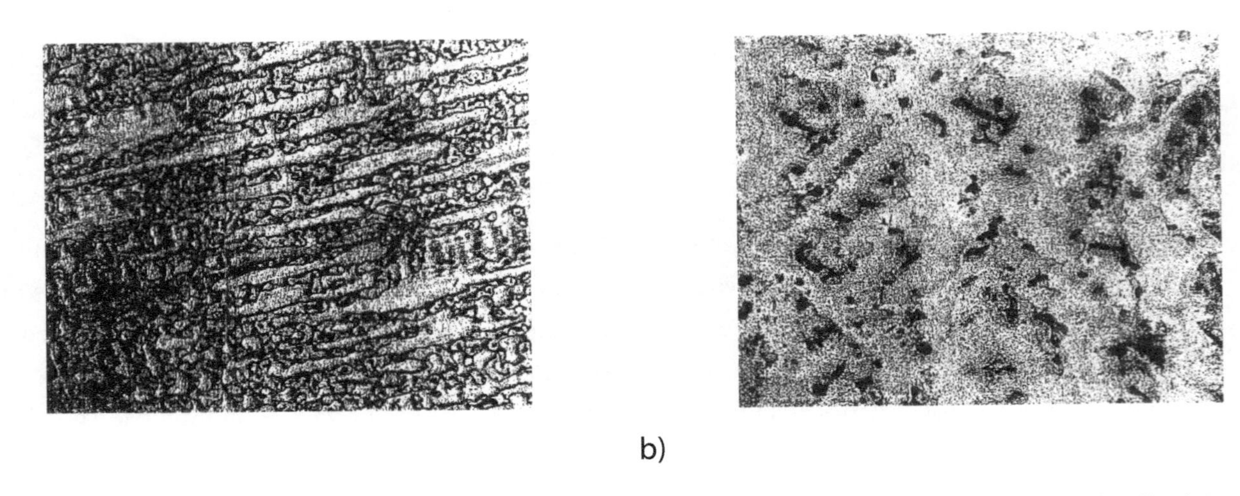

Figura 7.5 Liga Ag925 solidificada com diferentes taxas de resfriamento: a) rápido em coquilha; b) lento em molde cerâmico (fundição por cera perdida) (Fonte: Referência 7.8).

O tratamento de solubilização da liga Ag925 consiste em elevar a temperatura para que a liga fique dentro do campo α (acima de 745 °C) e, depois de um certo tempo, resfriá-la rapidamente (ver o diagrama de equilíbrio Ag-Cu na Figura 7.6). Como, devido à segregação, a liga em geral contém regiões de composição eutética, a temperatura de tratamento deve ser menor do que 779 °C; o recomendado está entre 750 e 760 °C por tempos de 30 min.

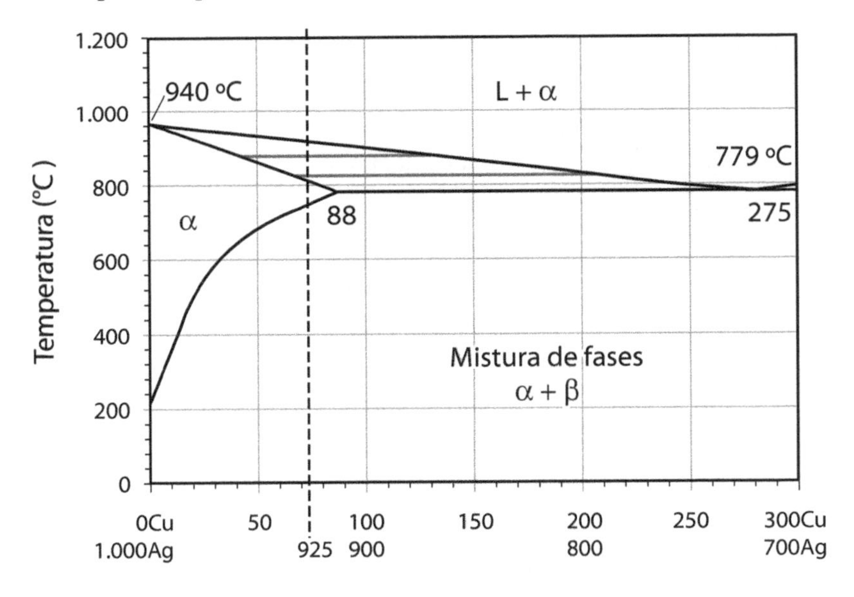

Figura 7.6 Diagrama de equilíbrio Ag-Cu.

Existem duas situações em que deve ser solubilizada a liga Ag925. A primeira é antes de se iniciar a conformação mecânica. Isto não é utilizado com frequência porque este material, no estado como fundido, é maleável o suficiente, mas pode ser recomendado como tratamento inicial se no final do processo se deseja fazer um tratamento de endurecimento (pois na etapa inicial o tamanho de grão não é tão importante). A segunda situação é quando se deseja endurecer o material na etapa final de fabricação de uma peça de joalheria. Neste caso o tamanho de grão final é de grande importância devido ao efeito de casca de laranja. A Figura 7.7 mostra que o tratamento feito a 760 °C por 30 minutos leva a um crescimento exagerado de grão. Para contornar este efeito, recomenda-se a dissolução parcial de β a 726 °C por 30 min. Este tratamento não dissolve totalmente a fase β mas coloca suficiente cobre em solução sólida para que haja endurecimento significativo durante o tratamento de precipitação.

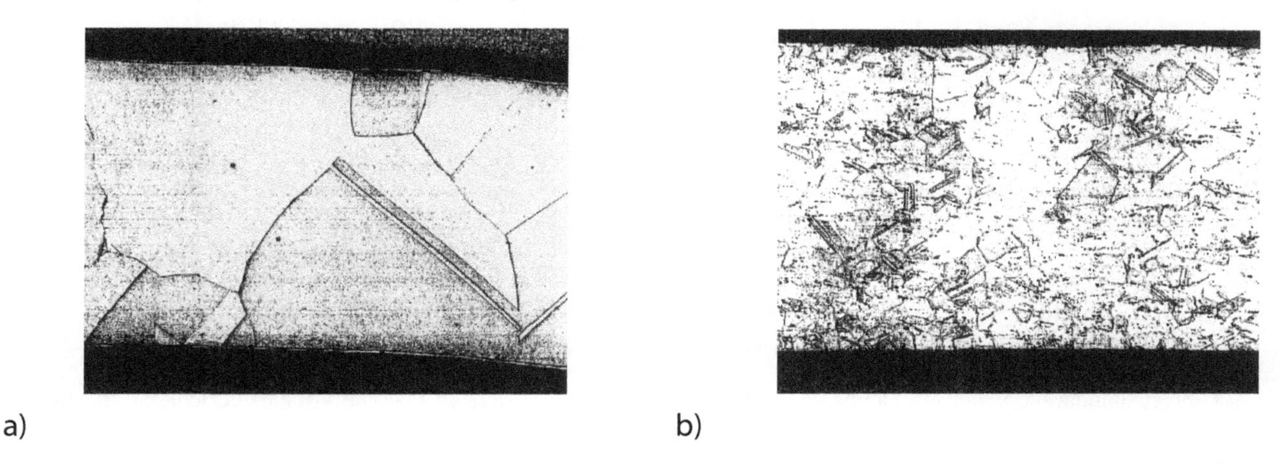

Figura 7.7 Crescimento de grão durante a solubilização da liga Ag925: a) 760 °C por 30 minutos; b) 726 °C por 30 minutos (Fonte: Referência 7.8).

Uma consideração importante para o tratamento de solubilização de ligas de prata é que ela é mais apropriada para peças sem partes unidas por brasagem, pois do contrário a região de brasagem pode fundir. Por outro lado, esse processo de união aplicada a peças pré-solubilizadas pode levar a uma precipitação demasiadamente grosseira para que haja um eficiente efeito de endurecimento. Por isso a solubilização é um tratamento recomendado para peças "inteiras" como garfos, colheres ou peças fundidas.

Ligas de ouro Au750 e Au417

As ligas Au750 só sofrem formação de fase secundária em temperaturas abaixo de 400 °C, como mostra a Figura 7.8, portanto todas podem ser solubilizadas; a temperatura padrão de solubilização está entre 600 e 750 °C mantida por 30 min.

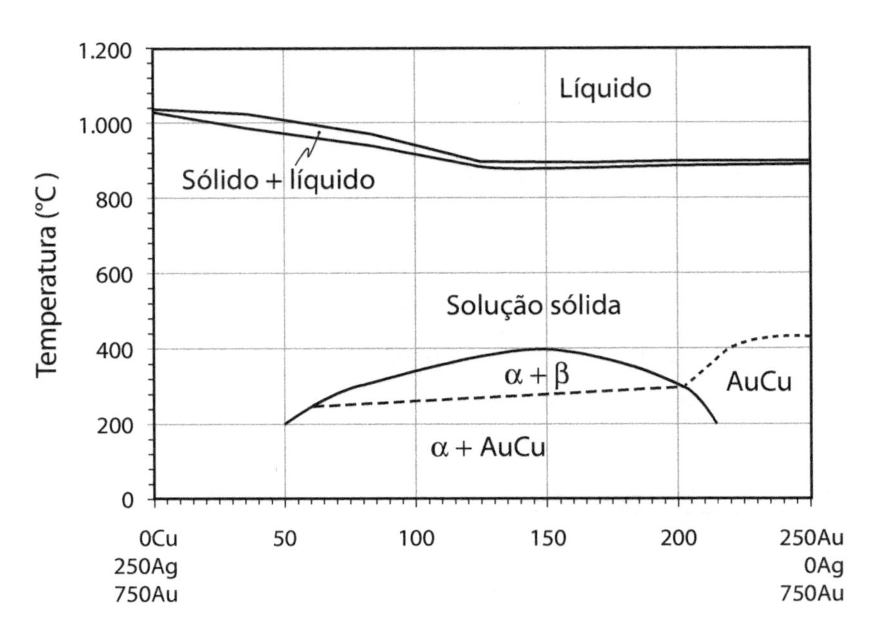

Figura 7.8 Diagrama pseudobinário para as ligas Au750.

Durante o trabalho mecânico e a recristalização das ligas Au750, evita-se o campo de separação de fases tratando-as acima de 400 °C e resfriando-as rapidamente nos seguintes meios:

- *Água:* suprime eficientemente a formação das fases secundárias, mas provoca uma taxa de resfriamento demasiadamente alta, podendo causar tensões residuais devido à contração volumétrica desigual na peça. Isto é crítico em peças com diferentes espessuras de parede; tensões residuais podem gerar distorções e até trincas.
- *Álcool*: é recomendado para ligas mais sensíveis às tensões de contração. O álcool se vaporiza em contato com a peça quente formando um colchão de vapor, e com isso gera uma taxa de resfriamento menor; também, produz uma atmosfera redutora que impede a oxidação da peça. Peças muito grandes não podem ser resfriadas em álcool, pois o calor da peça pode gerar combustão.

Não se recomenda o resfriamento em solução de limpeza (ácido sulfúrico 20%), pois o enxofre adere à superfície e prejudicar a resistência à corrosão da peça. Além disso, vapores de ácido são altamente tóxicos.

As ligas Au417 (10 Kt) já são bem diferentes das ligas Au750, pois nelas o campo bifásico se forma durante a solidificação (ver Figura 7.9) e o seu diagrama pseudobinário se assemelha ao da Figura 7.4. Portanto, as ligas entre Au417Ag389Cu193 e Au417Ag219Cu363 não são solubilizáveis. As ligas do canto rico em prata podem ser solubilizadas e tratadas para formação de fase β, mas têm endurecimento pouco acentuado quando tratadas acima de 400 °C. Já as ligas do campo rico em cobre irão sofrer formação de fase ordenada e adquirem alta dureza abaixo de 400 °C. A temperatura típica de solubilização destas ligas está entre 650 e 750 °C.

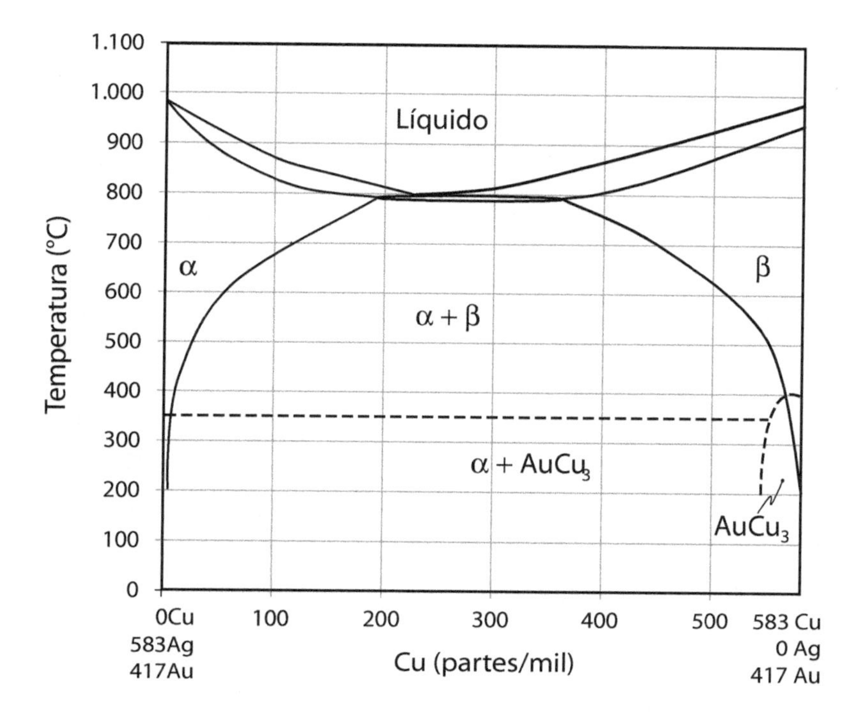

Figura 7.9 Diagrama pseudobinário das ligas Au417 (10 Kt).

7.3 Tratamento de precipitação (ou de envelhecimento)

Este é talvez o mais utilizado mecanismo de incremento de resistência mecânica. Podemos tratar *precipitação* como o fenômeno, e o *tratamento térmico* como o recurso físico para sua realização.

O comportamento mecânico de uma liga que sofre precipitação depende da fração volumétrica, do tamanho e do espaçamento das partículas precipitadas. A fase precipitada, enquanto pequena e bem distribuída, passa a interferir no movimento das discordâncias, reduzindo sua mobilidade e, consequentemente, a ductilidade do material. O mecanismo de endurecimento por precipitação está representado na Figura 7.10; as partículas atuam como obstáculos ao movimento dos defeitos, que passam a necessitar de uma tensão externa adicional à que anteriormente era suficiente para sua movimentação na matriz.

Retornando ao diagrama binário esquemático da Figura 7.11, observa-se que, quando se solubiliza a liga na temperatura TS (dentro do campo α), colocam-se em solução sólida todos os átomos de soluto, que ficam aprisionados na rede cristalina quando do resfriamento rápido. Reaquecendo a liga dentro do campo α + β na temperatura de precipitação T_P, restam somente C_P átomos em solução sólida. Portanto, $C_2 - C_P$ átomos precipitam como fase β.

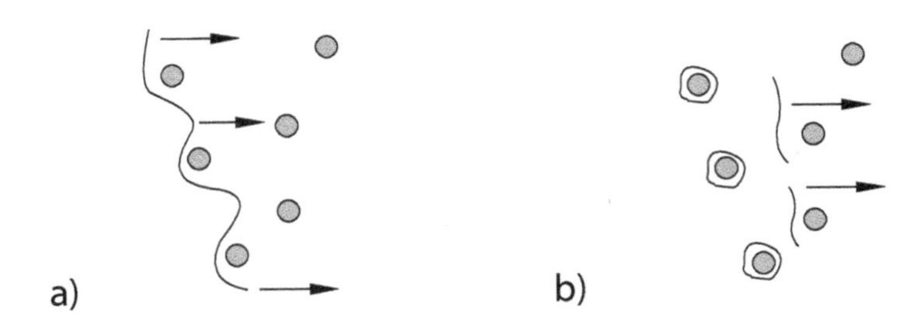

Figura 7.10 Efeito das partículas de precipitação na movimentação de discordâncias.

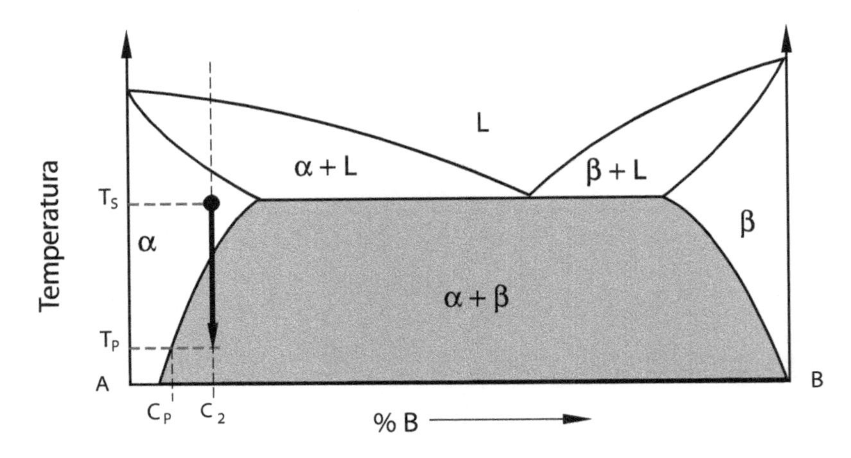

Figura 7.11 Diagrama binário esquemático mostrando as temperaturas de solubilização (T_S) e precipitação (T_P) para uma liga C_2.

Quanto menor a temperatura de precipitação, maior é a supersaturação da solução e mais soluto B precisa sair de solução, ou seja: precipitar. Além disto, quanto menor a temperatura, maior a taxa de nucleação das partículas, logo, menor é o espaçamento entre elas. Por outro lado, a mobilidade atômica é lenta em baixas temperaturas e o tempo de tratamento se torna demasiadamente longo. Aumentando a temperatura, mais rápida é a difusão dos átomos e também a precipitação, mas os precipitados ficam mais grosseiros e dispersos, além da supersaturação ser cada vez menor até que a precipitação passa a não mais acontecer.

Após o período de nucleação as partículas começam a crescer até exaurir a supersaturação. Dali para a frente ocorre o *crescimento competitivo,* durante o qual algumas partículas se dissolvem e outras crescem, pois o material procura diminuir a sua energia de superfície interna, eliminando interfaces entre as fases presentes na sua microestrutura. Como a fração volumétrica de equilíbrio é constante, as partículas ficam mais espaçadas e o seu efeito de ancoramento de discordâncias diminui.

O efeito da temperatura e tempo de precipitação nas propriedades mecânicas está esquematizado na Figura 7.12a. Nas etapas de nucleação e crescimento inicial, a dureza ou o limite de escoamento aumentam, mas, após o fim da precipitação e com o *crescimento competitivo,* a dureza diminui. Em temperaturas baixas, o tempo para que ocorra o máximo da curva de dureza ou resistência mecânica é mais longo, mas o valor desse máximo é maior do que para temperaturas mais altas.

Quando esses efeitos são colocados em um gráfico de tempo de transformação para várias temperaturas, obtém-se uma curva em forma de C, como mostra a Figura 7.12b, comumente chamada curva TTT (transformação, tempo, temperatura).

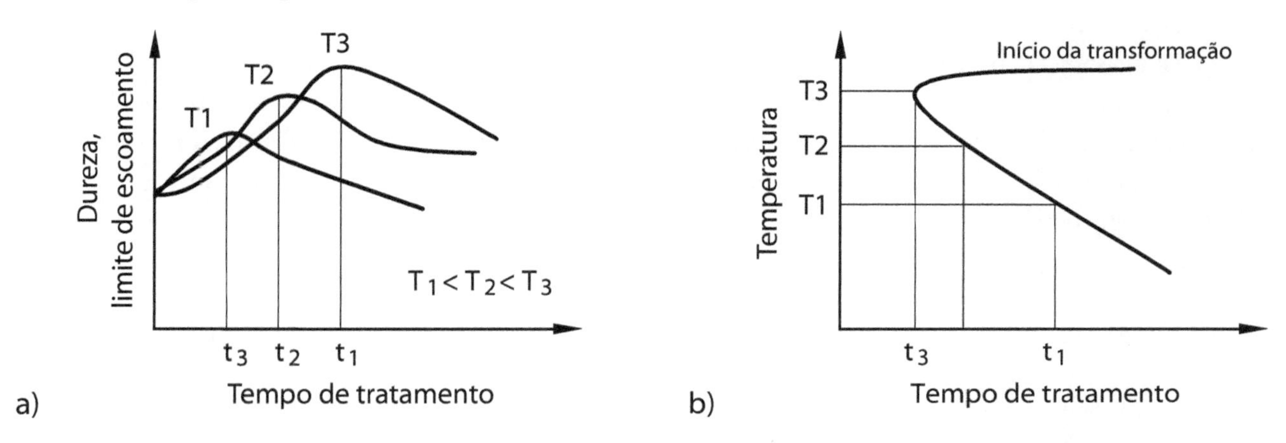

Figura 7.12 Representação esquemática do efeito da temperatura nas propriedades mecânicas e no tempo de tratamento de ligas envelhecíveis: a) efeito sobre as propriedades mecânicas; b) efeito sobre o tempo de tratamento – curva TTT.

O diagrama de equilíbrio é válido apenas em condições de resfriamento e aquecimento lentos e em alguns sistemas ocorrem fases metaestáveis intermediárias antes da formação da fase estável. Assim, diagramas TTT contêm informações da cinética de formação de fases estáveis ou metaestáveis. Naturalmente, conhecendo esses diagramas, é possível planejar o tratamento térmico de precipitação mais conveniente. Infelizmente, o uso de TTTs não é comum na prática da joalheria e são raros os levantamentos destas curvas para as ligas utilizadas. No entanto, estão disponíveis dados tabelados de propriedades mecânicas para alguns tratamentos mais comuns.

A Figura 7.13, bastante parecida com a Figura 7.12a, mostra o efeito da temperatura e do tempo de envelhecimento em uma liga de 8 Kt (Au333) solubilizada a 700 °C por 30 min. Na Figura 7.13a a liga foi tratada por 15 min entre 100 e 600 °C, e mostra um pico de endurecimento a 300 °C. A Figura 7.13b isola o efeito do tempo de tratamento de envelhecimento a 300 °C e mostra que o máximo de dureza é atingido após 60 min. Para tempos longos de envelhecimento a dureza diminui, efeito normalmente chamado de *superenvelhecimento* e que corresponde ao *crescimento competitivo* anteriormente citado. A Tabela 7.1 dá as propriedades mecânicas de algumas ligas de ouro deformadas, solubilizadas e envelhecidas.

O tratamento de envelhecimento tem importância no trabalho com ligas de ouro, pois, além de sofrer endurecimento por formação da fase intermediária β (ver diagramas pseudobinários nas Figuras 7.8 e 7.9), as ligas sofrem reação de ordenação abaixo de 400 °C. Como já descrito no Capítulo 3, a reação de ordenação se dá em proporções atômicas de ouro e cobre bem definidas: 1:1 (AuCu) nas liga de Au750-Cu250 e 1:3 ($AuCu_3$) nas ligas Au585-Cu415 e Au417-Cu583. O efeito de endurecimento do $AuCu_3$ é bem menor do que o do AuCu. A situação do AuCu é um pouco mais complexa, pois existem duas formas cristalográficas para esta fase ordenada: o AuCuI (tetragonal) e o AuCuII (ortorrômbico). Vimos também que estas reações de ordenação se estendem para o campo $\alpha + \beta$ nas ligas do sistema Ag-Au-Cu, pois a fase β continua sofrendo ordenação em baixas temperaturas. A relevância disto para o trabalho com ligas de ouro amarelo e vermelho com quilate abaixo de 18 (Au750) é que ductilidade para o trabalho mecânico é conseguida através de resfriamento rápido após o recozimento para evitar a zona de ordenação. Após completar a peça, a dureza e a resistência ao desgaste podem ser aumentadas por um tratamento de envelhecimento. É importante notar que nestas ligas o tratamento de solubilização é feito em temperaturas mais baixas do que o ponto de fusão das ligas de brasagem normalmente utilizadas, para não ter risco de fusão das juntas durante o tratamento. A adição de zinco, comum nas ligas de 14 e 10 Kt (Au585 e Au417), diminui o campo de duas fases e, portanto, diminui o efeito de endurecimento das ligas.

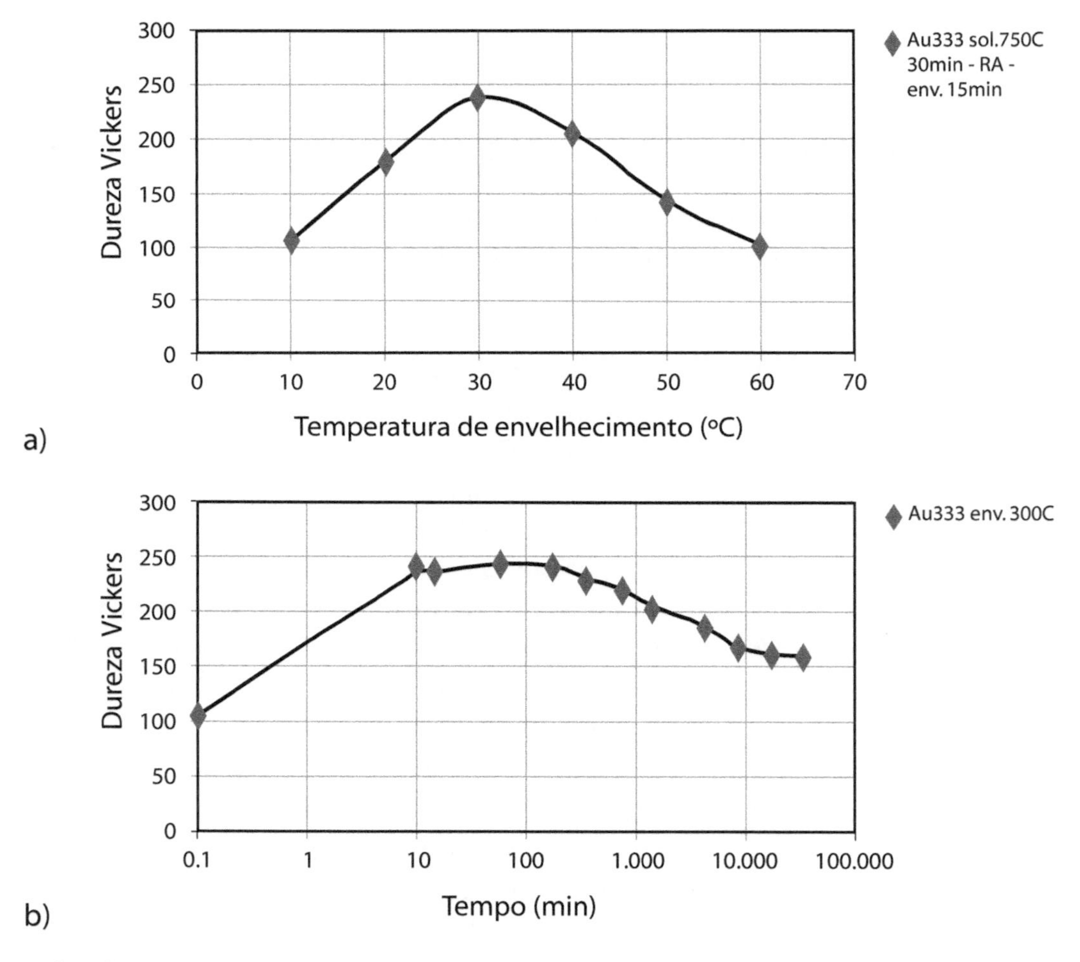

Figura 7.13 Efeito da temperatura e do tempo de envelhecimento na dureza de uma liga Au333 (8 Kt): a) liga envelhecida a 700 °C por 30 minutos e tratada por 15 min em temperaturas entre 100 e 600 °C; b) efeito do tempo de tratamento a 300 °C (Fonte: Referência 7.7).

Tabela 7.1 Propriedades mecânicas de algumas ligas de ouro em diferentes condições: deformadas, solubilizadas e envelhecidas (Fonte: Referência 7.7).

Composição					Cor	Condição	Dureza HV	LE MPa	LR MPa	A. %
Au	Ag	Cu	Zn	Ni						
750	125	125	–	–	Amarelo	Deformado 75%	225	850	900	1,5
						Sol. 550-RA	150	350	520	40
						Env. 280 °C 1 h	230	600	750	15
750	160	90	–	–	Amarelo pálido	Deformado 75%	210	720	800	1,2
						Sol. 550-RA	135	300	500	35
						Env. 280 °C 1 h	170	350	550	35
750	90	160	–	–	Rosa	Deformado 75%	240	770	920	2
						Sol. 550-RA	160	330	550	40
						Env. 280 °C 1 h	285	750	850	7
750	45	205	–	–	Vermelho	Deformado 75%	240	800	950	1,5
						Sol. 550-RA	165	300	550	40
						Env. 280 °C 1 h	325	850	950	4
750	–	110		14	Branco	Deformado75%	330	1050	1110	2,5
						Sol 730 °C – RL até	220	540	710	42
						550 °C – RA	320	–	–	–
						Env. 350 °C 13 h	280	–	–	–
						Env. 450 °C 1 h				
585	205	210	–	–	Amarelo	Deformado 75%	260	900	1000	1,5
						Sol. 650-RA	190	500	580	25
						Env. 360 °C 1 h	270	750	800	3
585	300	115	–	–	Amarelo	Deformado 75%	252	907	932	0
						Sol. 650-RA	150	410	590	17
						Env. 350 °C 1 h	247	731	767	1
585	100	315		–	Rosa	Deformado 75%	288	1033	1079	1
						Sol. 650-RA	148	295	440	35
						Env. 300 °C 1 h	242	550	593	3
585	90	325	–	–	Vermelho	Deformado 75%	270	800	1000	1,5
						Sol. 650-RA	160	350	550	45
						Env. 260 °C 1 h	260	600	700	12

LE = limite de escoamento; LR = limite de resistência; A = alongamento; Sol. = solubilização; Env. = envelhecimento; RA = resfriamento em água; RL = resfriamento lento.

O envelhecimento de ligas de Ag-Cu pode ser feito para ligas com teor de Cu menor do que 88‰. O tratamento típico para a Ag925 é a 300 °C /1 h.

7.4 Oxidação durante o tratamento térmico

Ligas prata-cobre

Em altas temperaturas a prata absorve oxigênio do ar mesmo no estado sólido. Esse metal não reage com o oxigênio, mas o cobre sim, formando primeiro Cu_2O, e CuO para longos tempos de exposição em atmosfera rica de oxigênio. O óxido Cu_2O é avermelhado quando observado sob luz polarizada em microscópio ótico, e é responsável pelas manchas azuladas, que ficam evidentes durante a fase de acabamento de peças de prata contendo cobre, que passaram por recozimentos sucessivos. Essas manchas azuladas são causadas por uma dispersão de óxido na matriz de prata que se estende por vários mícrons abaixo da superfície (Figura 7.14).

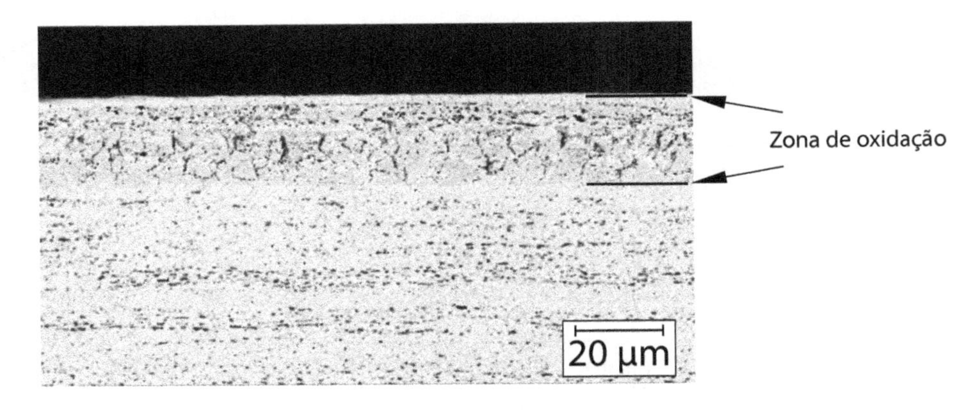

Figura 7.14 Zona de oxidação na superfície de uma aliança produzida com prata 925 após vários ciclos de deformação e recozimento.

A velocidade de oxidação depende da composição da liga, pois a difusão de oxigênio é mais rápida na fase α do que na fase β; portanto, na liga Ag800 a velocidade de oxidação atinge o seu máximo. Quando a liga começa a apresentar fase β formada por reação eutética, a velocidade diminui bastante e a oxidação passa a se concentrar na superfície.

A profundidade da camada oxidada irá depender também da temperatura e do tempo de tratamento de recozimento; ver exemplo da Figura 7.15, que mostra a oxidação de uma liga Ag925. Passando de 600 para 700 °C, a profundidade de oxidação dobra. A oxidação também ocorre durante as operações de brasagem, quando a peça deve ser aquecida entre 680-800 °C. Portanto, durante a fabricação de joias de prata a oxidação se acumula, tendo que ser retirada ao final por limagem e lixamento.

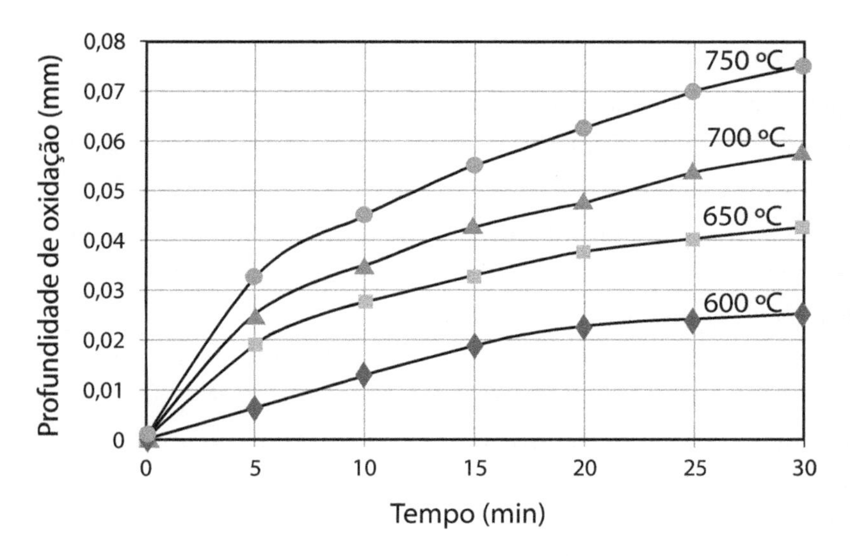

Figura 7.15 Efeito da temperatura e tempo de recozimento na profundidade de oxidação em uma liga Ag925 (Fonte: Referência 7.9).

Quando a profundidade de oxidação excede 25 µm, o material pode sofrer trincas durante a deformação mecânica. Isto ocorre porque a camada com partículas de óxido é bem menos dúctil do que o metal abaixo dela. Durante a conformação o metal sem oxidação se deforma mais do que o da superfície, que contém os óxidos, fazendo com que surjam trincas perpendiculares à superfície. Estas trincas propiciam caminho livre para nova difusão de oxigênio e aprofundam a camada de oxidação. Em casos extremos, a oxidação é tão profunda que o material fratura completamente.

A camada oxidada também interfere na qualidade das juntas de brasagem, pois o óxido tem pouca aderência ao metal líquido (tensão superficial alta) e a junção não ocorre, causando descolamento do metal de preenchimento.

O tratamento de limpeza em solução de ácido sulfúrico que é utilizado em ligas de prata dissolve o óxido de cobre superficial, mas não o óxido interno, pois só as partículas que entrarem em contacto com o ácido é que serão dissolvidas. Este procedimento gera uma camada de prata pobre em cobre e porosa, o que não impede que o material continue oxidando em aquecimentos subsequentes.

Ligas Ag-Au-Cu

Em ligas de Au-Cu, a oxidação também ocorre pela formação de CuO, mas é menor do que em ligas Ag-Cu pois o ouro não absorve tanto oxigênio quanto a prata. Em ligas de maior teor de cobre, no entanto, também ocorre oxidação interna, e a adição de prata aumenta a tendência à oxidação interna do cobre. Por isso, ligas de baixo quilate com maior teor de prata oxidam mais do que as de quilate mais alto. Por terem mais cobre, ligas de tom mais avermelhado oxidam mais do que as de cor esbranquiçada, e as com teor de ouro abaixo de Au500 (vermelhas) podem apresentar oxidação interna. Ligas Au750 não oxidam muito e a camada oxidada pode ser facilmente dissolvida em solução de ácido sulfúrico.

Ligas Cu-Zn

Tanto o cobre quanto o zinco oxidam em atmosferas ricas em oxigênio; em altas temperaturas se forma uma camada de óxido composta de Cu_2O contínuo e ZnO em partículas dispersas. O zinco tende a difundir para a superfície, formando uma camada rica em zinco

Ligas de latão não devem conter traços de lubrificante quando aquecidas, pois o enxofre contido reage com o zinco causando manchas avermelhadas nos latões amarelos e manchas pretas ou vermelho-marron nos latões vermelhos, manchas essas de difícil remoção.

Ligas 70/30 necessitam de decapagem mesmo após o uso de atmosferas protetoras porque a difusão do zinco para a superfície causa descoloração e depósitos que aumentam o desgaste da ferramenta em operações de conformação subsequentes. Essa dificuldade é acentuada por altas temperaturas de recozimento e por longos períodos de aquecimento e de resfriamento. O latão para cartuchos apresenta grande dificuldade para ser recozido sem deixar manchas.

7.5 Controle da oxidação superficial

As principais reações de oxidação que ocorrem nas ligas de prata, ouro e latão estão ligadas à oxidação do cobre e do zinco:

$$2\ Cu + \tfrac{1}{2}\ O_2 \leftrightarrow Cu_2O$$

$$Zn + \tfrac{1}{2}\ O_2 \leftrightarrow ZnO$$

Estas reações ocorrem espontaneamente na presença de oxigênio atmosférico. Para evitar que a oxidação ocorra, devem ser utilizados meios de proteção da superfície:

- *Vácuo*: por conter muito pouco oxigênio, não causa oxidação acentuada, mas seu custo é elevado.
- *Gases de proteção*: 10-20% hidrogênio + 90-80% nitrogênio, amônia dissociada (15% H_2 + 25% N_2) , gases de base orgânica (propano, gás de cozinha), ou cama de carvão vegetal. Todos oferecem atmosfera redutora e são utilizados em fornos de atmosfera controlada.

A atmosfera de amônia é utilizada porque se dissocia em nitrogênio e hidrogênio promovendo a reação:

$$MO + H_2 \leftrightarrow M + H_2O$$

onde M é o elemento metálico.

Os fornos que operam com amônia não podem operar em temperaturas abaixo de 500-550 °C, pois pode ocorrer uma reação de combustão explosiva entre o hidrogênio e o oxigênio. Antes de inserir o gás, a câmera do forno deve ser purgada com um gás neutro como argônio ou nitrogênio. A amônia dissociada pode ser queimada parcialmente em ar para prevenir o risco de explosão, reduzindo o teor de hidrogênio da mistura para valores inferiores a 24%. Além disto, atmosferas muito ricas em hidrogênio não são aconselhadas se o material contiver oxidação interna de cobre muito profunda, pois a reação do hidrogênio com o Cu_2O leva à formação de vapor d'água no interior da peça, gerando bolhas e, eventualmente, trincas.

Por estes motivos, a atmosfera de amônia dissociada vem sendo substituída por uma mistura industrial de nitrogênio (inerte) e hidrogênio a 10-25%.

As atmosferas contendo gases orgânicos promovem a reação:

$$MO + CO \leftrightarrow M + CO_2$$

onde M é o elemento metálico.

A cama de carvão vegetal em caixa selada, que evita o contato direto com o oxigênio atmosférico, é uma opção de baixo custo, utilizável em fornos tipo mufla. Deve-se, no entanto, manter o forno em uma zona de exaustão de gases, pois o CO formado é inodoro e tóxico, e a caixa selada dificulta o resfriamento rápido, que é necessário em peças que ainda vão passar por trabalho mecânico.

- *Banho de sal*: misturas de sais que fundem em temperatura fixa, geralmente acima de 500 °C, muito utilizadas na indústria metalúrgica como meio de tratamento térmico. Os banhos de sal têm a vantagem de ter uma taxa de transferência de calor rápida e homogênea, além de proteger o material contra a oxidação. Reduzem o tempo de tratamento térmico em 30% quando comparados com o forno de mufla.

A instalação de banhos de sais é simples. São necessários um forno tubular disposto na vertical, um recipiente de aço para conter o sal, e cestas metálicas para conter as peças. Banhos de sal devem ser operados com uso de roupa de proteção e máscaras faciais, e as precauções fornecidas pelos fabricantes devem ser seguidas à risca.

- *Ácido bórico*: as peças são recobertas com fluxo contendo ácido bórico, aquecidas até que a água evapore e se formem cristais esbranquiçados. Em seguida podem ser aquecidas em forno ou ao maçarico. O recobrimento chega a proteger mesmo o polimento superficial e por isto é aconselhável que partes de peças que não poderão ser polidas após a montagem sejam polidas e recobertas com fluxo antes de se prosseguir com a brasagem.

7.6 Equipamentos para tratamentos térmicos

Na oficina do ourives o recozimento se faz com a chama do maçarico, e as peças, quando pequenas, são colocadas sobre o mesmo suporte cerâmico utilizado para brasagem. Recomenda-se a utilização de uma grade de aço (ver Figura 7.16a), para que a chama possa circundar o metal por todos os lados, ou um bloco de grafite, como mostra a Figura 7.16b. A peça deve permanecer deitada para evitar distorções. Peças grandes podem ser recozidas em uma caixa contendo carvão e partículas de cerâmica (ver Figura 7.16c). O uso de carvão ou grafite ajuda a evitar a oxidação interna por produzir uma atmosfera rica em CO.

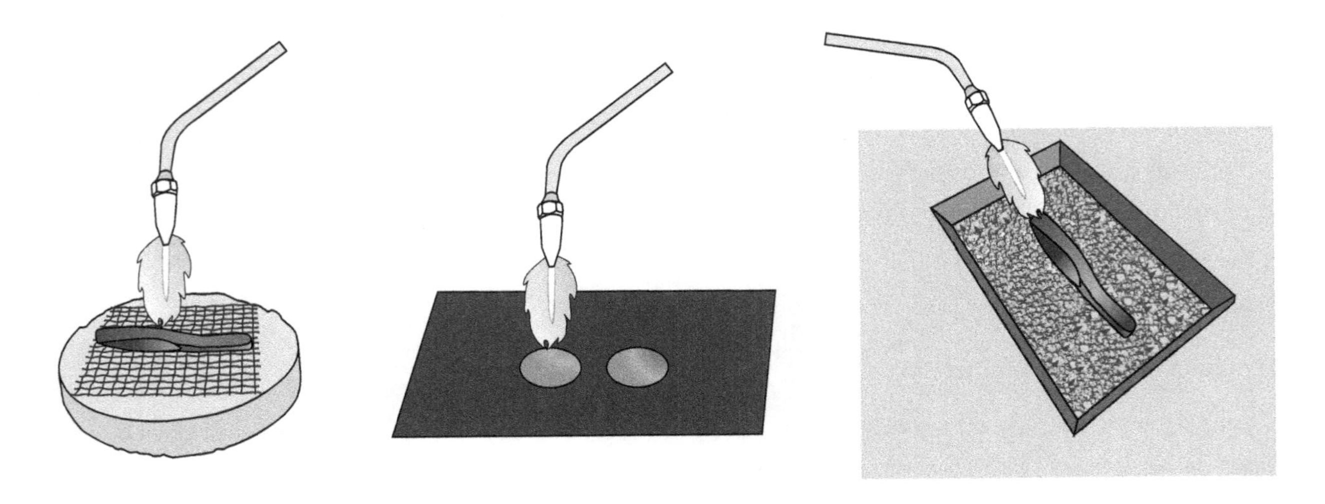

Figura 7.16 Métodos de recozimento com chama de maçarico: a) sobre o bloco cerâmico e grade de ferro; b) sobre bloco de grafite; c) em caixa contendo pedaços cerâmicos e carvão.

Na produção de peças em série são utilizados fornos tipo mufla (Figura 7.17a), fornos de atmosfera controlada que podem ser basculantes e acoplados a uma caixa de água para o resfriamento rápido (Figura 7.17b) ou ainda fornos de esteira, como mostra a Figura 7.17c. Estes são compostos de uma esteira rolante e duas câmeras, sendo a primeira de aquecimento e a segunda de resfriamento. Os parâmetros de processo são ajustados pelo controle da temperatura do forno e da velocidade de avanço da esteira. O mesmo conceito também é aplicado em fornos para recozimento contínuo de fios, que têm a vantagem de manter uma distribuição homogênea de calor em todo o comprimento do fio, o que não ocorre quando se faz o recozimento de bobinas inteiras. Em bobinas, a parte externa alcança a temperatura de recozimento antes da interna, o que acarreta tempos de recozimento diferentes e uma maior frequência do efeito de casca de laranja por crescimento exagerado de grão.

Os fornos de atmosfera controlada devem ser selados para prevenir a mistura dos gases de proteção com o ar atmosférico, e a atmosfera interna deve ser mantida a uma pressão positiva. Quando são utilizadas atmosferas protetoras, as peças devem ser lá resfriadas até quase a temperatura ambiente, para prevenir oxidação e descoloração.

Em fornos, de maneira geral há sempre uma diferença de temperatura entre a fonte de calor (resistência elétrica, chama) e o seu centro devido à resistência térmica oferecida pelo ar. Portanto, a temperatura real das peças que estão sendo tratadas deve ser controlada com o auxílio de termopares, localizados sobre elas para garantir que atinjam a temperatura de tratamento correta.

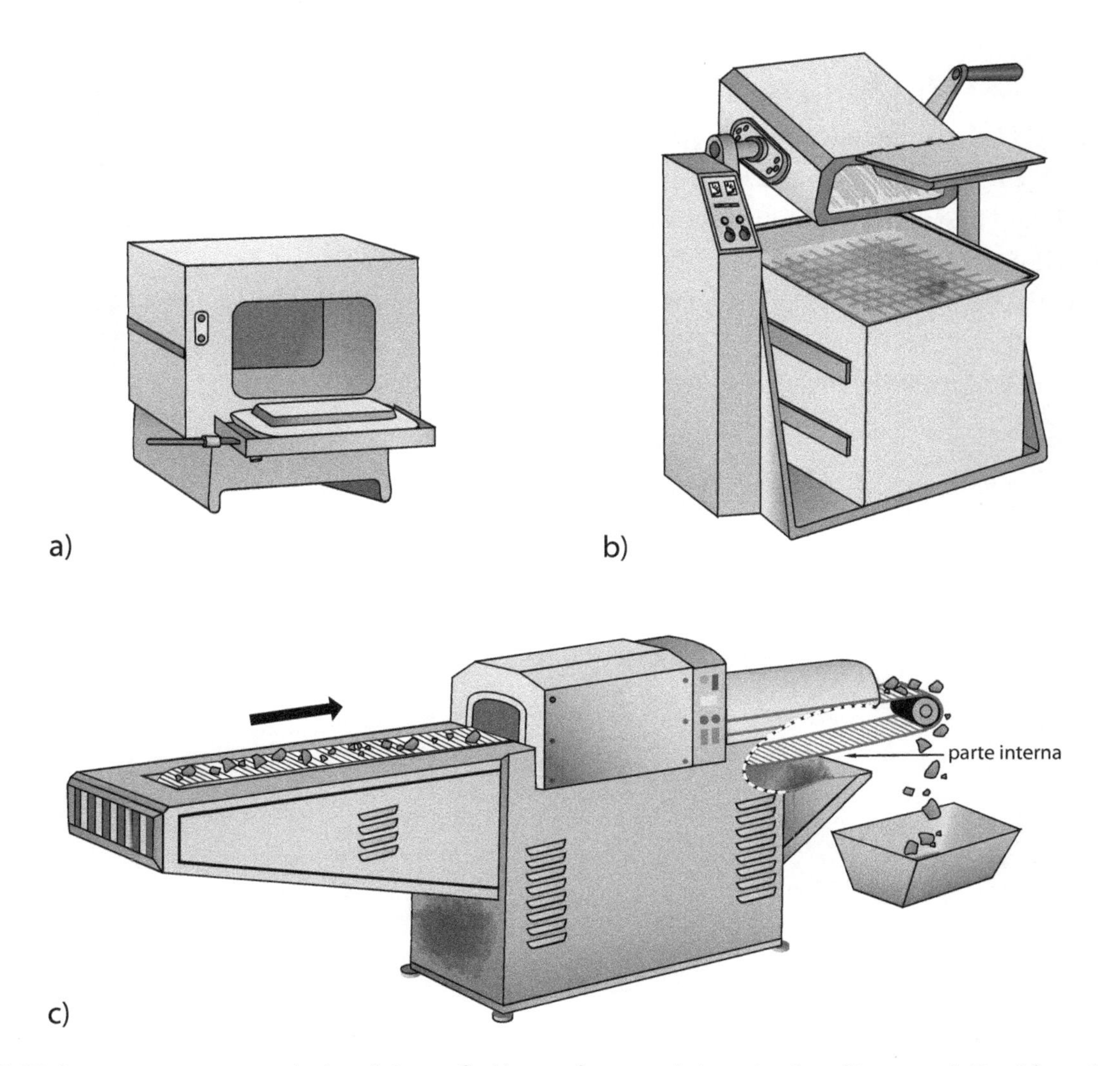

Figura 7.17 Fornos para tratamento térmico: a) tipo mufla; b) atmosfera controlada e caixa de resfriamento rápido; c) forno de esteira.

Referências bibliográficas

7.1 E. BREPOHL. *Theorie und Praxis des Goldschmiedes.* 15. ed. Leipzig: Fachbuchverlag Leipzig, 2003, 596p.

7.2 L. VITIELLO. *Oreficeria moderna, técnica e prática.* 5. ed. Milão: Hoepli, 1995.

7.3 D. PITON. *Jewellery technology – processes of production, methods, tools and instruments*. Milão: Edizioni Gold Srl., 1999, 407p.

7.4 *Diebener Handbuch des Goldschmiedes.* Band II. 8. ed. Stuttgart: Rühle-Diebener Verlag, 1998, 192p.

7.5 A. COTTRELL. *An introduction to metallurgy.* 2. ed. London: The Institute of Materials, 1995.

7.6 A. LANGFORD. Cold work and annealing of karat gold jewelry alloys. *The Santa Fe Symposium on Jewelry Technology,* 1990, p. 349-371.

7.7 M. GRIMWADE. Heat treatment of precious metals and their alloys. *The Santa Fe Symposium on Jewelry Technology,* 1991, p. 241-275.

7.8 A. M. RETI. Understanding sterling silver. *The Santa Fe Symposium on Jewelry Manufacturing Technology,* 1997, ed. D. Schneller, p. 339-357.

7.9 P. JOHNS. Firestain resistant silver alloys. *The Santa Fe Symposium on Jewelry Manufacturing Technology,* 1997, ed. D. Schneller, p. 33-62.

7.10 ASM HANDBOOK Vol. 2: *Properties and selection of nonferrous alloys and pure metals.* ASM International, 1979, 855p.

7.11 ASM HANDBOOK Vol. 4: *Heat treating.* ASM International, 1991, 1012p.

8. Procedimentos de união: brasagem e soldagem

8.1 Conceitos: a diferença entre brasagem e soldagem

Muitas vezes, a fabricação de artigos de joalheria envolve formas complexas, que não podem ser conseguidas a partir de um único processo; com isso, a fabricação de peças pelos métodos tradicionais frequentemente envolve técnicas de junção. Mesmo peças fundidas precisam ser montadas, e um exemplo é a fixação de pinos em brincos. Uma junção satisfatória deve ser forte, mas imperceptível; é evidente que em ligas de ouro a cor deve ser igual à do metal base.

Na brasagem e na soldagem, as partes metálicas são unidas pela ação de uma liga fundida, e a maioria das operações feitas na confecção de joias se enquadra na classificação de brasagem. Em joalheria, tanto no Brasil como no exterior, é comum utilizar indistintamente a palavra *soldagem* para designar qualquer método de união por metal líquido, mas, como diferentes métodos envolvem mecanismos distintos, é necessário diferenciá-los:

Na *brasagem* o metal de junção tem ponto de fusão mais baixo do que a temperatura *solidus* das partes metálicas e, portanto, funciona como uma "cola", com pouca alteração da região próxima à junta. Esta deve ter encaixe preciso e o vão deve ser o menor possível (entre 0,02 e 0,12 mm). O fenômeno central do processo é a interdifusão entre a liga de brasagem e as ligas ou metal base.

Já na *soldagem* a união de partes metálicas é feita pela adição de calor e/ou pressão, com ou sem a adição de um metal de ponto de fusão próximo ao dos metais sendo ligados. Isto significa que as partes metálicas são parcialmente fundidas na região da junção, tendo sua microestrutura fortemente modificada. A junta de soldagem tradicional tem formato em V como uma calha que recebe o *metal de solda*.

Em ligas de ouro, as convenções internacionais exigem que o teor de ouro da peça seja igual ao da sua quilatagem, com variações mínimas de composição. Isto exige que as ligas utilizadas para junção tenham o mesmo quilate que a peça, restringindo o leque de variações de composição possíveis para os metais de brasagem, o que incentivou a introdução de procedimentos de soldagem na produção industrial de joias.

8.2 Brasagem

No processo de brasagem, duas partes metálicas que não precisam ter necessariamente a mesma composição química – pode-se até unir uma parte metálica a uma cerâmica – são colocadas muito próximas uma da outra e aquecidas.

Liga de brasagem[1] é o material que irá preencher o vão entre as partes metálicas; deve ter alta fluidez e baixa tensão superficial para que possa molhar a superfície do metal e "escorrer" facilmente, preenchendo por capilaridade o espaço da junta.

Na brasagem, as peças e a liga de brasagem são aquecidas até a *temperatura de trabalho* para que a segunda derreta e escorra. Este aquecimento pode ser feito com chama de maçarico, utilizando os equipamentos e gases já descritos no Capítulo 4, ou em fornos tipo mufla ou de esteira.

Para evitar a oxidação da liga de brasagem e facilitar o seu escoamento, são utilizados *fluxos*, que devem fundir abaixo da temperatura *solidus* da liga, recobrindo toda a peça. Na região da junta é posicionada a liga de brasagem. Durante o aquecimento do conjunto, esta se liquefaz e, por capilaridade, preenche o vão entre as peças (Figura 8.1). Devido ao aquecimento ocorre difusão de átomos da liga para o material de base e vice-versa. Quando o conjunto resfria, um corte metalográfico da junta mostrará com clareza que o espaço entre as duas partes foi preenchido por um metal com microestrutura de solidificação. Esta faixa de metal depositado se distingue dos materiais de base por uma estreita faixa de difusão. A extensão desta região de difusão depende da temperatura utilizada no processo e da afinidade entre as ligas de brasagem e de base.

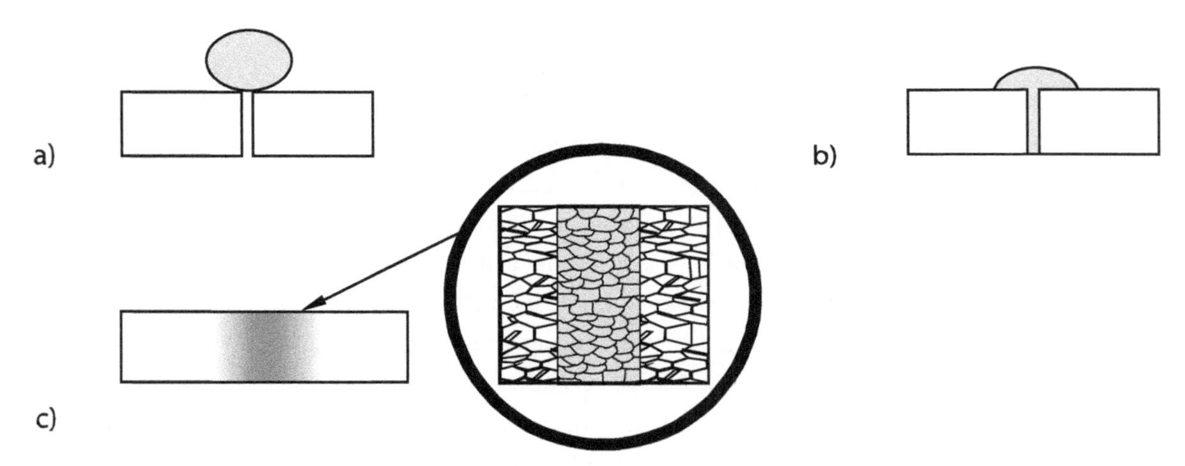

Figura 8.1 Junta de brasagem: a) gota de metal de solda; (b) preenchimento da cavidade por capilaridade; (c) aspecto da junta de brasagem: o metal de preenchimento com estrutura de solidificação.

As ligas de brasagem são divididas em ligas de alta temperatura (com ponto de fusão acima de 450 °C) e de baixa temperatura (com ponto de fusão abaixo de 450 °C). As ligas de baixa temperatura são em geral ligas de Sn, também chamadas de ligas de solda branca devido à sua cor.

1 Brasagem: em inglês, *brazing*, designando a liga de brasagem que funde acima de 450 °C; a palavra *solder* é utilizada quando a liga funde abaixo de 450 °C.

8.2.1 Ligas de brasagem

As ligas de solda branca tradicionais se baseiam no sistema Sn-Pb e são adequadas para a união de ligas de latão. ouro e prata. Em trabalhos de joalheria, as mais utilizadas são as que têm cerca de 50 a 60% de Sn; portanto, próximas ao ponto eutético deste sistema. Fundem perto de 200 °C, têm alta fluidez e resistência mecânica um pouco maior do que as ligas hipo ou hipereutéticas. No entanto, as ligas de Sn-Pb têm apenas 1/10 da resistência de uma liga de prata. No caso de solda de recipientes que irão conter alimentos, o teor de Pb tem de ser o mais baixo possível e se utilizam ligas de Sn-Sb com cerca de 90% de Sn. Para baixar ainda mais a temperatura de fusão podem ser adicionados bismuto e cádmio, chegando-se a uma temperatura de fusão de 65 °C.

Juntas de solda branca não apresentam zonas de difusão quando o metal de base é uma liga de alto ponto de fusão como o latão, ouro e a prata, e por isso conferem baixa resistência mecânica à junta. Por este motivo não devem ser utilizadas em peças de ouro e prata a não ser em casos excepcionais de reparo (quando o material de adorno for sensível à temperatura de brasagem alta ou quando não se quer alterar a camada de ouro depositada por galvanoplastia). Além disso, o estanho e o chumbo em excesso podem fragilizar ligas de ouro, principalmente se em caso de novo reparo se tentar utilizar uma liga de alta temperatura sem antes retirar o depósito de liga de baixo ponto de fusão.

Tabela 8.1 Composição e a temperatura de fusão de algumas ligas de solda branca.

Ligas de solda branca (ASTM)	Sn	Sb	Pb	Cd	Bi	T_s (°C)	T_l (°C)	Aplicação típica
B32 - S65	95	4,5-5,5	0,2	0,03	0,15	234	240	Equipamentos elétricos, tubos de cobre (resistente a SO_2)
B32-Sn63	63 (nom)	0,5	37 (nom)	0,001	0,25	183	183	Liga eutética
B23-Sn60	60 (nom)	0,5	40 (nom)	0,001	0,25	183	190	Circuitos eletrônicos

T_s = temperatura *solidus*; T_l = temperatura *liquidus*; nom = nominal.

As ligas de brasagem de alta temperatura utilizadas para ligas de prata e ouro são em geral produzidas com adição de Zn. Ligas contendo Cd devem ser evitadas devido a sua toxicidade. As ligas de prata de brasagem podem conter até 10% menos prata do que o metal base, já as de ouro devem ser de mesmo quilate de que este.

Materiais de brasagem contendo prata são também utilizados industrialmente na brasagem de ligas de cobre e aço e, por isso, a variedade de composição é imensa. No entanto, para a união de ligas de prata (Ag950, Ag925) são utilizadas ligas com teores de prata entre 750‰ e 600‰, por também serem brancas (Tabela 8.2). Já em ligas para a união de latões, 20‰ (2%) de Ag é suficiente (ver Tabela 8.3).

Tabela 8.2 Ligas de brasagem para prata.

Ligas de brasagem	Ag‰	Cu‰	Zn‰	Sn‰	Intervalo de fusão (°C)	Densidade (g/cm$_3$)	Temperatura de trabalho (°C)
Forte	750	230	20	10	740-775	770	785
Média	675	235	90	9,7	700-730	730	740
Fraca	600	260	140	9,5	695-730	710	740
Fraca	600	230	145	25	620-685	9,6	690

O zinco da liga de brasagem também é o principal elemento de adesão da junta, pois é ele que difunde com maior profundidade nos materiais de base em ligas de ouro e prata, embora parte se perca durante a fusão por evaporação. Por exemplo, em um trabalho realizado por Pinasco e colaboradores [Referência 8.7], juntas de ouro amarelo 18 Kt (Au750) realizadas com uma liga de brasagem contendo 120‰ Zn apresentaram apenas 70‰ deste elemento na região da junta após a solidificação.

Tabela 8.3 Ligas recomendadas para a brasagem de latão alfa.

Ligas de brasagem	Ag %	Cu %	P %	Zn %	Intervalo de fusão °C	Cor
Forte	–	92,6	7,4	–	710-810	Vermelho
Forte		93,8	6,2	–	710-890	Vermelho
Média	2	91,5	6,5	–	650-810	Vermelho
Média	5	89	6	–	645-815	Vermelho
Fraca	6	87	7	–	646-720	Amarelo
Fraca	14,5	81	4,5	–	645-800	Cinza
Fraca	45	30	–	25	675-745	Amarelado
Fraca	60	26	–	14	695-730	Branco
Média	67,5	23,5	–	9	700-730	Branco
Forte	75	23	–	2	740-775	Branco

As Tabelas 8.4 e 8.5 mostram as composições sujeridas pelo Conselho Mundial do Ouro para ligas de brasagem utilizadas na união de ligas amarelas Ag-Au-Cu, e de ouro branco do sistema Au-Cu-Ni.

Tabela 8.4 Ligas amarelas para brasagem do sistema Ag-Au-Cu, sugeridas pelo Conselho Mundial do Ouro.

Quilates	Ligas de brasagem	Au ‰	Ag ‰	Cu ‰	Zn ‰	Sn ‰	In ‰	Intervalo de fusão °C
10 Au417	Fraca	416,7	271,0	209,0	53,3	25,0	25,0	680-730
	Média	416,7	294,0	221,8	42,5	25,0	–	743-763
	Forte	416,7	332,5	238,5	12,3	–	–	777-795
14 Au585	Fraca	583,3	144,2	130,0	117,5	–	25,0	685-728
	Média	583,3	175,0	156,7	60,0	25,0	–	757-774
	Forte	583,3	200,0	181,7	35,0	–	–	795-807
18 Au750	Fraca	750,0	10,0	30,0	12,0	–	–	690-739
	Fraca	750,0	50,0	93,0	67,0	–	40	726-750
	Média	750,0	60,0	100,0	70,0	–	20	765-781
	Forte	750,0	60,0	110,0	80,0	–	–	797-804

Os metais de brasagem são vendidos na forma de fios, chapas ou pasta, sendo que o fio é mais utilizado em operações de solda branca. Para brasagem de alta temperatura, o ourives geralmente trabalha com pallions (pequenos pedacinhos de chapa cortada, ver Figura 8.2) que são colocados junto ao vão da junta com o uso de pincéis umedecidos com fluxo, ou com pinças.

Tabela 8.5 Ligas para brasagem mais comuns para ligas de ouro branco do sistema Au-Cu-Ni, sugeridas pelo Conselho Mundial do Ouro.

Quilates	Ligas de brasagem	Au ‰	Ag ‰	Cu ‰	Ni ‰	Zn ‰	Intervalo de fusão °C
10	Fraca	416,7	281	141	100	613	763-784
	Forte	416,7	301,3	151	120	11	800-832
14	Fraca	583,3	157,5	50	50	159	707-729
	Forte	583,3	157,5	110	50	992	800-833
18	Fraca	750	–	65	120	65	803-834
	Forte	750	–	10	165	75	888-902

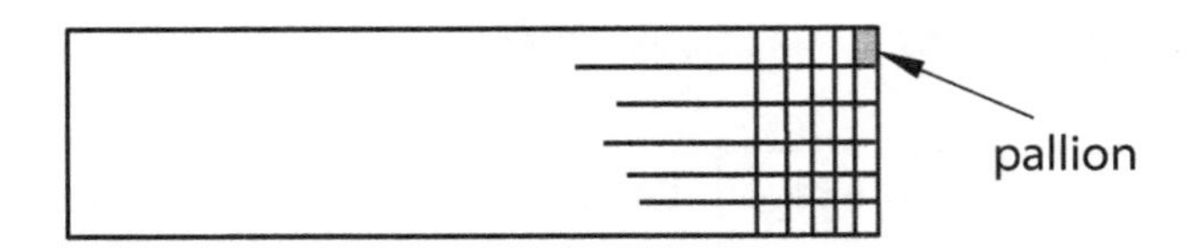

Figura 8.2 Corte de chapa de liga de brasagem para obter pallions.

Na soldagem em série, é preferível utilizar ligas na forma de pasta. Esta é formada de pó de liga de brasagem, unido com um aglomerante orgânico, e pasta de fluxo. A pasta vem em seringas com agulhas que facilitam a colocação do metal na posição mais adequada, como mostra a Figura 8.3. Solda em pasta é mais cara do que a vendida em chapas, e o seu uso não é muito difundido no Brasil por não existir ainda (2007) um fabricante nacional de pastas de brasagem para ligas de ouro e prata.

Na fabricação de correntes e correntes ocas em série, o metal de brasagem é aplicado em pó. As correntes são molhadas em um solvente adequado e depois passam por um tanque que contém a liga de solda em pó. O líquido irá reter partículas de metal nos vãos das chapas, nas faces e juntas de elos. Depois a corrente é arrastada em um tanque de talco que retira o excesso de solda, e passa então por um forno para efetuar a brasagem.

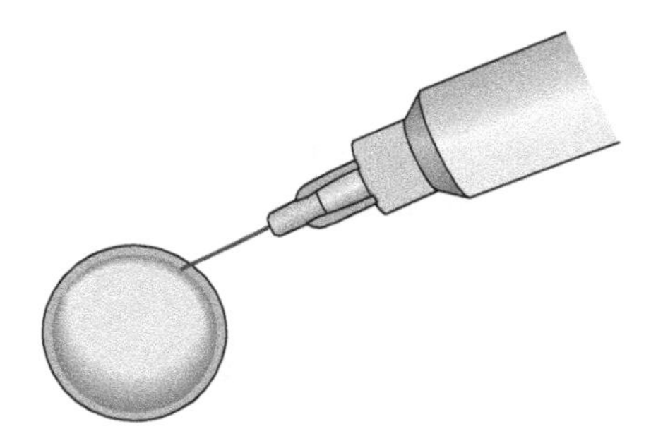

Figura 8.3 Aplicação de metal de brasagem em pasta.

8.2.2 Fluxos de brasagem

Fluxos de brasagem têm funções semelhantes aos fluxos utilizados durante a fundição, descritos no Capítulo 4:

- Recobrir a superfície sendo aquecida para minimizar o acesso de oxigênio ao metal.
- Dissolver os óxidos que eventualmente se formem ou que já estejam presentes na superfície do material.

Além destas funções, as propriedades desejáveis dos fluxos são:

- Ajudar a intensificar a fluidez da liga de brasagem.
- Ser fáceis de retirar após o término de junção.

Para que tudo isto ocorra, a temperatura de fusão dos fluxos deve ser ligeiramente mais baixa do que a do material de brasagem; além disso, o tempo de ação do fluxo sobre a superfície deve ser suficiente para que a dissolução de óxidos se realize, ou seja, deve ser bem reativo. Sua fluidez deve ser alta, mas sua tensão superficial com relação ao metal de brasagem deve ser baixa.

Também é importante que o fluxo não se misture à liga de brasagem e que permaneça sempre na superfície, evitando ao máximo a formação de inclusões.

A maioria dos fluxos utilizados é solúvel em água morna ou em soluções de ácido, podendo ser retirados facilmente.

Fluxos de baixo ponto de fusão

Em geral, os fios de solda branca já têm uma alma de fluxo, que recobre o metal, assim que o fio funde. Existem basicamente dois tipos de fluxo: fluxos com colofônio (derivado de resina de pinho obtido como resíduo da destilação de terebintina) e fluxos solúveis em água.

O colofônio é um ácido orgânico com fórmula $C_{20}H_{30}O_2$, que funde entre 100 e 200 °C e tem baixa capacidade de desoxidação. Por isso, algumas composições misturam desoxidantes (por exemplo, $ZnCl_2$ e NH_4Cl) e um solvente, geralmente isopropanol. Os desoxidantes são substâncias corrosivas, que liberam vapores de HCl e NH_4 durante o processo.

Os fluxos a colofônio são divididos em puros, levemente ativados e ativados. Os que contêm somente colofônio devem ser aplicados apenas sobre superfícies limpas e desoxidadas, enquanto os levemente ativados deixam um nível de resíduo corrosivo muito baixo após a brasagem; já os fluxos ativados sempre deixam um depósito de sais que precisa ser limpo para evitar a indução de corrosão junto à área da junta. Fluxos a colofônio ativados são adequados para a solda branca de ligas de ouro, prata, latão e estanho.

Dentre os fluxos solúveis em água estão soluções de $ZnCl_2$ (ponto de fusão 283 °C) e soluções de NH_4Cl misturado com $ZnCl_2$ (ponto de fusão 180 °C).

Estes dois fluxos reagem com óxido de cobre CuO presente em ligas de ouro baixo quilate, prata e latão.

O cloreto de zinco reage primeiro com água formando HCl, que reduz o óxido formando cloreto de cobre, solúvel em $ZnCl_2$.

$$ZnCl_2 + H_2O \rightarrow ZnO + 2\,HCl$$

$$2\,HCl + CuO \rightarrow CuCl_2 + H_2O$$

Misturas de $NH_4Cl + ZnCl_2$ formam cloreto de zinco e amônia $Zn(NH_3)Cl_2$ e HCl:

$$ZnCl_2 + NH_4Cl \rightarrow Zn(NH_3)Cl_2 + HCl$$

$$2\,HCl + CuO \rightarrow CuCl_2 + H_2O$$

O inconveniente destes fluxos desoxidantes é a formação e liberação de HCl, que é corrosivo para ligas de ferro e cobre, além de causar danos à pele e ao sistema respiratório.

Fluxos de alto ponto de fusão

O fluxo mais utilizado em joalheria é uma mistura de ácido bórico (H_3BO_3) e bórax ($Na_2B_4O_7$) conhecido como *soldaron*. Esta mistura é vendida tanto na forma líquida como na forma de pasta. Os dois componentes se decompõem com o calor formando óxido de boro B_2O_3, que dissolve o óxido de cobre, como já explicado no Capítulo 4. As reações de formação de B_2O_3 pelo ácido bórico e pelo bórax são as seguintes:

$$H_3BO_3 \rightarrow HBO_2 + H_2O$$

$$HBO_2 \rightarrow B_2O_3 + H_2O \qquad (577\ °C)$$

e

$$Na_2B_4O_7 \rightarrow 2\ NaBO_2 + B_2O_3 \qquad (741\ °C)$$

O óxido de boro formado dissolve o óxido de cobre incorporando-o ao fluxo pela reação:

$$B_2O_3 + CuO \rightarrow Cu(BO_2)_2$$

Enquanto o ácido bórico ajuda a proteger a superfície da oxidação acima de 600 °C, é o bórax que irá atuar de maneira mais efetiva na desoxidação da superfície metálica durante a brasagem em si, principalmente com soldas fortes tendo ponto de fusão acima de 750 °C.

A desidratação do fluxo à base de bórax e ácido bórico forma pequenos cristais brancos que "pipocam" sobre a superfície antes de fundir e se espalham como uma cobertura vítrea e viscosa. Isso tem a desvantagem de também espalhar os pedaços de liga de brasagem colocados junto ao vão de brasagem. Para evitar o espalhamento aleatório de pallions, ourives costumam pré-fundir os pallions já recobertos com fluxo com a chama de maçarico. Assim, eles se aglomeram na forma de pequenas esferas com o fluxo vitrificado, e com a ponta de uma pinça ou lápis de grafite podem ser transferidos para o local da junta, pré-aquecida, como mostra a Figura 8.4.

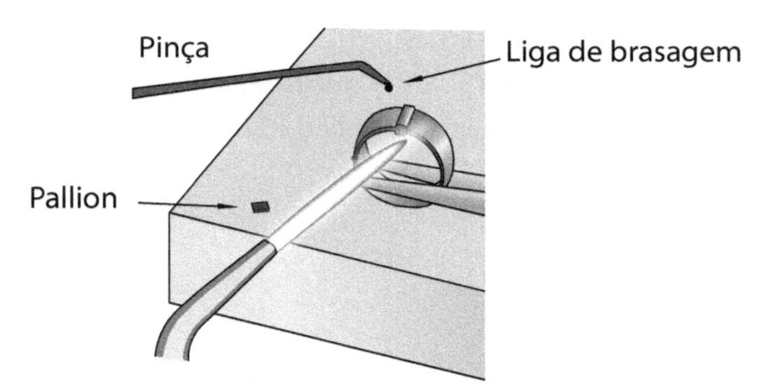

Figura 8.4 Colocação de pallions sobre a junta de brasagem com o auxílio de pinça e maçarico.

Existem ainda fluxos compostos de mistura de boratos, fosfato e fluoretos. Esta mistura tem uma temperatura de trabalho mais baixa do que o bórax, e tem a vantagem de não "pipocar" sobre a superfície durante o aquecimento.

8.2.3 Condições para formação de uma junta resistente

A confecção de juntas adequadas faz parte do trabalho meticuloso do ourives. O tempo gasto na confecção de bons ajustes compensa o tempo de acabamento necessário para limpar juntas malfeitas, ou pior, refazer o trabalho.

A brasagem pode ser dividida em seis etapas:

1. Ajuste das partes
2. Limpeza do metal
3. Fixação das partes
4. Recobrimento com fluxo
5. Brasagem
6. Remoção do fluxo e limpeza

Preparação das juntas

Quanto menor o vão da junta, mais eficiente é o preenchimento de metal de brasagem e mais resistente a união. O que garante isso é um ajuste preciso, então o ourives deve passar um bom tempo limando e lixando esta região. Existem basicamente dois tipos de junta: a junta sobreposta e a junta de topo.

A junta de topo é feita pela junção de áreas finas; geralmente a área é limitada pela espessura da chapa e pelo seu comprimento, como mostra a Figura 8.5a. Este tipo de junção não resulta em grande resistência mecânica, por isso, é sempre aconselhável aumentar a área de contato com a inserção de degraus ou chanfros, como mostra a Figura 8.5b. A junta sobreposta garante uma grande área de contato metal de junção-metal de base, pois as partes se sobrepõem. A Figura 8.5c mostra juntas sobrepostas em chapas e secções cilíndricas.

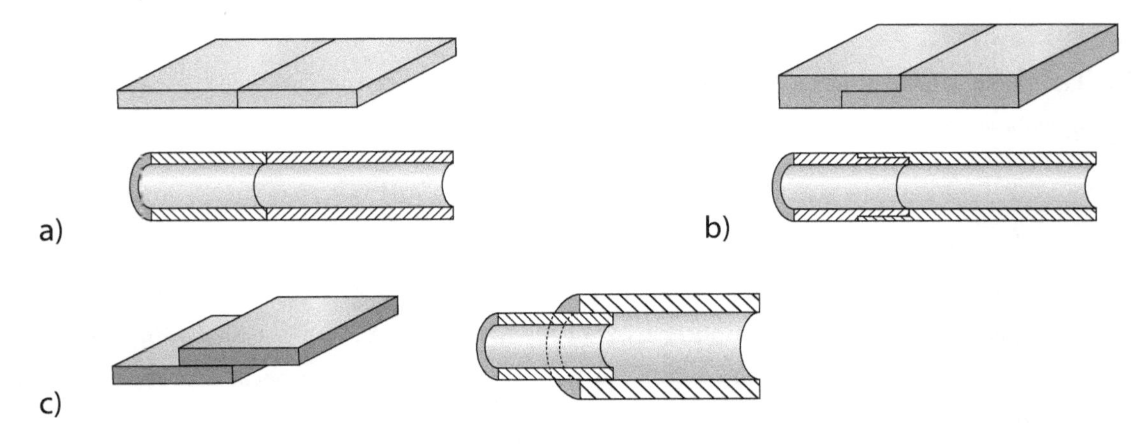

Figura 8.5 Tipos de junta de brasagem: a) junta de topo; b) junta de topo sobreposta; c) junta sobreposta.

Um fenômeno que prejudica a resistência mecânica de juntas de brasagem quando feitas por chama de maçarico (o que é parte do cotidiano na ourivesaria) é a incorporação de gases no metal líquido – causados tanto pela evaporação de elementos de liga (por exemplo, zinco) quanto pela absorção dos gases de queima da chama. Isto pode produzir um alto grau de porosidade na região da junta, como mostra a Figura 8.6, cortes metalográficos de uma junta de topo (Figura 8.6a) e de uma sobreposta (Figura 8.6b), pertencentes a duas ligas de ouro amarelo 18 Kt. Observa-se que a incidência de porosidade é muito maior na junta de topo.

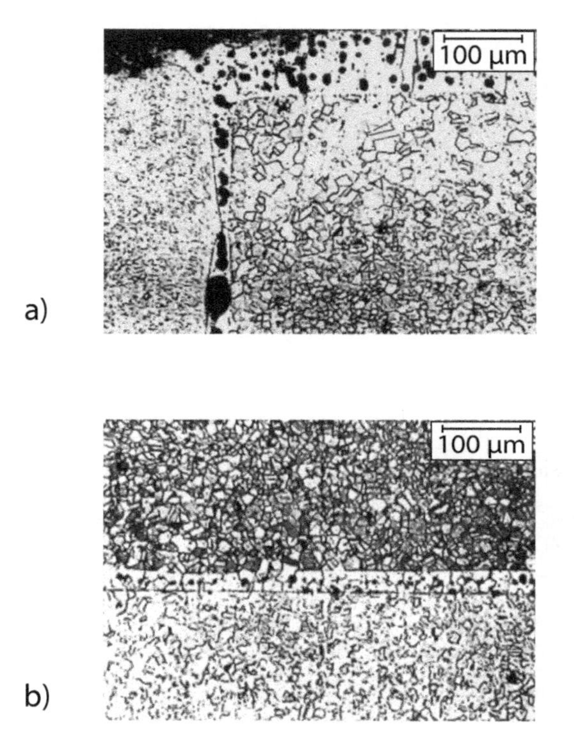

Figura 8.6 Corte metalográfico de juntas de brasagem em ligas de ouro 18 Kt feitas com chama de maçarico: a) junta de topo; b) junta sobreposta (Fonte: Referência 8.7).

Portanto, o local da junta será sempre uma região menos resistente do que o metal base e, por isso, deve-se procurar evitar concentração de tensão no local – o que se faz aumentando a área da junta, diminuindo diferenças bruscas de espessura entre os componentes e evitando a formação de cantos vivos. A Tabela 8.6 mostra algumas soluções para evitar acúmulo de tensões: todas a peças que ainda mantenham tensões residuais causadas pela conformação mecânica devem passar por um tratamento de alívio de tensões antes de serem brasadas, para que não ocorra distorção da montagem durante o aquecimento.

A superfície de junção deve estar limpa para que se possa estabelecer contato entre os metais de base e o de brasagem. Isso significa que camadas de óxido e de oxidação interna precisam ser limadas antes da brasagem. O óxido de cobre é pouco molhável por metal líquido, logo, sua presença na região da junta resultará em juntas com baixas propriedades mecânicas.

Tabela 8.6 Redução da concentração de tensões na área de junta de brasagem.

Problema	**Soluções**	
Junção de partes com espessuras diferentes 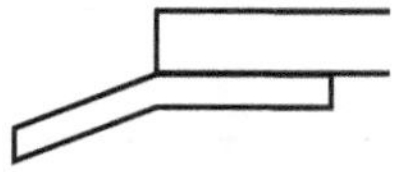	Aumento de espessura da parte mais fina 	Acomodação de espessura dos dois lados 
Juntas de topo 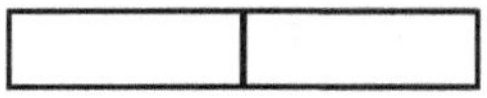 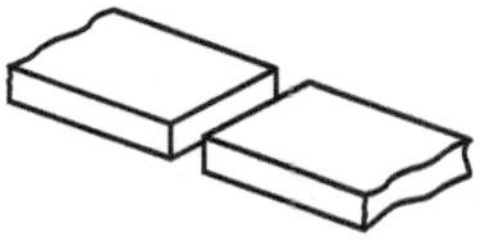 	Aumento da espessura na área da junta 	Aumento da área de junta por corte em chanfro 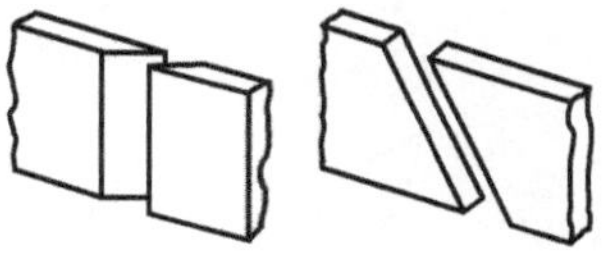 Aumento da área de contato pela inserção de uma chapa de união 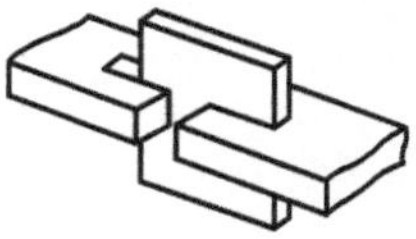 Junta mista topo-sobreposta 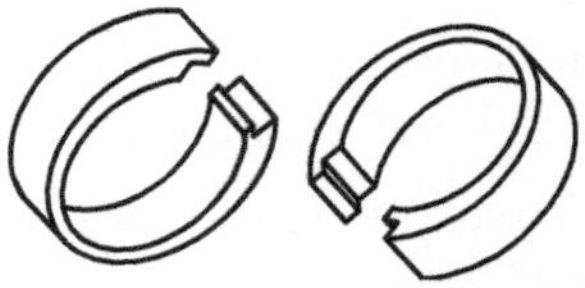
Junta de topo em união pino-chapa 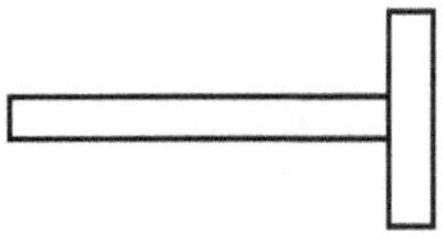	Aumento da área de contato por adição de uma argola ou furo 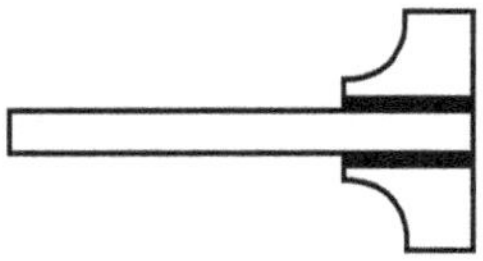	Aumento da área de contato por dobramento 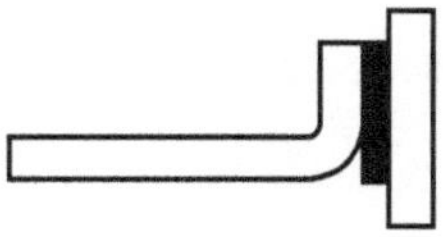

Tabela 8.6 Redução da concentração de tensões na área de junta de brasagem (*continuação*).

Problema	Soluções
Juntas de topo em união chapa-chapa em operações de alargamento de espessura 	Aumento da área de contato 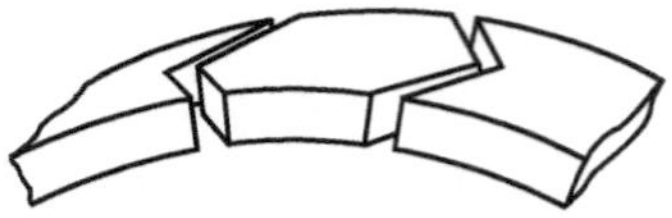
Juntas de topo em caixas para cravação 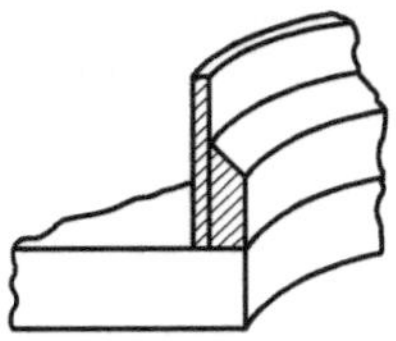	Aumento da área de contato por reforço na área interna 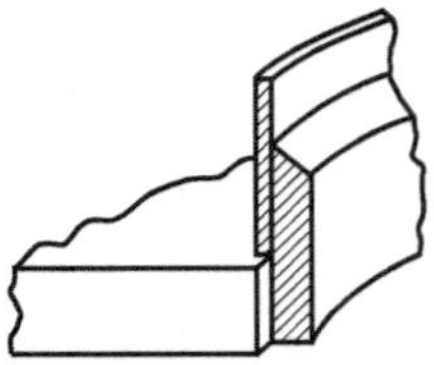
União de topo em volumes ocos 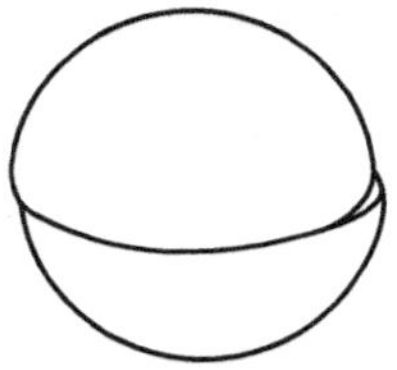	Inserção de chapa para ajuste da área da junta 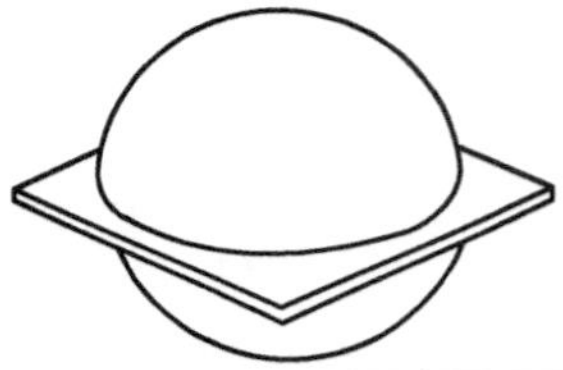

Fixação das juntas

Na brasagem de alta temperatura, o tempo necessário para o aquecimento das peças é maior e quando o metal de junção se liquefaz e molha o vão, o local da junta se desestabiliza e pode ocorrer escorregamento relativo das partes. Para mantê-las na posição e ao mesmo tempo ter as mãos livres para manusear o maçarico e colocar pallions, é necessário ter um suporte resistente ao calor, geralmente uma placa cerâmica ou de grafite (ver Capítulo 7), alguns fragmentos de cerâmica solta para acomodar volumes não planos, e vários dispositivos auxiliares, como mostra a Figura 8.7:

- Pinças de pressão, terceira mão, suporte para anéis (8.7a).
- Amarração com arame de ferro (8.7b).
- Grampos (8.7c).
- Fixação por alfinetes (8.7d).
- Cama de mola (8.7e).

A pinça de pressão mantém a pressão sobre a peça mesmo quando solta, e é bastante utilizada, livre ou presa em braços articulados chamados de terceira mão. A desvantagem das pinças metálicas é que o calor dirigido à peça flui por contato também para a pinça, que rouba calor durante o aquecimento. Para minimizar este efeito, existem pinças de aço inoxidável (mau condutor de calor) ou com pintura cerâmica junto às garras.

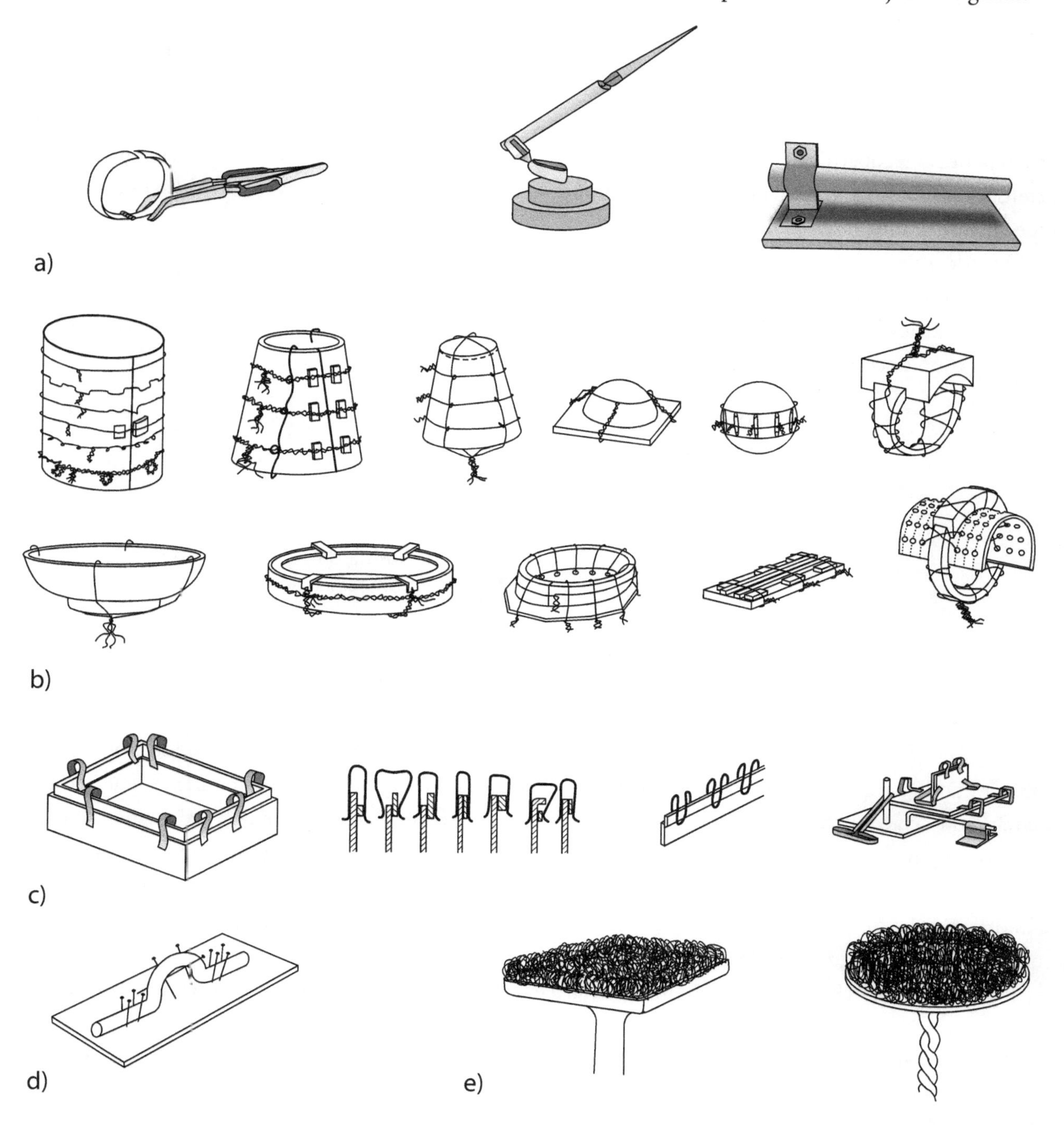

Figura 8.7 Técnicas de fixação utilizadas em brasagem: a) pinças e terceira mão; b) amarração; c) clipes de mola; d) alfinetes; (e) cama de mola.

Outra técnica utilizada é amarrar a peça com arame de ferro recozido de espessura entre 0,2 e 0,5 mm; a camada de óxido que se forma na sua superfície impede que o arame se cole à peça durante a brasagem. Alguns exemplos de amarras são mostrados na Figura 8.7b. A amarração é uma montagem que demanda tempo e precisa ser bem realizada para que as partes permaneçam fixas. Deve-se levar em conta que o ferro tem um coeficiente de expansão térmica menor do que o ouro, a prata e o cobre e, portanto, não deve estar muito apertado. Para evitar que o fluxo dissolva o óxido de ferro e promova a adesão do arame à peça, primeiro pode ser recoberto com pó de carvão, ou óxido de cromo de polimento. O arame não deve ter grandes extensões no vazio, pois a chama do maçarico pode "queimá-lo" (a chama provoca a oxidação em toda a espessura do arame, fazendo com que ele se rompa).

Quando a amarração é feita com arame mais grosso, é aconselhável evitar que ele toque a região da junta. Para afastá-lo, pode-se utilizar pequenos pedaços de arame formando uma ponte, como mostra a Figura 8.8. O arame deve ter as pontas dobradas para cima para não arranhar a superfície da peça e formar um arco evitando contato com a região que irá receber o metal líquido.

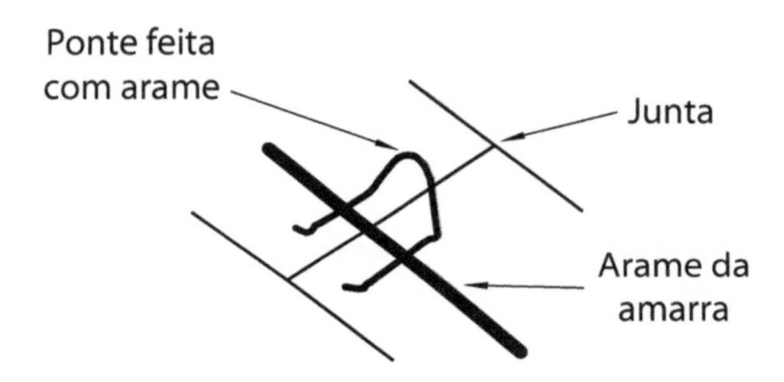

Figura 8.8 Dispositivo de amarração para afastar o arame da região da junta.

A utilização de clipes de mola também pode ser útil (Figura 8.7c). A montagem é rápida e os clipes se mantêm no lugar quando aquecidos. O melhor material para este tipo de mola são os arames para prótese dentária ou de aço inoxidável, pois são feitos de aço-liga e mantêm a elasticidade por mais tempo quando sujeitos a vários ciclos de aquecimento. É um dispositivo útil quando se realiza a brasagem em forno.

Sobre suportes de grafite, podem ser utilizados alfinetes (Figura 8.7d) para manter a posição de peças cilíndricas, construir suportes, aproveitar a resistência elástica de alfinetes dobrados para exercer pressão ou manter elos de corrente esticados.

Placas refratárias (Figura 8.7e) com molas de aço enroladas também podem ser úteis na tarefa de manter as peças juntas.

Para a brasagem de peças muito pequenas com vários componentes a serem unidos, usa-se um suporte de gesso ou massa refratária para fundição por cera perdida, que possui alta resistência térmica. É uma técnica mais eficiente do que a amarração por arame, desde que as juntas de brasagem não se sujem com o gesso. O procedimento segue estes passos:

1. Todas as partes a serem soldadas são recobertas com fluxo e pré-aquecidas para formar um recobrimento vítreo.
2. Sobre uma superfície de vidro se molda um suporte com massinha de modelar (plasticina).
3. Sobre a plasticina são colocadas as peças formando o conjunto desejado. As partes devem estar em contato e ligeiramente pressionadas na plasticina para sua fixação.
4. Nas juntas de brasagem são inseridos pedaços de papel-toalha ou papel de seda umedecidos com fluxo para evitar que o gesso entre nos vãos.
5. Ao redor da montagem se coloca uma cinta de metal, plástico ou mesmo plasticina para formar o molde.
6. Mistura-se a massa refratária ou gesso e se verte no molde. A espessura de gesso irá depender do tipo de construção e da espessura das peças. Camadas muito finas irão quebrar-se facilmente durante o aquecimento.
7. Deixa-se a massa secar e depois disso se desmonta o molde e se dissolve a plasticina, com cuidado para não arrancar as peças.
8. Aplica-se fluxo nas juntas e são posicionados os pallions.
9. O conjunto é aquecido em chama de maçarico ou forno para efetuar a brasagem.
10. Após a união se coloca o molde ainda quente na água para dissolver a massa refratária.

A Figura 8.9 mostra a montagem de uma garra para solitário em molde de gesso.

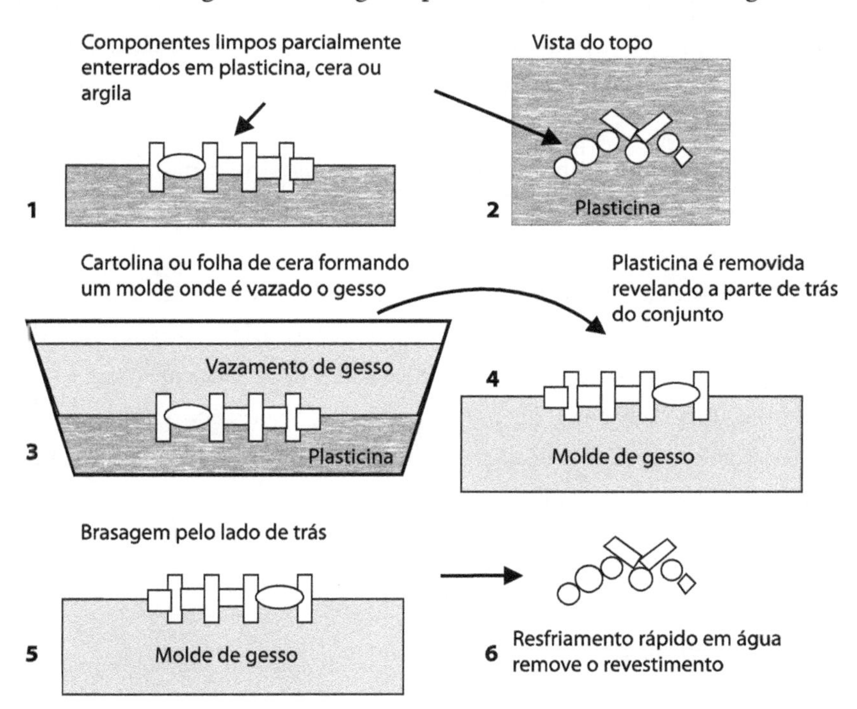

Figura 8.9 Montagem de molde de gesso para brasagem (Fonte: Referência 8.16).

Recobrimento com fluxo e brasagem

Brasagem de ligas de baixo ponto de fusão

A brasagem de baixa temperatura requer reforço da área da junta e deve haver a preocupação de maximizar a área de adesão. Com ligas de estanho utilizam-se chama de maçarico e ferro de soldar para circuitos elétricos (Figura 8.10). Estes são feitos de cobre recoberto com uma camada de ferro, recobrimento este que ajuda a evitar a incorporação de cobre no metal da solda (o que desgasta prematuramente a ponta), mas diminui a eficiência na transferência de calor.

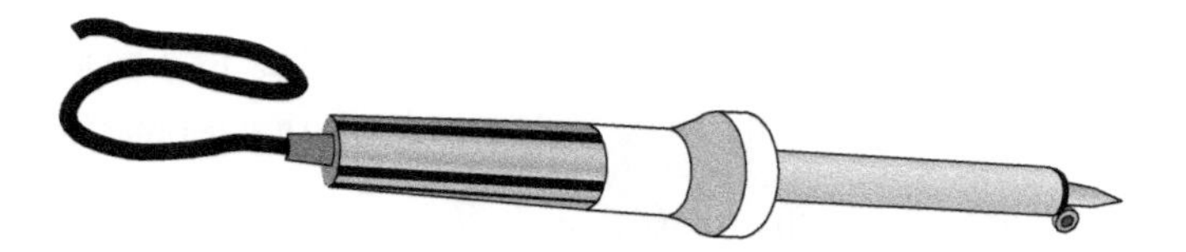

Figura 8.10 Ferro de solda para brasagem de ligas de baixa temperatura.

A regra básica neste tipo de brasagem é manter a área de brasagem e o ferro de solda limpos. Além disso, a ponta do ferro de soldagem deve ser recoberta por uma fina camada de metal de solda, o que ajuda na transferência do metal para a junta. O recobrimento deve ser feito antes de se usar o equipamento pela primeira vez.

A ponta do ferro deve ser limpa com frequência durante operações de brasagem de longa duração. Isso pode ser feito passando um pano úmido sobre a sua superfície; existem também panos e esponjas com recobrimento especial para limpeza.

A superfície a ser brasada deve estar limpa de gordura ou material não metálico. É aconselhável escovar a superfície e retirar óleos com solventes do tipo álcool; se o metal da adição não contiver fluxo, a superfície deve ser molhada com ele antes de iniciar a brasagem.

O ferro de solda precisa ser pré-aquecido para que a transferência de metal para o substrato seja rápida, mas não deve estar quente a ponto de "ferver" a solda, o que provocaria a formação de uma camada escura de óxidos na sua superfície. A ponta do ferro e o arame de solda devem ser aproximados da junta simultaneamente, o fio de solda sendo posicionado no ponto em que o ferro toca a junta. O ferro deve fornecer calor necessário à peça para que o metal de adição possa fluir e deve permanecer em contato com a junta por um tempo um pouco mais longo para que o fluxo evapore. A operação não dura mais que alguns segundos, e para finalizar se remove primeiro o fio de solda e depois o ferro.

Brasagem com ligas de alta temperatura

Pincéis de aquarela são muito utilizados, tanto para molhar a superfície das peças com o fluxo quanto para colocar os pallions para brasagem da alta temperatura em suas posições. Durante a colocação dos pallions, deve-se procurar colocá-los o mais próximo possível da junta (alguns ourives enfiam ligeiramente o metal de brasagem no vão da junta) e não deixá-los espalhados aleatoriamente, como mostra a Figura 8.11.

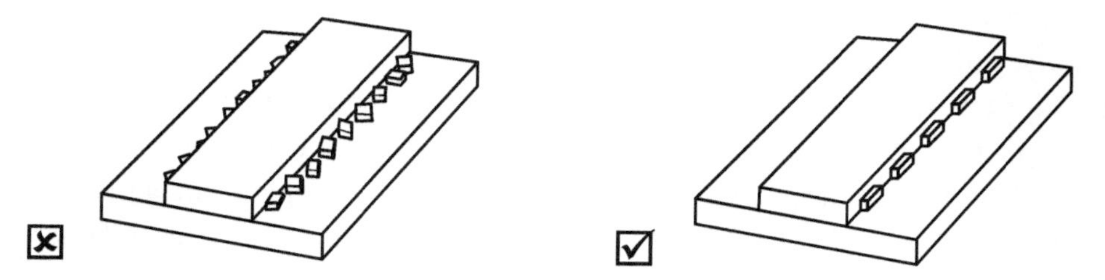

Figura 8.11 Posicionamento de pallions junto à junta de brasagem: ☒ posicionamento incorreto, ☑ posicionamento correto: pedaços retangulares alinhados ao longo da linha de junção.

Se o metal de brasagem for aplicado na forma de fio, primeiro se aquece o conjunto e, ao se alcançar a temperatura de fusão da liga de brasagem, o fio é aproximado da região da junta (ver Figura 8.12).

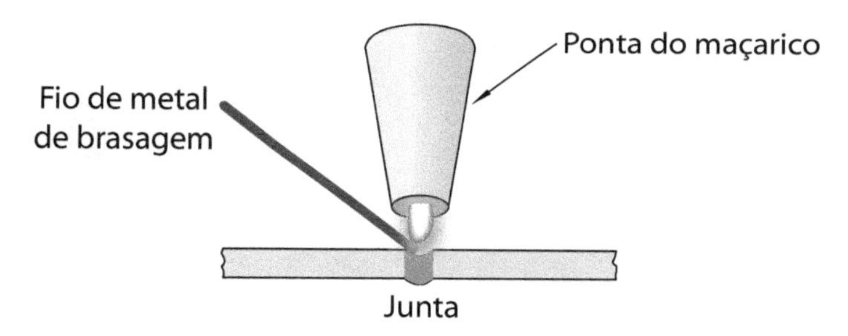

Figura 8.12 Brasagem com maçarico utilizando metal de junção na forma de fio.

Em juntas sobrepostas de grande área, é comum que uma das partes receba o metal de brasagem primeiro, formando uma camada distribuída sobre cerca de 20% da área a ser soldada. Numa segunda etapa a peça é colocada em sua posição e o conjunto é aquecido para efetuar a operação, como mostra a Figura 8.13.

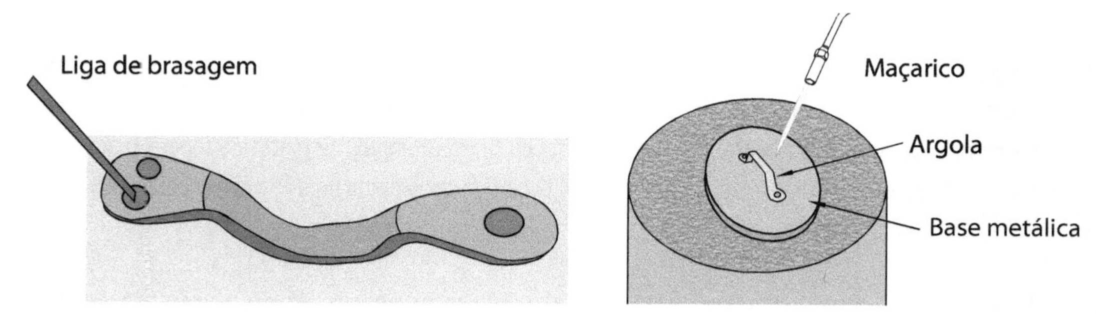

Figura 8.13 Exemplo de deposição de metal de brasagem antes da realização da junção.

A peça deve ser aquecida uniformemente para levar a região da junta até a temperatura de fusão da liga de brasagem. É importante que os dois lados da junta atinjam a temperatura de trabalho ao mesmo tempo.

Na junção por maçarico, se o conjunto de partes a serem unidas é pequeno, o aquecimento é feito em todo o conjunto. Se este for maior, somente a região próxima à junta será aquecida, sempre com movimentação do maçarico para distribuir melhor o calor. A aparência do fluxo dá uma ideia da uniformidade da temperatura, pois a vitrificação da superfície indica que a temperatura em que ele se torna ativo foi atingida. Durante a junção de partes maiores com menores, a chama deve ser dirigida para a parte de maior massa, a outra aquecendo-se por condução. A Figura 8.14 mostra alguns exemplos de manipulação do maçarico em montagens comuns em joalheria:

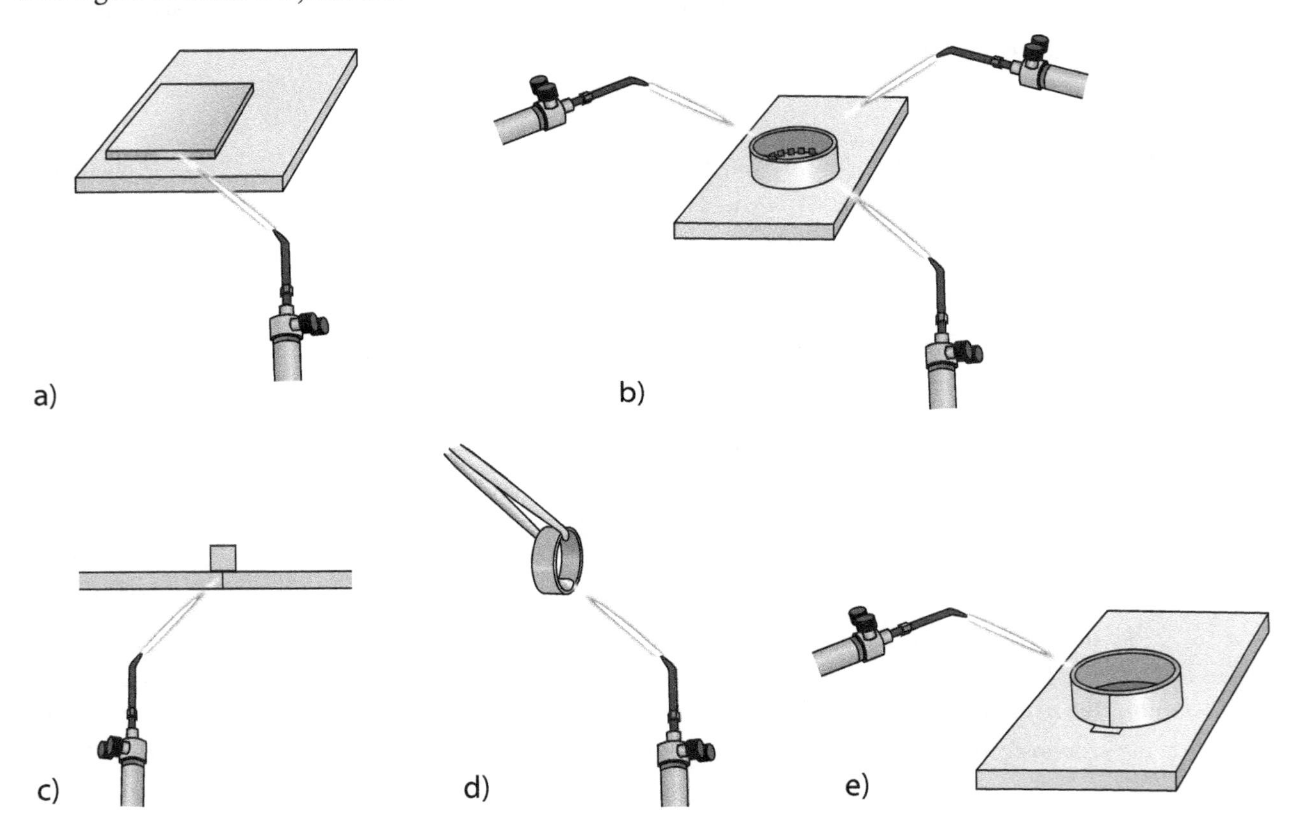

Figura 8.14 Exemplos de uso de maçarico em juntas comuns de joalheria: a) solda sobreposta de chapa com aquecimento por baixo da chapa maior; b) solda de caixa para cravação de pedras com pallions na face interna e aquecimento pelo lado externo para permitir que o metal penetre na junta; c), d), e) exemplos de juntas de topo – o aquecimento sendo feito do lado oposto ao que se coloca o metal de solda para forçar o metal líquido a correr pela junta.

O metal de brasagem sempre corre para o lado que estiver mais quente. Por isso, quanto o fluxo vitrifica, a chama deve estar concentrada no local da junta, auxiliando o preenchimento da cavidade.

Durante a operação de brasagem de muitos componentes, às vezes é necessário fixar fragmentos metálicos para roubar calor de partes que não se deseja aquecer demasiadamente. Uma outra alternativa é utilizar óxido de ferro (o amarelão utilizado para colorir cimento) ou giz, ambos umedecidos, como meio de evitar o escorrimento do metal de brasagem nas áreas já brasadas. Em geral, aquelas substâncias são dissolvidas em água e aplicadas sobre as áreas que se deseja proteger. O recobrimento, no entanto, não é muito aconselhável, pois não evita o superaquecimento.

Um cuidado que poupa trabalho e garante maior qualidade da peça é não proceder com a limpeza em solução de ácido a cada etapa de brasagem, deixando a etapa de decapagem para quando a peça estiver acabada.

Sempre resfriar rapidamente em água e nunca em solução de ácido!

Soluções de limpeza

O primeiro passo da limpeza é a remoção do fluxo, que pode ser feita em água morna (50 °C), ou mergulhando a peça brasada ainda quente em água e removendo o resto do fluxo com uma escova de crina, ou imergindo a peça em um recipiente com água morna em um banho de ultra-som.

Se a cobertura de fluxo não foi suficiente ou a peça tiver sido superaquecida, o fluxo se satura em óxidos, tornando-se esverdeado ou marrom. Neste caso, a remoção é feita diretamente na solução de limpeza (ácido sulfúrico 10%).

O segundo passo consiste em imersão em solução de ácido de limpeza para dissolver os óxidos formados durante o processo de brasagem.

8.2.4 Segurança durante a brasagem

Durante a brasagem, o ourives fica sujeito à evaporação de fumos metálicos e de gases de combustão. A inalação de vapores de cobre, ou cádmio, ferro, manganês, níquel, zinco etc. pode causar sintomas parecidos com os da pneumonia (febre, tosse, cansaço e dores musculares). Ainda, pode ocorrer contato com os seguintes vapores metálicos:

- ***Chumbo:*** utilizado em ligas de baixa temperatura de fusão; acumula-se nos ossos e sangue causando envenenamento, saturnismo, esterilidade, má formação fetal, demência em recém-nascidos e osteoporose precoce.
- ***Cádmio:*** utilizado em ligas de baixa temperatura de fusão e por vezes em ligas de brasagem para ouro. Causa danos no sistema respiratório, rins, fígado, sangue e desenvolvimento de câncer nos pulmões e próstata. O cádmio não é expelido pelo corpo humano e o seu efeito é cumulativo.
- ***Índio:*** utilizado em ligas de soldagem para ouro e prata, causa danos ao fígado, à retina, e deformação fetal.

Fluxos de brasagem de baixa temperatura à base de colofônio podem causar asma, e fluxos ativados com cloretos liberam HCl, que pode causar danos à pele e ao sistema respiratório.

Por esses riscos, é necessário proteger os pulmões, mantendo boa ventilação e utilizando máscaras de proteção quando esses metais estiverem presentes nas ligas das peças de base, nas de brasagem e no fluxo. A corrente de ar deve ir sempre das costas do trabalhador para a saída de ar (janela).

Outras regras básicas de segurança são:

- Manter substâncias inflamáveis longe do local.
- Manter tanques de gás amarrados à parede.
- Não descuidar da manutenção dos bocais de maçaricos.
- Utilizar equipamento de segurança durante o procedimento.
- Manter a solução de têmpera em recipiente fechado.
- Olhar com atenção para onde a chama do maçarico aponta.

8.3 Soldagem

A soldagem se diferencia da brasagem pela temperatura de trabalho, que sempre ultrapassa a temperatura de fusão do metal de base.

A grande vantagem da soldagem é possibilitar processos de união com metal de solda de composição muito semelhante, quando não idêntica, à dos metais de base. A coesão da junta é dada pela solidificação da mistura formada durante a fusão parcial dos metais envolvidos no processo.

Na soldagem, somente a região da junta é aquecida. A fonte de calor para proporcionar fusão localizada, sem o risco de fundir toda a peça, deve ter energia concentrada, gerar o calor necessário para que ocorra a fusão e contrabalançar a perda de calor para as regiões mais frias vizinhas à junta. Existem várias fontes de calor utilizadas para a soldagem; as mais comuns na indústria de joalheria são: chama oxiacetilênica, chama de hidrogênio, arco elétrico, resistência elétrica e o feixe de laser (*light amplification by stimulated emission radiation*).

Assim como na brasagem, o uso de fluxos também é necessário para garantir a remoção de impurezas da superfície dos metais de base e garantir proteção à região da junta contra a oxidação durante a fusão.

Ao contrário da brasagem, na soldagem apenas o local da junta é aquecido, e como a velocidade de aquecimento pode superar a velocidade dada pela difusividade térmica do metal, as técnicas de soldagem permitem unir peças que já tenham pedras cravadas e, por isso, são úteis em operações de reparo.

O uso de chama de maçarico na soldagem de peças de joalheria é limitado a equipamentos das chamadas microchamas, pois as peças são muito pequenas e tendem a se aquecer rapidamente. Isso fez com que fossem introduzidas outras técnicas de soldagem, já utilizadas na indústria metalúrgica, como a solda por arco elétrico, por plasma ou de luz laser, mais caras do que as técnicas à base de gases em combustão.

Devido ao alto custo dos equipamentos, a soldagem é quase que exclusivamente utilizada na fabricação e no reparo de peças de ouro e platina.

A Tabela 8.7 resume os processos de soldagem utilizados na fabricação de joias, e a Figura 8.15 ilustra uma mudança estrutural típica causada por esses processos; trata-se do efeito de um feixe laser pulsando sobre uma chapa de aço inoxidável bifásico. Observa-se que o metal de base tem a microestrutura usual de um material conformado mecanicamente, com as duas fases do aço alinhadas na direção de laminação. Na região próxima à de fusão, apesar de manter-se no estado sólido, o metal aqueceu e modificou a sua microestrutura: houve recristalização e dissolução parcial de uma das fases. Esta zona aquecida, com grãos grosseiros, é denominada *zona termicamente afetada* (ZTA). A região que superou o ponto de fusão apresenta microestrutura de solidificação e denomina-se metal depositado ou *metal de solda*. Portanto, diferentemente da operação de brasagem, a soldagem introduz mudanças significativas na microestrutura do metal base e isso causa grandes variações nas propriedades mecânicas.

A zona termicamente afetada é sempre a parte mais frágil da soldagem, porque é uma região de grãos bem maiores do que os do metal base. Quanto mais concentrado for o calor da fonte de energia utilizada, menor a zona afetada pelo calor e, por isso, processos de maior concentração de calor produzem juntas de maior resistência.

Figura 8.15 Microestrutura resultante da fusão superficial de uma chapa de aço inoxidável bifásico (dúplex) causada por um feixe de laser. Três zonas distintas podem ser observadas: metal base, zona termicamente afetada (ZTA) e metal depositado com microestrutura de solidificação.

Tabela 8.7 Processos de soldagem mais utilizados em joalheria.

Tipo de fonte de calor	Processo	Características
Combustão (termoquímica)	Chama oxiacetileno: – queima de mistura: $C_2H_2 + 1/2\ O_2 - 2\ CO + H_2$	• Temperatura 3.200 °C • Libera partículas de grafite no meio ambiente • Calor pouco concentrado
	Chama oxi-hidrogênio: queima do produto da hidrólise $H_2 + 1/2\ O_2 - H_2O$	• Temperatura 3.000 °C • Chama curta (comprimento 10-40 mm) e aguda (diâmetro 0,5 -0,2 mm) • Calor mais concentrado do que na chama de oxiacetileno • Juntas de pequena espessura
Termoelétrica	Solda por resistência elétrica	• Calor fornecido pela resistência à passagem de corrente entre duas partes que fecham um circuito elétrico • Adequada para soldagem de chapas finas e fios • Serve como operação de pré-brasagem ou pré-soldagem, pois em geral não produz caldeamento em toda a extensão da junta
	GTAW (*gas tungsten arc welding*)	• Calor gerado entre arco voltaico produzido entre um eletrodo não consumível de tungstênio e a peça • Calor muito concentrado, pode ser utilizado em peças cravadas • Juntas de alta qualidade
Fonte de calor focada	LASER (*light amplification by stimulated emission radiation*)	• Fonte de energia altamente concentrada • Ideal para juntas com espessura < 30 mm • Não tem alta eficiência em superfícies polidas e refletoras, por isso requer ajuste especial para uso em ligas de ouro, prata e platina • Juntas de alta qualidade

8.3.1 Soldagem termoquímica

Na soldagem são empregadas: (i) chama de oxiacetileno, mas com bocais de maçarico menores do que os utilizados para a fundição; (ii) chama de hidrogênio, que será descrita a seguir.

A chama de oxi-hidrogênio resulta da combustão de hidrogênio e oxigênio e atinge temperaturas de 3.000 °C; o gás hidrogênio reage prontamente com o oxigênio formando água.

Este equipamento de soldagem consiste de um gerador de hidrogênio e oxigênio que se utiliza da reação de eletrólise da água para a fabricação dos dois gases. A reação de eletrólise é auxiliada pela adição de hidróxido de potássio (KOH) ou de soda cáustica à água, que a tornam mais condutora de eletricidade. Em uma solução aquosa de KOH, são mergulhados dois eletrodos: um é conectado ao pólo positivo (anodo) e o outro ao pólo negativo (catodo) de uma fonte de tensão em corrente constante (Figura 8.16). Um transformador e um retificador de corrente controlam a velocidade da reação.

Na água, o KOH se dissocia em íons K^+ e OH^-:

$$KOH \rightarrow K^+ + OH^-$$

Quando é aplicada tensão aos eletrodos, ocorrem as reações:

no catodo: $K^+ + e^- \rightarrow K$

$$2\,K + H_2O \rightarrow 2\,KOH + H_2$$

no anodo: $OH^- - e^- \rightarrow OH$

$$2\,OH + H_2O \rightarrow 2\,H_2O + 1/2O_2$$

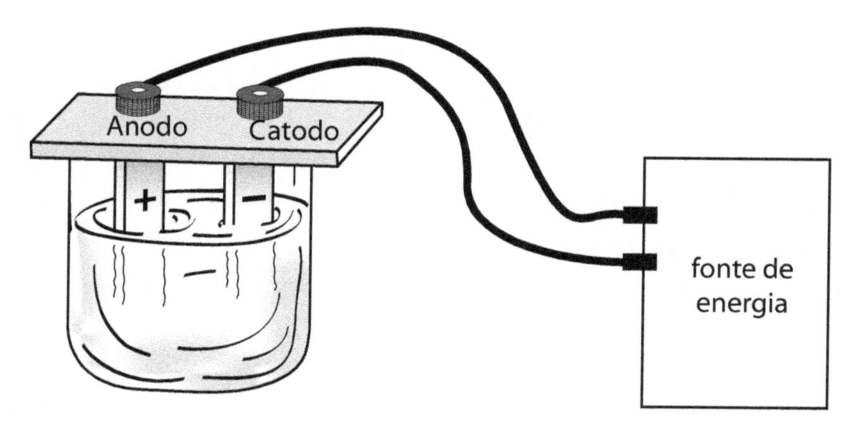

Figura 8.16 Representação esquemática de uma célula de hidrólise.

A quantidade de KOH permanece constante, e o aparelho (Figura 8.17) só precisa ser alimentado com água destilada. É, portanto, um processo econômico e não poluente.

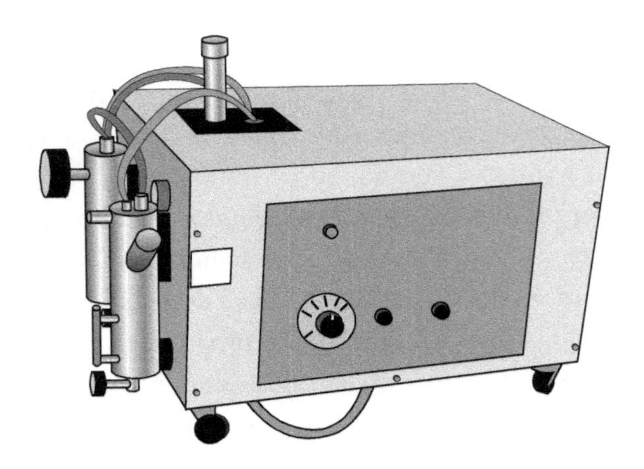

Figura 8.17 Gerador de chama oxi-hidrogênio para soldagem ou brasagem.

A eletrólise gera hidrogênio e oxigênio na proporção 2:1, que, após coletados nos eletrodos, são conduzidos para o maçarico. Para dar cor à chama e aumentar a sua eficiência, os gases de queima são misturados com álcool metílico; o vapor de álcool reage com o oxigênio formando CO, que torna a chama redutora. Com esta é possível aquecer localizadamente juntas de elos de corrente, mas a térmica não é muito apropriada para trabalhos em peças grandes.

Preparação da junta e soldagem a gás

A preparação de juntas de soldagem depende da espessura e do tipo de material a ser soldado. Em geral, para materiais de baixa condutividade térmica, como aço carbono e aço inoxidável, as juntas de topo com chapas de pequena espessura (comuns em joalheria) podem ter superfícies paralelas como mostra a Figura 8.18a. Para metais de alta condutividade térmica, como ligas de cobre, ouro e prata, é aconselhável a produção de juntas em V como mostra a Figura 8.18b. A parte inferior da junta será aquecida mais rapidamente e o espaço é preenchido pelo metal de solda fundido.

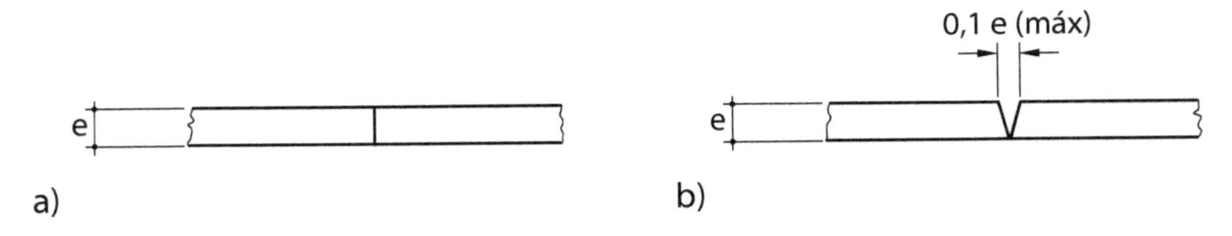

Figura 8.18 Juntas de topo para soldagem a gás: a) para chapa de aço inoxidável com espessura menor do que 2 mm; b) chapa de cobre com espessura menor do que 5 mm.

A soldagem com chama sempre requer o uso de metal de adição, geralmente na forma de fio. A tocha é posicionada logo acima da junta, primeiro a 90° com a horizontal para pré-aquecer o metal de base, e após o aquecimento é inclinada entre 10° e 20° com a horizontal. Existem dois tipos de posicionamento da chama e da vareta de solda:

1. *Soldagem à direita (Figura 8.19a):* o maçarico é posicionado com a chama inclinada ao contrário da direção de soldagem, aquecendo sempre a poça de fusão, e a vareta é colocada junto à poça. Este método é apropriado para chapas mais grossas; concentra o calor na poça fundida e permite maior controle da penetração da fusão.

2. *Soldagem à esquerda (Figura 8.19b):* o maçarico é posicionado com a chama inclinada na direção de soldagem, com a vareta à sua frente. Utilizada na soldagem de chapas finas, o avanço da chama pré-aquece o material, mas favorece a oxidação do metal na frente de soldagem.

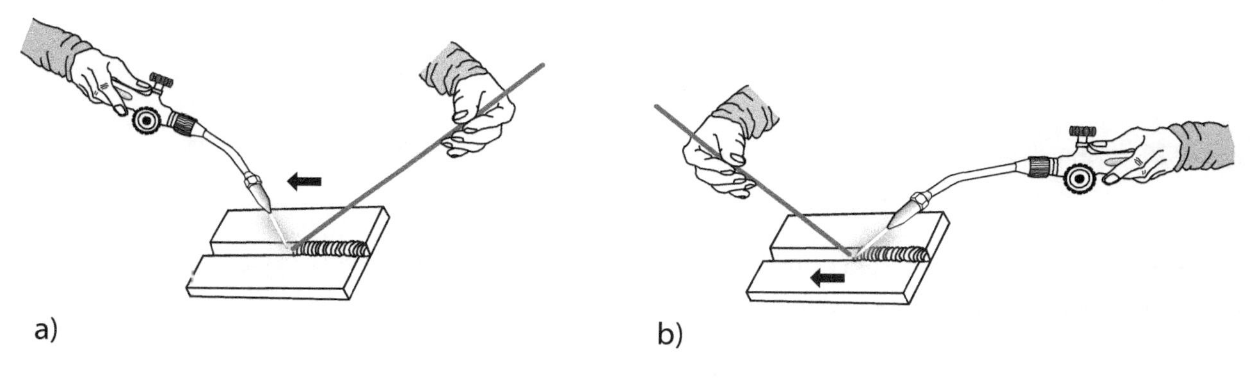

Figura 8.19 Soldagem com chama: a) soldagem à direita: a chama de gás é direcionada para a poça de fusão; b) soldagem à esquerda: a chama é direcionada na direção de soldagem, pré-aquecendo a junta.

8.3.2 Soldagem termoelétrica

Soldagem por resistência elétrica

A soldagem por resistência elétrica está esquematizada na Figura 8.20. Duas partes metálicas são comprimidas entre dois eletrodos e submetidas a uma tensão que provoca a passagem de corrente. Por perda Joule, o contato entre as duas peças se aquece e funde, provocando a união das partes.

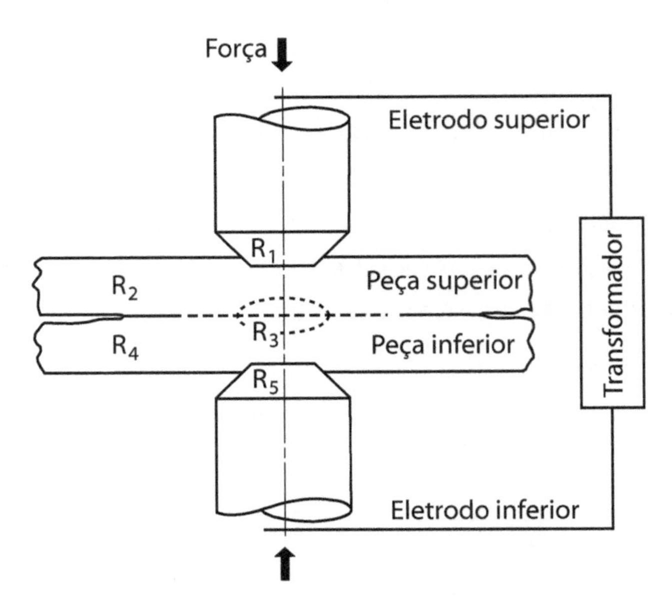

Figura 8.20 Esquema da soldagem por resistência elétrica mostrando a fonte elétrica e as resistências envolvidas no processo de soldagem.

A Figura 8.21 mostra uma solda típica por resistência obtida em uma chapa de aço carbono; na região central se observa a zona de fusão de forma lenticular que une duas chapas.

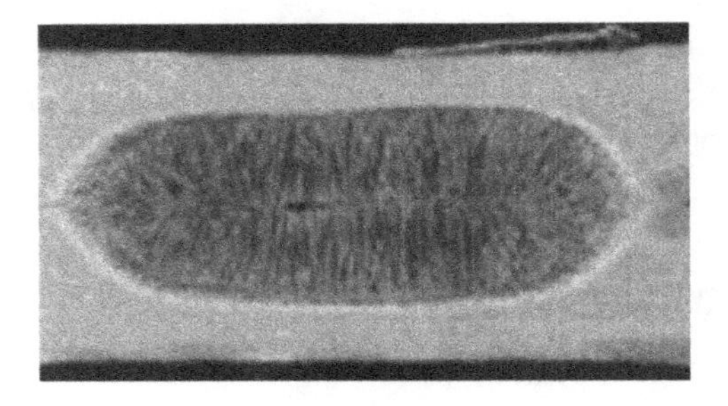

Figura 8.21 Aparência da junta de fusão por resistência em chapas de aço carbono.

Quatro fatores estão envolvidos na soldagem por resistência elétrica:

1. A intensidade da corrente que passa pela peça.
2. A pressão exercida pelos eletrodos nas partes sendo soldadas.
3. O tempo em que a corrente flui pela junta.
4. A área da ponta do eletrodo.

O calor é gerado pela passagem de corrente elétrica por um circuito que oferece resistência; o ponto de maior resistência é a área da junção.

$$Q = i^2 \cdot R \cdot \Delta t \cdot K \text{ (Joules)}$$

onde Q é o calor gerado, i é a corrente em ampères (A), R é a resistência elétrica do conjunto em ohms (Ω), Δt é o tempo de passagem de corrente em segundos (s) e K representa as perdas causadas por radiação e condução de calor na peça.

No caso da soldagem de peças grandes como as da indústria automobilística, por exemplo, chapas de aço, para gerar calor suficiente para a fusão são empregadas altas correntes (da ordem de 100.000 A), corrente pulsada e baixa voltagem. A aplicação de pressão durante o processo serve para garantir o contato e manter as partes unidas enquanto o metal da junta funde e se solidifica. Da fórmula acima, observa-se que o calor de soldagem é proporcional ao quadrado da corrente; isto é, se a corrente dobrar, o calor se quadruplica. O calor é também proporcional ao tempo de passagem de corrente.

A resistência do conjunto eletrodos-peça é a soma das resistências R_1, R_2, R_3, R_4 e R_5 mostradas na Figura 8.20. As resistências R_2 e R_4, oferecidas pelos metais de base, são desprezíveis em comparação às resistências de contato R_1, R_3 e R_5. Os valores de R_1 e R_5 (resistências de contato entre os eletrodos e a peça) devem ser mantidos o mais baixo possível, para que somente o local da resistência R_3 sofra aquecimento. É por isso que os eletrodos para soldar metais de alta resistividade elétrica costumam ser feitos de material altamente condutor (cobre, ligado com cromo ou zircônio) e também são refrigerados a água.

Quando os metais a serem soldados têm alta condutividade elétrica e térmica, como é o caso de ligas de cobre, ouro e prata, são difíceis de soldar. Eletrodos para esses materiais costumam ser feitos de materiais de alto ponto de fusão e maior resistividade elétrica, como molibdênio e tungstênio.

Os aparelhos de solda por resistência para joalheria empregam duas técnicas: alta frequência invertida ou corrente contínua pulsada, com pulsos de duração controlada. Devido às pequenas dimensões das peças, o calor de fusão pode ser obtido com correntes menores (500 a 4.000 A) e a voltagem é mantida em níveis seguros para o operador.

Os tipos mais importantes do processo de soldagem por resistência são: por ponto, de topo a topo, por resistência pura, por ressalto e por costura, e a concepção de cada um é esquematizada na Figura 8.22.

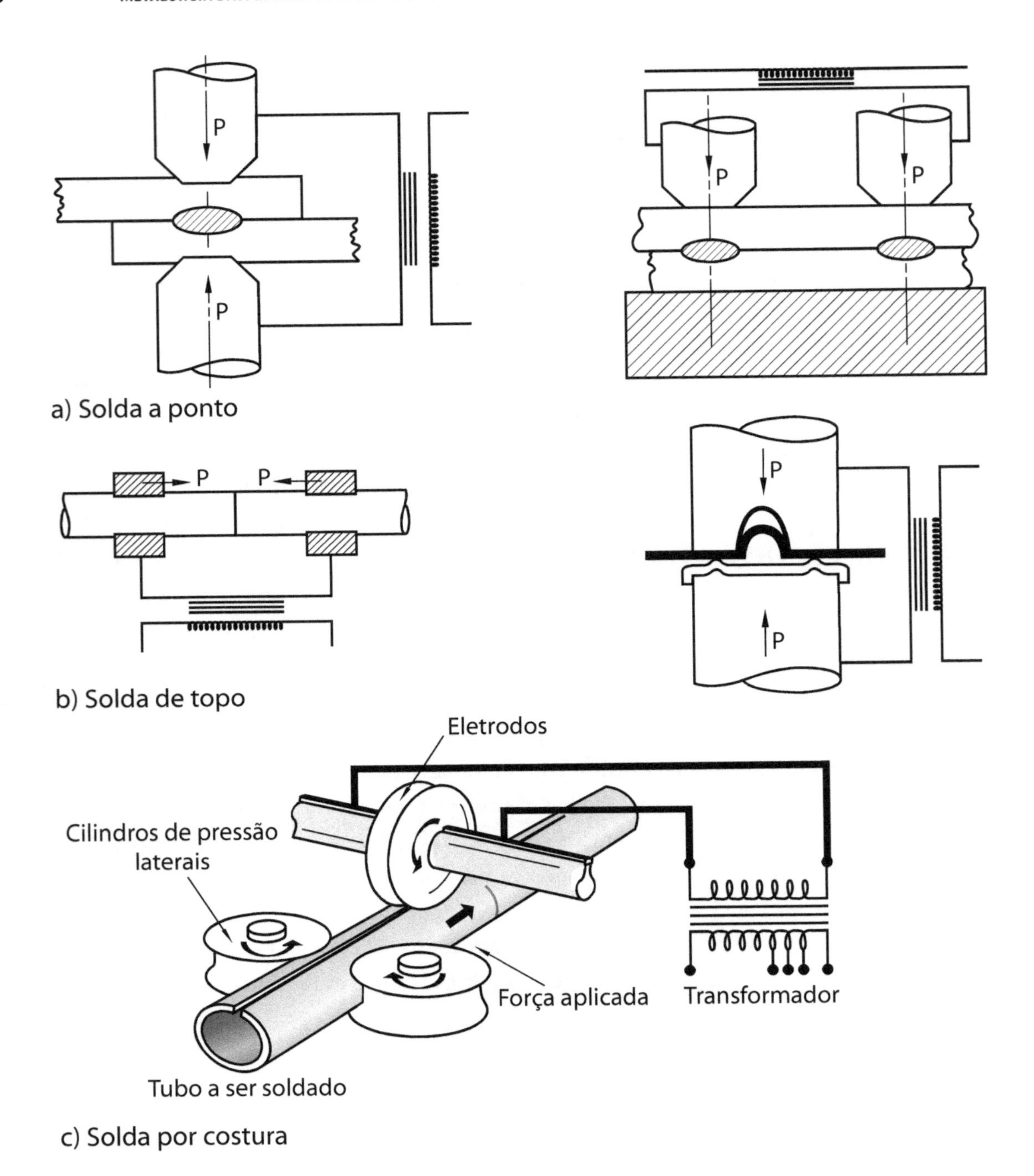

Figura 8.22 Tipos de solda por resistência: a) solda a ponto simples e múltipla; b) solda de topo; c) solda por ressalto; d) solda por costura.

A soldagem por ponto já foi descrita como o processo no qual a ligação é produzida pelo calor obtido pela passagem de corrente pelas peças através dos eletrodos, os quais mantêm as chapas unidas por pressão.

Ela pode ser simples ou múltipla.

A soldagem topo a topo é o processo onde a ligação é produzida em toda a área de contato entre as duas partes a serem soldadas. É a mais comum em joalheria.

Soldagem por ressalto é quando uma das peças contém ressaltos para concentrar a passagem de corrente por pontos predeterminados.

Soldagem por costura é semelhante à soldagem por ponto, neste caso, porém, o eletrodo tem o formato de disco e a solda forma um longo cordão. É utilizada na fabricação de tubos com costura.

A condição da superfície das peças a serem soldadas é fundamental para que a solda tenha qualidade; elas devem ser livres de óxido e de substâncias orgânicas.

Solda por eletrodo de tungstênio (GTAW ou TIG)

O processo por eletrodo não consumível, começou a ser utilizado por volta de 1940 e se baseia no fenômeno do arco voltaico; tem alta qualidade e pode ser aplicado a qualquer metal. O arco voltaico se caracteriza por uma descarga elétrica intensa com geração de luz e calor que ocorre entre dois eletrodos quando imersos em um gás com baixa pressão parcial, ou ao ar, que se torna ionizado. O efeito foi observado pela primeira vez pelo químico inglês Humphry Davy em 1812. A intensidade do calor provocado pelo arco voltaico pode facilmente fundir metais, pois alcança temperaturas da ordem de 2.800 °C.

No caso do arco elétricos de soldagem, o interesse está voltado para a ionização térmica, que é a ionização por colisão entre partículas bem aquecidas. Assim, em ar ionizado tem-se um elétron livre e um íon positivo, formando-se, consequentemente, um meio condutor de eletricidade. A abertura do arco elétrico para soldagem necessita de aquecimento e bombardeamento com elétrons do gás que circunda o eletrodo. A fonte de energia aplica uma diferença de potencial que favorece a abertura do arco, e quando o eletrodo toca o metal base, esta tensão cai rapidamente para um valor próximo a zero. Por efeito Joule, a região do eletrodo que tocou o metal base incandesce, favorecendo a emissão termoiônica. Os elétrons emitidos fornecem mais energia térmica, promovendo a ionização tanto do gás como do vapor metálico na região entre o metal base e o eletrodo. Obtida a ionização térmica, o eletrodo pode ser afastado do metal base sem que o arco elétrico seja extinto.

O eletrodo é feito de tungstênio, que é um metal de alto ponto de fusão e de alta condutividade. No sistema de soldagem GTAW (soldagem a arco gás tungstênio), um gás de proteção inerte é direcionado para a região do arco, e o equipamento consiste de (Figura 8.23):

- Uma fonte de energia com um pedal que controla a aplicação de corrente durante a soldagem manual.
- Uma unidade de alta frequência.
- Um reservatório de gás de soldagem, argônio, hélio.
- Um sistema de refrigeração (ar ou água) que retira calor do eletrodo impedindo a sua fusão.
- Uma tocha de soldagem, dispositivo que fixa o eletrodo, conduz a corrente elétrica e proporciona a proteção gasosa necessária à região que circunda o arco elétrico e a poça de fusão.

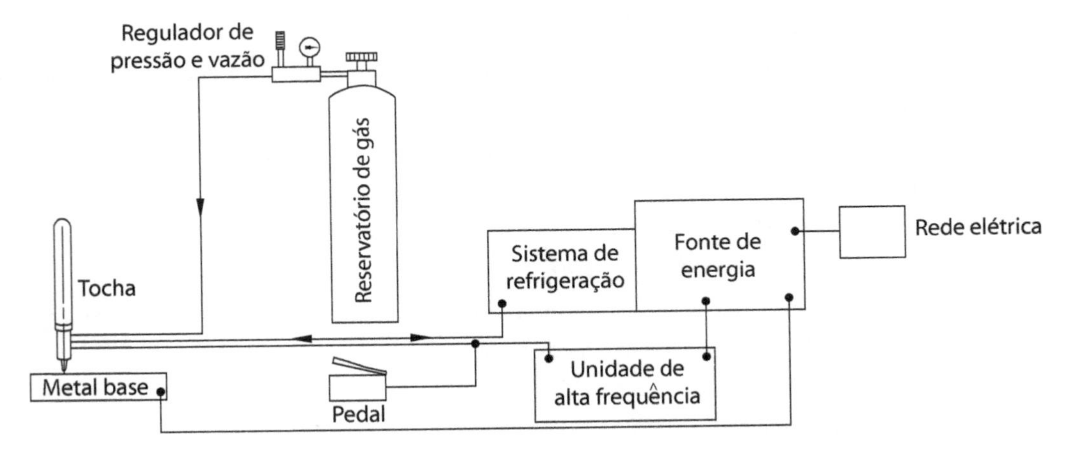

Figura 8.23 Representação esquemática dos componentes do processo de soldagem GTAW.

O arco elétrico com eletrodo permanente é aproximadamente cônico, e pode ser dividido em três regiões: região anódica, coluna de plasma e região catódica. Nesta, os elétrons são emitidos e acelerados para o anodo pelo campo elétrico, aquecendo-o e favorecendo a emissão de mais elétrons pelo anodo. Na coluna de plasma existem elétrons e íons positivos do gás de proteção ionizado, fazendo com que a soma das cargas positivas nela seja aproximadamente zero. Esta situação é ilustrada pela Figura 8.24.

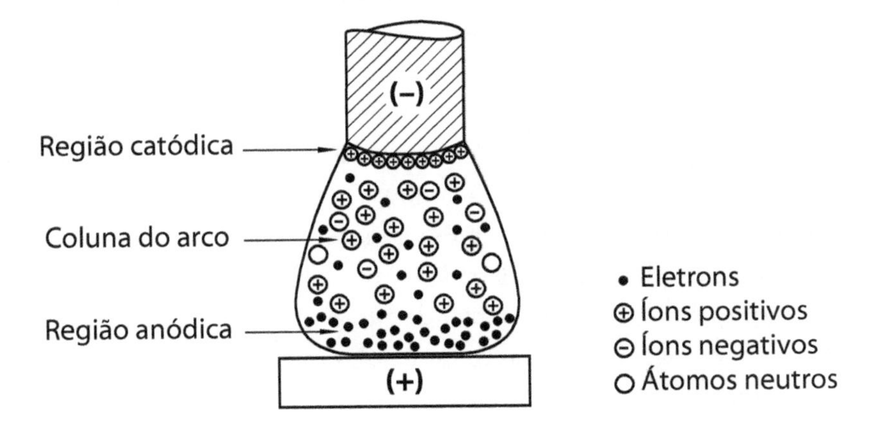

Figura 8.24 Representação esquemática das regiões do arco elétrico quando o eletrodo permanente é o pólo negativo.

Os equipamentos TIG de joalheria utilizam corrente alternada pulsada com alta frequência; a peça é fixada ao terminal negativo e a tocha de soldagem, ao pólo positivo. As voltagens de trabalho variam entre 20 e 50 V. O arco pulsado com inversão de polaridade faz com que a direção de deslocamento dos elétrons e dos íons positivos mude continuamente, o que facilita a limpeza da superfície da peça, pois o bombardeamento com íons positivos ajuda a "quebrar" a camada de óxidos superficiais. Ele também possibilita um maior controle da profundidade de penetração da solda.

A escolha do gás de proteção depende de vários fatores, incluindo o tipo de material sendo soldado, desenho da junta e aparência final do cordão de solda. Argônio é o mais utilizado pois dá maior estabilidade ao arco, principalmente quando se utiliza corrente alternada. Outro gás muito utilizado na soldagem de metais de alta condutividade (cobre, ouro e prata) é o hélio, que aumenta a penetração da solda e a velocidade de soldagem. Este gás produz um arco menos estável e, por isso, costuma ser utilizado misturado com argônio. Os atuais fabricantes de máquina de solda GTAW para joalheria aconselham o uso de hélio como gás de proteção na soldagem de ligas de ouro amarelas, platina e paládio.

A soldagem manual sem metal de adição deve iniciar com a tocha fazendo um arco de 60º da horizontal e em direção oposta à da soldagem, mantendo 15 mm entre a ponta do eletrodo e o metal base. Para abrir o arco de alta frequência, diminui-se a distância para 5 mm, e em sequência aumenta-se o ângulo para 75-80º, formando, assim, a poça de fusão. Podem-se fazer movimentos circulares para ajudar na formação do metal líquido. A Figura 8.25 mostra esta técnica de soldagem, com 100% de penetração.

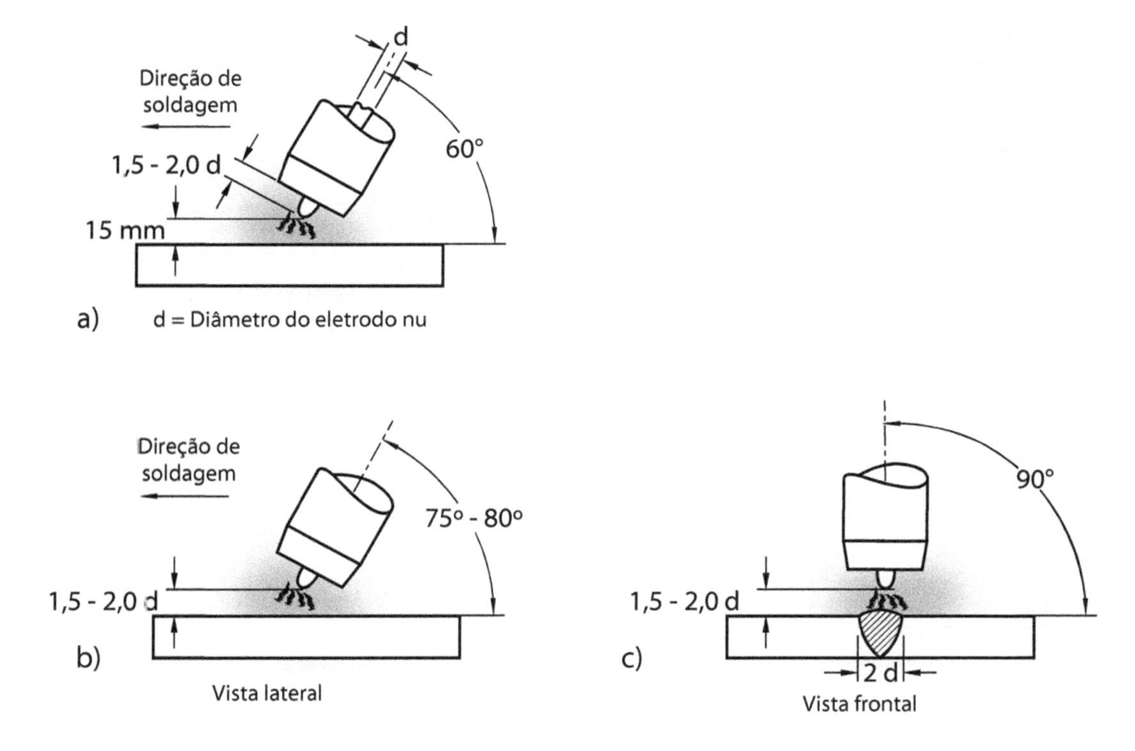

Figura 8.25 Técnica de soldagem GTAW sem metal de adição.

A soldagem manual com metal de adição se faz com soldagem à esquerda, como mostra a Figura 8.26. Ela inicia como a técnica anterior e, uma vez formada a poça de metal líquido, aproxima-se o eletrodo (metal de adição) a um ângulo de 10-20º da horizontal (ver Figura 8.26c). O metal de adição deve estar envolvido pela proteção gasosa, mas não deve ficar sob o arco nem tocar a poça de fusão ou o eletrodo de tungstênio; o avanço da tocha é feito com movimentos circulares, e o eletrodo deve movimentar-se por avanço-recuo (ver Figuras 8.26d, e).

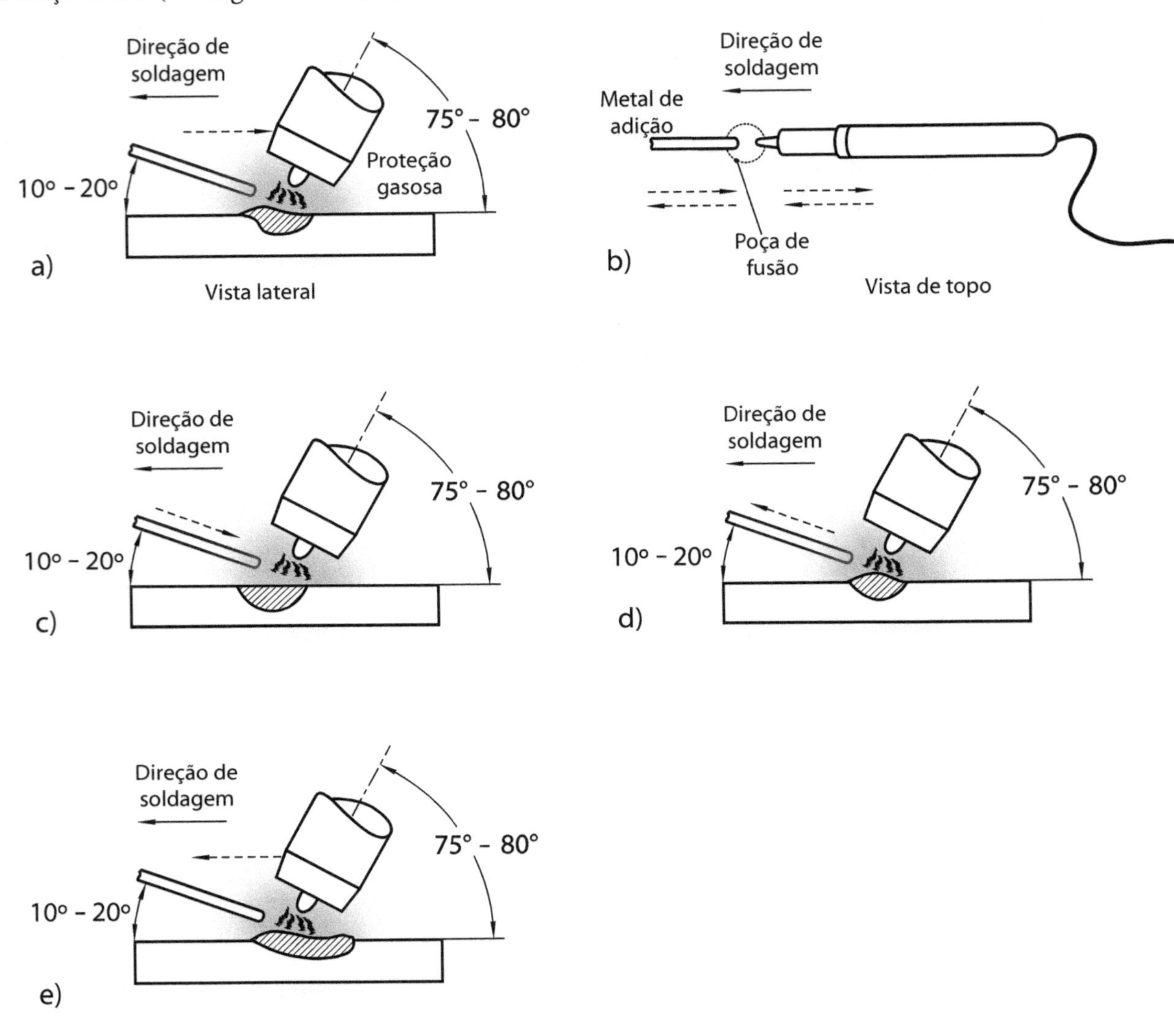

Figura 8.26 Soldagem GTAW com adição de metal de solda.

A Tabela 8.8 mostra alguns fatores que causam defeitos no cordão de solda no processo GTAW.

Tabela 8.8 Defeitos originados por manejo incorreto da tocha de solda.

Causa	Efeito
Arco longo	Mordedura (buraco causado pela retração do metal na solidificação), oxidação, porosidade e falta de penetração
Inclinação excessiva da tocha	Oxidação por falta de proteção gasosa
Ângulo da tocha diferente de 90º com relação à vista frontal	Cordão assimétrico e mordedura de um lado
Tocha fora de alinhamento com a junta	Falta de fusão de um lado
Metal de adição bastante afastado da tocha	Oxidação de metal de adição
Eletrodo de tungstênio tocando a poça de fusão	Inclusão de tungstênio na junta, com maior propensão de corrosão nesta região

Para garantir uma solda de qualidade, as superfícies do metal base e do metal de adição devem estar livres de óxidos e de produtos orgânicos, por isso se recomenda desengraxar e lixar as duas superfícies antes da soldagem.

8.3.3 Soldagem a laser

Os equipamentos de laser foram desenvolvidos nos Estados Unidos entre 1950 e 1960. O processo não requer contato elétrico e a extensão da zona afetada pelo calor é muito pequena, pois a fonte de energia é altamente concentrada. Por isso, é uma técnica apropriada para soldar locais de difícil acesso e operações em que já se tenham pedras cravadas, e em regiões próximas a molas e esmaltação, e permite também fazer reparos sem necessidade de retirar pedras ou mesmo pérolas. Pode ser utilizado com ou sem a adição de metal de solda.

Por não afetar o metal junto ao cordão de soldagem, não causa oxidação superficial e não necessita de recobrimento de fluxo, reduzindo as operações de preparo e de acabamento após soldagem.

A energia luminosa obtida pelo laser é monocromática, coerente e colimada, causada por um estímulo amplificado da emissão de fótons. É monocromática pois é produzida um material que emite radiação luminosa com um único comprimento de onda; é coerente porque todos os fótons emitidos têm frequência e fase paralelas; e é colimada porque se concentra em um único feixe cilíndrico e fino (0,25 a 0,5 mm). Estas propriedades permitem que a energia contida no feixe seja suficiente para fundir e soldar metais. O laser utilizado em joalheria é produzido a partir de um cristal de aluminato de ítrio ($Y_3Al_5O_{12}$–YAG), que, quando utilizado como gema, recebe os nomes diamonair ou citrolita dopado com íons de neodímio (Nd^{3+}), que fornece um feixe com comprimento de onda de 1,064 μm (campo do infravermelho). O laser pode ser contínuo ou pulsado, sendo esse último o mais utilizado para aplicações de soldagem, corte ou gravação. Os pulsos têm frequência de milissegundos e a intensidade luminosa é da ordem de 3-5 kW.

A fonte de raios laser é um cristal de YAG cilíndrico com 19 mm de diâmetro e 200 mm de comprimento (Figura 8.27). As duas superfícies finais são polidas e recobertas com prata, que terá a função de refletir os raios emitidos para dentro do tubo, confinando-os e amplificando-os. Em uma das extremidades, uma pequena região é deixada sem recobrimento para que por ali possam escapar os raios luminosos.

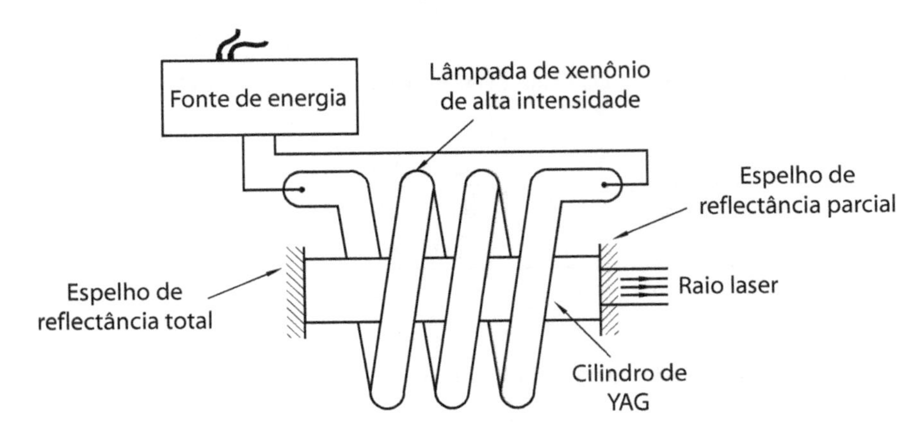

Figura 8.27 Representação esquemática de uma caixa de ressonância para a produção de raios laser.

Este feixe de luz sai do cristal e pode ser direcionado e colimado com ajuda de espelhos, até a superfície a ser soldada (Figura 8.28). Quando o feixe atinge o metal, ele transmite seu calor para a superfície da peça e o resto do aquecimento ocorre por condução térmica. O metal, além de se aquecer e fundir, também vaporiza, criando uma cavidade ao longo da espessura do material. A movimentação desta cavidade ao longo da junta realiza a união das peças base.

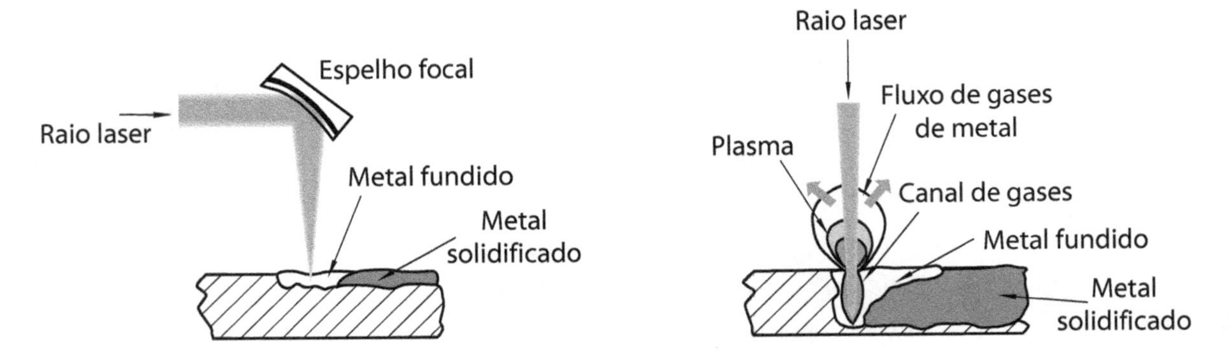

Figura 8.28 Formação da poça de fusão durante a soldagem por laser.

Se a soldagem for feita ao ar, paralelamente ocorre a ionização dos gases atmosféricos criando um plasma que afeta a soldagem, mas que pode ser evitado quando se utiliza o gás hélio como atmosfera de proteção. A soldagem de ligas de paládio requer essa proteção.

As características do pulso de laser são influenciadas pelos parâmetros voltagem e diâmetro do feixe. A voltagem controla a amplitude, e o comprimento do pulso controla o diâmetro do feixe. A influência desses dois parâmetros durante a soldagem é geralmente a seguinte:

- A voltagem altera a penetração do laser.
- O comprimento do pulso determina o tamanho da peça de fusão.
- O foco influencia a profundidade de soldagem assim como o diâmetro do feixe. Com o aumento do diâmetro do ponto de solda, diminui a profundidade de penetração.

A Tabela 8.9 resume a influência dos parâmetros de ajuste do laser na profundidade e largura da poça de fusão.

Tabela 8.9 Efeito dos parâmetros do laser na configuração da poça de fusão.

Parâmetro	Efeito (< metal base; > metal líquido na poça de fusão)		
Aumento da voltagem do laser → aumento da profundidade de penetração	200 V/3 ms/Dia. 0 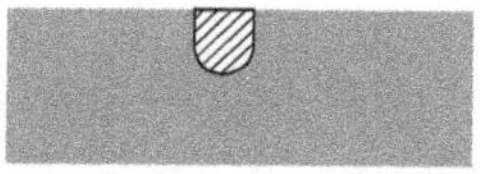	300 V/3 ms/Dia. 0 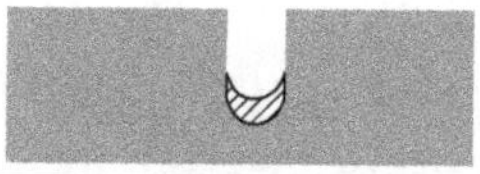	400 V/3 ms/Dia. 0 
Aumento da frequência do pulso → aumento da largura da poça de fusão	200 V/3 ms/Dia. 0 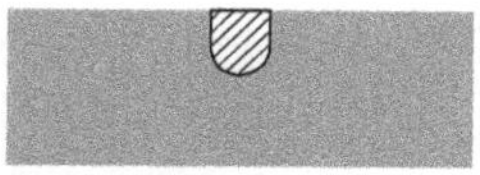	200 V/25 ms/Dia. 0 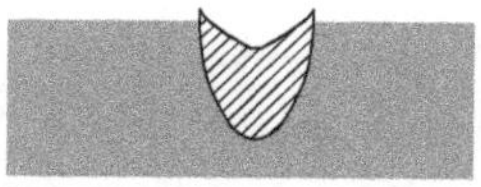	200 V/50 ms/Dia. 0 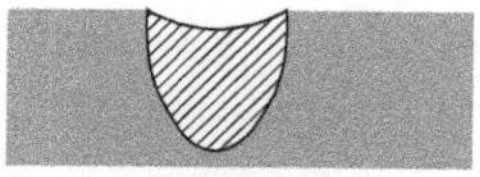
Mudança da voltagem e do pulso → aumento do diâmetro da poça e da profundidade de penetração	200 V/3 ms/Dia. 0 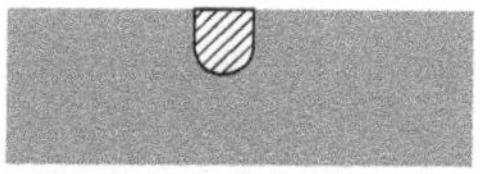	300 V/25 ms/Dia. 0 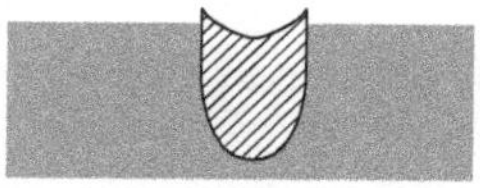	400 V/50 ms/Dia. 0 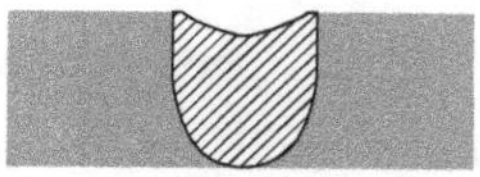
Mudança do diâmetro do feixe → alargamento da poça e diminuição da profundidade de penetração	200 V/3 ms/Dia. 0 	200 V/3 ms/Dia. 20 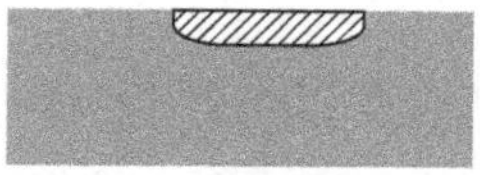	200 V/3 ms/Dia. 40 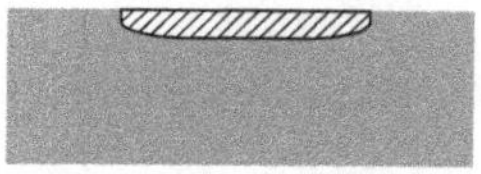

Dia = diâmetro do feixe
ms = milissegundos
Fonte: Referência 8.13.

Como o laser é uma fonte luminosa, está sujeito à reflexão assim como a luz natural. Metais que não são muito refletivos como titânio e aço inoxidável absorvem bem a energia e fundem com facilidade. Já a soldagem de ligas de cobre, ouro, prata e paládio é dificultada por vários motivos. Estas ligas refletem a luz (têm alto brilho) e, portanto, oferecem resistência ao aquecimento pelo laser, demorando a fundir. Outra característica é a sua alta condutividade térmica, o que faz com que o calor do pulso de laser seja rapidamente distribuído para longe da região da junta. Para estes metais o ajuste deve ser cuidadoso para evitar um aquecimento generalizado e excessivo do material.

A prata é o metal mais difícil de soldar por laser (tem alto índice de reflexão e excelente condutividade térmica), por isso se recomenda pintar a superfície da junta com caneta de ponta porosa preta ou azul, além de utilizar uma liga de brasagem de alta temperatura (750 °C) como metal de adição.

Nas aplicações de soldagem em joalheria, o metal de adição é utilizado na forma de fio, com 0,25 a 0,5 mm de diâmetro, e tem a mesma composição da peça sendo soldada. Ele pode ser utilizado para preencher poros em peças fundidas, para reforçar juntas ou para a montagem de garras para cravação de gemas. Em ligas de titânio, utiliza-se a mesma liga da peça como metal de adição ou, alternativamente, ligas de prata ou ouro branco.

8.3.4 Segurança na soldagem

Na soldagem, além das considerações já feitas sobre a brasagem – evaporação de metais de solda e do metal de base, ventilação do local, cuidados com o posicionamento da fonte de calor (chama, do arco voltaico ou do feixe de laser) e aspectos de segurança na oficina –, é necessário acrescentar:

– Necessidade de proteção ocular adequada, pois a intensidade luminosa das chamas de acetileno, do arco voltaico e do laser podem danificar a visão. Viseiras e óculos com lentes providas de filtros para ultravioleta e infravermelho são necessários.

– Na soldagem GTAW a radiação ultravioleta aumenta com o quadrado da corrente de soldagem. O argônio utilizado como gás de proteção produz mais radiação ultravioleta do que o hélio.

– A radiação produzida pela fonte de calor pode queimar a pele e danificar os olhos. Na soldagem a laser, os raios infravermelhos não são visíveis, mas são refletidos pelo material e também interagem com ele, produzindo novas radiações (luz azul e utravioleta), as chamadas radiações secundárias.

Fontes concentradas de calor podem provocar incêndios se entrarem em contato com material inflamável.

Todas as fontes de soldagem termoelétricas e a laser oferecem risco de choque elétrico.

A regra básica é evitar contato com fios e cabos de eletricidade. Durante a soldagem por contato elétrico, evitar tocar as peças, segurando apenas a parte isolada dos contatos.

Referências bibliográficas

8.1 E. BREPOHL. *Theorie und Praxis des Goldschmiedes.* 15. ed. Leipzig: Fachbuchverlag Leipzig, 2003, 596p.

8.2 L. VITIELLO. *Oreficeria moderna, técnica e prática.* 5. ed. Milão: Hoepli, 1995, 707p.

8.3 D. PITON. *Jewellery technology – processes of production, methods, tools and instruments.* Milão: Edizioni Gold Srl., 1999, 407p.

8.4 E. WEINER, S. D. BRANDI, F. D. H. DE MELLO. *Soldagem – processos e metalurgia.* São Paulo: Edgar Blücher Ltda., 1992, 494p.

8.5 C. STINCHCOMB. *Welding technology today – principles and practices.* New Jersey: Prentice-Hall Inc., 1989, 468p.

8.6 H. B. CARY. *Modern welding technology.* 3. ed. New Jersey: Prentice Hall, 1994, 766p.

8.7 M. R. PINASCO, P. PICCARDO, E. RICCI, C. ROSILLINI. Brazing behaviour of some 18K jewellery gold alloys with different melting points. *Prakt. Metallogr.* 39, (2002), p. 479-504.

8.8 SARA M. SANFORD. *The complete guide to jewelry soldering.* Jewelry Concepts Center, ed. Jewelry Artist Loveland, USA, 2007, 50p.

8.9 G. P. KELKAR. Resistance and laser welding for medical devices. *Medical Device & Diagnostic Industry,* June 2006.

8.10 C. LEWTON-BRAIN. Some soldering hints and tricks, 1997, www.ganoksin.com.

8.11 MARK B. MANN. Back to basics: tack welding vs.pulse-arc welding. *Professional Jeweler Magazine,* May 2005.

8.12 DAVID W. STEINMEIER. "Downsizing" in the world of resistance welding. *Micro Joining Solutions,* May 13, 1998.

8.13 DAVID BROWN. Laser welding basics primary adjustable welding parameters. *Bench Magazine,* out. 2003.

8.14 American Welding Society – Safety & Health Fact Sheets, www.aws.org.

8.15 C. SALEM. *Joias – os segredos da técnica, 2000 joias* – Design e ofício, 2000, 199p.

8.16 G. L. BRAIN. Soldering many parts atone with a pourable Soldering jig, 2005, www.ganoksin.com.

ÍNDICE REMISSIVO